THE SPLENDOUR OF THE TREE

An *illustrated* history

THE SPLENDOUR OF THE TREE :An Illustrated History

樹木讃歌

樹木と人間の文化誌

ノエル・キングズベリー＝著
アンドレア・ジョーンズ＝写真
荒木正純・佐藤憲一・松田幸子・江口真規＝訳

悠書館

Printed in China by 1010 Printing International Ltd.

2ページ：メタセコイア
右：セイヨウトチノキ

樹木讃歌——目 次

序

私たちの大多数にとって、樹木は生活環境の風景としてなじみぶかく、欠くことができない。ほとんどの者の身近に樹木はある。自身の庭などに。だから、樹木は生活の一部としてなくてはならない。多くの場合、樹木は、私たちよりも長くその場所にあったし、私たちよりも長生きしそうである。このことから、樹木には特別な意義のあることがわかる。これとは対照的に、大きな流れのなかでは、人間は取るに足りないものだということが思い知らされる。私たちの多くは、子どものころ好きだった木を記憶している。登った木、学校の行き帰りにそばを通った木、あるいは、何らかの理由から不自然であったり目立ったりしていた木などである。木そのもの、そして、その記憶から、あの日あの場所が思いおこされるのである。

樹木は、場所を知るのに欠かせない。地方か都市か、伝統的な場所か現代的な場所かを知るのに欠かせない。都市の樹木は、とりわけ重要である。なぜなら、稀少価値があり、より広大な自然界の存在を強く意識させてくれるからだ。都市の樹木が、地方自治体や開発業者、あるいは病気などによって脅かされたとき、決然とした運動が噴出してくるのは何ら不思議ではない。私たちは、個々人として大いに樹木にかかわっている。つまり、その大きさや形にかかわらず、人間性といってもおかしくない特性をもっているようにみえる。だからこそ、樹木が脅威にさらされると、それを保護する動きが起こるのだ。

自然界では、樹木が単独で生育することはきわめてまれである。樹木は集団的な存在で、大小の森をなしている。だから、樹木を本当にわかろうとするなら、集団全体の一部としてみなくてはならない。とはいえ、樹木の美しさ、壮大さ、また場合によっては、巨大な大きさやはかり知れない樹齢などを十分に理解するには、樹木それ自体の、栄光ある孤立状態の姿をみなくてはならない。本書に収録した写真で、アンドレア・ジョーンズは樹木を個としてとらえ、その生育の一部始終を仔細に大写しにしている。しかし、本書の文章部分が目指したのは、これを読んで読者の理解が深化し、個々の木の視覚的特性以上のことがみえるようになることである。そうすれば、植物種としての樹木が、自然界のネットワークのなかで環境保全をおこない、また人類史にかかわる存在であることがよりよく、またより深く理解できるようになるであろう。

本書は6章からなる。「太古」と名づけられた第I章では、樹木が個々に、また種として達するはかり知れない寿命が考察対象とされている。驚異的な数の種は、化石資料をもとにたどると、はるか恐竜時代にさかのぼる。このことは、葉の化石や、ときには花や果実の化石をみればわかる。また同時に、化石化した花粉も、化石植物研究をする古植物学者にとっては、時間的、また空間的系列をたどる機会がえられ、結果として生じる物語のいくつかは、じつに注目すべきものとなる。

「生態（エコロジー）」の章では、樹木は植物群落の一部として考察される。つまり、他の種、すなわち他の樹木や他の動植物とどのように関係しているかである。エコロジー研究は、その一部として、生きもの群落が時間の経過によっていかなる変化をみせるかをあつかっている。本書であつかう樹木種のいくつかは、「先駆植物（パイオニア）」である。つまり、無毛の土地で急速に根づくが、その後、それよりも長期間生きる支配的な種にとってかわられてしまうからだ。生態学者は、これを「極相」種と呼んでいる。本書では、しばしば「先駆植物（パイオニア）」という用語に出会うだろう。その箇所では、問題含みの樹木種、すなわち、それが導入された地域の在来的生育地を侵略する種が論じられている。

樹木は、人間精神をめぐる生態学においても重要な役割をはたす。「聖樹」の章では、霊的、もしくは神話的に重要な役割を果たす樹木をみる。個々の樹木、あるいは種全体に一種の信望がよせられ、それによって人間文化で格別の場が付与されてきた。この場は、それらの現実的用途とはまったく関係のない場である。実用的種、つまり木材やその他の有用な製品のもととしてきわめて価値のある樹木は、「実用樹」の章で考察される。木が木材や他の目的で伐採されるや、それは死んだものとみなされる傾向にある。だが、そうではないのだ。多くの木は若枝をだし、前のものにとってかわろうとする。伐採されても回復しようとするこうした能力を、人類は大いに利用してきた。本書ではこの過程を説明するのに、ふたつの語を使用することになる。「萌芽更新」（樹木の伐採後、残された根株の休眠芽の生育を期待して森林の再生を図る方法）と「枝の刈りこみ」（より高い部分での切断）である。

「食用樹」の章では、樹木が人間の「食物資源」として使用される、その多様で多くの方法について述べられている。ほとんどは、人間の食餌でより楽しまれるものである。たとえば、困窮した古代の人びとなら、贅沢品としかみなされなかった果実である。古代の人びとの目からみれば、これ以上に贅沢とみえたもの、実際には、ほとんどの時代の人びとなら退廃的に思えたものは美的価値のために樹木を育てることである。「装飾」の章であつかう種は、人間が公園・庭・通りに植えるように選定したものであり、それは、その樹木の花・葉、あるいは形が美しいとされたからである。人類の未来がしだいに都市化していくなら、樹木を装飾として使用する傾向は、まちがいなく重要性を増していくであろう。

世界でもっとも壮大で興味深い樹木のいくつかを訪ねる旅に出るまえに、本書でたびたび出てくるふたつの問題を指摘しておく。ひとつは、樹木破壊にかかわることである。もうひとつは、樹木は望まれていない場所で成育できるということである。両方とも、人間の自然環境保護にかかわっている。世界中の森が破壊されていることは周知の事実であり、地球の気候、各地の天気、さらに生物多様性に及ぼす影響はきわめて深刻な可能性がある。有史以来、人類は森を大切にしてこなかった。チェーンソーの使用は、ただ石斧と火からはじまった森破壊の過程に加速をつけたにすぎなかった。幾度も本書では、樹木が大規模にむちゃくちゃに破壊された例を書きとどめなくてはならなかった。とはいえ、人類が世界中に広がって棲みはじめるにつれて、好意をもった樹木種をそこに同行した。こうした種は、しばしば新しい土地で雑草のようなどう猛さで広がり、土地固有種にとってかわり、生態系全体を窒息させてきた。いくつかの場所では、侵略性の外来種の問題は森林伐採以上に深刻である。

樹木の理解なくして人間は、地球のすぐれた執事になることなどとてもできない。本書がわずかであれ、そうなるための役に立つことを願う。

I　太古

樹木は、個体としてどれだけ長生きするのだろうか。それは、樹種によって大いに異なる。人生の幾世代に相当する年月を生きてきた個体としての木は、当然のことながら、まちがいなく人類を長く魅了してきた。セコイア（カリフォルニア・レッドウッド）とセコイアオスギ（ジャイアントセコイア）は、長らく長寿木の世界記録の座にあったが、地球各地には長寿の種が存在し、そのうち少数の個体は悠久の時代をさかのぼるものとして崇拝されている。そのなかでも、ヨーロッパの人びとに最もよく知られているのは、スズカケノキ（42ページ参照）やイチイ（108ページ参照）である。

20世紀後半になると樹齢推定技術が開発され、もう1種のカリフォルニア産の木、イガゴヨウ（ブリスル・コーン・パイン）が「世界最古」の座についた。この時期、同時にややこしい状況が生じた。多くの樹種は、幹あるいは根まで立ち枯れその後再生すると、科学者たちは理解したからである。そのため、いまやノルウェー・スプルース（オウシュウトウヒ）（135ページ参照）が「世界最古」の称号を主張している。われわれの目の前にある「木」は数百歳でしかないかも知れないが、何千歳にもなる能力をもった独自の遺伝子をそなえた個体から生じたものなのである。

古代の樹木種についても話題にしよう。イチョウは最古の樹木種、まさに「生きる化石」の名声をえている。遺伝学的に生育した個体も非常に長寿である。それは、イチョウが切り株から再生することのできるもうひとつの種であるからだ。またその他の木も、「生きる化石」の付け札を獲得した。メタセコイアは最初化石で発見され、あとになって現存する木が確認された。実際、すべての針葉樹の起源はきわめて古いため、ほかのどの樹木よりも大陸の移動分散を反映している。

なじみ深い樹木種の多くは、莫大な期間変わらないままでありつづけている。モクレンはフウと同じく、顕花植物の歴史においては非常にはやい段階で進化した。このような樹木は、進化の生きた証左として私たちの眼前にある。それは、その他の多くのものが、今とはまったく異なっていた時代、たとえば恐竜が支配していた生態系の時代と目にみえる形でつなぐものであるからだ。このような尊ぶべき種のなかにはその歴史において、かなりの距離を旅したものもある。たとえば、ある大陸で進化し別の大陸で繁殖し、大陸が分かれたあと、山脈が作られ氷床が進出したために、それぞれ孤立した種のように。

「古代」という称号にふさわしい種も存在する。それは、わずかな個体群が、はるかに広大な地域をおおっていたと思われる時代から生きのこってきたからである。オモリカトウヒ（セルビア・スプルース）が一例である。他にも、ここにふくまれるものがある。人間のおよぼした影響のために、今日ではほとんど消滅した景観の主要な要素であったからだ。たとえば、カリフォルニアのヴァレー・オークである。この木の森林地帯は、集約農業や貪欲な住宅地開発のために、今では失なわれている。また、神秘的なポリレピス（*Polylepis australis*）である。この木は中央アンデス外ではほとんど知られていないが、そこでは、古代に農夫たちによって一掃されるまで、この地の支配的な種であった。最後にイングリッシュ・エルム（ヨーロッパニレ）も一例である。この木は今ではおおむね思い出の木となっているが、古代の外来種として独特の地位にある。

前ページ：カリフォルニア・レッドウッドの独特な樹皮

1. イチョウ〔英：Ginkgo〕

（学名：*Ginkgo biloba*）

科
イチョウ科（*Ginkgoaceae*）
概要
先史時代から存在し、景観を飾るのに用いられる落葉広葉樹の一種
原産
中国南西部

大きさ
30メートルに達する
寿命
1,000年以上
気候
湿潤な暖温帯だが、これより涼しい気候にも適応する

イチョウほどまれなストーリーをもつ樹木はほとんどない。その科は、恐竜のあらわれる以前の時代であるペルム紀（約2億9,900万年前から約2億5,100万年前まで）にまでさかのぼり、現代のイチョウ（*Ginkgo biloba*）と解剖学上同じにみえる化石が、白亜紀後期（7億年前）からみつかっている。イチョウは、化石資料からみると世界中にひろく分布しているが、地質時代に、中国南西部の植物の巨大保護地域に徐々に後退していった。イチョウはほかの樹木とのつながりは稀薄で、進化上孤立している。歴史的記録でのその位置は興味深い。中国や朝鮮、さらに日本においては植林用の木として比較的よく知られてきたが、長いあいだ自生のイチョウは知られていなかった。この木は、野生植物として絶滅したかにみえた。もっとも、この木は広範に栽培されていたので、「野生」の木も、もとをたどれば寺院の庭園にあった逃亡植物かもしれないので、つねに判別は困難である。植樹はしばしば仏教と関係する。イチョウは6世紀に、仏教の伝来とともに日本にやってきたと考えられているのだ。

中国での研究によって、自生の個体群が少なくともひとつは存在することがあきらかになった。この見解はしばらく疑問視されていたが、裏付けはきわめてむずかしい。その場所は、杭州市の100キロメートル東に位置する天目山である。この山は浙江省にある聖なる山であり、多くの仏教寺院がある。この地は、1960年に中国における最初の自然保護区となった。2008年、浙江大学の植物学者・陆巍（Wei Gong）とそのチームによる調査が、その自生群の遺伝的祖先を確定した。保護区のイチョウには、種子から再生したことをしめす印があるが、同時に株から再成長する顕著な能力をもみせている。これは植樹された木にはほとんど認められない能力であり、これによりイチョウの長期間生きつづける能力が増大しているのである。

長寿の樹木（たとえばイチイやカリフォルニア・レッドウッドなど）のなかには、しばしば種子と株から成長する力をかね備えたものがある。これはまた、イチョウにもあてはまる。朝鮮の1本の木は1,100歳であるといわれており、日本にも古代の木が数多く存在する。長寿の木は、しばしば際だった姿になる。日本語で「千本」は多重の幹の木をさし、「逆さ」はぶらさがった枝の木である。また、「夫婦」と「親子」は、2本の木が絡みあって成長することをあらわす語であり、「乳」は空中にぶらさがった根をもつ木のことで、ときに授乳に問題をもつ田舎の女性の崇拝の対象になる。イチョウは火を消すという伝説もある。「水吹き」として知られる400～500歳のある木は、京都の西本願寺御影堂前にたっている。伝説では、1788年にこの町を大火が襲ったとき、その葉から水を吹きだして寺をまもったとされている。1945年、広島の原爆投下を生きのびたイチョウも、神話的な地位を有している。

イチョウに出会った最初の西洋人は、ドイツ人のエンゲルベルト・ケンペル（1651～1716）であっただろう。彼は1691年、幕府によって短期間長崎に入ることを許された際、この木をみたと記録している。日本が鎖国した時代、交易を許された唯一の外国人であったオランダ東インド会社の貿易商らが、のちにヨーロッパにイチョウのタネをもちかえった。オランダのユトレヒトにある植物園に植えられたある木は、アジア外にある最も古い木であり、1730年までさかのぼると考えられる。イギリスの貴族の邸宅にある数本のイチョウも、同じ時代から生きている。北アメリカに最初にわたったのは、1784年のこ

前ページ：イチョウの成木の幹が、何本か重なるのは珍しいことではない

とである。イチョウは北アメリカでまさしく繁殖した。この大陸にもちこまれた外来の樹木種のなかでも、同様に栄えたのはヨーロッパブナだけである。

20世紀、イチョウはひろく街路樹として植樹されるようになった。イチョウは生長がはやく、直立する習性があり、すばらしく綺麗に黄色に色づくうえに、害虫や病気にまったくかからない（その病原体はおそらく全滅した）。しかし、幼木ははやいうちに種子から生長するため、雌木にある大きな欠点はまったく気づかれていなかった。つまり、実は胸がわるくなる臭いがするのだ。近年では、雄木だけが植樹されている。幸運にもイチョウは、挿し木による繁殖が非常に容易なので、都市の植樹には直立した雄株が多く選ばれている。

中年期あるいは老年期のイチョウは壮麗であるが、青年期にあるイチョウは不恰好にもみえる。アメリカの偉大な植物学者C・S・サージェントは、1897年、こう述べている――「イチョウは若いときには堅く、ほとんどグロテスクである。遠くにひろがる細い枝と、まばらな葉。イチョウは1世紀生きるまでは、本来の特徴をしめさない。若木が、将来の輝きの兆候をこれほどみせない樹木はほとんどない」。若木は、上方にむかって突きだすようにのびる習性があるが、あきらかにこれは、影になった環境から抜け出ようとする適応で、年をへれば枝は横にひろがる。

近年、西洋では、イチョウの医療効果への関心が高まりをみせているが、伝統的な中国医学には、長いあいだイチョウを幅広い用途に用いてきた歴史がある。イチョウの葉のエキスは、おそらく循環器系疾患や、ある種の関節炎、喘息の治療に有効だろう。イチョウの成分は記憶力の改善にもいいと証明されているが、多くの人びとの期待とはうらはらに、痴呆症の助けになるという証拠は存在しない。うまくいかなかった研究者のことばをつかえば、「こんなものに、無駄づかいはできない」のだ。

しかし、人間にとって有用であろうとなかろうと、代替薬としてのイチョウの人気の高まりは、この木の未来を保証するのに役立っている。たとえば、南カリフォルニアやフランスでの大規模な植樹がしめしているように。もうひとつの「生きた化石」であるメタセコイアと同じく、イチョウはいまや地球の樹木文化の確固とした一部となっている。

上左：イチョウの実　上右：樹皮　次ページ：雄花

2. モクレン（マグノリア）〔英：Magnolia〕

（学名：*Magnolia sprengeri*）

科 モクレン科（*Magnoliaceae*） **概要** 異国風の花のために生育されている落葉樹。この花はもっとも原初の顕花植物とのつながりを示している	**原産** 中国南西部 **大きさ** 20 メートルに達する **寿命** 不明 **気候** 冷温帯

モクレン種のピンク色の花は遠くからでもみえ、枝に葉がないからよりいっそう目立つ。他の落葉樹のむきだしの枝にかこまれているので、その効果はほとんどシュールだ。近づいてみれば、花そのものの大きさは15センチほどだとわかるのだが、たとえ色あざやかでも優雅さにかける。この荒削りでずんぐりした花をみたことがあるひとなら、モクレンが顕花植物の最古のもののひとつで、きっと恐竜もそうした植物のあいだで草をはんでいたと聞いても驚くことはないだろう。

モクレン（*Magnolia sprengeri*）や多くのモクレン種、そしてその他の原始の種（メタセコイアや、とくに華々しいイチョウなど）は、中国南西部で生きのこってきたが、一方その他の地域では、この数千万年のあいだの気候変動によって絶滅した。この中国南西部の森林は、南は東南アジアの熱帯雨林が、西はヒマラヤ山脈のふもとが境界になることで、新生代初期から中生代（恐竜や翼竜の時代）におよぶ時代の森林との直接的つながりを保つことになった。地質が不安定であったために、長い時代にわたる気候変動が起こったが、大陸ができ、あいだに山脈や海が存在しなかったために、この地域では温帯と熱帯のつながりが維持された。このことは、たとえ気候変動によって他の樹種がしりぞいたときでも、地域にまたがって生存することのできる植物が存在したことを意味する。しかし今日、悲しいことに、中国の急激な経済成長によって、これらの森林が大規模に失われつつある。同時に、水力発電計画のために渓谷がつぎつぎに水浸しにされつつある。幸運なことに、このことが起きる以前の19世紀末から20世紀初頭の世紀転換期に、ヨーロッパのプラントハンターが多くの種を世界にひろめて栽培していたのだ。

中国人がモクレンに関心があったのは、伝統的に、御馳走に使用するからであった。花びらを小麦粉の衣だけにつけて揚げたり、ショウガとともに酢漬けにしたりする。地理的に遠いといえば、なぜモクレンが中国の庭園文化からかつて無視されていたのかがわかるだろう。しかし、中国では在来植物への関心が高まりつつあるので、今後この木はよりいっそうその故国で植樹されることになろう。

1901 年、イギリス人 E・H・ウィルソンが最初にモクレンを採集し、種子をイングランドのヴィーチ商会におくった。そのうち 8 粒が芽をだし、その苗木は当時の大きな植物園と個人の収集家の手にわたった。モクレンは花が咲くまで長時間、20 年かそれ以上かかることもあるが、それらの株が花開いたとき、ウィルソンが蒐集したものには、ふたつの異なる由来の種子がふくまれていたことがあきらかになった。ピンクの花をつける株と、白い花をつける株があったのである。20 世紀初期のプラントハンティングに多大な投資をしたウィリアムズ家は、ひとつの株をイングランド地方コーンウォールのケアヘイズ城に植えた。この木はピンクの花をつけ、栽培種名として「ディーヴァ（Diva）」と名づけられた。またこのとき、モクレンの花が、比較的霜に耐性があることもわかった。

「ディーヴァ」の花に耐寒性があったことは福音となった。モクレンと、それによく似たキャンベリー・モクレン（*M. campbellii*）などのアジアの他のモクレンは、樹木としては十分耐寒性があるが、その花のつぼみは生長するほど寒さに弱くなる。そのため、春の到来がおそく天気が不安定な土地では、装飾用の木としての用途は制限される。モクレンを育てる場合、数年ごとに遅霜のため、その花が数時間のうちに茶色にしおれてしまうことがあるので、覚悟しなくてはならない。なんの害にもあわなかった季節が、よりいっそう大切なものになる。その花が美しく、比較的耐寒性があったために、「ディーヴァ」は、花を咲かせるまで何年も忍耐強くまった養樹園主が、多くの交配種を育てるのに貢献した。

次ページ：早春に開花しているモクレン

18～19ページ：葉のない枝についたモクレンの花とつぼみは、冬の終わりを告げる

3. セコイア（カリフォルニア・レッドウッド）

〔英：California Redwood〕

（学名：*Sequoia sempervirens*）

科
ヒノキ科（*Cupressaceae*）
概要
背が高く高齢のものがあり、常緑樹に属し、森林で生長する
原産
カリフォルニア沿岸

大きさ
115メートルに達する
寿命
少なくとも1,500年かそれ以上
気候
湿潤な温帯

生長したセコイアの森を歩くことは、巨人のあいだを歩くことに似ている。私たち人間は、セコイアの木の巨大さや途方もない高さによって、小さくてつまらない矮小なものになったような気持ちになる。林床には他の植物は、どちらかといえばない。訪れた人びとは、騒がしい駐車場や子どもたちの叫び声をあとに、この森で自分が沈黙にかこまれていることに気づき、静謐さをひしひしと実感するだろう。セコイアの木にまつわるすべてが、つまりその幹のとてつもない太さ、背の高さ、倒れた枝の大きさが、私たちが想像力をはたらかせるように強いる。

残念ながら、そういった荘厳な森はほとんど残っていない。最初の入植者たちは、すぐに最高級の木材になるとわかったこの木に貪欲に襲いかかったが、これにより森林の約95パーセントが失われたのである。この森を保護する運動は、近代の環境保護活動の歴史における最初の戦いのなかのひとつとなった。サンフランシスコのすぐ北に位置する、保全状態のよい森のひとつは、ジョン・ミューア（John Muir）にちなんで名づけられた。彼はこの森の保護活動と、19世紀にひろくおこなわれた国立公園設立に、最も精力的にかかわった活動家のひとりである。ミューアは、アメリカ西部の森をただ将来の木材としてではなく、それ自体の価値のために保護されるべきであるとして運動をおこない、今日、環境保護の創始者のひとりとみなされている。現在このエリアは、ジョン・ミューア・ウッズとして知られており、サンフランシスコ近郊にもかかわらず、到達しづらい峡谷にあるため破壊をまぬがれている。ある議員がこの区域を購入した際、つまり19世紀末から20世紀初頭にかけて、カリフォルニアの他のエリアの美しい自然に降りかかった運命と同様に、ダムの底に沈む危機にさらされた。1908年、ローズベルト大統領がこの地を国定史跡に指定したことは、環境保護の画期的な出来事となった。

カリフォルニア沿岸には他にも多くのセコイアの森があるが、その多くは2次成長したものであり、伐採業者の収奪のあとに育った若い木々からなっている。訪れた人びとは、これらの木がいかに密集して成長しているか、その木陰がいかに暗いかをみて驚く。また、多くの場合、森の湿度は高い。沿岸部の霧が多い地域であるため、木葉に集まった霧はすぐに地面に落ち、目にみえるほどの降水量となるのである。霧はセコイアの生息地をほとんど決定している。なぜならセコイアは、オークやマツ、ダグラスモミが繁殖する、霧のかかる地帯より標高の高い場所に生えないからである。セコイアの森の木々が密集した様子をみれば、そこには1エーカーあたり熱帯雨林の2倍の生物量（バイオマス）がふくまれると知っても驚くにはあたいしない。セコイアの森は、地球上でもっとも生物学的に生産性の高い環境のひとつなのである。

セコイアは、雨の多い環境をしめている。この地の年間雨量は2,500ミリにもなり、洪水はよくある。針葉樹としては珍しく、この木には、洪水や大きな損害に対処できる生存のメカニズムがある。樹木のほとんど、そしてほぼすべての針葉樹は、洪水によって根が土砂に埋まると死んでしまう。しかしセコイアは、古い根のうえに新しい根系が育つまで生きのびることができる。谷底に生育するセコイアを調査して、いくつかの場合、木が多数の根系を形成し幾重にもかさなっていることが判明している。

新たな根系だけでなく、セコイアは新たな枝もつける。切り倒されても再生する多くの落葉樹（だから、スウィート・チェスナットやライムのような木は剪定される）とは異なり、針葉樹は切り倒されると実際に死ぬ。しかしセコイアは死なず、新しい枝を生やし、それが幹のまわりで輪のように育ち、新しい木となる。この能力によって、セコイアは19世紀から20世紀初頭の破滅的な伐採からたちまち回復しえたのだ。また、セコイアの森が信じがたいほど密集している理由が、ここからわかる。

アメリカ西部において、森林火災は木の大敵である。火災を生きのびることができれば、それはどんな樹木種

前ページ：セコイアの幼球果

右：サンフランシスコのすぐ北にあるミューア・ウッズのセコイア

にとっても有利に働く。なぜなら、その種は競合種が焦げた幹と灰になってしまったあと、生長をつづけ再生できるからだ。セコイアは、そういった生存種のうちのひとつである。そして、この木が生長するこの地帯では、セコイアが火事を生きのこることのできる唯一の種だった。その厚い海綿状の樹皮は、火の熱を遮断するのに役だち、また若いときの生長がはやいため、繊細な組織を地面から遠ざけることができる。火災の勢いがすさまじいほど、他の樹木種にあたえる衝撃も大きく、セコイアにとっては利益となるのである。

今日、セコイアの森の多くが、ミューア・ウッズのような巨大な木ではなく若い木からなっているのは、この木が木材として魅力的だからである。セコイアの木材は、みた目がよいだけではなく軽く、さほど多くの力を犠牲にするまでもない。他の多くの針葉樹とは異なり、樹脂も少ないため引火性も低い。1906年にサンフランシスコでおこった地震後の火災は、もし建物の多くの外装がセコイアでなければもっとひどいことになっていただろう。巨大な木であるため、製材所は格段に幅広の板を生産することができた。今日、西海岸の古い家では、この板がしばしば称賛されている。セコイア材の質のよさのため、もとの森の破滅がもたらされたかも知れないが、現在では品質がこの木に恩恵をあたえている。なぜなら、セコイアを植えて森を維持しようという、明確な経済上の動機があるからである。

セコイアは地球全体では、カリフォルニアのような気候のさまざまな地域で植樹されており、一般的に成功している。とりわけ、温暖で湿潤な気候のニュージーランドが生息地になった。そこでセコイアは土着化し、播種によって自然繁殖しており、木材として植樹するという選択肢をとることも可能になった。しかし、景観の典型的な木としては、セコイアはそれほど成功していない。枝わかれが不均衡でみすぼらしいために、この木は常に落ち着かないようにみえるのである。じつのところ、セコイアは森の木であり、同じ大きさの仲間の木が提供する保護と湿気を必要としている。景観を飾るという栄誉は、カリフォルニアの他の巨木セコイアオスギ（ジャイアント・セコイア）（*Sequioadendron giganteum*）のものである。この木は、セコイアとは対照的に、他の木々のなかにあるより、孤独に屹立している方がより印象的にみえる。

4．モミジバフウ（スイートガム）

〔英：Sweet Gum〕（学名：*Liquidambar styraciflua*）

科
フウ科（*Altingiaceae*）
概要
鮮やかな紅葉で名高い落葉樹
原産
アメリカ合衆国東部とメキシコの各地
大きさ
40メートルに達する
寿命
400年にいたる
気候
夏が暖かい冷温帯

モミジバフウは、秋には人びとが気にかけはするものの、それ以外の季節では忘れられがちな木のひとつである。もっとも、モミジバフウの下の芝生を裸足で歩くアメリカ人は、とても魅力的だがトゲのある実をつけた頭状花を踏んで痛い思いをすることだろう。ヨーロッパでこの木はあまり花や実をつけないが、色づかないことはほとんどない。モミジバフウはカエデとともに、アメリカと同じように、大西洋をはさんだヨーロッパでも、数少ない「秋の色」の北アメリカの木のひとつである。色は多様であるが、赤か金色、あるいはより栗色がかった紫になることが多い。

フウ属の葉はカエデの葉に非常によく似ているが、枝の樹皮をみればそうではないとわかる。フウ属の樹皮はコルクのようで粗いので、通称のひとつに「ワニの皮」（alligator bark）というものがあるほどだ。くわえて、植物学の基本である詳細な観察をおこなうと、モミジバフウの葉は互生葉であるのにたいして、カエデの葉は対生葉であることがわかる。長い年月をかけ、多様な葉の色、大きさ、習性をもとめて、いくつかモミジバフウの栽培品種が生みだされてきた。「オコニー」（Oconee）や「ステラ」（Stella）のように、細い円錐形になる習性をもつものもある。この習性は、小さな庭や狭いスペースで非常に役に立つ。造園設計家や庭師は、あるひとつの習性を評価する。それは、栽培種のいくつかにある冬まで葉が落ちないという習性である。たとえば「バーガンディ」（Burgundy）は、葉を2月までつけている。

「スイートガム」や「リクイダンバル」（liquidambar）というもっともよく聞く通称は、どちらも、樹皮を剥いたときに辺材からしみでる樹液について述べたものである。1753年、リンネは「リクイダンバル」という名称を、樹皮を意味するアラビア語に言及するために用いた。当時、ヨーロッパの人びとにとってもっともなじみ深いこの種は、中東のリクイダンバル・オリエンタリス（*L. orientalis*）であったのだろう。樹液は薬やお香、中東の文化の重要な一部である香水の成分として用いられた。アメリカ原産の種であるリクイダンバル・スティラキフルア（*L. styraciflua*）は、コロンブス以前のメキシコにおいて、同様に用いられた。風邪や痛みの治療に使用され、そして香水の原料になったのである。またこの樹液は、タバコにまぜて喫煙された。1519年、モンテスマがコルテスに会ったとき、彼はコルテスに、中央メキシコの言語であるナワトル語で「ショチオコツォカウイトル」（xochiocotzoquahuitl）として知られるもので香りをつけたパイプをあたえた。19世紀のアメリカ南部でもこの樹液は、とりわけ赤痢にたいしての薬として用いられ、しばしばチューインガムの原料になった。実際、現在のチューインガムの銘柄には、材料としてこの樹液が入っているものがいまだにある。

合衆国では、モミジバフウは南東地域（テキサス州からニュージャージー州にいたる）にひろく生育しており、山麓地帯の放棄された農地でおびただしく生育する傾向のマツを引きつぐ最初の落葉樹のひとつである。また、沿岸部沼沢林を構成する重要なものでもある。この木がとても離れて分布しているのをみると、これがかなり太古のものであることがわかる。比較的原始的種であるこの木は、顕花植物の歴史の初期に進化した。個体群はその後、たえず世界の大陸をうごかしている大陸移動により分裂・分離された。化石の証拠がなくとも、そうした分布の仕方は、地質時代の初期に進化したことを強く示唆するものである。

この木は、アメリカ南部で硬材材木種として重要であり、とりわけ張り板と合板作りにはむいている。こうした用途は、密な木目を最大限に活用しはするが、弱点、つまり乾燥すると裂ける傾向をおぎなうものだ。われわれのほとんどにとって、とはいえ、モミジバフウは庭、公園、そして都市部でしだいになじみのある木になってきている。

前ページ：すばらしい秋の色がモミジバフウの強みのひとつだろう

5. セコイアオスギ（ジャイアント・セコイア）

〔英：Giant Sequoia〕

（学名：*Sequoiadendron giganteum*）

科	**大きさ**
ヒノキ科（*Cupressaceae*）	90 メートルに達する
概要	**寿命**
常緑針葉樹で、地上最大の生きもののひとつ	4,000 年にいたる
原産	**気候**
カリフォルニア内陸部の狭い地域	季節によって乾燥する温帯

イギリスをふくむヨーロッパ北西部を車で横断しているときより、原産地カリフォルニアでこの木を目にすることが少ないのは、歴史的・植物学的アイロニーである。たとえば、多くのイギリスの地方の道路沿いで、高い黒い木でおおよそ円錐形をし、葉がギザギザしたものを目にすることは珍しいことではない。この木がそれだけでたっていることがとても多く、また少なくとも、他の木にまじってこの種が 1 本だけのこともある。このセコイアオスギがあると、ほとんどいつも、そばにヴィクトリア朝風の屋敷と庭園がある、あるいは過去にあったことがわかる。単独の場合、しばしば地方の牧師館や裕福な家族の旧宅があることをしめしている。この木がかたまって生えているのは、資産のある土地所有者の所有地以外にはほとんどない。

セコイアオスギは、ヴィクトリア朝の人びとを魅了した。彼らは、あらゆる常緑樹を好んだ。種子の輸入は 1853 年にはじまり、何千本もが植樹された。周囲の景観に深刻な影響をあたえたこの木は、地上レヴェルできわめて特徴がある。赤茶の樹皮は、とてもやわらかい海綿状（火事から木を守るための適応）であり、細かい赤みがかかった落ち葉が、しばしばきわめて特徴的な丸い球果とともにあたりに散る。海綿状なので、樹皮はいやおうなく人びとの注目をひく。やってきた人は、見本に剥がす誘惑に抗えないので、人出のある公園や樹木園の木は、ときにフェンスで守らなければならない。この巨大な新しいものは、19 世紀に人気を集めた。そのみごとな典型例は、アメリカやニュージーランドの全土で、そしてヨーロッパ北西部でもみることができるが、この木はとくにイギリスの気候でよく育つ。ヴィクトリア朝期の苗床は、いともたやすくとても多くの苗木を育て、イギリス中に配布したが、それはいささか皮肉だ。なぜなら、セコイアオスギは、本来の生息地で再生に現実問題を抱えているからである。実際、カリフォルニアでこの木は、「残存個体数」としてしか存在していない。正確には、シエラ・ネヴァダ山脈のふもとの 68 の木立だけだ。疑いもなく、この種は何千年にわたり衰退の一途をたどってきた。しかし、20 世紀に合衆国土地管理局がおこなった山火事抑止によって、この状況が悪化した。なぜなら、苗木が木に生長するのは、競合する植物が小規模な森林火災によって定期的に根絶された場合だけだからである。

火とのむすびつきはまだある。ヨーロッパ・ストーン・パインのように、その特徴的な球果がひらくのは、火の熱にさらされたときだけで、大地から競合する植生が一掃され、根おおいとなった滋養のある灰で豊かになり、まさに再生に最適な時がくると、タネを放つ。この木には、さらに独特な点がある。球果は、緑のまま 20 年まで生きつづけることができる。これは針葉樹でもまれなことだ。現在では、この種が生きのこるには、人間が火災を積極的に管理してやらなくてはならない。これも皮肉にみえるだろう。セコイアオスギ（*Sequoiadendron giganteum*）が最長寿樹の種のひとつであり、最大（最も背が高いというのではなく、体積が最大）のものであるからだ。

ヨーロッパの植民者たちは、1830 年代初期にはじめてこの木を目にし、それはすぐに植物学者の知るところになった。紛らわしい競合する名が次つぎにつけられた。長年、*Wellingtonia gigantea* という名が優勢であったが、アメリカの植物学者たちはこの名に腹をたてた。その木をみたこともないイギリスの植物学者によってつくられ、アメリカとは何の関係もないイギリスの軍神（ウェリントン公爵）を記念するものであったからだ。要するに、合衆国の植物学者ジョン・T・ブッフホルツ（John T. Buchholz）が、1939 年に *S. giganteum* という新しい名前の弁護論を展開し、植物学的論拠が国家的プライドの口実になった。

セコイアオスギとヨーロッパの入植者たちとの初期の関係は、幸福なものではなかった。木の伐採者たちは多大な損失をあたえ、最大の森をほとんど完全に木材にし、1920 年代まで伐採をつづけた。この木材は、伐採のコストにほとんど見合わなかった。繊維質で負荷に耐える力

前ページ：カリフォルニアのセコイア国立森林公園にある「100本の巨木コース」のジャイアント・セコイア

がほとんどないからだ。そのため、最終的には、フェンスの柱やマッチ棒にさえなった。しかし、開拓者たちの強欲さはすぐに暴露されることになった。彼らが伐採後にのこした巨大な木や大きな切り株をうつした写真が、この国の他の地域の市民に衝撃をあたえたのである。先駆的環境保護者ジョン・ミューアは、セコイアオスギ救済運動を主導し、その活動は1890年、アメリカで第二の国立公園・セコイア国立公園が指定され、頂点に達した。さらにより包括的な保護活動がなされたのは、大統領ビル・クリントンが、2000年にジャイアント・セコイア国定史跡を設定したときのことである。20世紀初期から、この巨大な木の並はずれた森は、旅行者をひきつける主要なものになった。というのも、多くの森はでかけていくことが容易で、毎年、何千もの人びとを謙虚な気持ちにさせてくれたからだ。初期の商業的開発利用は、お世辞にも尊敬されるようなものではなかった。車が通れるように幹に穴があけられた木や、山小屋にされたりダンスフロアに用いられたりした切り株の写真がひろく流通した。

この木より高くなる木はあるが、大きさの点でセコイアオスギにまさる木はない。セコイア国立公園にある「ジェネラル・シャーマン（シャーマン将軍）」という木は、1,489立方メートルになる。もうひとつの巨木の典型例は、カリフォルニア州キングズ・キャニオン国立公園にある「ロバート・E・リー」で、計算から約28億枚の葉があると推測されている。この規模の木なら、およそ3,500歳であると思われる。大きい老木は、とても複雑になっている。枝をもつ単一の幹であるのではなく、空洞の中心を取りかこんだ多数の幹が複合体をなしているのだ。枝もまた、枯れてから奇妙な具合に再生する。このような巨木は、どんどん枯れていく組織を覆う生きた表皮にすぎないことを思い出させてくれる。

セコイアオスギは、多くの公園や庭園で育てられており、非常に愛される木である。しかし、残存する巨大な森を訪れる人を真に興奮させ、畏敬の念を抱かせしめるのは、野生で生育しているこうした木なのだ。

上：古株の足下から生える幼木
次ページ：そびえたつセコイアオスギの幹

6. ヴァレー・オーク〔英：Valley Oak〕

（学名：*Quercus lobata*）

科	**大きさ**
ブナ科（*Fagaceae*）	45メートルに達する
概要	**寿命**
非常に大きな落葉樹で、現地の景観を特徴づける主要な木であり、また歴史的に食料源としても重要であった	600年
	気候
	暖温帯
原産	
カリフォルニア、セントラル・ヴァレー	

カリフォルニアを訪れ、ヴァレー・オークを一目みて、人は驚きの反応をしめす。あれほど長い枝を1本の木が支えることが本当に可能なのだろうか。あきらかに可能なのだが、しかし重力の法則の無視をきめたようにみえる、その枝を長くのばす、成熟したヴァレー・オークをはじめてみたときのことは、容易に忘れることができない。他のヴァレー・オークをたくさんみれば、この長い枝は最初にみた木がたまたまつけたものなのではなく、この種の特徴であることがあきらかになる。しかし、興味深いパラドックスは、このような枝の習性を可能にするヴァレー・オークの生物学的特性は、その木材の品質が高いことを意味するわけではないということだ。最初の入植者によって名づけられたこの木の名のひとつに「マッシュ・オーク」があるが、それはその材質があまりも悪かったからである。カリフォルニアのセントラル・ヴァレーで育ったヴァレー・オークの多くは、建築やフェンスのための木材となったためではなく、森林火災のために失われた。

ヴァレー・オークは、その年齢によって形をかえる。最初の数十年間は、「立ち木」の段階にあり、たとえ十分なスペースがあっても柱状に育つ。つぎに「ニレ」の段階がやってくる。このときには、上方にのびる枝によって花瓶のような頂を形づくる。100年から300年のあいだに、この木は「枝垂れ」の段階に到達する。鞭のような枝が地面にむけて垂れさがるのである。そして最後に再生の段階に移行するが、このとき古い枝は枯れ、新たな立ち木が生えてくるのである。ちょうどつぎつぎに新しい若木が生える植木のように。

ヴァレー・オークは分散して分布する。なぜなら、この木は地下水の供給を常に必要としているからである。かつてヴァレー・オークは、ヨーロッパの入植者がアメリカ大陸に到達するはるか以前、カリフォルニアのセントラル・ヴァレー中にある青々とした森か、あるいはサバンナ型の景色の一部となった。探検家による初期の報告によれば、それは公園のような景色であったという。これはアメリカ先住民が鹿や猟鳥の個体数をコントロールし管理するために、火を用いていたためである。そのため、ヴァレー・オークは比較的火に耐性があった。初期の入植者も、この木が列になって植えられていることに気づいていた。これはセントラル・ヴァレーの先住民部族が意図的に植えたものだったが、いまはおおむね失われている。近年、ヴァレー・オークは牛が草をはむ牧草地によくみられ、その威容はみつけやすくなっている。

アメリカ先住民はヴァレー・オークを食料として植えたが、実際その実であるドングリは彼らの主食だった。炭水化物とタンパク質が豊富で、少量のビタミンもふくまれているので、ドングリはわずかな鹿肉と緑の葉とともに、バランスのとれた食事をこの地域の先住民に提供してきた。集められたドングリは、さらして乾燥させ、加工が必要になるまで貯蔵される。加工とは、実を割り、平らな岩にあるすり鉢のような穴（これは現存しており、見学することができる）ですりつぶして粉にしてから、水にさらすことである。この最後の手順は重要である。これによってタンニンがぬけ、そうしなければドングリはにがくなり、まったく食べられないものになってしまう。このように下ごしらえされた粉は、ポリッジになったり、焼いてパンのようになったりする。現代のサバイバリストやアメリカ先住民の文化を復活させようとする人びとは、ドングリのより食べやすい調理法を研究しており、そのレシピをインターネット上でみることができる。

ヴァレー・オークは、北アメリカの落葉樹のなかでは最大であり、いくつかは由緒ある目印になってきたが、そのなかには、いまはもう倒れてしまったものもある。今日、この樹種は、とりわけ開発業者による間断のない圧力に直面している。建物はセントラル・ヴァレーの土地を飲みこみ、水流を変えつづけているためである。この地で最も特徴的なこの木は、その未来を保証してくれる確かな目をもつ人びとを必要としている。

前ページ：カリフォルニアの牧場に生息するヴァレー・オーク
32～33ページ：ヴァレー・オークは、消失してしまった広大な森林と湿地の、雄大な残存種である

7. イングリッシュ・エルム

〔英：English Elm〕

（学名：*Ulmus procera*）

科
ニレ科（*Ulmaceae*）
概要
歴史的に大きな重要性をもつが、病気にかかりやすい落葉樹
原産
フィールド・エルム（*U. minor*）はひろく南ヨーロッパとトルコの一部から、バルト海沿岸の北ヨーロッパまで分布している。セイヨウハルニレ（*U. glabra*）は、アイルランドからイラン、北極圏からギリシャ南部に生息している
大きさ
40メートルに達する
寿命
700歳にいたる
気候
地中海性気候から亜寒帯

「それらは西ヨーロッパでもっとも複雑で手ごわく、人間の諸事ともっとも密接にむすびついた木である」と、著名なイギリスの地方史家オリヴァー・ラッカム（Oliver Rackham）は1986年に記したが、それ以降、物語はより複雑になりつつある。

泥炭地に保存されていた花粉の化石の分析によって、氷河期後期以来、ウィッチ・エルム（魔女のニレの意）（セイヨウハルニレ）（*Ulmus glabra*）は、北ヨーロッパでもっとも数の多かった木のひとつであることがあきらかになった。しかし、紀元前4万年頃、その数は急激に減少する。この頃、オランダエルム病（Dutch elm disease）として知られている菌類病原体が最初に登場したのであろう。もしそうであるなら、ウィッチ・エルムは、この病気に抵抗することのできる個体を生みだす程度には遺伝子的多様性をもったということになる。現在森林地帯にこの木が生き残っているのはそのためである。

いわゆる「フィールド・エルム（野のニレの意）」（すなわちイングリッシュ・エルム［イングランドのニレの意］）の物語は、それとはまったく異なっている。病気の問題については19世紀から報告されており、1921年、オランダの病理学者が、木から木に甲虫（ニレキクイムシ）によって感染がひろまる真菌を特定した。1967年、この病気の新しい菌株がイングランドにあらわれた。これはおそらく、アメリカから輸入された感染した木材に存在していたものだった。それ以降の10年間で、この感染症はイングランド南部の景観を荒廃させた。イングリッシュ・エルムはこの地方の景観を特徴づける主要な木だった。生け垣の低木の列を、背の高い突きでた幹と、他の木よりも高い場所にある枝葉によって規則的に区切るのである。この病気は、ヨーロッパ中にひろまりつづけ、2000年代頃になるとスウェーデン南部に到達した。オランダエルム病は20世紀初期のアメリカグリの伝染病を思わせるが、エルムが枯れる早さは不自然に思えた。そして実際、ある意味において、それは不自然なことであった。イングリッシュ・エルムが自生種ではなく、多数の分枝系（クローン）だということはずっと知られてきたことである。この木はじつに繁殖が簡単である。大きい枝を切り、それを地面にさせば、爆発的に生長する。しかし、分枝系は遺伝子的に同一のものであり、そのため病気への抵抗力が同レベルであり、またそれが欠如している。2004年、スペインの研究チームが、遺伝子分析の結果、すべてのイングリッシュ・エルムは同一の木のクローンであり、そのため、病気にたいして同レベルの抵抗性しかもたないという衝撃的な研究結果を発表した。

この木はどこからきたのか。研究者たちは、イギリスの分枝系はイタリアとスペインにも存在していたことを発見した。彼らは、ローマ人がそれをスペインからイングランドに、ブドウの蔓をはわせる棒としてもちこんだという仮説をたてた。ローマの農学者コルメラは、農業経営論『農業論』（*De Re Rustica*）（紀元50年頃）において、エルムを用いることを提案していたのだ。とりわけイタリア原産の変種のアティニアン・エルム（Atinian elm）である。これは、実がならないため不稔性であった。ついに、これによって事態は簡単になったようにみえた。イギリスのこの分枝系の地理的な変種間にあきらかな差異があることは、十分に説明されるまでもなかった。

エルム（ニレ）が病気によって失われ、世界中の都市から消えるにつれて、多くの都会の光景は大きく変化した。ハーグとエディンバラにはいまだに多くのエルムが生息しているが、それは病気の絶え間ない監視と、ワクチン接種、そして病気に耐性のある品種との植え替えによってはじめて可能になったのである。

将来はどうなるのだろうか。以前おこったニレ立枯れ病（オランダエルム病）の発生が終息したのは、ウィルスがその真菌を苦しめたときであるという証拠がある。しかし、これまでのところ、そのようなことがおきる兆候はない。抵抗性があるとされる品種についても、多くは不十分だとわかっている。遺伝子的に調整をくわえた変種を生産し売りだすことは、強い反発のために不可能である。エルムが戻ってくるまで、世界は長い年月を待たなければならないだろう。

前ページ：イングリッシュ・エルムの特徴的な粗い葉

8. イガゴヨウ（ブリスル・コーン・パイン）

〔英：Bristle Corn Pine〕（学名：*Pinus longaeva*）

科	大きさ
マツ科（*Pinaceae*）	15 メートルに達する
概要	**寿命**
きわめて長寿のめずらしい種	5,000 年を超える
原産	**気候**
アメリカ南西部の山地に点在	亜乾燥の、しばしば厳しい気候

おそらくもっとも年をへた木に出会ったとき、それを切り倒そうとする者はほとんどいないだろう。科学のためにでさえ。しかし、1964 年、環境史を記録する際、年輪を用いようとしていたある研究者が、カリフォルニアのウィラー・ピーク地域でイガゴヨウ（松）のきわめてよいものに出会ったとき、それはおこった。彼は、サンプルを抽出するために、たがねを用いようとしたがこわれてしまった。ふたつ目のたがねも同じだった。一緒にいたフォレスト・レンジャーにアドバイスをもとめ、彼はこの木を切り倒してくれとたのみ、許可をえた。その後、年輪をかぞえてはじめて、彼は自分が当時記録されていたもっとも古い木を倒してしまったのだと気づいた。その木は、少なくとも 4,844 歳であった。

古いイガゴヨウは、際だった盆栽のような形で、生きているより死んでいるようにみえる。長く冷たい冬、短い生長期、乏しい水と猛烈な風という、きわめて厳しい環境のなかで生きるため、山頂に生息するものは極度に生育がおそく、ときにあまりにおそいため一年で年輪を増やさないものもある（これが樹齢を測るのを複雑にしている）。その生育の度合いのおそさのため、この木は信じがたいほど密度が高く、それが木を害虫や病気の攻撃からまもっている。葉はマツの木に典型的なマツ葉で、約 2 〜 4 センチの長さの 5 本の葉が一束になっているが、これもまたゆっくりと生長し、どんな植物よりも長生きで、45 年間生きつづける。

標高が 3,000 メートルかそれ以上になると生長はおそくなり、結果的に長寿になる傾向がある。それより標高の低い山の傾斜に生えた木であれば、もっと大きくなり、もっと「木らしく」みえるだろう。しかしそういった木は、山頂に生えているものほど長生きしない。山頂の木はひろい間隔をとるが、これは乾燥した環境にある樹木には典型的なことである。また、それらはコブのあるねじれた形をとり、中央にはすでに枯れている幹があり、その中間か根元付近では新たな枝が生長している。これはある種のパラドックスかも知れないが、これらの木は重要な生理学的原理を説明してくれる。つまり、資源の少ないところでは長寿になり、資源の豊富なところでは短命になるのだ。研究室でのラットを用いた実験により、動物にとってこの原理が正しいことが証明された。一方、日本の比較的低カロリーの伝統的食生活と、この国がその結果長寿になったことから、人間もまた、この生物学的な基本に注意すべきであることがわかる。

現在知られている最高齢の木は、カリフォルニアのホワイト・マウンテンに生息している。しかし、その正確な位置は、保護のために研究者らによって秘密にされている。2012 年の研究により、その樹齢は 5,060 歳であることがあきらかになった。生長期の状況によって、この木の年ごとの生長輪の大きさはさまざまであるが、それがどれだけ年月を経たものであるかがわかる。だから、単に年輪を数えるだけではすぐに樹齢が判明しないとき、この方法は有効である。

生きている木から測定をはじめれば、この木の年表の全体像をつくることができる。そうすれば、死んだ木も、過去の気候の記録にふくまれることになるからだ。この記録は、紀元前 6828 年にまでさかのぼる。この記録は、長年にわたる気候の全体像を描く際に、非常に有効であるとわかっており、また人間によって引きおこされた気候変化の有力な証拠となっている。年輪の連なりも、また放射性炭素による年代測定法を確立する際に、重要な役割をはたしている。この標準的方法は、考古学者やその他の研究者が、有機物の年代をはかるのに用いられている。

イガゴヨウの生息地は遠いかもしれないが、けっして到達不可能な場所ではない。最古の森は国立公園内で保護されているが、車道から訪れることのできる場合もある。旅がいやでなければ、そこに行って、このけたはずれで畏敬の念をもたらす植物の前に立つことができよう。

前ページ：イガゴヨウとその山塞

9. オモリカトウヒ（セルビアン・スプルース）

〔英：Serbian Spruce〕（学名：*Picea omorika*）

科	大きさ
マツ科（*Pinaceae*）	30メートルに達する
概要	**寿命**
常緑針葉樹で、野生のものはほとんどないが、一般的には観賞用	不明だが、他の多くの異国風のトウヒ種よりもずっと長寿
原産	**気候**
ヨーロッパ南東のバルカン地域の小範囲	冷温帯

しばしば公園の隅に立っているのがみられるこの木を、ほとんどの人は「クリスマス・ツリー」と呼ぶかもしれない。ただし、その木は、このことばが通例適用される円錐状の針葉樹よりも、一段格上にみえる。孤立しているトウヒやモミの典型樹は、しばしばそれだけだとむさくるしくみえるが、オモリカトウヒはほっそりと整ってみえ、葉が優雅に地面に向けて弧を描いている枝を覆っている。

オモリカトウヒは、先駆種（新しい土地を最初に開拓する種のひとつ）で、多くの先駆種と同じく、光を必要とする。この木はまっすぐ生長し、樹冠はどの針葉樹よりも細くなる傾向にある。自然界では、これは不利になる。というのも、ヨーロッパに優勢なトウヒやブナのような、より幅広の樹冠の他の木は、この木に打ち勝つことができるからだ。しかし、ホモ・サピエンス（賢い人）が支配する世界において、この細い樹冠は救世主となった。実際、この木は、人間が支配している進化の過程に、極度に適応させられていると論じることもできるだろう。造園設計家、庭師、そして一般人は、この木のきれいに垂れた枝をもつ尖塔状の姿を愛好する。この枝は、開放環境で生育すれば、何年も見栄えよくありつづける。栄養に乏しい貧弱な土壌、酸性質、アルカリ性質、時折の浸水、そして晩霜に非常に耐性があるために、この木は多くの都市や郊外の環境で繁殖している。そのためこの木はみごとな緑地用樹木となり、きわだって優美である。その木陰が最小限なことも、しばしば利点となる。

しかし、野生のオモリカトウヒは、わずか数千しかのこっていない。化石をみると、後期氷河期以前、この木がヨーロッパ南部に広範に繁殖していたことがわかるが、氷が解けたあと、それ以前の領域の多くを回復してはいなかった。現在の個体群は、ボスニア・ヘルツェゴヴィナとセルビアの国境に位置するドリナ渓谷沿いに残された一連の狭い地域に、分断して生息している。これらの地域は、かつてつながった細長い一帯だったが、伐採や放牧、山火事、戦争、そして商業的植林地がとってかわったことによって、それらが死滅し、その地域は分断された。幸運にも、その木の多くは、現在、セルビアのタラ山脈にあるパンチッチ人民自然保護区で保護されている。

この木はセルビアでは伝統的に「オモリカ」（*omorika*）として知られていたが、1875年にその名をつけた植物学者ヨシフ・パンチッチ（Josif Pančić, 1814～1888）にちなみ、今日この国では*Pančićeva omorika*として知られている。パンチッチは、医者としての教育をうけていて、患者を訪問しているあいだに、セルビアのその地方の植物群を愛するようになった。医療活動をつづけることはもちろん、彼は数多くの新種を分類・命名し、セルビア・ロイヤル・アカデミーの初代会長となった。ひとたびこのトウヒの種が発見されると、他の場所からの植物学者やプラントハンターが、きわめて特別な木とみなされていた種を見にやってきた。そのひとりが、イングランドのグロスターシア州コールズボーン・パークにいたヘンリー・ジョン・エルウェス（Henry John Elwes, 1846～1922）である。コールズボーンの庭園の前管理人ジョン・グリムショー（John Grimshaw）は、エルウェスがその地を1900年に訪れたことを伝えている。当時、セルビアはオーストリア＝ハンガリー帝国の一部だった。彼は「サラエボの東を一日中」馬にのり、「切りたった石灰岩の崖」に生えていたこの稀少な木をみつけるためにこの地を訪れたのであった。「その崖にはシャモア（羚羊）が好んでやってきた」。多くの針葉樹と同じく、球果には手が届かなかったので、彼は種子を集めるために木を切り倒さねばならなかった。1本の木は、コールズボーンにいまだに生きのこっている。

ひとたび導入されると、クリスマス・ツリーとして広範に植えられるようになった。その生長はゆっくりとしているが、クロトウヒ（*P. mariana*）やその他の種との雑種が知られており、そのうちに商業的に生育可能になるだろう。今日、皮肉なことに、この美しいが稀少で危機に瀕した木は、野生状態にあるより、公園や庭園に多いのである。

前ページ：最も細い形体をした針葉樹のひとつオモリカトウヒ

10. ポリレピス〔英：Polylepis〕

（学名：*Polylepis* species）

科
バラ科（*Rosaceae*）
概要
例外的に標高の高いところに生息する小さい常緑樹
原産
南アメリカのアンデス山脈にある熱帯地域

大きさ
20メートルに達するが、普通それより小さい
寿命
不明、しかしおそらく数百年
気候
標高の高い熱帯

南米のアルティプラノ、すなわちボリビアの高原では、多くの樹木は生息できない。約4,000メートルになるこの地の景観は、草におおわれたなだらかな丘陵で形成されている。ときどき旅行者は、人間の居住区らしきもののそばに、オーストラリアのユーカリの木立をみとめる。ユーカリは、その生長の限界ちかくにあることを考えると、驚くほど健康で生命力が強いようにみえる。高山病でもうろうとしている頭で人は、ここでも樹木は生きていけるのだと考えるだろう。しかし、なぜ自生樹木ではないのか。旅をすすめるにつれ、一見するよりも多くのものが、この広大で荒涼とした景観にはあるのだということがわかる。この地の多くはひな壇に整備されている、むしろひな壇であった。このことは、かつてこの地が耕作されていたであろうことを意味する。これは驚くべき認識である。というのも、それが示唆していることは、以前は人間住民がはるかに多く、またこれが生産的景観であったにちがいないということだからである。生態学史的にいえば、こう疑問がわく。つまり、ここはかつて木におおわれた景観だったのだろうかと。

その答えのヒントは、ある意外な場所に見出される。ぽつんと建っている教会の庭、村の中心地、個人の庭や、ときには切りたって陰になった谷間にある、小さくて節くれだった常緑樹や低木である。そのなかには、驚くほど色彩豊かなものもある。オレンジの花が咲くブッドレアの近親種の*Buddleja coriacea*や、優美なピンクの花の*Cantua buifolia*である。しかし、もっとも落ちついてみえるその木は、繊維質で剥離する樹皮と、なんとなく見覚えのある、深い色の常緑樹でおおわれた、ねじれた枝をもっている。これがポリレピス種であり、この木は本来、他の樹木よりも標高の高いところに生息している。これらの木々はかつて広大な地域をおおっていたが、いまその生息地は限られている。アルティプラノの傾斜地にあるひな壇からは、そこで何がおこったのかについて手がかりがえられる。15世紀以前、つまりインカ帝国以前までは確かに、人びとはこの地に密集してすみ、土地を耕していた。つまり、この土地の木は一掃されたのである。1492年、ヨーロッパ人がアメリカ大陸に到着したとき、彼らはうかつにも、ボリビアの人口の90%を殺した伝染病をもちこみ、ひな壇は耕されないままになった。生き残った人びとは、耕作をしたり放牧をしたりしてこの地で生計をたてた。それ以来、家畜の群れが、20世紀初期にこの地にもちこまれた固く味の悪いユーカリ以外の樹木が再生することを妨げているのである。

標高の高いこの土地の環境は厳しいものである。日光の紫外線から保護してくれる大気は少なく、日々の温度差は激しい。ポリレピスの繊維質で剥離性の樹皮は、この環境への適応である。樹皮が、木の最深部にある繊細な組織を、紫外線のみならず炎や家畜、気温の変化からまもるのである。また、はがれやすい樹皮は、コケ、アナナス、その他の着生植物が枝について垂れさがらせるのをむずかしくすることからも、生存に役立っている。その葉になんとなく親しみを感じるのは、ポリレピスがバラ科の仲間であるためである。ただし、きわめて珍しいことに、ポリレピスは昆虫ではなく風によって受粉する。これはもちろん、この地にハチやその他の花粉媒介者がほとんど存在しないからだ。

今日、ポリレピスの木は家畜や薪を必要とする人間のために、絶滅しそうになっている。保存機関は、この地域の生物多様性を維持する広範囲の試みの一環として、この木の保護のために最善を尽くしている。高度の低い場所に生息するこの木をみれば、世界で最も奇妙で生命力のある樹木属のひとつについて、珍しい特権的な見識がえられるだろう。

前ページ：スコットランドのエディンバラにあるローガン植物園のポリレピス

11. スズカケノキ（プラタナス）

〔英：Plane〕（学名：*Platanus orientalis* and *P.* × *hispanica*）

科
プラタナス科（*Platanaceae*）
概要
大型の落葉樹で、人間の鑑賞の対象になってきた長い歴史をもつ
原産
P. orientalis はバルカン半島のアジア南西部対岸からカシミールまで。おそらくより広範だが、この木は長期間、人間の手で育てられてきたので、立証するのは困難。*P.* × *hispanica* は培養種との交配種
大きさ
30メートルに達するが、一般的にはより小さい
寿命
2,000年以上
気候
大陸の暖温帯だが、冷温帯にも適応する

作業のおこなわれている木が近づくにつれて、騒音はどんどん大きくなる。近づいてみると、破砕機の音でほとんど耳が聞こえなくなるほどだ。そこにいる人たちが皆、聴覚を保護するためのものを身につけているのも驚くべきことではない。枝が粉砕機に投げこまれるたびに、鋭く耳障りな音は大きくなる。その背後では、ウィーンという動力ノコギリの音がして、BGMといってもいい効果をあげている。その調子は、木材を切っている最中か、低回転でまわっているかで変化する。とてもうるさい、都市の剪定の世界にようこそ。

こういった場面は、ほとんどどのような場所でもおこりうる、都市の樹木を剪定し、管理するために必須のものだ。ライム（シナノキ／ボダイジュ）の木はしばしば形が整えられるが、枝刈りはスズカケノキにとても効果があり、しばしばおこなわれているのを目にする。ひとたび作業が終了すれば、年をへて生長したものがさびしい切り株になり、まったく残酷にみえてくる。しかし、春がくればたちまち回復する。たくさんの枝葉が急速に芽生えるのだ。スズカケノキは厳しい剪定や刈りこみに非常にうまくこたえるので、長いこと裏庭や都市環境で人気をえてきた。この木は、利用可能なスペースとその働きに応じて、形と大きさを調整できるのである。背が高く刈りこんだスズカケノキは道沿いにならび、町の広場では、この木の生け垣が周縁にある家を中央の公共スペースからみえないようにしてくれる。カフェの庭では、木陰をつくるために、枝が水平になるように整えられる。

スズカケノキは、このようにとりわけ扱いやすいかもしれないが、切らないでおくと大いに生長する。また、この木は莫大な時間を生きる。コーカサス山脈にあるアゼルバイジャンの、ナゴルノ・カラバフの紛争地帯にある1本の木は、2000歳以上になると考えられており、その空の幹に100人が入れるほどの巨木である。この大きさを考えれば、この木がある種の崇拝の対象となり、社がたてられたり、歴史的に人格があたえられ、行事と結びつけられたりするといったような、精神的な意義をえてきたとしても驚くべきことではない。カシミールでは、スズカケノキは、常にヒンズー教の女神パールヴァティの化身のひとつバーヴァニと関連づけられてきたが、イスラム教の聖者や、場合によっては両方と結びつけられることもある。古代ギリシャでは、スズカケノキは教師や哲学者とつながりがある。アリストテレスやその他の古代の学者たちが教えたアテナイ郊外のアカデメイアには、スズカケノキの神聖な森があった。

スズカケノキは、ヨーロッパとアジアにおいて最もはやくから交易され、植樹されてきた木のひとつである。とりわけ、ひろくのびる枝が木陰をつくるのによいとされ、今日も、この木は、地中海のカフェやバーの利用客に涼をあたえている。長らくギリシャでは、泉や井戸のそばにスズカケノキを植えることが慣習になってきた。人びとはその木陰で噂話をして、水くみ容器をみたすことができるのだ。

この木は、何らかの形でギリシャと関連づけられてきた。イングランドにあるケンブリッジ大学のカレッジには、多くのスズカケノキの巨木が植えられており、それらはこの大学のフェロー（特別研究員）が、テルモピュライの古戦場からひろってきたタネから育ったものだと考えられている。エマニュエル・カレッジにあるそのうちの1本が、その枝で地面をおおいつつある。これは、崇拝の対象となっている多くの木にみられる傾向だ。そうなると、枝は根をはり、新しい木を形づくることもある。実際にそうなりつつある木を、イングランドのノーフォークにある大邸宅ブリックリング・ホールにみることができる。この木はおよそ250歳だと考えられている。

17世紀以降、スズカケノキが中央ヨーロッパと北ヨーロッパにもちこまれたとき、人が多くすむ環境に広範に応用された。しかし、都市住民がもっとも慣れ親し

前ページ：スズカケノキの実は、分解してその種子をまき散らす

次ページ：スズカケノキの樹皮がはがれ落ちると、樹幹はまだらになる。

んでいるスズカケノキは、オリエンタル・プレイン（*P. orientalis*）ではなく、オリエンタル・プレインと、北アメリカ東部に生息するそれと非常によく似た木アメリカン・シカモア（*P. occidentalis*）の交配種である。いくぶんまぎらわしいことに、後者はそのふるさとでは、「シカモア」として知られているが、スズカケノキはヨーロッパシカモアとも、その他のカエデ種ともかかわりがない。この交配種はモミジバスズカケノキ（*P.* × *hispanica*）と呼ばれる。17世紀のスペインで最初に交配がおこなわれたためであるが、それから何度か植物育種家によって改良がおこなわれている。

モミジバスズカケノキは丈夫で、大気汚染や根の圧迫にも耐性が強い。18世紀後期から19世紀初期のあいだ、近代的な植樹の概念が、中世の町で無秩序に配置された樹木にとってかわるにつれて、人びとは都市の木の理想としてこの木にとびついた。この木は、汚染に耐性があるだけではなく、オリエンタル・プレインを苦しめる炭疽菌にも感染しにくかったのである。その両親と同じく、都市の大広場用の堂々たる木にもなり、あるいはもっと狭いスペース用に刈りこみ剪定することもできた。この交配種は、ロンドンでひろく用いられ、19世紀後期から20世紀中頃にかけて大気がひどく汚染されたときでも生きのびたことから、「ロンドン・プラタナス」の称号をえた。今日、この木はロンドンの景観の一部として切りはなすことができない。また、そうした事態は、その他のイギリスの都市、たとえばバースやエディンバラの上品な18世紀の地域にもみられる。その地域には、飾り気のない美しいジョージ王朝建築がある。

モミジバスズカケノキには欠点がないわけではない。その若葉と実（晩夏にペンダントのように垂れさがる）は、大量の綿毛をはなち、不幸にも敏感な人びとは喘息を悪化させる傾向にある。また落ち葉はあまりに見苦しく、丈夫ですぐには腐食しないので、地方自治体は年の終わりに廃棄問題をかかえる。しかし、たとえそうであっても、この堂々として柔軟な交配種は植樹されつづけ、うまく計画された都市環境と、もっとも密接にかかわる木でありつづけるのだ。

12. カロリナポプラ（アメリカヤマナラシ）

〔英：Quaking Aspen〕

（学名：*Populus tremuloides*）

科
ヤナギ科（*Salicaceae*）
概要
生長がはやい木であり、涼しい気候において、その土地の景観を特徴づける大きなコロニーを形成する
原産
北アメリカ北部だが、中央メキシコの山岳地帯にまで分布している
大きさ
25メートルに達する
寿命
個々の木はわずか数十年だが、コロニーは何千年もつづく
気候
冷温帯から亜寒帯まで

澄んだ秋の青空に黄色いポプラの葉が映えるさまは、この季節にアメリカ西部の山脈地帯を旅したことがあれば、誰でも宝物にしている思い出のひとつだ。しかし、ポプラの生えているひろい地帯をみわたせば、木の群ごとに、少しずつその営みが異なっていることがわかる。葉が黄色いものもあれば、まだ緑のものもあり、すでにほとんど葉を落としているものもある。ここから、ポプラの生長と再生が、幾分かわった珍しいものであることがうかがい知れる。

ほとんどの樹木が種子によって繁殖するのにたいし、多くの庭園用多年草がそうであるように、ポプラは主としてクローンによって再生する。木から根がのび、その根から吸枝が生えるが、それぞれつぎの新しい木になる可能性がある。ポプラの種子はもろく短命であり、実生苗になるための栄養が乏しく、防護のための被膜も非常に薄い。この種子は、風に乗って長距離を旅する白い綿毛にくっついており、発芽するかどうかはきわめて厳密な条件によっている。それは、常に湿っている無草木土壌だ。実生苗が生長すれば、自身のコロニーを形成しはじめる。ポプラのコロニーは、あまりにその環境で優勢になりやすいため、現実には実生苗のためのスペースがほとんどなくなるのである。植物学者の推測によれば、ある地域においては、最終氷河期の終わり、つまり1万年前に種子を生じて以来、種子を生じていないポプラがあるという。

ポプラは、かなり過酷な環境に適応する先駆植物である。長く寒い冬と冷夏を生きのこるこの木は、北極の永久凍土にちかい生息可能な地域や高山でも生長する。厳しい冬の寒さが、じっさい、若芽を枯らすこともあるだろうが、根から芽をだすことが常に可能なのだ。同じことが火にたいしてもいえる。ポプラの木立が燃えて灰になることがあるかも知れない。しかし、数年で根から新しい芽がのび、10年もすればその木立は元通りになる。ポプラが広大な地域で優位をしめているのは、驚くにはあたらないのである。

このように生存にたけているため、ポプラは世界で最大かつ最古の生物のひとつに数えられる。ユタ州にあるパンドという名のコロニーは、43ヘクタールをおおい、およそ5,900トンの重さになるとされている。その樹齢を決定するのはむずかしいが、およそ8万年になると考えられる。もっと大きなポプラの森もある。これはパンドの2倍の大きさだが、それほど年をとってはいない。なかには、氷河作用をまぬがれた地域に生息するポプラの森には、もっと古く何十万年になるものがあると推測する研究者もいる。

ポプラが自己繁殖し自生する能力は、生態学者がポプラ・パークランドと呼ぶ地域で、ある役割をはたしている。それは、カナダ中央部と西部の広範な地域で、そこではポプラと草原地帯のプレーリーとが交互に分布し、双方がこの地で優位になろうと争っているようにみえる。これは大規模な転移帯であり、野生生物とその生息地から恩恵をえていたアメリカ先住民狩人に好機をあたえていた。

ポプラが分枝系で増えることは、この木にとって有益に作用してきた生存のためのメカニズムであるが、それには欠点もある。イングリッシュ・エルム（ヨーロッパニレ）の物語が教訓として役立つ。すべてのイングリッシュ・エルムは遺伝子的には同一であり、その多くは根元で結合していた（あるいは、生垣の低木としてであれ、多くはいまでも生きており、根元で結合している）。そしてこのことのために、イングリッシュ・エルムは非常に病気に弱いのである。

現在、ポプラの枝枯れ病についての懸念がある。ただし、現在の証拠によれば、これは病気のためではなく、他の要因のためである。山火事が抑えられているため、他の樹種が繁茂しポプラの森が侵食されやすくなっているのだ。一方で、狼などの捕食動物を追いやったために、へら鹿や鹿の数が爆発的に増加した。これらの動物は、ポプラの地下の茎からでた吸枝を食べて、優先的に育つ針葉樹しか残さないのである。ポプラにはあきらかに、山火事も狼も必要なのだ。

前ページ：カロリナポプラの特徴的な三角形の葉

13. メタセコイア

〔英：Dawn Redwood〕

（学名：*Metasequoia glyptostroboides*）

科
ヒノキ科（*Cupressaceae*）
概要
観賞用になる落葉性の針葉樹で、特異な歴史がある。生息地外での保存の重要性を示す好例
原産
中国南西部

大きさ
60メートルに達する
寿命
不明
気候
湿潤な温帯

オープン間近の新しいショッピング・モール。このようなプロジェクトではいつものことであるが、修景の要素としての植栽は、ビジネス用語では「ストリート・ファニチャー」として知られる椅子や道標、ごみ箱の設置にあわせて、いつも最後になる。運びこまれる植物のひとつに、羽のような緑の細い葉の若木がある。若木のときは特別目立つ木にはみえないが、この木は、このように莫大な予算が使われるプロジェクトのために注意深く選ばれているのだ。

一般的にその属名だけが知られているメタセコイアは、最近、驚くほど栽培されるようになった木だ。そして、まちがいなくこの半世紀で、一般の観賞用としてもっとも用いられた木である。しかし、その名声は、この木が白亜紀（7千万年前）の化石として最初に発見されたということにある。生きているこの木の種がみつかったのは、そのあとのことである。この木が太古のものであるということについては、それほど目新しい点はない。少なくとも同じぐらい古い木（たとえばモクレン［マグノリア］）は数多くある。この木の特異性は、化石が最初で、生きた木がその数年後という、発見された時系列にある。その歴史がこの木に特別なお墨付きをあたえており、古生物学という学問が、つまり化石の研究が有益であることを強力に証明する例となっている。

生きる化石の名声に大いにあたいするもうひとつの木であるイチョウと同じく、メタセコイアは太古の生物多様性の広大な保護区である中国南西部が原産地である。化石としてこの木が最初に言及されたのは1941年のことであり、その3年後、中国の植物学者たちが河北省で生きた木を発見した。当時の中国は内戦に耐えながら、日本の侵略に抵抗して戦っていた。1947年、南京大学の植物園所属の教授・鄭万均が、マサチューセッツ州ボストンにある、ハーヴァード大学付属アーノルド植物園（かつて1920年代、この植物園は新しい世代の中国の植物学者を訓練するのに決定的な役割をはたしていた）に、なんとかわずかな量の種子をおくった。1年後、植物園はこの木が生息している遠方に調査隊を派遣することができた。さらに1950年代、中国の学者を訪問し、そのとき西洋に少量の種子がもちこまれた。毛沢東体制下の中国は、外部の世界と切りはなされていたが、1970年代になって、ふたたび西洋の植物学者たちは中国の学者たちと連絡をとることができるようになった。彼らの発見は少なく、実際には、交流が途絶えていたあいだに多くの木が枯れてしまい、その跡がのこっていた。点在する群落が発見され、その遺伝子的多様性レヴェルからすると、この木が近年までおそらくもっとひろく分布していたのだろうと推測される。1970年代頃になると、野生のメタセコイアはあきらかに絶滅の危機にあった。それ以来、生きのこった森をまもるために決然とした努力がなされてきた。

メタセコイアの物語は、生息地外保存（オフサイト保存）として知られるものがきわめて重要であることをしめしている。これは、原産地域とは地理的にへだたった場所で種が保存されることである。これによって、その種は政治的・経済的な分裂による変化からまもることができる。しかし、メタセコイアにはもうひとつ重要な要素がある。それは、都市景観にとても最適な木であるということである。アーノルド植物園が最初の苗木を栽培しはじめたとき、この木が生命力のある木であることはあきらかだった。そこでこの種子は、その他の研究機関や個人の収集家にひろくくばられ、その苗はみなよく育ったようだ。なかでもっとも大きいメタセコイアは、ニューヨーク州のベイリー植物園に生えており、アメリカに最初に種子がもちこまれたときから栽培され、現在では約34メートルになっている。

メタセコイアは、温暖な全地域で繁殖するようにみえるが、もっとも適した環境は、中国名の水杉（shui shan）がしめすように、根は湿った状態にあるが水につかってはおらず、土と葉は太陽に照らされている場所であるようだ。この木は多様な気候に耐性があり、ヨーロッパにおいてはスカンジナヴィアから地中海まで分布し、ネ

前ページ：メタセコイアは、多くの針葉樹とは異なり紅葉する

パールやニュージーランド、南アフリカといったさまざまな場所で繁殖している。近年の化石記録研究は、メタセコイアがかつてきわめて広範に分布していたことをしめしている。この木は、地球が今日よりも暖かった時代に進化したが、北東アジアで進化し、北アメリカとヨーロッパにひろがり、北極圏ですらも生長したと考えられている。氷河期の訪れによって、温暖な気候は後退したので、現在のように中国南部が生息地となったのは、じつは比較的最近のことのようだ。

メタセコイアが急速に生長すること、そして原生林周辺の農民の住居が何百年ももつようにみえる木で建てられていることから、この木を商業用に植樹すれば、はやく育つ新たな木材になるのではないかという希望が生まれた。しかし、結論からいえば、この木はむしろもろく、日陰に耐性がない。そのため、林業での植林にまったく適していない。メタセコイアは、街路樹としてもっとも有用であるようだ。落葉性で、比較的まっすぐな細い姿であるため、はやくから都市生活でその地位を獲得した。ニュージャージー州メイプルウッドのシェイド・ツリー公園の管理者R・ウォルター氏が、1950年代初期に導入されたときすぐに植樹している。この木の別の美点のひとつは、珍しい縦溝の入った幹であり、これは目の高さでみて強烈な印象をうける。

メタセコイアの隆盛に、中国当局の一部はかなり悔しがった。西洋は、何世紀にもわたり恥知らずにも力で中国の資源をうばったのちに、国の資産とみえるものを今度は保護しようというのである。今日、中国の研究機関は、種子や、領土内でのこの木のハンティング権に高い値段をつけている。彼らを責めることはできない。いまこの木が、アジア、北アメリカ、ヨーロッパで広範に植樹されていることを考えれば、世界でもっともまれな木のひとつが、順調に遍在する都市用植物となろうとしていることは皮肉である。もしまだであるとしても、おそらくすぐ、あなたのそばの公園や通りにメタセコイアはやってくるだろう。

上：メタセコイアの葉と未成熟の球果
次ページ：縦に溝のあるメタセコイアの幹

II　生態（エコロジー）

ある樹木は、生息地においてあまりに繁茂しているために、実質的には生息地の環境そのものを形づくってしまうことがある。そうした樹木は、真の意味において生態系を形成しかつ定義づけているといえる。そのもっとも顕著な例はマングローブである。マングローブは、水陸両生の森全体をつくることで、岸を海や嵐からまもるのに役だっている。温帯にはマングローブは存在しないが、アメリカ合衆国南部海岸地域一帯のヌマスギはもっともそれに近いものであり、やはり周囲の環境を形づくっているのである。かつて、ダイオウマツ（ロングリーフ・パイン）もまた、アメリカ南部の広大な地域に生息していたが、火にたいする耐性が高かったことから、環境に大きな影響をおよぼしたと考えられている。地球の反対側では、カウリマツがその周囲の環境を形成している。というのも、カウリマツは土壌成分や周囲の植物にたいして強い影響力をおよぼすからである。

旅の記憶といえば、たったひとつの樹木種が完全に優位をしめている景色を長時間旅したことが、しばしば思いだされる。ロシアを列車で旅すれば、カバノキは文字通り際限なくあらわれるように思われる。地中海地方ではイタリアカラカサマツ（ストーン・パイン）がいたるところでみられる。この地方では、人間が長らく景観を管理してきたためにいたるところにみられるストーン・パインは、人間の介入によってもたらされたと思われる。しかし、オウシュウアカマツはそうではない。今日のスコットランドの生息域はかつてより狭くなってはいるが、ユーラシア大陸では文字通り広大な地域に生息している。枯れにくく、適応性のある種のマツは、すべての植物を枯らせた氷河期を生きのこった真の意味での生存者なのだ。

ヨーロッパブナもまた、そこを歩いている人にしてみれば、いつ果てるとも思われない。しかし、中央ヨーロッパのたいていの地域においては、やはりこれも自然環境の変化によって生じたものではないと思われる。ブナが人間の介入なしでブナだけの森をつくることができるのかどうか、またその広大な森が実際は一時的な現象であり、他の種が到来する以前の多様な環境を形作る前段階なのかについては、議論がある。しかしながら、ほとんどの種は他の種をおしのけることはなく、複雑に入りくんだ共同体の一部として生息している。しかし、仮にそのように雑居しているにしても、それらの種は、多くの動物や鳥の種をやしなうことによって、その生息地でかけがえのない役割をになっているのである。アメリカ南部の常緑のライブオーク（アカガシ）やサワーウッド、バーミーズ・フィグ（イチジク）などがそのような種である。

クロポプラのような樹木は繁殖方法が特殊であるため、ある国では人の手によって加えられた改良が絶滅をもたらしたこともあった。また、西インド諸島のひとつケイマン諸島に生育するケイマン・アイアンウッド（アメリカシデ）のように、デリケートな場所に少ししか生息していないと、絶滅の危機に瀕する場合もある。北ヨーロッパのモチノキのように、きわめて一般的ではあるが、以前よりもその数自体がかなり減っている種もある。

いくつかの樹木種は発展中であり、それにより生態環境の境界があらたにさだめられるように思える。ベニカエデはアメリカ北東部の原生森林地帯の植物を犠牲にしながら進化しているようである。また、ユーカリや黒ニセアカシアは、もとの生息地の遥かかなたまでひろまりつつある。

前ページ：ヨーロッパブナの森

14. ベニカエデ〔英：Red Maple〕

（学名：*Acer rubrum*）

科	**大きさ**
カエデ科（*Aceraceae*）	15メートルに達する
概要	**寿命**
中型の落葉性の種であり、北米でもっともよくみられる木	150年、まれに200年も生きるものもある
原産	**気候**
中央および北東アメリカ	冷温帯、ただし暖温帯にも適応

ショッピングモールの駐車場でみかけたときなどに、秋がもうすぐそばまできていることを知らせてくれる木こそ、このベニカエデにほかならない。1、2本の枝が黄色や薄いオレンジ、オレンジがかった赤に色をかえ、また別の枝がどんどんと色をかえていく。この習性、つまり数本の枝が少しずつ秋の美しさを装いつつ、別の枝は依然として青々としているという習性は、よくあるものではない。この点においてベニカエデは、秋の装いを一気に身にまとう同類他種のものとちがい特徴的であり、また人びとがこの木を植えたがるのも、この特徴のおかげである。

この木はどこにでもあるから、目にする機会も多い。道端、駐車場、住宅地、工業地帯。アメリカだけではなく、ヨーロッパにもある。だからといって、繁殖がうながされたということではない。というのも、この木はもとの生息域を遥かにこえて繁殖しつづけているのであり、アメリカ農務省の国有林管理部門は、国内でもっとも一般的な木であるとしている。その繁殖域は、カエデやマツなど、あらゆる見慣れた木を押しのけてひろがりつづけている。その繁殖力のおよんでいないところはまだまだあるが、その繁殖力そのものはすでに折り紙つきである。というのも、自然に繁殖する木というものは、ときにヨーロッパでもみられるからである。しかし、これは特異な例である。18世紀に北米からヨーロッパへと持ちこまれた木々（ベニカエデはこれ以前の1685年に持ちこまれた）のうち、人が手を加えずに再生する木はほとんどなかったからだ。この木の美しさはまさに大衆向きである。ゴミ屑置場の横、打ち捨てられた工場や人が寄りつかない空き地のかたわらで喜んで生えるのだから。仮に人の手によって植えられなくても、この木は早晩（ともかくも、その祖国では）みずから繁殖してしまうだろう。

ベニカエデの拡散は、新しい環境がつくられたということでもあるが、同時にそれは生物多様性の変化の一端であり、人間が自然環境に影響をおよぼしたことの帰結であると考えてほぼまちがいない。こうした脱工業化時代の荒地は、それ自体が生息環境である人工の領域からなる。ヨーロッパ人の影響がひろまる以前は、ベニカエデが生息できたのは程度の差こそあれ湿った土壌だけであったが、いまや適応性をえたこの木は、さまざまな土壌、たとえば乾いた土壌でも生育する。また、ベニカエデは標高の高いところや、さまざまな日照条件のもとででも育つ。とりわけ後者は重要である。というのも、隣接する木の陰でも生育できるということは、森林環境において大きな利点となるからである。

合衆国でおこなわれた初期の森林調査をみると、ベニカエデが占めるのは全体のわずか5パーセントにすぎなかったことがわかる。けれども、1960年代にいたると、この総数は急激に上昇する。20世紀において火事を未然に防ごうとしたことは、そのひとつの原因になりうるだろう。ベニカエデは、他の北米に繁殖する樹木より火に強いのである。ヨーロッパ人が入植する以前、アメリカ先住民は獲物を追いたてるために、またたとえば鹿などのような食料源として重宝された動物が生育しやすい環境をつくるために、意図的に森に火をはなった。初期に植民したヨーロッパ人たちも、たくさんの火をはなった。そうすることで、土地が開墾されるからである。また、鉱業や金属の溶解などといった初期の産業で使用された火は、しばしばコントロールできなくなった。しかし、火事の件数が減るにつれ、カエデが拡散したのである。カエデもまた比較的寿命の短い木であるが、初期の段階において、森を成熟させるような遷移をくりかえすことで、ひろく生息していく。たとえオークなどのように、ゆっくりと生育しながらも長生きするような木に、部分的にとってかわられることがあったにせよ、再生長した木を切り倒すという一般的に普及した習慣はカエデの木に有利にはたらいた。現在進行中であるかにみえることは、多様な外乱要素がカエデに有利にはたらいているはるかに多数の場所があるということだけでなく、すでにできあがっている森林地にこの木が拡散するのをうながしている要素が、ほかにもいくつかあるということである。

オジロジカの数が急増したことは、ベニカエデの拡散と関係があると考えられている。この急増には、自家所有者や庭師は困っている。成長期の鹿は、カエデよりもむしろオークを好んで食む。オークの若木はその割を食うのであって、鹿が食むことによりカエデよりも生きのこることがむずかしくなっているようである。くわえて、葉が枯れても、ベニカエデはオークよりもはやく再生す

前ページ：秋の気配をみせつつあるベニカエデ

右：ベニカエデの葉はたいてい赤くなってから落ちる

る。鹿が繁殖したのは、いうまでもなく狼が絶滅したからであり、またアメリカの森林に足を踏みいれるアマチュアハンターの数が、相応の影響力をもつほどには十分に多くはない（あるいは、十分に熟達していない）からでもある。都市の周辺のいたるところで、鹿が生物多様性におよぼす影響が、大きな問題として認識されている。鹿を間引きしたらどうかと提案してみると、かならず反対運動がおこる。抗議するのは、工場式農場で生産された牛肉のハンバーガーを食べて、まったく満足している人たちであることが多い。

ベニカエデの葉の美しさも、またこの木がひろまった重要な理由である。進化や生態学的なプロセスは、いまや人類からの強い影響をまぬがれない。ある種が人為的に植えられれば、その木の種子は周囲に拡散し、その生息域は拡大しつづけることになる。秋に美しい色づきをみせる多くの木がそうであるように、ベニカエデには変種がたくさんあり、またとくに色づきがよかったり鮮やかだったりする個体は、苗木業者によって宣伝のためにえりわけられたりする。もしまちがいなく赤らむようであれば、このような栽培変種の人気はより高まるであろう。というのも、必ずしもすべての木が赤らむわけではない、あるいは赤らむにしても、特定の気温の条件のもとで、あるいは特定の成分の土壌のもとでのみ赤らむからだ。ベニカエデの「ブランディ・ワイン」(Brandy Wine) 種は、目を奪うような紫がかった赤であるが、「オクトーバー・グローリー」(October Glory) 種はえんじ色である。「オータム・スクワイアー」(Autumn Sqire) 種も同様に濃い色であるが、細い傾向にあるので、狭い裏庭やこみあった都市空間に最適である。ミネソタ大学で、合衆国北部およびカナダでの使用むけに品種改良されたため、この種には極度の耐寒性がある。さらに細いのは「スケーロン」(Scalon) 種であり、円柱のような形状である。

ベニカエデはメイプルシロップの原材料としてつかわれてきたが、サトウカエデ（*Acer saccharum*）ほど生産性はなく、製品の品質も高くはない。この木の経済的な利用法としては、景観を形づくる以外に、材木として用いられることがあげられるが、木質部はさほど強固ではない。もっとも、他のカエデ同様、ベニカエデにはあたたかな色合いと魅力的な模様という利点があり、しばしばフローリングや化粧板として推奨されている。この種はまだまだ発展することが期待されており、また私たちをまごうことなく魅惑するものであることを考えると、おそらく私たちはこの木のさらなる利用法を見出さなければならないだろう。

15. 黒ニセアカシア〔英：Black Locust〕

（学名：*Robinia pseudoacacia*）

科
マメ科（*Fabaceae*）
概要
強硬で多様な意見を喚起する落葉樹
原産
合衆国南東部

大きさ
50メートルに達するが、しばしばそれより小さい
寿命
最低300年
気候
暖温帯だが、冷温帯にも適応

切り倒したばかりの木を、ボランティアたちがノコギリで細切りにし、雑木林を切りひらいて燃やしている。彼らより環境保護的な人びとは、切りとられた木株の表面に化学薬品を塗ることに精を出している。遠くでは、電気のこぎりの音がきこえる。プロの樹木医が仕事中なのだ。これは、他の木々を蝕む黒ニセアカシアの拡散を阻止するための、もうひとつの方策である。こうした情況は合衆国の草原地帯でもみられるし、中央ヨーロッパのオーストリアでもみられる。

専門家の多くは、合衆国南東部において黒ニセアカシアが、原生の範囲をこえて拡散することを問題視している。しかしながら、それ以外の地域においては、この樹木は材木の質、およびその花蜜からつくられる蜂蜜のために重宝されている。黄色い葉の栽培品種である黒ニセアカシア・「フリスカ」（*Robina pseudoacasia* “Frisca”）は庭に植える花として人気がある。また別の栽培品種である黒ニセアカシア・「ウンブラクリフェラ」（*R. pseudoacacia* “Umbraculifera”）は品があり、もじゃもじゃ頭の木で、しばしばドイツやフランスの都市に植えられている。私たちの木にたいする矛盾する複雑な感情をここまで鮮明に照らしだしてくれる木は、他にはほとんどないだろう。

北米に移りすんだヨーロッパ人にとって、黒ニセアカシアの存在はまさに朗報であった。その材木は極めて強固で密度がたかく、柱として地中に埋めても他のどんな北米原生の木にもまして、なかなか腐らない。ヨーロッパにもたらされると、この木はフランスおよび中央ヨーロッパなど、温暖な夏が長くつづく地域に植えられた。フランスでは花からとれる花蜜の質が高いことで知られており、養蜂家に好まれている。もっとも、「アカシア蜂蜜」がとれる時期として知られる開花期は、残念ながら非常に短く、必ずしもいつも咲くというわけではない。けれども、この木が夏期の気候が温暖な地域でひろく植えられたことによって、さまざまな問題が引きおこされた。というのも、地下の茎からでた吸枝および種子の拡散によって、この木は勢いよく生長・拡散し、20世紀にいたると、ドイツやポーランドなどといった中央ヨーロッパの国々のみならず、合衆国中西部においても、黒ニセアカシアは侵略的な外来植物であることが明白になったのである。

黒ニセアカシアには有用な特徴があり、そのおかげで、やせた土壌において、より花が咲きやすくなっている。マメ科に属する他の木同様に、黒ニセアカシアは土壌中にあるバクテリアと共生可能な関係を確立する。そのバクテリアは空気中の窒素を凝固し、植物によって利用される可溶性の硝酸塩にすることができる。これは、さして肥沃ではない砂質土においては、計り知れない強みである。20世紀初頭には、悪い土壌でも育つ黒ニセアカシアの能力は利点とみられており、土壌の浸食をふせぐ目的でひろく植えられた。しかし、黒ニセアカシアの拡散は恐るべきものであった。というのも、この種は、その下に生えている原生植物を陰ですっぽりおおってしまうのである。これはとりわけ、よそで危機に瀕している生態系の断片が、かろうじて生きのこっているような場所において大きな問題となる。さらに、落葉は軽いうえにすぐ腐食し、可燃性の燃料にはほとんどならない。そえゆえ黒ニセアカシアの森林地帯は、問題がありそうな他の多くの外来種を抑制する仕組みにいっこうに動じないのだ。

フランスおよび中央ヨーロッパにおいては、黒ニセアカシアの木を柱の材料とすることが一般的であるため、この種は人間の管理下にある。他の密度の濃い木材同様、この種は最良の品質の薪ともなる。点火はむずかしいが、ひとたび燃えるとその熱を発する力は無煙炭（炭素含有率のきわめて高い炭）とほとんどかわらないと考えられている。穿孔虫が若木に寄生する合衆国域においては、この木は柱には使えないとされ、薪にしか使われていない。

うたがいもなく、私たちはアカシア蜂蜜を楽しみつづけ、黒ニセアカシアの木材を燃やした火の周囲で体を暖めることだろう。しかし、この手のつけようのない種が、いまや友としてではなく、敵としてみられてしまうことは避けられないようだ。

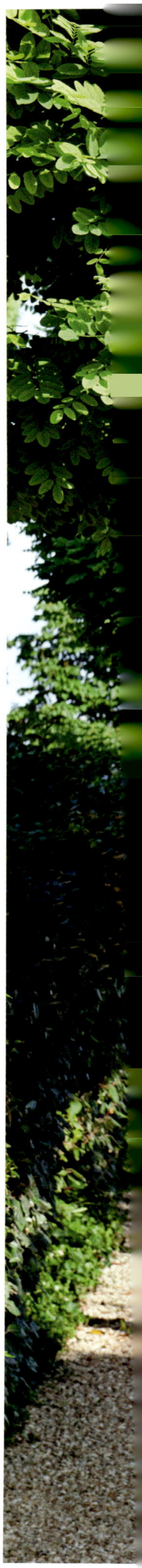

左：園芸品種「ウンブラクリフェラ」（トゲナシニセアカシア）
右：黒ニセアカシアの葉と枝

16. カバノキ〔英：Birch〕

（学名：*Betula* spp.）

科	**大きさ**
カバノキ科（*Betulaceae*）	20メートルに達する
概要	**寿命**
重要な落葉樹であり、装飾的価値が高い	100年にいたるが、ずっと短いことが多い
原産	**気候**
北部ユーラシア大陸の山岳地帯および北米大陸	冷温帯から亜寒帯

ドイツ印象派の芸術家マックス・リーバーマン（1847〜1935）が1909年にベルリン郊外のヴァンゼーで邸宅を購入したとき、まず勢いよく育つカバノキをどうにかしなければならなかった。雑草のような姿で、かなり生育も早かったので、この木は所有者がかわるとすぐに切り倒されるのが常であった。しかしリーバーマンはそうせず、小石が敷きつめられたまっすぐの小道の中央でカバノキを育てるという革新的な挙にでた。彼はその風景を絵に描いており、1世紀後、彼がそのカバノキを尊敬し、さらに木がどのように生育し、しばしば狭い区画でいつも薄い陰しか落とさないかについて、その後の状況が雄弁に物語っている。

カバノキといえば、ひとつのことがとりわけ有名である。樹皮である。このような樹皮をもつ木は他にはない。北米およびヨーロッパの一般的なカバノキは、混じりけのない白であることが多いが、実際はほかにもさまざまな色がある。イエロー・バーチ（*Betula alleghaniensis*）は黄色がかった茶色であり、リヴァー・バーチ（*B. nigra*）は薄い茶色、というかほとんどピンクに近く、皮を剥くと毛羽立つ。ダケカンバ（アーマンズ・バーチ）（*B. ermanii*）はきわめて触感のあるピンクがかった灰色であり、チャイニーズ・レッドバーチ（*B. albosinesis*）はしばしば磨かれた銅のようにみえる。こうした色合いのちがいは、樹皮のなかにある微小な空気孔のせいで生じる。これらの空気孔が、光を反射するのである。樹齢がちがえば樹皮の色も肌理も異なる。年老いた木の樹皮は裂け目が生じがちであり、滑らかな表面はささくれだって割れてしまう。

白い樹皮のカバノキ類シルヴァー・バーチ（*B. pendula*）は、その銀色の樹皮によりとりわけきわだってみえるが、この木は、また北部の気候、とりわけスカンジナビア、ロシア、そしてバルト海に面した国々において、最も特徴的な樹木である。カバノキの森は、樹齢が同じであれば木の高さが一定になる傾向があるため、よりいっそうきわだつ。このように高さがそろうのは、カバノキが先駆生物であったからである。火がはなたれ、切り倒されたあと、無数のカバノキの若木が出現し、その場を支配する。ほとんど同時期に生をうけた樹木がひしめきあって生育するからである。森が年をとると、陰が多すぎて新たなカバノキは育ちにくくなり、森はカシやトウヒ（スプルース）などといった他の種を許容するように性質をかえる。多くの先駆生物と同様、カバノキは短命であり、数年しか生きない木もある。大規模な変化がなければ、カバノキは他の木々のあいだに点在し、動的でひろびろとした森林地帯環境を構成する要素となる傾向にある。

カバノキの種子は軽くて小さく、風にのって遠くまで容易に飛ばされる。岩の隙間や屋根のタイルとタイルのあいだに引っかかってしまうので、カバノキは思いがけない場所や、あっても仕方がないような場所に根づいたりする。木の生育は早く、最小限の栄養しか必要としないため、酸性の土壌にも強い。おかげで、山崩れの残骸におおわれた傾斜地や、とりわけ定期的な放牧や放火がされなくなってしまった場所、たとえば使われなくなった操車場や閉鎖された化学工場などといった産業の残骸において、先駆種になりうるのである。あるいは、焼け落ちた建築物のところに、すぐさまカバノキの若木が育つこともある。一見して質の高くない土壌で生育することにくわえ、カバノキは頑丈であり、気温が低いところでも育つので、北極の凍土帯のすぐ南である亜寒帯でもひろくみることができる。

魅力的な樹皮とその厳しい条件のもとでも育つ力があるので、カバノキ属は装飾用植栽の面でもたしかな役割をになっている。「銀の」種のうち、まっ白な樹皮をもつよう品種改良されたのが北米産のペーパー・バーチ（*B. papyrifera*）であり、ウェスト・ヒマラヤ・バーチ（*B. utilis* var. *jacquemontii*）である。他の栽培種についても長年にわたり最良のものをもとめた品種改良が、野心的な苗木業者によってなされてきており、独自の栽培種の

前ページ：カバノキは過酷な環境に生育する

下および次ページ：すぐに剥ける樹皮と秋の黄色は多くのカバノキの種の典型

名称がつけられている。今後はこうした改良種は接ぎ木によってひろまっていくであろう。というのも、若木は必ずしも親木と同じ特徴をもつとは限らないからである。

材木という観点からすれば、短命の樹木の生産性は低い。しかし、カバノキについては、量で足りないところを質でおぎなっているといえる。装飾的な化粧板をつくる一方で、カバノキの合板は最良のものであるとされ、スケートボードに好んで用いられる。カバノキは、また太鼓やスピーカーの本体部分の材料として、長いこと好んで用いられている。破れずに長くむけるカバノキの樹皮は、数千年にわたり、北方および山岳地帯の人びとによって、実にさまざまな用途で用いられてきた。平らにして耐水性のある屋根の基層としたり、丸く巻きあげて物入れにしたり、薄く切って紙のかわりにされた。ヒマラヤ・バーチ（*B. utilis*）は、サンスクリット語では“bhuri”として知られているが、これは英語の“birch”と基語を同じくする。聖なる言語であるサンスクリット語は、とりわけ聖なるテキストを記すために用いられたからである。興味深いことに、アメリカ先住民は、カバノキを折れた手足の補強用ギプスとして用いていた。彼らは樹皮を濡らし、手足に巻きつけた。すると、それが乾いて締めつけられ、添え木として機能するというわけである。

春に緑の葉をつけて再生するカバノキの力が、多くの民間伝承の源となったことは驚くにあたいしない。生薬学においては、腎臓および尿道によいとされてきた。カバノキの葉はこれらの調剤の主成分であるが、春にとれる甘い樹液も薬として用いられている。もっとも、樹液は伝統的には、カバノキのビールをつくるために用いられてきた。現代の合衆国におけるカバノキ・ビールは非アルコール性であり、多様な薬草成分からつくられているが、樹皮から抽出した成分もそのひとつである。本物をためしたいというのなら、自分で醸造するのもよい。

17. モチノキ（セイヨウヒイラギ）

〔英：Holly〕

（学名：*Ilex aquifolium*）

科
モチノキ科（*Aquifoliaceae*）
概要
常緑の広葉樹で、生息地においては極めて一般的である
原産
ヨーロッパ、西アジア、北アフリカの一部、および中国の周縁部

大きさ
10メートルに達する
寿命
500年
という実例あり
気候
冷温帯

みた目に美しい赤いベリーがなっているモチノキの探索は、かなりはやい時期からはじまっている。地方にすむ者たちは、あたりの生け垣を探しまわったものだが、都市住民は買わなければならない。イギリスにおいては、トゲがあり艶のある葉をつけた小枝とあかるい赤色のベリーをトッピングした伝統的クリスマス・プディングがデザートとして供されない限り、クリスマスはクリスマスといえない。モチノキは世界中の英語圏の人びとの意識に入りこみ、どのような種類のクリスマス用キッチュにも使用される。ヴィクトリア時代に歌われた「モチノキとセイヨウツキシダ」（"The Holly and the Ivy"）というクリスマスソング（あるいはクリスマスキャロル）は、過ぎし日の教会の装飾を思いおこさせるものである。当時、モチノキとつる植物であるセイヨウツキシダ（アイヴィ）のふたつしか、イギリスで手に入る常緑樹はなかった。いまではさほど多くはなくなったが、セイヨウツキシダを装飾として用いる家庭もまだある。

ドイツにおいてモチノキは、同じキリスト教の年中行事でも、クリスマスではない別の日の象徴となっている。そこではモチノキは、キリストがエルサレムに入った日を祝う棕櫚の日曜日（Palm Sunday）に関連づけられている。ヤシの葉はキリストを歓迎するために用いられたので、ヤシが教会の装飾に使われると、いつでもその出来事が思いおこされるのである。現代にいたるまで、ドイツではヤシの木がなかったため、モチノキが代用として用いられた。その結果、この木はドイツ語では「シュテッヒパルメ」（Stechpalme）とさえ呼ばれている。

北半球に分布する400以上のモチノキ属のなかでも、ヨーロッパにおいて宗教および祝祭のために用いられるモチノキは最もよく知られた栽培種である。これを北米にもちこんだのはヨーロッパからの移民で、彼らはそれと引きかえにアメリカ原産の種を手にいれた。濃い緑の（あるいは、まだらの）葉と赤い実をつける植物は、冬の庭に生気をもたらすものとして常に人気を博している。けれども、他の多くの常緑樹とちがい、ヨーロッパの、そして他のトゲのあるモチノキは、装飾庭園の素材としては一般的ではない。垣根や芸術的な形に容易に剪定することはできるが、葉を刈り込んでも必ずしも美しくならない。また、刈り込んでしまうと花の生産性がさがり、ひいては木の実の生産性もさがる。好んで刈りこまれるのは、世界の別の地域、とりわけ極東に生息するイヌツゲ（*I. crenata*）のような小さな葉の種である。雲の形に刈りこまれているのが、よくみうけられる。

モチノキは雌雄異体の植物であり、雄か雌かの性別にわけられる。実をつけるのは雌のみで、そうなるのは、花粉を提供してくれる適当な雄がまわりにいる場合に限られる。庭師や景観デザイナーは、モチノキを単に実のために植えたりはしない。なかには金や銀のまだらの葉をつける種もあり、それだけで十分魅力的である。モチノキの栽培種のなかでも、「ゴールデン・クィーン」（Golden Queen）はいわばネーミングミスといってよい。というのも、これは雄であり、実をつけないことがわかったのである。 フェロックス（Ferox）は雄の種であり、葉の表面に丈夫なトゲがはえているもので、たいへん人気がある一方、「フェロックス・アルゲンテア」（Ferox Argentea）はふちが白い葉の種である。「ハンヅワース・ニュー・シルヴァー」（Handsworth New Silver）は、雌で赤い実をつける。英国王立園芸協会は、この種に、誰もがほしがるガーデン・メリット賞を授けた。「J・C・ヴァン・トール」（J.C. van Tol）はモチノキの栽培種のなかでも、トゲがほとんどないといってよいものである。

常緑樹としてモチノキは、北部および中央ヨーロッパにおける木本植物のなかでも風変わりである。モチノキは、常緑樹であることで有利な点がある。冬のあいだでも、光合成ができるからだ。冬になると、ほとんどの他の木や低木は、寒い天候のあいだ葉を落とし冬眠状態になる。その結果、この木は、オークのようにずっと背の高い落葉樹のもとで生育する下層植生の灌木であるとし

前ページ：モチノキはめったに大きくならないが、いったん大きくなるとその姿は壮麗である

右：モチノキの葉の形状は変わりやすく、また必ずしもトゲがあるわけではない

ばしばみられている。時空間がゆるせば、モチノキは自ら生育する。気温がもっと低く、湿気の多い気候と条件下では、モチノキは野外で十分に生育する。もっとも、長期にわたり寒風や硬霜にさらされれば、葉は大きなダメージをうける。モチノキは、森林の生息域を再生するにあたって重要な役割をになう。食べ物を探している鳥たちによって、その実が方々に散布されるのである。ひとたび森ができあがれば、モチノキは鳥が巣づりしたり、止まり木にしたりするのに理想的な環境を提供する藪となる（トゲがあり、木が密集しているので、天敵をよせつけないのだ）。こうした環境が、より大型の樹木の生育にも理想的であることはいうまでもない。モチノキの下にある土壌は改良されてより肥沃になり、他の種が育ちやすい土壌を形成するようである。こうしたことから、モチノキは森が再生し草地にとってかわるにあたり、重要な役割をはたしていると考えられる。モチノキが単独で森をつくることは滅多にない。もっとも、歴史的記録によれば、かつてアイルランドとスコットランドでは、モチノキしか生えていない森が形成されていたという証拠がある。

モチノキの実は、人間をふくむ多くの哺乳類にとって軽い毒性を有しているが、鳥が食べるのは霜によって毒性が減じたあとの実である。つまり、モチノキは他の種の実がほとんど食べられてしまったあとの晩冬になお残るという意味において、重要な役割をはたす食糧源なのである。モチノキの実、および他の種の葉には、テオブロミンとカフェインの成分がふくまれており、これらはともに神経系にたいして低度の刺激性をもつ（テオブロミンはチョコレートに含有される精神活性成分のひとつ）。このふたつの成分は、南米のモチノキであるイルバ・マテ（*I. paraguariensis*）の葉にもふくまれている。このイルバ・マテは、アルゼンチンとウルグアイにおいて、マテ茶として非常によく知られるようになった。

モチノキのトゲは食べられてしまうのを防ぐためにあるが、これはモチノキが先駆性植物たる、もうひとつの所以である。そのように保護されているため、食べ物がすぐに動物の餌食になるような厳しい環境のもとでさえ、モチノキは立派に生育するのである。もっとも、その若木は柔らかく、しばしば丘の斜面に羊にかじられた小さいままの姿で生育していることもある。モチノキの若木はたいへん美味しいので、数世紀にわたりその栽培は人為的に促進された。その結果、（柔らかいトゲのついた）若木は羊や牛の餌として使われた。そのせいであろうか、多くの田園地域で、モチノキを切り倒すことはいまだに縁起の悪いことだと考えられている。完全に育ったモチノキが植えられている生け垣をしばしば目にするのは、そのためである。

18. サワーウッド〔英：Sourwood〕

（学名：*Oxydendrum arboreum*）

科
ツツジ科（*Ericaceae*）
概要
落葉樹で、堅果をとるため栽培されるが、花は大いに鑑賞用となる
原産
アメリカ合衆国南東部、多くはアパラチア山脈

大きさ
20 メートルに達する
寿命
よく知られていないが、100 年以上生きることは稀
気候
暖温帯から冷温帯

養蜂家は忙しい。ときに重たい防護服を着てぎごちなく動きまわり、蜂の巣を特別な道具でこじあけ、中の枠組をもちあげ光にむける。いくつかは巣のなかに戻し、いくつかはかたわらに選りわけておく。これらの作業は、不愛想ではあるがよく鍛えられ熟達した手順でおこなわれる。素人養蜂家が丁寧に十分主意をはらって蜂の巣にちかづく場合とは大ちがいである。アパラチア山脈における商業的養蜂業は、蜂の巣箱をからにするのに忙しい。そこでできる蜂蜜は、チューリップやウルシなどといった、周囲の森における早咲きの花からとれるものだ。だから、地域のサワーウッドの花が咲けば、その蜜は最大限まじりっけがないものとなる。蜂蜜会社の社主たちの頭の中で最も大切に記憶されていることは、ノースカロライナ州がかつて、現在産出されている以上のサワーウッドの蜂蜜を販売して得た名声である。

サワーウッドの蜜は、北米で最も質が高いと多くの人びとに考えられているが、純粋なサワーウッドの蜜をとることはむずかしいとされる。むずかしいというのは、スコットランドのミツバチがヒース（ギリュウモドキ）からつくるまたとても質のよい蜂蜜以上なのだ。そこでは、ミツバチの気をひく花が北米ほどないのである。アパラチア山脈のサワーウッドとスコットランド産ヒース（*Calluna vulgaris*）は、まったく異なる植物にみえるが、両者はもっともカリスマ的な植物の属のひとつに数えられるツツジ科の仲間である。ツツジ科は花蜜が甘いことで知られているが、毒性のある蜜を産出するツツジ属のいくつかの種と同様、ときにこの甘さには毒がある。サワーウッドはツツジ科の仲間にしてはかなり大きい植物で、ほとんどがシャクナゲのように低木か、ヒースやブルーベリー族（ヴァクシニウム属）のように矮性植物である。あるいは、クランベリー（*Vaccinium oxycoccus*）などのように、それ以上に小さな種もある。この科のほとんどは華やかな花を咲かせるが、多数の変種がある。もっとも、ひとつの型がくりかえし生じる。よく知られているスズランにやや似て、一列になった小さな白い花がみられる。サワーウッドは、庭師にとってより一般的であるヒマラヤアセビ（ピエリス）とならび、そのような傾向をもつ。ツツジ科の植物は概して、他の植物がなかなか育たないようなやせた酸性の土壌で育つ。実際、ツツジ科の植物は、酸を必要とするのである。茎や根が固く繊維の多い植物がそうであるように、根は特定の細菌と連動している。やせた土壌においては、これらの細菌はとくに重要だ。というのも、細菌は土壌から栄養素を吸いあげ、炭水化物と引き換えにそれを植物の体内に送りこむからである。ツツジ科は特定の細菌と共生的な関係にあるので、独特の化学反応をおこすため、土壌には多量の水溶性の鉄分が必要である。仮に高濃度のカルシウムのせいで鉄分が溶けなかったり利用不能になってしまうと、細菌は生き延びることができず、樹木も窮地にたたされる。こうしたことのため、自然の生息域においてツツジ科の植物はきわめて多様なのであり、またシャクナゲやアザレア、ヒースが庭に大量に植えられていたりする。逆に、それ以外のどんな場所にも、ツツジ科の植物が見出せないのもそのためだ。

サワーウッドには酸がいきわたっているので、その名がついた。そして、葉も非常に酸っぱい香りを漂わせる。だが、花蜜は非のうちどころがない。なめらかで、香りも最高である。このように木や花蜜の質が高いので、サワーウッド産業なるものが発達するのも無理はない。アパラチア周辺は非常に貧しいことで知られる地域で、実際の産業はといえば炭鉱業と旅行という対極的なふたつしかない。鉱業は風景を荒廃させるが、すべての石炭をとってしまったあとになって、鉱業会社がその責任と役割をはたし、景観を再生させようとすることもある。つまり、森がふたたび植えられるのである。サワーウッドが森の再生にふくまれることはほとんどないものの、最近の事例では、サワーウッドを優先的に植えようとする試みもあり、養蜂業者も助けられている。石油（黒い金）が甘い金をもたらすということだ。

次ページ：ギザギザの樹皮と秋に色づいたサワーウッド

19. ヌマスギ（ラクウショウ）

〔英：Swamp cypress〕（学名：*Taxodium distichum*）

科
ヒノキ科（*Cupressaceae*）
概要
大型の落葉針葉樹で、産地の景観を形成するのに重要な役割をはたす
原産
アメリカ合衆国南東部

大きさ
40メートルに達する
寿命
1,500年以上、3,000年以上も可能と思われる
気候
暖温帯だが冷温帯にも適応可能

湿地は、水面が木々のあいだに姿を消すまでつづく。木は、水面から直接屹立している。湿気をふくんだ空気は熱で重く、遠くからきこえてくるのはブンブンという羽音と、ときたまきこえる鳥の鳴き声だけである。ここで観光客をひきつける呼び物はワニであるが、それよりも興味深いのは鳥たちである。木にはさまざまな鷺やヘラサギが巣をつくり、ときに大きな群れをなし、水中に餌を探しにいく。ルイジアナ州の湿地のことをよく知らない人たちなら、この光景から、家のちかくの博物館の地質学コーナーでみられるような、石炭を産出する湿地を思いおこすかもしれない。しかし、この光景は本物である。

ここでは水面の高さが一定ではなく、また一年のうちのある時期などは湿地のうえを歩けたりするということを知っていても、水中から木が直接生えている光景は、かなり現実離れしている（「歩ける」とは泳がなくてもよい、という意味である。もちろん、これはワニにはあてはまらない）。観光客のカヌーが直面する障害物のなかには、奇妙な姿で、丸く曲がりくねった木の柱がある。これが水中から飛びでているのだ。庭師や森林業従事者はこれを「ヒザ」と呼び、植物学者は「呼吸根」と呼ぶ。空気を通す余地が十分にあるので、「ヒザ」は酸素を根に送りこみ、根を殺さないようにする。もっとも、この見方に疑問をいだく研究者もいるが。いずれにせよ、この「ヒザ」はこの地で優勢な樹木ヌマスギにとっては、特段に珍しいものではない。「ヒザ」は、いくつかの種でそれぞれ進化したからである。といっても、「ヒザ」から最も強く連想されるのは、ヌマスギにほかならない。「ヒザ」は、ヌマスギが環境にたいする適応力をもつことを証明している。ヌマスギは、またヨーロッパにも生息することから、原産地より寒い環境でより繁殖する植物であることがわかる。冬に針状葉を落とす数少ない種であるヌマスギは、装飾植物として長いこと人気があったが、しばしばそれとよく似たメタセコイアと混同される。ともに柔らかく薄緑の針をもち、円錐形をしているからである。実際このふたつは、地質年代（白亜紀中期：約1億年前頃から8千万年前頃）も同じで、恐竜がいた時代には今よりも広範に繁殖していた。

ヌマスギは、アメリカ南部の湿地帯を特徴づける樹木のひとつである。材木として重要な木であるだけでなく、その大きさといくつかの典型的な木の古さからもよく知られていた。現在知られている最古の木はノースカロライナ州にあり、樹齢1,600年ほどと推定される。歴史的にみれば、ヌマスギは材木として重要であるが、現代におけるおもな利点は質というよりも、むしろその生産性にあるといえるかも知れない。ヌマスギは地球上でもっとも多産な自然環境を形づくる植物のひとつにかぞえられる。その材木はきわめて耐水性に富み、太古に地中に埋った木ですら、いまだ使用に耐えうることがわかっている。

ルイジアナ州の沿岸をドライブすれば、ヌマスギはいたるところにあるように思えるが、実はそこは死んだ樹木の森が無数にある地域である。海水が湿地に流れこみ木を殺し、同時に森という生態系を殺してしまう。いま多くの湿地が失われつつあるが、それはミシシッピ川に堤防がつくられ、ヘドロがなくなってしまっているからである。そのかわり、栄養に富んだ沈殿物はメキシコ湾に流れこんでいる。ヌマスギは単にみずから貴重な生息域を形成するだけでなく、経済的価値も有している。魚の餌として養殖されるのである。これは、地元にとっては重要な財源となっている（合衆国の海産物の3割がこの地域の産出）。また、ハリケーンの警戒線としても重要であり、さらにはこの地方に張りめぐらされている石油やガスのパイプラインが増えすぎてしまうことを物理的に阻止する機能さえ有する。2005年にハリケーン・カタリーナに注意をうながす警告が出されたにもかかわらず、消えゆく湿地の対策はほとんどおこなわれておらず、2050年にはロードアイランドほどの大きさの湿地が消えてしまうと考えられている。次世代が、この貴重な木に本当に必要とされる保護をあたえるよう、ねがうばかりである。

前ページ：ヌマスギの「ヒザ」は根の呼吸を助けると考えられている

20. ヨーロッパブナ〔英：European Beech〕

（学名：*Fagus sylvatica*）

科
ブナ科（*Fagaceae*）
概要
森林落葉樹で、目立つ景観をなし、環境的・経済的価値が高い
原産
北部地中海地方、南イタリアの標高が高い地域
大きさ
45メートルに達する
寿命
300年程度
気候
冷温帯

暑い夏の日、スロヴァキアの優雅な首都ブラティスラバの北部にある森に足を踏みいれた旅行者は、ヨーロッパブナの木陰にありがたさを感じる。影はあらゆる方向にのび、なめらかなグレーの幹はつきることなくのび、どれも高いところまでいかないと枝はついていない。しかし、小一時間も歩きつづければ、同じ木が連続するので、たいていは飽きてしまう。カルパチア山脈を一日も歩けば、誰でもブナの木はもうみたくはないという気分になるのである。ブナは繁茂しているが、それは森だけではない。じっさい、他の木はほとんどないのだが、地面の層にも生いしげっている。というのも、ブナの森の地面には植物がほとんど育たないからだ。

ブナは温帯性の落葉樹のなかでも周囲の環境を支配し、湿気と乾燥の、そして肥沃な土壌とやせた土壌のちょうど中間ぐらいの条件を好む。この点において、他とは異なる特徴をもった木である。葉はきわめて効率的に配列されており、重なりあいは最小限にとどめられている。これは、可能な限り光をとるためだ。というのも、地面ちかくには、植物に利するものはほとんど何ものこっていないからである。その根もまた、水分と養分とをきわめて効果的に取りこむ。きわめつけは、多くの落葉である。秋になるといつもたくさん落ちる葉に、子どもたちは喜んで膝までうずめて踏み遊ぶ。乾いた葉は、ガサガサと驚くほど大きな音をたてる。この葉は、腐るのに競合する樹木以上の時間がかかり、他の小さな植物が何とかして育てようとするものを抑制する傾向にある。いったん育つと、ブナは他の木に機会をあたえない。私たちの祖先は、ワラがまだない時代、こうしたたくさんの落葉を牛や馬の寝ワラ用として重宝した。中央ヨーロッパでは、家族総出で木から葉を落とし、この貴重な材料をかき集めたとされる。若木の枝も集められ、牛や家畜などが冬を越すための餌にされた。

なめらかな樹皮、高いところでのびる優雅な枝ぶり、そして成長した木のみごとな大きさのおかげで、ブナはヨーロッパの景観を形づくるもっとも質の高い木となっている。風に吹きさらされることが悩みの種である場所で、なにより重宝されるのがこの木である。自然の生息域の遥か北方であるスコットランドのメイクルオア（Meikleour）では、世界一大きな生垣を形づくっており、180メートルの道路沿いに35メートルの高さの木がつらなっている。スケールを小さくしてみれば、ブナは立派な裏庭の生垣となる。というのも、ブナはきちんと刈りこめば、新たな葉が生えてきて枯葉がおしのけられるまで、冬のあいだずっと枯葉を落とさずにいるからである。もっとも、ブナは、萌芽更新や刈りこみを必要としないであろう。だから、トネリコやオークやライムとは異なり、中世に大陸中の木を切り倒して開拓していったヨーロッパの農民には、限られた形でしか利用されなかった。ブナは肥沃な土壌だけでなく、耕作しやすい土壌をも占有する傾向があるので、人口増加の被害を多くこうむった。しかし、中世も終わり頃になると、事情は一変する。ドイツにおいて、ブナは単に質の高い薪であるだけではなく、燃やしたあとの灰がとりわけて質の高い炭酸カリウム源になることが発見された。これは、石鹸やガラス産業にはなくてはならないものだ。こうして、多くのブナの森がその供給源として植えられたのである。

薄い茶色に金色の光沢があるブナの木材も、やはり質が高い。この木材は木目が横にとおっており、そのおかげで作業しやすくなっているが、同時に長もちもする。重いものを支えるほどには頑丈ではないが、蒸気には敏感であるため、他の木材よりも簡単に曲げることができる。こうしたふたつの特徴のせいで、ブナはとりわけ家具の材料に好んで用いられる。人びとがあまり細かいことに気をかけず、行商や市で家具を選んだ時代には、ブナはもっともよく用いられた材木であった。こうした家具は、「ボジャー」（bodger）と呼ばれた人びとによってつくられた。彼らは森ちかくや森のなかにすみ、ときにはほとんど定住せずにいた。というのも、彼らはよい材木をもとめ、あるいは家具の売買のために旅をしてま

前ページ：ブナの成木は何もない土地での雨ざらしにも耐え、貧弱な土壌にもしっかり根を張る

わっていたからである。その道具は洗練されておらず、技術もたかが知れてはいたが、彼らのつくる家具は丈夫で長もちしたので、熟練した大工を雇う余裕のない人びとにとっては十分であった。やがては、彼らは大量生産向けの部品をつくるようになり、それらは発展しつつある工業都市の家具工場に売られた。

19 世紀も終わり頃になると、ブナは緑地向けの、あるいは大きめの地方の庭園向けの樹木として、新興地主や景観デザイナーたちから高く評価されるにいたる。ときに突然変異する例もみられたが、それに価値があるとわかれば伐採されることなく、むしろ増殖された。葉が濃い紫をした「ムラサキブナ」として知られる木は、20 世紀初頭のエドワード朝でたいへんもてはやされた。事実、今日では、ムラサキブナの成木があることで、庭の古さがわかる。1860 年代に、とあるスコットランドの領地に出現した領地の名を冠した「ダウィック」(Dawyck) ブナには、幾分かセイヨウハコヤナギに似た、まっすぐにのびる枝がある。これは、野ざらしの場所にはうってつけの種である。「ペンデューラ」(Pendula) という種は、枝が垂れさがっている。成木は壮麗で、とりわけ子どもに評価されている。枝が急激に垂れさがり地面にふれてできた巨大なスカートの下に入り、子どもたちは外部世界から隠れることができるからだ。

ブナは、遍在性と雄大さをかねそなえている。ブナはまさに、多くの地方や郊外の環境の特徴となっている。木として生育したものだけではなく、幾千キロにもおよぶブナの生垣は、ヨーロッパ中で所有地の境界線をなしており、枝は家の所有者や庭師によって辛抱強く刈りこまれている。ブナは、またすぐれた防風林でもあるから、野ざらしの場所でも多くみられる。これらは、あらゆる樹木のなかでもっとも壮麗であることがよくある。その大きさと均衡がその周囲の雄大さと調和しているのだ。その性質ゆえ、ヨーロッパ最高の景観樹という名声を獲得している。

上および次ページ：スコットランド南西のブナ
76～77ページ：大きなものはかつての生垣の名残りである

21. クロポプラ〔英：Black Poplar〕

（学名：*Populus nigra* subsp. *betulifolia*）

科
ヤナギ科（*Salicaceae*）
概要
景観に大きなアクセントをもたらす落葉樹だが、今日ではほとんどの生息域において少なくなっている
原産
北東ヨーロッパおよびスペインであるが、亜種はヨーロッパや中央アジアにもみられる
大きさ
最長30メートルに達する
寿命
多くのものは200年ほどであるが、最古のものは300年をこえる
気候
冷温帯

クロポプラの成木はじつに堂々としている。その大きくて幅広い枝は、樹冠を長くのばす。その生育のしかたはさまざまで、枝ぶりも一様ではないから、樹齢の高いクロポプラはいささか奇妙な雰囲気をかもしだす。この木はまさに草木が生いしげった川谷の樹木である。つまり、湿った深い土壌や農業景観の樹木である。刈りこんだ枝はまっすぐで長く、使いでがあるので多くの成木は刈りこまれる。

逆説的なことではあるが、イギリスおよび北ヨーロッパの伝統的な農業景観に欠かせない木であるようにみえるクロポプラは、実際のところ囚われの身である。というのも、景観そのものが再生をはばんでいるからだ。自然界において、ポプラは氾濫原森林の主要な要素である。もっとも、遠い昔に土地が農作のために開墾されてしまったので、この氾濫原は北ヨーロッパのほとんどの地域では消えつつある。ポプラの種子は長く生きつづける力がないので、再生するためには素早く泥のうえに落ちなければならない。管理がきちんといき届いている場所では、これはほとんど不可能といってよい。くわえて、この木には雌雄があり、雌の方はほとんどないというのも悩みの種である。たとえば、イギリスおよびアイルランドに生息する個体数の9パーセント以下である。

イギリスのクロポプラは、ほとんどが切り枝から育っている。その結果、イギリスの個体群の多くはクローン性のものであり、また雄である。風にのってあちこちに散らばる、白い殻に覆われた無数の種子が見苦しく厄介であるとされるため、雌は繁殖されにくくなっている。さいわいこの木は、根付きはよい。進化の過程で、地滑りや洪水で切り倒された個体から再生する力をつけたからである。また、材木の質が伝統的にひろく好まれているということも、この木に有利に働く要素である。この木は軽くて強く、材木としての明確な特徴を有する。樹齢の高い木でつくられる湾曲した材木は、「クラックフレーミング」（材木で枠をくむ住宅建築の、原始的ではあるが効果的な工法）にぴったりである。衝撃に強く、また衝撃を吸収するので、この材木は荷車や台の制作にひろく用いられた。その一方で、なかなか火がつかないという性質もあったため、2階以上の床板として用いられることも多かった。

長いこと、イギリスにおけるクロポプラの生息数は、はっきりとはわかっていなかった。19世紀には、合衆国原産の「イースターン・コトンウッド」（*P. deltoides*）と掛けあわされた、すぐに育つ雑種である「改良ポプラ」（*Populus* × *euramericana*）が好まれた。クロポプラの亜種（*P. nigra* subsp. *betulifolia*）は、イースターン・コトンウッドや、しだいに増えているさらに生育速度のはやいポプラと容易に雑種をつくる。後者は、今日、安価な家具に使われるパルプや材木の材料として植えられている。クロポプラとそのさまざまな亜種は非常によく似ているので、ベテランの植物学者すら区別がむずかしい。長いあいだ、クロポプラがそこまで珍しいとは思われてこなかったのも、そのためである。ところが、植物学者であり環境保護論者の先駆けでもあったエドガー・ミルン・レッドヘッドが、1973年からはじめた調査により、イギリス国内に残存するクロポプラは数千しかないことが判明した。

DNA検査のおかげで、植物学者はイギリスに生息するポプラの個体群の構成がどのようになっているのか、総体的理解ができるようになった。この個体群はふたつの構成からなるようだ。ひとつは、いわば「予測可能な」ものであり、英仏海峡の対岸の本土地域にあるものとほとんど同じであり、もうひとつはスペイン起源のものであるようだ。前者が氷河期後期以降になってイギリスにやってきたことは明白であるが、後者がどのようにしてやってきたかについてはわかっていない。

前ページ：クロポプラの人目を引く枝ぶりと三角の葉

22. イタリアカラカサマツ（ストーン・パイン）

〔英：Stone Pine〕（学名：*Pinnus pinea*）

科 マツ科（*Pinaceae*）	**大きさ** 25 メートルに達する
概要 常緑針葉樹で食用植物でもあり、古来、人類との関係が深い	**寿命** 250 年
	気候 地中海性気候だが、冷温帯に耐える
原産 地中海盆地	

イタリアカラカサマツの独特の傘のような形は、地中海地方あたりでみられるもっとも特徴的な光景のひとつに数えられる。イタリアカラカサマツの多くは都市地域にある。木陰をつくるが、枝が林冠の下にあるものの何の邪魔もしない形をしているので、つくられた環境に植えこむにはもってこいである。ひとたび田舎に出てみれば、イタリアカラカサマツはいたるところにあって、大きな森をつくっているところもある。木の形が形なので、この森はどちらかというと見通しのよい広びろとした雰囲気をもつ傾向にある。地中海では、数千年にわたりおびただしく人間環境が変化したので、イタリアカラカサマツは勝者でもあり敗者でもあった。敗者であるのは、多くの森が切り倒され焼かれ、あるいは切り株にいたるまで家畜に食べられたからである。また勝者であるのは、食用として重要であったので、自然の生息域をはるかにこえ、人為的に植えられ導入されたからである。

イタリアカラカサマツの形は、常に火事に脅かされた環境にこの上なく適応した結果である。若木はすぐに育ち、あるところまでいくと外にひろがりはじめ、その結果、成長した典型例の葉は地面のはるか上にあるので、火の害がおよばない。とりわけイタリアでは、孤立したイタリアカラカサマツの形状が一種のイコンになり、フランス人画家クロード・ロラン（1600 ～ 1682）の時代以降、しばしば絵画にも描かれている。

イタリアカラカサマツが食用になる（実際、最古のひとつ）ときいて、料理的保守の者たちは驚くかも知れない。けれども、地中海や中東料理を愛する者にとって、マツの実はお馴染のものであろうし、料理人もそれが堅果や種子類のなかでもっとも高価なもののひとつであることをわきまえているだろう。地中海に住みついた非常にはやい時期の人間たちは、マツの実を集めたにちがいない。比較的獲るのが簡単で、タンパク質やミネラルに富み、栄養価も非常に高いマツの実は、見紛いようのない食料源であるからだ。

イタリアカラカサマツは、マツの実の商業的に貴重な供給源である約 10 種類のマツの種のなかでもきわめて重要なものである。実は巨大な球果のなかに隠れていて、重さは5キログラムにも達する。驚くべきことに、実は成熟するまで3年かかる。他のマツより2年余計にかかるのである。ほとんどのマツの球果は成熟するとひらき、羽根をつけた種子がそよ風にのって飛びたっていくが、イタリアカラカサマツはしっかりと閉じたままである。ついには強い火の熱に触発され、球果はやっとひらく。そのとき、大きな種子ははなたれ、地面にまっすぐ落下する。

地中海や中東料理の人気がどんどん高まりつつある今日ほど、マツの実市場が活況を呈したことはなかった。伝統的な英米の料理より格段身体によいという医学的裏づけもあとをたたず、合衆国食品医薬局の報告によれば、マツの実が心臓病予防に役立つという。機械を用いれば収穫コストの削減ができるので、マツの木栽培はしだいに利潤のある仕事になってきた。生産性を高めるためのさまざまな研究は、いくつかの国で目下進行中である。しかし、まだあらわれそうに思えないのは、繁殖を介してこの木を改善しようとする動きである。これは、実質的にすべての他の収穫物にはおこなわれていることだが。なぜだろうか。イタリアカラカサマツには遺伝的多様性がほとんどない。気候変動のせいで、イタリアカラカサマツがひとつの小さな個体群になってしまったためであろう。また、この木は他のマツと交配しないこともあろう。地中海の端から端まで生育しているイタリアカラカサマツの様態が驚くほど似ているのも、このように遺伝子が比較的均質であるためだと考えられる。遺伝学の現状をかんがみれば、品種改良家の打つ手はほとんどないといえよう。もっとも、遺伝学の近年の大きな発展を考慮するなら、こうした状況が近い将来に変わってくることは確実である。そうすれば、環境によく適合し容易に育つこの樹木が、わたしたちの食餌のなかでいっそう大きな役割を担う日もくることだろう。

前ページ：イタリアカラカサマツは完全に傘の形状を成しており、木陰を作る木としては最適である

23. カウリマツ〔英：Kauri〕

（学名：*Agathis australis*）

科	大きさ
ナンヨウスギ科（*Araucariaceae*）	50メートルに達する
概要	**寿命**
常緑の針葉樹で、生態に大いに重要	1,000年にいたる
原産	**気候**
ニュージーランド北島	暖温帯

カウリマツの規模に匹敵する樹木はほとんどない。幹の直径が5メートルある最大のカウリマツの木は、セコイアメスギ（カリフォルニア・レッドウッド）やセコイアオスギと同じくらいに印象的である。その大きな幹の周囲寸法も、そうした種よりも高いところに保たれ、バイオマス（生物資源）総量は最も背の高いセコイアメスギよりも大きいことがよくある。その合衆国の種のように、カウリマツは適度に温暖かつ湿潤な気候が長くつづく地域に繁殖する。これは、生育が妨げられることがない条件である。

しかし、この生育が妨げられたのは、ヨーロッパ人植民者がやってきてからのことである。ニュージーランド先住民マオリは、カウリマツにさほど影響をおよぼしてはいなかった（この点、このマツの本拠地に生息していた飛べない鳥モアの個体群とはちがっていた。マオリは、急速にその鳥を絶滅寸前にまでおいやった）。ヨーロッパ人は世界中の原始的な森にしたのと同じように、カウリマツの森にどん欲に襲いかかった。1900年頃には、カウリマツの森の約9割が植民者に伐採されたり、火を放たれたりした。その材木の多くは、船に使用されることになった。幹がすぐれたマストになったからだ。さらに、この木材は腐りにくかったので、船体の敷板にも使うことができた。このような森林破壊は1970年代までつづき、そのとき運動によって森林保護が法制化された。ワラワラ（the Warawara）という特定の森が、1960年代に有名な裁判事件になっていたのだ。このとき政府は、人びとの反対にもかかわらず、広大な領域の原始林を伐採業者に開放していた。

概して針葉樹は、花をつける広葉樹よりかなり古く、「原始的」であるにもかかわらず、成功した植物でありつづけた。通例、針葉樹は、より過酷な環境にしか繁茂しないが、セコイアメスギとカウリマツは生長と環境への影響が独特なので、本来であれば広葉樹に適している気候帯で繁茂する。その理由の一端は、この針葉樹には低い方の枝を落とす傾向があるからである。そうすることで、つる植物の生育が阻止される。とりわけ暖かい夏の気候では、つる植物はとても大きく生長するので、宿る木をだめにする危険性がある。また、セコイアメスギとカウリマツの樹皮は剥落する。そのため、着生植物（温暖で湿潤な気候で、木の幹や枝に生育する植物）が根づくことも阻止できる。着生植物が重くなり、枝が支えきれなくなると、木に損害が及ぶこともある。

しかし、カウリマツがこの地域で成功をおさめたのは、主に生態学的な理由による。他の針葉樹と同様、この木の根系は、とても浅くて柔らかい、腐食土の多い上部層に根を張りめぐらせる。木が安定しているのは、たくさんのいわゆる「釘の根」（peg roots）があるからである。この根は下にまでのび、木を固定する。多くの広葉樹は対照的に、より下の地層の養分を吸収するために深いところに根をのばす。カウリマツが生育する上層の土壌は、主としてカウリマツ自身の落葉が腐食したものなので、この木は効果的に養分をリサイクルし、完結した栄養循環を形成している。カウリマツ、そして他の針葉樹には、もうひとつ別のとっておきの習性がある。土壌改良だ。針葉樹の葉や木部には、タンニンのようなさまざまな成分がふくまれている。タンニンがあることによって、無機物を分解し栄養循環を維持する通常の土壌微生物に細菌がふくまれなくなる。細菌のかわりに、この針葉樹と親密な共生関係にある無数の真菌が繁殖し、炭水化物とひきかえに一定の栄養素が木にもたらされるのを助けている。針葉樹の落葉は、また酸性が非常に強く、窒素とリン（植物のふたつの主要栄養素）を溶解する。溶解された栄養素は深く土壌に流れこみ、競合する広葉樹の手の届かないところに達する。こうしたやり方で、針葉樹一般と、とりわけカウリマツは、その生息地をみずからに合うようにし、競合する種が生息しにくく変化させるのである。

前ページ：ニュージーランドの外にあるものでは最大級の、カリフォルニアのカウリマツ

24. ダイオウマツ（ロングリーフ・パイン）

〔英：Longleaf Pine〕

（学名：*Pinus palustris*）

科	ところ
マツ科（*Pinaceae*）	**大きさ**
概要	35メートルに達する
針葉樹で、かつて生態的・経済的に	**寿命**
非常に重要であった	500年におよぶ
原産	**気候**
合衆国南東沿岸の平野で、ノースカ	暖温帯
ロライナ州からテキサスに入った	

森が一面にひろがっていても、みえる木はたった1種だけで、地平線が幹の壁にはばまれてみえない。しかし、マツの樹冠の下には、針金のような矮生草（バンチ・グラス）やきわめて多様な野生の花が敷きつめられている。たとえばランの花、奇妙な姿の食虫の嚢状葉植物、アヤメ、ピンク色のミネハリイなど。多様な花と単一栽培のマツとのこうした対比は、驚きである。

ダイオウマツの森へようこそ。ここは、たぶん合衆国最大の単一の生態系であったものが、わずかにのこっているとされた場所である。どの木にもまして、ダイオウマツが南部でいちじるしく目立っていた。それは、少なくとも19世紀後半までのことである。ダイオウマツは広大な純群落を形成することがよくあったので、初期開拓者にはこの木が永遠につづくかにみえた。ときに大きくひらけた林間の空き地があるサバンナにかなり似ていたり、またのときは極端に密集していたりした。ダイオウマツは、完全に周囲の環境を支配していた。それだけでなく、ダイオウマツはみずからの景観をはるかにこえたところに影（より正確には、煙のとばり）を投げかけている、と考える研究者もいる。実際、ダイオウマツと火とのあいだには親密な関係がある。ダイオウマツは火にうまく対処しながら進化した。だから、こうした考えが生まれる。つまり、ダイオウマツの森を定期的に焼きつくす火事は、近隣の生息地にひろがり、生息地の発展にも影響をおよぼし、より大きな多様性がえられるように、生育のより強い種をしばしば抑制しているのだと。

ダイオウマツの耐火性は、若木の頃からすでにある。実生苗の姿はマツのようではなく、草むらのようであり、傷つきやすい成長点は長くて針のような葉のつまった房にうもれている。この状態は10年間の大半つづき、栄養が十分に蓄えられてはじめて空へと飛躍する。この状態は傷つきやすい青年期であり、その林冠は低いので枯れることがある。ひとたび成木になると、火が地面を焼きつくしても、高い林冠は影響をうけない。火のおかげで、優勢な林床植物のワイアーグラス（オヒシバ）（*Aristida stricta*）がほどほどになり、とても多様な他の種が繁茂できるようになる。これは常識がしめすことと逆の事態の好例である。つまり、破壊的混乱が、しばしば自然環境でよいことになるということ。ワイアーグラスは、たとえばコリンウズラ（southern bobwhite quail）などのとても多様な動物の完璧な生息場所となる。コリンウズラのヒナは群生のあいだを走りまわれるが、導入された厚い草屋根のようなヨーロッパ産の芝では、そのようなことはできない。ほんの少し例をあげると、ゴーファーガメやゴジュウカラ、キツツキなどは、ダイオウマツの生態系で繁殖している他の動物種である。

今日、ダイオウマツの森は往時のひろさの約3パーセントほどである。19世紀後半から20世紀前半にかけて、材木産業はどん欲にこの木に襲いかかった。材質が夢のようなものといってもよいからである。ダイオウマツは、その強度はオークよりも高く、鋳鉄に匹敵するほどであったため、じつにさまざまな用途に用いられた。当時の船舶の多くはこの木でつくられていたし、建物の床材や他の木材部品としても用いられた。合衆国に何万もの移民をつれてきた船は、ダイオウマツの板材を積んで大西洋をもどっていき、ヨーロッパの多くの建物は、北アメリカの建物と同様、この木材に大いに依存していた。20世紀中頃になると、ダイオウマツはほとんどのこっていなかった。

それでも、3パーセントものこっているのは、米軍のおかげである。多くの人は、このことを奇妙に思うだろうが、軍事演習場はたいてい野生生物にとってもってこいの場所である。ダイオウマツの森の場合、その変化に富んだ地勢が歩兵隊の演習場に最適である。地上照明がないことで、パイロット訓練に必要な暗い空ができ、爆発によって生じる火、およびその後の火災は、森の生態系を維持するのに役立つ。しかし、その他に現存する地域は、アメリカ郊外の拡大によって脅威をうけている。マツは伐採され、もっと「装飾的な」樹木に道をゆずり、

前ページ：その名の通り、ダイオウマツの針葉は45センチにもおよぶ

右：合衆国南部の大部分はかつてダイオウマツに覆われていた

消防署はきわめて大切な火事をおさえてしまう。森の全領域が分割され、道と芝になっているのだ。

目下、ダイオウマツの反撃がはじまっている。他のどの生態系も、こうした情熱を引きつけたことはないようにみえるし、また生態や土地の管理、さらには経済活動に、これほど多くの直截的な勝利を提供するものは他にはない。「ロングリーフ・アライアンス（ダイオウマツ同盟）」（Longleaf Alliance）が主導し、アメリカ南部全域の多数の組織が運動を展開し、森を再生させようとしている。そこにはもちろん強力な生態系上の理由もあるが、それ以外の理由も多々ある。短期的な経済では、成熟がはやく短命のロブロリー・パイン（テーダマツ）（*Pinus taeda*）の生長は好まれる。もっとも、あったとしても、雑草のような木であったが。他方、長期的な考えでは、好まれるのははるかに高品質のダイオウマツであることに間違いはない。

ダイオウマツは、また害虫と病気、火事と多様な他の影響にたいしてはるかに耐性をもっている。事実、ダイオウマツを植えることは、土地所有者ができるほとんどリスクのない投資である。もっとよいことには、ダイオウマツの森は、とても柔軟に管理ができ、随所で小さな木材をとりだすことができる。北アメリカにあるほとんどの堅木の森の場合、これをやろうとすれば、混合樹林の将来の発展にかなりの予測できない影響をあたえてしまうため、とても困難である。経済的生産性のために管理されている森は、人間にとっても野生生物にとっても、生気も魅力もないものになる傾向にある。しかしながらダイオウマツはハイカーやキャンパー、オフロードのドライバー、バードウォッチャー、ハンター、また他の娯楽的利用者にとって魅力的な環境になることはもちろん、最大限度の野性生物の豊かな状況をつくり、高生産性を最大限にいかしている。ダイオウマツは、またとても効果的に二酸化炭素を捕捉してくれる。

ダイオウマツの森の再生は環境保護論者によって推進されており、従来、私的地主や材木会社、また多様なレヴェルの政府や軍の関与をうまく取りこんできた。養樹園が設立されており、厖大な数の栽培用若木を育成している。ダイオウマツは、アメリカ南部の広大な土地に現実的未来を提供してくれる。もともとあった森の多くにとってかわった農業が経済的ではないことがわかり、そこが放棄されたので、管理のままならない森の広大な領域が出現した。かなりの経済的意識によって、アメリカ南部への持続的・長期的な投資としてダイオウマツの販売促進が企てられている。じっさい、危機を脱したかにみえるし、生態系および樹木のなかでもっともカリスマ的なこのダイオウマツは、進軍を再開している。

25. サザーン・ライヴ・オーク

（アカガシ）

〔英：Southern Live Oak〕（学名：*Quercus virginiana*）

科
ブナ科（*Fagaceae*）
概要
大型の常緑樹で、生息する景観の重要な一部となっている
原産
ワシントンDCからテキサスにいたる狭い海岸部、およびテキサス内陸部とフロリダ
大きさ
20メートルに達する
寿命
1,000年にいたる
気候
暖温帯

ギリシャ風ポーチのある白塗りの家の前に、スパニッシュ・モス（サルオガセモドキ）に覆われたライヴ・オーク（アカガシ）の木が1本ある。この情景以上に、古きよきアメリカ南部の芳香を漂わせるイメージはあるだろうか。このオークには非常にひょろながい枝がある。地面にむけてのびたその枝は、ふたたび上へむかい、灰色の苔が太古の雰囲気をこの木に付与している。

サザーン・ライヴ・オークにそのような名がついているのは、開拓時代に常緑の種が「生きている（“live”）」と称され、落葉樹の種と区別されたためである。「スパニッシュ」・モスも、やや説明が必要であろう。実際、これは苔ではなく、顕花植物（*Tillandsia usneoides*）であり、1種のアナナスでパイナップル科の仲間である。スパニッシュ・モスはこの科に属するもののなかでもとりわけ樹木にしがみつく力が強く、葉にある毛を介して大気中の水分を吸収し、必要な水分補給をしている。

すべてのオーク同様、ライヴ・オークには凹凸のある樹皮があり、スパニッシュ・モスなどの着生植物にとっては格好の居場所になっている。付着して裂け目に根をだすことが容易だ。これに近い種としては、締まったトゲのある灰色の球形のボール・モス（毬藻）（*T. recurvata*）がある。また、たとえばリザレクション・ファーン（マキデンダ）（*Pleopeltis polypodioides*）などのシダ類もあり、「リザレクション（復活）」と呼称されたのは、その葉が、日照りで完全に乾燥したあとでも、雨がふれば劇的に生命を取りもどし、再び緑になるからである。他の種の植物をその枝で養うライヴ・オークは動物にとっても重要な役割をはたしている。ウズラやカケス、クマ、リスやシチメンチョウにとって、そのドングリは欠かせない食料源である。

ライヴ・オークはとても典型的な沿岸性の種ではあるが、冬がさほど寒くなければ内陸でも生育し、はるか北のニューヨーク市もそこに入る。期待どおりに、風や塩水飛沫に耐性がある。木材は非常に強度が高く、また重心位置が低いのでハリケーンの際にも倒れない。それどころか、この木はとても地面に近いので、林冠が木の高さよりもひろくなることもある。深く根ざす主根と地表にひろがる根の組みあわせも、また嵐のときに強みを発揮する。火の被害をうけるが、耐火性の種とはいえないものの、燃えたとしても基部からたくましく再生する力が備わっている。いずれにせよライヴ・オークの森が火災になることはあまりない。というのも、常緑の葉のせいでその下に育つ低木の量が削減されるからである。他の多くの型の森では、そうした藪に可燃性の下生えがくわわるのである。

イングリシュ・オーク（ヨーロッパナラ）は、英国海軍が海の支配を維持できるようにしてくれた素材となった点できわめて重要であったが、そのようにライヴ・オークも合衆国海軍に多大な貢献をした。この木の木材は堅くて高密度（あらゆるオークのなかでもっとも重い）のため、銃弾や砲弾が貫通しないのである。それゆえに、加工するのは大変ではあったが、19世紀の海軍技術者には非常に好まれた。連続して供給できるように、アメリカ海軍は1828年、フロリダに広大な土地を購入し、既存のライヴ・オークを保存し、あらたにライヴ・オークを植えた。この「海軍ライヴ・オーク地域」（the Naval Live Oaks Area）と呼ばれる場所は保護区域となり、市民のレクリエーションのために開放されている。1797年、ジョージ・ワシントンによって進水され、ほぼ1世紀のあいだ周航した合衆国憲法号（USS Constitution）という有名な船がある。いまこの船は博物館に収蔵されているが、ライヴ・オークがその材料となっているため、その愛称を「オールド・アイアンサイズ（Old Ironsides）」（「頑強な老人」）という。

ライヴ・オークは、若木のときに比較的はやく生育する。木陰がつくれるので、都市の木として人気がある。もっとも、申し分のない枝ぶりをつくるには、熟練者の管理がいる。今日この木を植えれば、いつかは木陰をつくってくれるだろうし、また北アメリカの木でもっとも特徴のある木のひとつを将来何世紀ものあいだ享受できるだろう。

右：低く垂れこめて、苔に覆われたサザーン・ライヴ・オークの枝

26. ケイマン・アイアンウッド

(テツジュ／アメリカジデ)

〔英：Cayman Ironwood〕(学名：*Chionanthus caymanensis*)

科
モクセイ科（*Oleaceae*）
概要
貴重で絶滅の危機に瀕している常緑樹で、カリブ海の小さくかたまった島にしかない
原産
カリブ海のケイマン諸島

大きさ
10メートルに達する
寿命
不明
気候
熱帯

「アイアンウッド（テツジュ／アメリカジデ）」は約30種の樹木に適用される名称であり、その材木は堅固で高密度なので、多様な用途に用いられる。ケイマン・アイアンウッドは、主として伝統的な家屋の基礎柱の材料として使われてきた。それというのも、やはり木材が高密度なので、熱帯性気候においても簡単には腐らないからである。この木は、知られていない種が、とてもよく知られている種と密接な関係にあることの好例である。馴染みのものと知らないもののこのような関係は、進化の過程や、まさに無限ともいえる地質学的時間をかけて植物がいかにひろまったかの解明に役だつ。ケイマン・アイアンウッドは小型の木であるか、大型の灌木であり、合衆国南部や東部をトレッキングする多くの人には見慣れたものである。春になると、濃い縁毛のある白い花は強い印象をあたえる。けれども、カリブ海地域および南アメリカには、アメリカヒトツバタゴ（*chionanthus*）のまた別の種がいくつかあり、ケイマン・アイアンウッドはそのひとつである。世界中でこれがみられるのは、グランドケイマン島、ケイマンブラク島、およびリトルケイマン島に限られている。

地球の反対側に目を転じれば、オーストラリアにはいくつかのアメリカヒトツバタゴの種がある。*C. ramiflorus* はそのひとつで、例外的にひろい地域に分布しており、オーストラリアのクィーンズランド州から南東アジアを経由してネパールにいたる。いくつか中国種があり、インドに数種、それから南アフリカにも1種ある。しかし、この属は東アジアやヨーロッパには存在しない。

このことから何がわかるのだろうか。わかることはただひとつ。つまり、太古の昔に進化したアメリカヒトツバタゴは、共通してこのように世界中に分布しているだけでなく、むしろ隔離分布しているということだ。その太古の昔とは、世界の5つの大陸が超大陸パンゲアとしてひとつになっていた頃のことだ。1億7,500万年前、前期から中期ジュラ紀にパンゲアは分割をはじめ、北アメリカとユーラシア大陸（当時、ローラシア大陸としてひとつづきであった）が南の諸大陸（当時、ゴンドワナ大陸としてひとつづきであった）と別々になった。アメリカジデが北アメリカ、アジア、そして南の諸大陸でみられるのは、それがパンゲア大陸分割以前に進化したにちがいないことをしめしているようだ。よって、この種はかなり古いものであることになる。

ケイマン諸島は氷山の一角と想像してもよい。この氷山はケイマン海嶺である。つまり海底山脈で、アメリカ本土をベリーズ（中央アメリカの北東部海岸の国）でキューバと結びつけており、ケイマン諸島は海面に顔をだしたほんの一部にすぎない。さほど遠くはない過去に、最後の氷河期のあいだ、海面はいまより低く、ケイマン諸島は水位より上でもっと巨大な陸塊に接続されていた可能性がある。アメリカヒトツバタゴの1種がケイマン諸島に打ちあげられたのは、最後の氷河期後ではないとしても、この100万年ほどのあいだに地球を襲った別の氷河期のひとつのあとのことであった。いったん仲間から切りはなされると、種は進化を独自にはじめるものである。というのも、自然淘汰は異なった環境圧に応じるからである。こうした理由で、島の植物群は土地固有の非常に多くの種をもつ傾向にある。つまり、そうした植物群が他の場所には見出せないということである。

ケイマン・アイアンウッドはケイマン諸島の約20ある固有種のひとつであり、土地固有の植物群のほぼ半数のように、その島において絶滅の危機に瀕している。つまり、ケイマン・アイアンウッドや他の固有種にとって、完全な絶滅を意味している。住宅やゴルフコース、そして道路のためになされる生物生息域破壊が、おもな問題である。ケイマン・アイアンウッドの森林地帯は、目下まったく保護の対象にはなっておらず、開発されるままになっている。ランの仲間ゴースト・オーチッド（ghost orchid）（*Dendrophylax fawcettii*）も固有種であるが、居場所をケイマン・アイアンウッドに依存し、その枝で生育している。この種は、国際自然保護連合によって、100種のもっとも危機にある動植物のひとつとしてリストにあげられている。このランとその宿主の木は、私たちの前から完全に姿を消そうとしているのだ。

右：珍しく都市部に生息するケイマン・アイアンウッドとその果実

27. ユーカリノキ（ゴムノキ）

〔英：Gum〕（学名：*Eucalyptus*）

科
フトモモ科（*Myrtaceae*）
概要
常緑樹の大集団で、特徴を共通にもち、オーストラリア原産だが、現在は地球規模に分布している
原産
オーストラリア

大きさ
世界一高いものもあり、90メートルほど
寿命
少なくとも600年にいたるが、とても燃えやすい
気候
冷温帯から暖温帯で、半乾燥帯にも耐える

南米ウルグアイの首都であるモンテビデオからバスにのり、沿岸をいくと、常にユーカリの木が目に入る。実際、ユーカリがその景観を完全に支配しているとさえいえるだろう。バスの外の空気には、その葉のかぐわしい樹脂の香りが漂う。寒い夜に焚き火がたかれていると、それはたいていユーカリの丸太を燃やしている火である。多くの家は、戸外にユーカリの丸太を積み上げている。

ウルグアイの例は、景観に繁茂している外来種の極端なケースなのかも知れないが、ユーカリノキは世界的にみても、多かれ少なかれ霜が降りないほどに寒くはなく、かつ湿潤な熱帯でもないという地帯で、きわめてよくみられる。このように、世界のどこにでもみられるユーカリノキだけに、もとの生息地がオーストラリアに限られていたということは容易に忘れられてしまう。1960年以来、世界のユーカリノキのエーカー数は、10年ごとに倍増してきた。どうしてこの木はこれほどまでにひろまったのだろう、それ以前にはいったい何があったのだろう、と人びとは疑問をもちはじめている。外からやってくる樹木が強い情緒を喚起すると知っても驚きではない。あるアフリカ人のブログにおいては、ユーカリノキは「環境の怪物」と言及されている。

ユーカリノキには700ほどの種がある。そのように多様でありながらも、そこにひとつの共通の特徴があるとすれば、それは芳香性の成分を有するということになるだろう。よく知られているオーストラリアの名「ガムツリー（ゴムノキ）」はここに由来する。自然の殺虫剤にもなり、木から水分が失われるのを防ぐのに役立つユーカリ・オイルは、風邪やその他の疾患に効く生薬治療として人気がある。

この木を植えたことのある人なら誰でもわかるように、ユーカリの木の生育は早い。非常に早く、1年で1メートル以上にもなる。速成の材木や避難所、あるいは木陰が必要なら、ユーカリ以上によいものはなく、見境もなく植樹される。典型的なシナリオでいえば、ボリビアの人里離れた谷に住む貧しい家族の子どもたちが、一番近い町の市場から、上の方が切られたプラスチック製のボトルに生育しているいくつかの若木を家にもちかえる。その一方で、子どもの父親や近所の人びとは家から下流で1本を伐採する。チェーンソーを使い巧みに幹を平板に加工すれば、すぐに建材、そして料理や暖房に使う多数の薪を手にすることができよう。ユーカリノキは世界中の貧者への恩恵にほかならないが、生物多様性にとっては呪いだ。経済的尺度の他方の端には、製紙工場の燃料にするため巨大なユーカリノキのプランテーションがつくられ、そこでは小規模農家が土地所有者に雇われた悪漢に立ちのきを喰らう。地主は、トウモロコシやジャガイモの小さな畑をささえるより、自分の土地が利潤をもたらす木を育てることの方をよしとするだろう。

ユーカリノキのほとんどはオーストラリア原産で、この国の樹木の茂ったほとんどの生息地を完全に支配している。広大な土地をこのように支配しているのは、進化論的には異様なことであり、理由はこの木と火との関係をもちだせば説明できる。いまから約2,500万年から3,000万年前、オーストラリアの気候は乾燥しはじめ、その結果、それ以前より頻繁に火災がおきるようになった。火災を妨げる河川も湿地もほとんどなく、火は広大な領域を焼きつくすことができた。くわえて、この大陸のアボリジニーたちは狩りに、そして主食にしていたカンガルーや他の動物にとって食用の草を十分に生みだすために火を用いた。このこともまた、ユーカリが繁茂する理由でもある。景観の操作と変更のこのような過程は、世界中の狩猟採集民族に共通することである。

ユーカリノキはみごとに火に対処しているが、他のほとんどの耐火性の樹木と異なり、みたところ逆効果の特徴がある。ユーカリの木は油を存分にふくんでいるので、可燃性の木は爆発することが知られており、非常に燃えやすく腐りにくい落葉を大量に落とす傾向にある。ユーカリノキの火はとても強烈になり、他の種が生きのびる

前ページ：通例、下には何も生息しない

のはむずかしく、その結果、ユーカリの属は競争上有利となる。ユーカリノキは、地中あるいは幹の非常に深いところに埋まった蕾から再生するか、あるいはタネから再生することで生きのこっている。多くの種はタネをつけた頭状花をもち、これは熱されてはじめてひらく。

オーストラリア外で、ユーカリノキは容赦なくひろがってきた。とりわけ、もともとの生息地が人間の活動によって大きく変えられたところではそうである。ヨーロッパ人植民者以前、ウルグアイ沿岸地域の砂質土壌を支配していたのは低木の茂った森であった。こうした森は破壊され、牛の牧畜に道をゆずった。まさに19世紀末頃、ユーカリノキはみずからのタネを周囲にまくだけでなく、広範に植樹されるようになった。ウルグアイ政府による林業補助があることで、国土のほぼ3割が植林された。ほとんどがユーカリノキの単一栽培である。ここ10年間では、パルプ工場がたてられ木材加工をはじめたので、隣国アルゼンチンのブエノスアイレスをへて大西洋へ流れこむ河川系の汚染が危惧されている。環境保護活動家たちが工場反対運動をおこなう一方、科学者は土壌や水の供給に長期的な影響がおよぶことを危惧している。

ユーカリノキ批判の主なもののひとつは、その生育の早さゆえ、地面から水分を「盗む」というものである。しかし、エチオピアの森林研究者は証拠をまとめて、ユーカリノキが使う水の量は伝統的な作物が使う量よりも少なく、使用する水分に比した成長の度合いは、他の植物以上であることをしめした。この研究者に関するかぎり、ユーカリノキは彼の国で有用なものである。この国は、世界最貧の国のひとつで、この木の90パーセントは薪として使用される。こうした問いを発しなくてはならない。もしその国民がユーカリノキを燃やしていないなら、かわりに何を燃やすのだろうかと。もちろんその答えは、既存の土地固有の森林被覆である。事実、ユーカリノキは、無作為に根絶されかねない、かけがえのない植物を保護するという役割を果たしているともいえよう。

しかし、もっと広範な物事の成り立ちにおいていかに価値があっても、ユーカリノキに好意的に接することはむずかしい。この木の森は不毛で生気がなく、地面には何も生えておらず、鳥もほとんどいない。生物多様性からいえば、そこは砂漠のように感じる。ユーカリノキが火災を利用して、土地固有の樹木がつくる森を征服し、急速に拡大をし、最後には、一種のSFのシナリオでいえば、全世界征服するのを想像することはまったくできないことではない。ユーカリノキがすでに世界にあたえた影響をかんがみるなら、この木について個人的感情をからめないことはむずかしい。

上左：アカバナユーカリの葉　上右：アカバナユーカリの花
次ページ：ツキヌキユーカリ（別名：スピニングガム）

28. オウシュウアカマツ（スコッツ・パイン）

〔英：Scots Pine〕

（学名：*Pinus sylvestris*）

科	これによって、針葉樹のなかでも最も広範に分布している
マツ科（*Pinaceae*）	**大きさ**
概要	60メートルに達する
経済的・生態学的に非常に重要な常緑針葉樹	**寿命**
原産	300年、例外的に600年以上にもいたる
北ヨーロッパ、中央ヨーロッパの山間部およびスペイン、さらに太平洋までの南シベリア。	**気候**
	冷温帯

人はよく、見慣れたものの美しさがわからないことがあり、北ヨーロッパに住む者にとって、オウシュウアカマツはきわめて見慣れた木である。ロシア、スカンジナヴィア、ドイツ、そしてバルト海沿岸諸国において、この木は広大な地域におよんでいる。すこし距離をおいて、新たにみる価値がある。オウシュウアカマツは針葉樹のなかでかなり変わっている。樹齢をかさねるにつれ、若木の頃の対称的習性をうしない、顕著に非対称的になる。同時に、大きくひろがった不規則な枝は、幹の樹皮のやや美しい模様をひきたてる。中国や日本の画家がみたようにこの木をみつめると、水墨画や木版画の題材になるだろう。

オウシュウアカマツは、原産地では広大な地域を支配しているが、その他のところでは、時おり木立をなしているところしかみられない木のひとつである。小集団のなかでは、地平線上で一番よくみえるが、それは独特の姿が浮き彫りになるからである。そうした小集団や散在する列は、しばしばイングランドでみかける。ところが、最後の氷河期後の寒さ以降、この木はイングランドではみられなかった。18世紀に王位を虎視眈々と狙っていたジャコバイト「素敵なチャーリー殿下」（Bonnie Prince Charlie）に共感する土地所有者たちは、この木を所有地の目立つところに植えていた。当時の政府に反対の意を巧妙にしめすためである。砂質土で十分に育ち、容易に加工木材の原料となるという理由だけで、この木を植えた者もいた。丘の稜線にみられる列をなしたオウショウアカマツは、何キロも離れたところからみえるので、家畜商人のとおる道を示唆していた。この道をたどったのは、何千という羊や牛の群れをつれ、山野を横断する長距離の旅をしている者たちであり、19世紀中頃になると、鉄道輸送がそれにとってかわった。また、スコットランドでは伝統的に、オウシュウアカマツが英雄の墓などの特別な場所を明示するために用いられた。

この木の英語名「スコッツ・パイン」が、その真の原産地であるスコットランドと関係していることはあきらかだ。太古の時代、カレドニア（古代スコットランド）の森は、国土のひろい範囲を覆っていたことが知られている。しかし、そのほとんどが何世紀にもわたり伐採され牧草地となり消失し、今日では1パーセントしかのこっていない。その結果、スコットランド高地の多くは、森が生きている場所に比べると、不毛の荒地の様相を呈している。森がある場所では、木がひろびろとした地面を覆っているだけでなく、石の割れ目ならどこでも生育し、あるいは小島にも生育している。

カレドニアの森は、合衆国南部のダイオウマツの森と同様、生態学者にとってはほとんど神話的な地位にある。生態学者によれば、そこでは、木の枝や幹に生育している苔や地衣類の植物群はもちろん、この木がつくりだす淡い陰に生育する今日では珍しい豊かな植物群があるという。オウシュウアカマツの天然の森は、比較的雑駁で疎林である。というのも、苗木は陰に耐性がなく、ひろびろとした森や老齢の木がつくりだす適度にあかるい木陰の周辺でしか発芽しないからである。カバノキ（*Betula pubescens*）は、自然界では友であることがよくある。このような自然の森の相貌は、この木と他の針葉樹の馴染みの造林地とは非常に異なる。そこでは、木が人工的に接近して植えられているため、濃い他の生命のない木陰ができてしまう。

カレドニアの森の一部をかつてのように再生させようという計画があり、スコットランド西部の野心的な企画はすでに進行中である。2008年、「命のための木（The Trees for Life）」企画がダンドレガン（Dundreggan）の地所4,000ヘクタールを購入し、50年かけて森を再生させることにしている。再生がうまくいくかは、鹿を締めだせるかどうかにかかっている。鹿は若木を食べるので、スコットランドの多くの森が自然再生できない主要な理由となっている。狼は18世紀はじめに絶滅に追いやられた。狼がいなくなったので、鹿には自然界の天敵が

前ページ：オウシュウアカマツの未成熟な球果および針葉

いなくなった。新たに森をつくろうとすると、天然のカレドニアの森にある森林地帯と空地地区とのあいだのグラデーションを模倣し、生物多様性の機会を最大限にし、かつてその天然の森に繁殖していたあらゆる動植物の種の促進を図ることになろう。オウシュウアカマツにとどまらず、オーク、アッシュ（トネリコ）、ウィッチ・エルム（セイヨウハルニレ）、バード・チェリー（ウワミズザクラ）、そしてもちろんバーチ（カバノキ）もが存在するだろう。このプロジェクトは、また人間がつくりだしたものによって分かたれていた既存の森林地帯をふたたびむすびつけ、「野性生物回廊地帯」（現代の環境保護的思考の鍵概念）を準備することになろう。

大多数の樹木のように、オウシュウアカマツは、その根に付着し栄養を交換するいくつかの菌類と親密な関係にある。オウシュウアカマツの場合、こうした関係性をもつ菌類には、目につきやすくよく知られたものがある。たとえば、お伽噺の妖精に愛される、白い斑点のある真紅のベニテングダケ（*Amanita muscaria*）や、「スティッキー・バン」（sticky bun）として知られる食用のイグチタケ（*Suillus luteus*）、さらにはチチタケ（*Lactarius* spp.）である。ベニテングダケについては、さらに語るべきことがある。シベリアの先住民は、マツの森をシャーマンによる儀式に使用し、この儀式ではときに、菌類の調理食品を飲んだり食べたりしたが、それは幻覚を引きおこすものであった。シャーマンが着た赤と白の衣装はベニテングダケを称えるもので、これは今日、サンタクロースが着る衣服に酷似している。

スコットランド自体には、オウシュウアカマツとむすびついた民話がほとんどないのは驚きである。この木が使用されるのが、家庭より産業であったと考えられる。材木は樹脂をふんだんにふくんでおり、なかなか腐らなかったので、建築や造船の材料として長らく重宝された。樹脂はテレビン油製造や、胸部疾患の軽減用の薬品製造に用いられた。加工木材として、その評価、さらにマツ一般の評価は、強いが軽い比較的安価な木材で、顕著で魅力的な木目があるというものである。多くの都市住民は、実際、この木よりヨーロッパアカマツ（*P. sylvestris*）の木材の方に馴染みがあるかも知れない。

前ページおよび上：人の手が入っていない希少なカレドニアの松林

29. レッド・マングローブ

〔英：Red Manglobe〕（学名：*Rhizophora mangle*）

科
ヒルギ科（*Rhizophoraceae*）
概要
「真のマングローブ」として知られる樹木のうち、もっとも広く分布している種で、生態学的重要性の高い植物群落を形成する

原産
熱帯に広く分布
大きさ
25メートルに達する
寿命
不明
気候
熱帯

この密林にわけいるのはむずかしいようだ。単に植物が密集しているからだけでなく、そもそも歩ける地面がない。泥だけだ。そこには枝や、根のようでもあるが地上に顔をだしている奇妙な組織がつまっている。マングローブ林は熱帯にしかない固有のものである。マンガル（マングローブ林の区域）（mangal）には、種はわずか3ないし4しかないが、この区域は沿岸地域の生態系において実に重要な役割をはたしている。これとかかわりのない種の多くは、こうした条件で生きのこるのに必要な特性を進化させることができたが、これも「マングローブ」と呼んでもよいだろう。だが、そのなかでも、ヒルギ科に属するものが「真のマングローブ」とみなされている。

マングローブの木、とりわけヒルギ科は風変りである。環境の塩分だけでなく、環境の不安定さ、さらに生育する土地の酸素不足に適応してきたからだ。塩分対策は、根の「スベリン（木栓質）」の層を介しておこなわれている。この物質は強く水をはじき、塩水が内部組織に入りこまないようにしている。もっとも、特別に適応した細胞があって、海水のろ過ができる。いくつかの種は、ヒルギ科（レッド・マングローブ）ではないが、葉にある腺から塩を追いだすことができる。根がきわめて特徴的なので、それによってマングローブは、他の木材植物とは異なるものとなる。地上に突きでているので、竹馬や支柱で幹をささえているようにみえる。その基部は泥や砂のなかにしっかりと根ざしているが、地上にでた部分が幹を波に対抗するつっかい棒となり、幹をささえる手助けをしている。波に打たれる木をしっかりと支えている。ほとんどの植物の根は酸素を吸って呼吸をするが、極度に水のしみこんだ土壌に生える植物の根にはそれができない。そうではなく、そうした植物は多様な仕組みを進化させ、葉から根へと酸素を「ポンプで注入」する。ヒルギ科は樹皮を介して「呼吸」をし、酸素を必要なところに運ぶことができる。

マングローブは、かなりくり返される激しい打撃にさらされているが、この木は多勢で力をえている。多数のマングローブの根に侵入する波は、頑丈な壁に出会うのではなく、いくつもの小さな抵抗点に出会い、それによって波が砕け力が消散する。このように波や潮の力を打ち破ることができ、津波の氾濫を阻止する能力があるからこそ、マンガルは、沿岸とそこで暮らす人びとを海の全勢力から護る守護者として、特別の価値をもっているのである。マンガルは、また流送土砂を堰きとめ、そうして海岸線形成に寄与している。マングローブの繁殖は、おそらくマングローブでもっとも風変りなものであろう。真のマングローブには、「前もって発芽する」種子がある。これは、サヤのなかで生育をはじめ、親木周囲の泥に落ちるとすぐに根をはることができる。そうでなければ、種子は根をださずに、1年は漂い生きることができる。漂って、新たに露出した泥の浅瀬に流れつくものは、急速に生育し新たな苗木になることができる。根は堆積物を堰きとめはじめ、すぐにまたマンガルが新たに発展する。

多くの天然の生殖場所と同じく、マンガルも人間の活動によって脅かされている。あきらかに経済的な用途がないので、マンガルはしばしば開拓され、人が妨げられることなく海に行けるようにされたり、クルマエビ養殖や運河に利用できるようにされる。その結果、悲惨なことになる。嵐や高波は、いまや無防備の沿岸を破壊することになる。漁村社会は、環境保護の最良の同盟者であることが多い。というのも、多くの商業的に重要な魚類が、マンガルを繁殖場所に使用するからである。だから、マングローブがなくなれば、魚類も絶滅する。マングローブを保護し繁殖させる理由をもうひとつあげるなら、それは、この木が二酸化炭素を吸収できるということだ。その能力は、熱帯雨林の5倍におよぶ。マングローブは全世界の森の1パーセントにみたないが、そのひろがりにまったく釣りあわない重要性をもっている。

次ページ：マングローブの湿地（上）およびレッドマングローブの枝分かれした根（下）

30. バーミーズ・フィグ

〔英：Burmese Fig〕（学名：*Ficus kurzii*）

科	大きさ
クワ科（*Moraceae*）	大型であるが、最大のものについての明確な記録がない
概要	寿命
大型の常緑樹で、非常に重要で大きな属のなかで多くの世に知られていない種のひとつ	不明
	気候
原産	湿潤、あるいは乾季のある熱帯性
中国南部からインドネシア	

イチジクには約850の種がある。大いに変種が存在しているが、その1種バーミーズ・フィグはかなり典型的な例といえよう。イチジクは驚くべき植物である。理由はいろいろある。それは、大いなる進化的成功事例で、比較的最近に進化し、急速に世界中にひろまった。イチジクは、またとりわけ種の共存が巧みであるようにみえる。つまり、熱帯の森はいくつかの異なった種の生息地の可能性があり、各種はみずから固有の生態的地位を占めている。

バーミーズ・フィグやこれに似た多くの種は、「絞め殺しの木」として一般に知られている。何がおこるのだろう。それは、鳥やサル、あるいは他の動物がその実を食べ、タネを熱帯雨林の高いところにある枝の上に排泄する。そのタネは芽をだし着生植物となる。そのすぐそばには、ランやシダなどの熱帯の多くの木の枝に群がる植物がある。生育するにつれ、イチジクは気根をたらし、それが宿主の木にしがみつき、ついには地面にいたる。幹をつたって地面まで達する根は根づき、活発にひろがり、ついには宿主の木の幹を完全に取りまく。

時の経過とともに、宿主の木は大きくなることができなくなり、樹皮のすぐ下の生きた繊維にある導管が絞められ、木自体が死にいたる。イチジクによって絞殺されるので、その名がついた。熱帯の湿気をふくんだ強烈な暑さのなかで、枯れた木はすぐ腐敗し、寄主木は最終的には完全に姿を消し、そのあとにはイチジクの根によってできた、なかが空洞の柱がのこる。いまでは、このイチジクの根が幹になっている。こうしたイチジクの1本の柱を見上げるのは、植物界で出会う比較的超現実的経験のひとつである。いくつかの種は、気根をたらし、それが新たな「幹」になるように、1本の木がイチジクの1種「ベンガルボダイジュ」（“banyan” figs）のように、いわば「連携した森」となる。

イチジクの生殖も、植物界でかなり奇妙で複雑な過程のひとつである。イチジクはただひとつの実であるわけではなく、そのなかには数百の小さな実が入っている。水分の多い実を噛むと、そのなかに小さな繊維がみられる。これは、植物学者なら個々の子実体とみなすものである。科学以前の民族は、イチジクに明確な花がないので、いつも頭をなやませてきた。ヒナギクのように、イチジクの花は複合的で数百もの花からなるが、果実のような形をしたものの内部に取りこまれている。これをイチジク花序といい、一方の端に小さな穴があいていて、そこを小さなハチがとおる。内部の花に受粉するのは、このハチにほかならない。多くの種（ありがたいことに、栽培品種 *F. Carica* はその限りではないが）では、ハチはそこに産卵もする。イチジクはハチに食物と避難所を提供し、そのかわりに受粉してもらう。多くの場合、イチジク各種とハチ各種とは共進化し、共生関係を保っている。どちらを欠いても生殖ができないのだ。

進化を研究対象にしている科学者にとって、イチジク＝ハチの関係は無限の研究題材を提供してくれる。両方とも、相手と共進化しなければならなかったからだ。この関係をもちだせば、イチジクの信じられないほどの多様性が説明される。生態学者にとって、この依存関係はやや恩恵であった。というのも、新しい環境に導入されたイチジクの木は、かならずしも受粉をしてくれるハチをつれきたわけではないので、実をつけることができず、そのためその新しい生息地でひろがり、侵略的な種にはならないのである。

イチジクがおいしく水分があることを知っているのは、人間だけではない。広大な範囲の野生動物にとって、イチジクはとても重要な食料源である。イチジクが熟する頃になると、そこにいたハチの幼虫は成虫になり、実の先端の小さな穴から飛び去っていることであろう。熟れた実をつけたイチジクの木を目当てに、集団となったうるさい猿が遠くあちこちからやってくるし、実を食べる鳥の群れも訪れる。イチジクは熱帯雨林の生態系の一部として、実に重要な存在である。

前ページ：熱帯のイチジクの木にはよくありがちな、空中に生息するバーミーズ・フィグの根の体系

III　聖樹

樹木、あきらかに老齢なものや印象的な大きさのものはとりわけ、多くの文化において神聖なものとされてきた。樹木に霊がやどるという信仰は、あらゆる文化にほぼ普遍的にみられるように思える。霊について異なる考えをもつ侵略者が、聖なる木を破壊の対象としてきたのも、なんら驚きではない。聖なる森は、ガリア全域とイングランドでユリウス・カエサルのローマ軍団の斧の犠牲になったし、中世ヨーロッパでは、キリスト教徒ドイツ騎士団によって、さらにインドを侵略したイスラム教徒の犠牲となった。しかし、何世紀にもわたり一神教が信仰されたにもかかわらず、ヨーロッパのキリスト教世界各地やアジアのイスラム圏に生えている樹木は、依然として崇拝されており、リボンが枝にむすばれたり、樹皮にコインが押しこまれたり、幹には祈りのことばがピンで留められている。

しばしば、「新参の」一神教は、単純に破壊することよりもっと巧妙な取り組み方をした。一神教は、古くからある信仰の拠点にその神殿をたて、聖なる樹木にまつわる神話をあらたにつくり直した。そういうわけで、イギリスの墓地にはあれほど多くのイチイの木があるのだ。比較的ながい信教の伝統をもつ文化は、有霊信仰（アニミズム）が聖なる木としたものをより洗練された信仰体系に取り入れてきた。これは、日本のスギの場合にあてはまるし、イチジクは、多くの信仰にとって長らく聖なるものであった。霊的な場所には、ほとんどなくてはならないと思える種もある。中国の仏教寺院は、少なくとも１本のクスノキがなければ完全とはみえない。聖典に記されていれば、それで十分な根拠となり、１本の木の人気がでる。たとえば、聖書におけるレバノン杉がそうだ。

有名な無神論者がかつて指摘したように、ほとんどの神々は消滅し、もはや誰も信じなくなった歴史記憶にすぎない。霊的なものについての記憶が生きのこるとしても、それは迷信とかわらない。たとえば、アイルランドのサンザシから妖精が連想されたり、合衆国太平洋岸北西部のマドロン（イチゴノキ）が、現存するアメリカ先住民のいくつかの部族の神話で呼び物となっているように。霊的な記憶で、人類学者や歴史家が気づいたからこそ生きのこっているものもある。文字テキストからしか知ることができないことであるが、食料源となる木には、神々の贈り物とみなされるものがあった。１例をあげると、チリマツ（モンキー・パズル／ナンヨウスギ）がある。この木は、チリとアルゼンチンのアラウカリアの種族（マプチェ族）によって崇拝されていた。それは、その実をたべて生きていたからである。食物以上のものをあたえてくれるために崇められた木もある。コロンブス以前のメキシコの種族はココアの木を信仰していたが、それは軽い向精神剤になったからだ。

文化が発達するにつれて、正義と国家というイデオロギーが、宗教のはたす機能の多くのかわりをする傾向にある。そのため、中央ヨーロッパでは、ライムの木が正義の分配とむすびつけられ、イングリッシュ・オーク（ヨーロッパナラ）は君主政体の存続と、アメリカニレ（アメリカンエルム、すなわち「リバティ・ツリー」）はアメリカ合衆国の建国とむすびつけられている。最後に、ノルウェー・スプルースについて。かつてこの木は異教の儀式の一部であったが、聖なるものと世俗的ものとの究極の結婚、つまり現代のクリスマスの中心的項目としてあたらしくつくりかえられた。

前ページ：サンザシの純白の花

31. チリマツ（モンキー・パズル）

〔英：Monkey Puzzle〕

（学名：*Arauaria araucana*）

科	大きさ
ナンヨウスギ科（*Araucariaceae*）	40メートルに達する
概要	**寿命**
「生きる化石」である常緑針葉樹	800年かそれ以上
原産	**気候**
チリ南部とアルゼンチンの各地	冷温帯

チリマツの木は恐竜の時代のもののようにみえるだけでなく、実際にそうである。化石の証拠をみると、ナンヨウスギの種の広大な森が、中生代、世界中に存在していたことがわかる。その時期、恐竜が地球を歩きまわっていたのだ。従来の説では、竜脚類恐竜（有名なブロントザウルス等の種）の長い首は、とりわけこれらの木の上部を食むことができるように進化したという。今日のどの動物でも、なみはずれて頑丈でトゲのあるこの葉を食べたり、その曲がりくねった枝にのぼるのを想像することはむずかしい。ここから、英語名「モンキー・パズル・ツリー」が生じ、フランス語で「デスポワール・デ・シーニュ（サルの絶望）」ができた。ありそうなことは、針葉樹（ナンヨウスギ種は、実際、マツやモミの遠戚にあるから）と草食恐竜は、進化の「軍拡競争」に関与していたことだ。つまり、植物はどんどん高く頑丈に生長しようとし、恐竜はより長い首とつよい顎、そしてより活発な消化器系を進化させた。

今日、19のナンヨウスギ種はほとんどが、ニューカレドニアに生きのこっている。この西太平洋の島々は、古代植物の生物多様性保護区として機能しているといってもよい。チリマツは、南アメリカにみられる2種のひとつであり、耐寒性のある唯一の種である。この木は、17世紀後期にヨーロッパ人によって発見され、1895年に、アーチボルド・メンジーズ（Archibald Menzies）によって栽培のためにヨーロッパにもちこまれた。彼は外科医にして植物学者であり、南半球探険に派遣されたイギリス海軍の船、HMSディスカヴァリー号に乗船していた。当時スペイン植民地のチリで、士官たちはスペイン総督の歓待を受けた。晩餐で、メンジーズにははじめての堅果がだされた。彼は数個をポケットにかくし、のちにディスカヴァリー号の甲板上で容器にまいた。5つの植物が生育し、航海を生きのび、そして老練の植物学者サー・ジョセフ・バンクス（Sir Joseph Banks）におくられた。19世紀後半に、この木は大いに人気を博し、チリから定期的に輸入されたタネは、異国風をもとめる庭師たちのあくなき要求をみたした。とりわけ成功した植樹は、イングランド南西部デヴォン州にあるビクトン・ハウス（現ビクトン・カレッジ）の大通りになされたものである。この大通りには、1844年、ヴェイチ種苗場が供給した苗が植えられた。この種苗場はその当時、もっとも大胆なもののひとつであった。この大通りはおよそ1,500メートルにおよび、植えられた木のほとんどはいまも生きていて、訪れる人びとに畏敬の念をおこさせている。

メンジーズは、最初、木の実としてのチリマツに出会った。事実、生育している地域の人びとは、食糧源としてこの植物を評価していた。マプチェ族にとって、聖なるものであった。それは、タンパク質を豊富にふくんだ実が、彼らの食餌の主要な一部だったからだ。チリマツはかつて、長くまっすぐな木材として評価されたが、この木の経済的未来は実の方にありそうである。実はカシューナッツのように柔らかいが、風味はマツやクリの実にちかい。この堅果は、チリではローストされてスナックとして売られているが、発酵させればアルコール飲料になり、なまのまま食べることもできる。

チリマツは冷涼で西風のふく気候でいちじるしく育つ。北はフェロー諸島まで育ち、ひらけた風の吹く場所で繁殖するようだ。近年、この木は自生より栽培がより一般的であるといえるだろう。最初は材木用に伐採することによって、つぎには農業用の開墾によって、チリとアルゼンチンにわたるアンデス地方の自生個体数が、悲しいほど減少しているからである。

1971年、この木はチリで法的保護をうけ、「サイテス（CITES）」（絶滅のおそれのある野生動植物の種の国際取引に関する条約）のリストにも加えられている。このリストにある種の貿易は、国際条約によってきびしく制限されている。しかし、保護区外では、この木は、主に土地を開墾する農民の放つ火のために、いまだ脅威にさらされている。この木を育てる者は誰であれ、その未来を確かなものにする手助けをしていることになる。

前ページ：チリマツの幹と下の方の枝

32. イチイ〔英：Yew〕

（学名：*Taxus baccata*）

科 イチイ科（*Taxaceae*） **概要** 生息地域で最長に生きる針葉樹のひとつであり、神話によく登場する **原産** ヨーロッパからアジア南西部の山岳	**大きさ** 20メートルに達する **寿命** 2,000年にいたるともいわれる **気候** 冷温帯

イチイは、多くの理由でもっとも並外れた木のひとつである。寿命、文化との深いつながり、園芸における多用性、そして生長のパターンなどがその理由である。

イチイはしばしば石灰岩土壌に自生し、オークやトネリコのようなより高い天蓋となる種の陰で、通例下層植生の木として生長する。今日、この木が比較的よくみられるのは公共の庭園や墓地であり、また生け垣に最適な木としてでもある。実に刈りこみに適した木（トピアリー）である。というのも、生長がはやく、十分な栄養と水があれば、1年に30センチの生長をみるからだ。また、細かい刈りこみができるほど葉の量が多い。イチイはしばしば暗緑色の壁のような生け垣になっているが、幾何学的な形や動物の像（孔雀が人気だ）に刈りこんだ像も、長年、ヨーロッパ北部やその他の地域の大庭園の特徴になっている。

墓地とイチイとのつながりは、異教慣習に深くねざしている。初期キリスト教徒は、実用的に、自分たちにさきだつ信仰にまつわる聖なる森や丘の頂上をひきついだ。同時に、そこにある木や神話のいくつかも自分たちのものとした。自然に基礎をおく古代の宗教では、この木は黄泉世界への入口とみなされた。これはおそらく、その毒性のためと、もちろんこの木が景観のなかで長命で、あきらかに永続的であったからだ。このことから永遠性との関連が暗示されたのであろう。キリスト教は、この強健で長寿の常緑樹を永遠の生命の象徴としてつくりなおし、死者の墓に木陰をつくるのに最適な木であるとさだめた。18世紀までこの木は、セイヨウヒイラギ（ホリー）以外で、イングランドとウェールズにみられた唯一の大きな常緑樹であり、そのため村の景観や宗教的象徴体系でとりわけ重要な役割をはたしたことであろう。たいていの古い教会には、風変りなイチイの木が1本あるが、もっとたくさんのこともある。イングランド南西部グロスターシア州ペインズウィック村の教会には、言い伝えにしたがって、99本のイチイの木がある。もし100本植えると、悪魔がそれを引きぬくといわれていた。最近の調査では、103本が確認された。ペインズウィックのイチイは珍しいことに、すべて剪定されているが、ほとんどの墓地ではなにもせずに育てられている。

中世、そして実際にはチューダー朝にいたるまでのあいだ、イングランドとウェールズでは、イチイはイングランド軍とウェールズ軍のきわめて重要な資源であった。この木で最高のロングボウ（大弓）がつくられたからである。この弓は、心材の層（これが圧縮に耐える）が内側に、辺材の層（伸縮に耐える）が外側にくるように切ってつくられた。熟練した射手が手にすれば、クロスボウ（石弓）が1本放つあいだに、良質なイチイのロングボウで5本の矢を射ることができた。ロングボウを用いたイングランド率いる軍隊が、クロスボウをもつ傭兵に大いに依存したフランス軍に大戦果をあげたのは不思議ではない。その結果、イングランドの森林地帯からイチイの木はなくなった。したがって、13世紀末以降、イングランド海軍の造船用として、この木はオークとともに輸入しなくてはならなかった。15世紀頃になると事態はとてもきびしくなり、イングランド船は、積荷の1トン（大樽）にたいして一定量のイチイをもちこむか、かなりの罰金を支払わなければならなかった。その結果生じたイチイ需要によって、ヨーロッパ大陸全体との交易が刺激された。この木は、とおく南のオーストリアから輸入されていた。

弓作りに向いているのはイチイのほんの一部であり、この木がしばしば節だらけでゆがんでいることを考えると、残りの部分はほとんど役に立たない。しかし、職人の手にかかれば、このような性質は、心材の豊かなピンクがかった赤とあいまって、ろくろでつくった鉢、取っ手、さらに家具部品に、その他温帯の木材にはめったにみられない美を付与することができる。

イチイに毒があることはよく知られている。この木のラテン語名「タクスス」（*Taxus*）は、語「毒性の」（toxic）と語源が同じである。この木を食べた馬や牛のなかに死ぬものがでるのは珍しいことではない。他方、

次ページ：スコットランドのダンドネル・ハウスにある、若木の生垣で囲まれた2000歳のイチイの木

ローマ軍と戦ったケルト人戦士は、今日のシアン化物丸薬（青酸カリ）に相当するものとして、この木を用いた。しかし、鹿はこの木を食んでも、なんら害がないようである。イチイの枝や葉を燃やしてでる煙をすいこんでも、人間は危険である。この木で毒をふくまないのは、しょう果（ベリー）だけである。有名なイギリスのガーデニング番組司会者は、かつて実は食べても安全であると放送中に話した。彼にわかっていなかったのは、内部のタネは毒性が高く、噛むとただちに毒素が出てくることであった。たった3粒で致死量となる。しかし、多くの植物毒と同様、イチイの毒には医療的な用途もある。その毒はタモキシフェンという名で、乳ガンの化学療法に用いられてきた。最初の頃は、剪定された生け垣のイチイがあつめられ、製薬会社におくられ、有用な合成物を抽出することができた。今日では、それは合成してつくられる。

ヨーロッパ北西部諸国には、とても大きくてとても古いイチイの木が点在している。これらの木が正確に何歳なのか、樹木専門家のあいだで大いに意見がかわされている。イギリスでもっとも著名なイチイのひとつは、ヘレフォードシア州のリントンの墓地にたっている。かつて教会の玄関にみられた注意書きによれば、この木は4,000歳になるといい、これを支持した4人の植物学者の署名がそえてあった。それから数年後、この注意書きは消え、この木は2,000歳であるというものに取りかえられていた。実際のところ、イチイの木の正確な年齢を判断するのはむずかしい。この木は、連続的再生を確実にするライフサイクルをもっているが、年齢を推測するために信頼できる年輪はえることができないからだ。

「古代イチイ・グループ」（the Ancient Yew Group）がだした論文には、この木がサイクルで生きていると示唆されている。古代魔術にあこがれる者にとって都合よく、このサイクルには7段階がある。1）ゆっくりと生長する苗期、2）生長のはやい若木期、3）成木となり、生長がおそくなる、4）成木になり中央が腐る、5）中心部が完全に腐り、先端が再生し生長速度があがる、6）外側だけがゆっくり生長し、外殻ができる、7）中心が裂け、先端の周辺に新たな生長のはやい木ができ、その後、2）の段階からサイクルを再スタートさせる。このサイクルは2,000年を周期とする可能性があるが、3年を周期とするフロックス（クサキョウチクトウ）のような多くの庭園用多年草のサイクルとそれほど異なってはいない。しかし、われわれとしては、このサイクルが存在するおかげで、世界でもっとも不思議な木のいくつかが生じているといえる。

左：深い縦溝のはしるイチイの樹皮は、その風景が古くからあるものであることを強調している

33. イングリッシュ・オーク

(ヨーロッパナラ)

〔英：English Oak〕(学名：*Quercus robur* and *Quercus petraea*)

科	**大きさ**
ブナ科(*Fagaceae*)	45メートルに達する
概要	**寿命**
きわめて重要な落葉樹	しばしば数世紀か、1,000年以上にいたる
原産	**気候**
ヨーロッパのほとんどからコーカサス山脈とウラル山脈まで	冷温帯

いわゆる「イングリッシュ」・オークは、植物学者がふたつの種に分けるのがふさわしいとみなす木の例のひとつである。もっとも、そのふたつのちがいはあまりにも微細であり、専門家でない者からすれば、植物学の専門知識をうたがいたくなるほどだ。英名「ペダンキュレイト・オーク(柄のあるオーク)」のヨーロッパナラ(*Quercus robur*)は、アルカリ性の肥沃な土壌で育ち、一方、英名「セシル・オーク(無柄のオーク)」(*Q. petraea*)は、地理的にはほとんど同じ範囲に生息しているが、酸性であまり肥沃ではない土地で優位である。実際、どちらの種も、肥沃でなく痩せた土壌に驚くほどの耐性をみせる。生長したオークは、わずか30センチの土があれば生きることができる。ほとんどすべての人びとから、単一の種だとみなされているため、この木は、生育する景観になくてはならないものになっていて、それがない土地を想像することがむずかしい。またこの木は、文化的にも中心的な意義をもつことがよくある。イングランドとドイツにおいて、国家の象徴とみなされているといえる。

オークがヨーロッパ全域にわたり優勢な木となっているというのは、生物学的多様性にとってよい知らせである。この木は、厖大な種類の昆虫の生命を維持しているが、どの昆虫の犠牲になることもない。もっとも、このような主要な食料源としての役割は、ヤナギやカバとも共通している。オークの木は、驚異的に立ちなおることができる。毛虫がその葉をすっかり裸にしても、真夏にはまた苗を生長させることができる。年をとるにつれ、おそらく枝は枯れたままで中心部は腐った状態になるだろうが、新たに無脊椎動物の一揃いが移りすみはじめる。その多くはとても特定化しており、それゆえ、まれなものである傾向にある。老いたオークは、こうした理由から、小規模の自然保護区としてきわめて高い価値をもつ。この木は非常に適応力があり、中央アジアだけでなく、アメリカ大陸、ウラル山脈といったきびしい環境下においても繁殖することができる。

オークの成熟した原始林は、いまやヨーロッパではきわめてまれになった。なぜなら、千年にわたる人間の活動のため、開墾が広範にわたり、伐採と再生がくり返されてきたからである。ベラルーシとポーランドの国境にあるビャウォヴィエジャの森は、いまヨーロッパ大陸が有するもっとも原始林にちかいものだ。この森にある老オークは途方もなく高く、最高のものはベラルーシの「ツァー・オーク」(皇帝のオーク)で46メートルに達する。歴史的にいえば、オークの森の管理のひとつとして、枝の刈りこみがよくなされた。第一に、新鮮な芽がでるようにするためで、この芽は草が不足する春に牛が餌とする。そういった木は、しばしば「木の牧草地」にあった。これは一種の劣化した森林地帯で、ここで牛や羊は、ちらほら生きのこっている木のあいだで芽を食べさせてもらっていた。刈りこむとオークの寿命はのびるが、それは、とにかく老オークにおこること、つまり選択的な枝枯れを模倣するからである。林地放牧地や鹿園という場所には、壮大で節くれだった古木がよくある。こういった古木は幹が途方もなく幅広く、通例、洞になっている。枯れているものがかなり多いが、上の短く太い枝にはたくさんの生きものがいる。ドイツには初老のオークの大いなる遺産があるが、ヨーロッパで最古老のオークは、リトアニアの「スタルムジェーのオーク」とブルガリアの「グラニットのオーク」であり、どちらもゆうに1,500歳をこえ、1,600歳でさえあると推定されている。オークは時がたつにつれて空洞化する傾向があるので、その樹齢を正確に判断するのはきわめて困難なのだ。

オーク材が強靭で硬く、重いということはよく知られており、それがこの木の名声と象徴性の一因となっている。また、これらの特質のために、厄介なことに老オークは燃えにくいことでも有名である。北ヨーロッパ全域で、オークは何世紀も、耐久性の高い家具用に選ばれてきた。重要なことだが、この木は造船にとても適しているのだ。成木のオークがみせるややゆがんだ形は、今日、材木取引に好まれることはないが、木製の船づくりにはきわめて価値が高い。この木に自然に生えてくる「ひざ」や「ひじ」は、まるごと切りとられていた。そういった

前ページ：枝が低く広がる様子は、開けた環境にある木にしばしばみられる(上)。その葉と「どんぐり」の実(下)

右：イングリッシュ・オークに典型的な、気まぐれな形は、時を経て形成される

部分は、人工的に接合した材木より、はるかに丈夫だったからである。18世紀のいわゆる「戦列艦」、すなわち軍艦は、およそ3,700「ロード」（積荷重）を必要としたが、1ロードはオーク1本に相当した。

イングランド海軍（1707年のスコットランドとの最終的合同後はイギリス海軍）が急速に拡大したので、あきらかに大量のオークが必要になった。造船に適したオークの不足は、ちょうど現代の潜在的な石油やエネルギー不足のように、17・18世紀中つづいた政治問題であった。林業をめぐる最初期の書物のひとつ、ジョン・イーヴリンの『シルヴァ、もしくは陛下の領土における森林樹、そして木材用樹木の繁殖について』（*Sylva, or A Discourse of Forest-Tree and the Propagation of Timber in His Majesty's Dominion*, 1664）は、植樹と樹木保護を嘆願するものだ。ちなみに、イーヴリンは、適切な森林管理という考えと、有徳の君主による国家管理とをむすびつけていた。

イギリスの繁栄と力の基盤であった海軍にとってオークが重要であったことを考えるなら、この木がこの国で文化的にとても重要であったことは、驚くべきことではない。しかし、オークの木の象徴性は、はるかに深い根をもっていた。つまり、ドルイドの宗教に。ドルイドとは、ローマ支配以前のイギリスで活躍したケルトの司祭のことである。オークの象徴が大きなはずみをえたのは、イングランド内乱期（1642～1651）のこと。このとき、将来のチャールズ2世は議会派の追手からのがれ、イングランド、シュロップシア州のボスコベルの森にはえたオークになんとか隠れることができた。その木の末裔は、いまも同じ場所にある。

王政復古後、オークの葉と殻斗果（ドングリ）は、愛国と忠誠をあらわすもっとも人気のある象徴のひとつになった。他方、未来の王が枝から外を覗いている姿が、大衆向けの印刷物や陶器に描かれるようになった。イーヴリンの論考『シルヴァ』は、まさにこのような大衆の動きの一部として書かれたのである。ボスコベルの森では、「ロイヤル・オーク」自体が巡礼の場となり、みやげをさがす人びとがしばしば枝を折ったため、18世紀のある時期に枯れてしまった。今日、その場にある木は、元の木のドングリから育った実生の苗である。

ドイツでは、オークは国力の象徴でもある。葉は前ドイツ・マルク通貨の特徴をなし、一方、50ペニヒ通貨にも、女性がオークの実生の苗を植える姿がみられた。とりわけ忘れがたいのは、カスパー・ダーヴィド・フリードリヒ（1774～1840）が描いた、神秘的できわめて象徴的な風景画のオークである。木のなかでもっとも際だったこの木の複雑さ、奇妙さ、そして古雅を、これほどうまくとらえた芸術家はほとんどいない。

34. サンザシ〔英：Hawthorn〕

（学名：*Crataegus monogyna* and *C. laevigata*）

科	**大きさ**
バラ科（*Rosaceae*）	15 メートルに達する
概要	**寿命**
落葉樹で、生け垣に用いられる	700 年にいたる
原産	**気候**
東はウクライナまでのヨーロッパ	冷温帯

ほとんどすべての木が伐採され荒涼としたウェールズの丘陵地帯を歩いていると、孤立したサンザシの木に出会うことはめずらしいことではない。幹はまがり節くれだち、羊の毛がトゲのある枝にからまっている。そういった木は、羊の数が比較的少なく、少数の若木が、なんとか捕食者の羊に呵責なく食べられずにすんだ時代の遺産である。もっと一般的には、サンザシは藪として、あるいは放置された農地に発達するほとんど入りこめない低林地としてみつかる。よくみかけるサンザシの生け垣は、イギリスの田舎の特徴の一部になっているが、フランス北部、ベルギー、そしてオランダにもある程度みられる。どのような形をとろうと、春が夏にかわるにつれ、純白の花が咲き藪は白くなる。そのため遠くからでも、藪が丘陵の斜面に点在するのがみえたり、畑の端に沿って並んでいるのをみることができる。この木の多くの一般的英語名のひとつに「メイ」（May）があるが、花が5月に咲くためである。また「クイックソーン」（quickthorn）は、生長が早いためにつけられたものだ。18 世紀、イングランドの田舎は、広域にわたり囲い込みがなされた。すなわち、土地所有者が囲いをめぐらしたのだ。そのため、何キロにもわたり素早く生長し、丈夫な生け垣の藪が必要とされた。

サンザシは完璧な選択だった。数年生長したあと、こ

下：かつては生け垣だったこのサンザシの列は、今は順調に並木に姿を変えている

の木は「敷設」された。つまり、それぞれの直立した茎は、半分ほど生長したところで曲がり、地面に垂直に打ちこまれた支柱にからみついた。その結果、生け垣は、みた目がきちんと整いつつもたけだけしいものになった。こうした木が単に生きのこっただけでなく、繁茂したようにみえ、頑丈で編みあわされた生け垣に生長し、牛と羊を内にとどめ、侵入者を排したのは、サンザシの力を明確にあかすものである。きちんとした生け垣にするためには、実際は数年ごとの敷設が必要となる。現在、それをする余裕のある農家はほとんどないので、金網のフェンスの方がよく用いられている。しかし、ある地域では、伝統的な生け垣の敷設には助成金がでて、地方の人のこの技術は現在やや復活のきざしがある。その結果としてできた生け垣は、他の植物や野生生物にとってとても豊かな生息地となっていて、近年、地方によくみられる機械で剪定した生け垣の比ではない。

ほとんどのサンザシは、ヨーロッパ産のサンザシ（*Crataegus monogyna*）である。とてもよく似た種で、「ミッドランド・ソーン（ミッドランドのイバラ）」として知られるもの（*C. laevigata*）もある。この２種はしばしば交配させられ、八重咲きの、あるいは色のついた花の咲くいくつかの変種が、観賞用植物として人気がでている。ときどき、遊び心のある土地所有者がいると、「ポールズ・スカーレット（赤花八重山査子）」のような、あかるいピンクの花の咲く栽培種が、なじみの白にかわり、畑のふちに沿って植えられ、数週間、路傍に庭園のような彩りをそえている。

サンザシの材木は非常に硬いが、幹が短く折れ曲がり、しばしば深い裂け目のあることを考えれば、利便性のある木材になる量と形は限られている。かつては、杖や工具の柄として用いられていた。磨けばとてもうつくしくなる。また密度が高いので、ヨーロッパの樹木種のなかでもっとも火力がつよい。

そうしたよくみられる木は、かならず多くの伝承や伝説をもつものだ。ひろく信じられていることでは、この木を切るのは不吉だという。この木が、これほど広範に生け垣に用いられていることを考えると、奇妙な矛盾だ。アイルランドとスコットランドのケルト族文化では、この木が妖精の住む異界の入り口とみなされた。1980年代にベルファストで自動車会社が破産したが、これすら、工場をつくるために有名な「フェアリー・ソーン（妖精のイバラ）」を切り倒したためであるとされた。たしかに、１本切り倒すだけでも、軽がるしくしてはいけない。

35. マドロン〔英：Madrone〕

（学名：*Abrutus menziesii*）

科	大きさ
ツツジ科（*Ericaceae*）	25メートルに達する
概要	寿命
よくみられる常緑樹で、栽培がむずかしいことで知られる	不明だが、ほぼ150歳くらい
原産	気候
北アメリカ西部海岸地方	冷温帯から地中海性気候

マドロンはきわめて美しい木で、葉は深緑をし、枝と幹がねじれる周知の習性があり、そして樹皮が尋常ではない。樹皮は緑からはじまり、年をかさねるにつれ黄や赤になり、ついで濃いシナモン色の赤茶になって、ひょろながい一片となって垂れさがる。その美しさは育つ場所でひきたてられる。そこは、劇的で不毛にみえる急峻な斜面のことがよくある。しかし、この木を家で育てようとしても、おそらくうまくはいかないだろう。マドロンは栽培になついてくれない、謎めいた美しさをもった木のひとつである。その暖かい感じの赤い木材は、職人の心をそそるものだが、この木がひどくそる傾向にあるので、しまつが悪い。

みた目の並はずれたよさがわかると、ほとんどの人はその名の由来が知りたくなる。これは、スペイン人による北アメリカ西部海岸地域でおこなわれた歴史的探検とかかわりがある。「マドローニョ」（Madoroño）はスペイン語で、英語では「ストロベリー・ツリー（イチゴノキ）」（*Arbutus unedo*）を意味するからで、これはスペインで比較的よくみられる近縁種である。この説明からは、さらなる疑問がわく。イチゴノキだって？　実際、その実はイチゴに似ているが、それを口にした者は誰でも、残念ながら落胆するだろう。というのも、その実はやや渋く果汁がなく、まちがいなく毒はないが、実際には食べられるものではない。しかし、この実はアメリカ先住民によって胃や喉、肌の疾患の治療薬として用いられてきた。乾燥させれば、小さなその実は非常に硬くなり、ビーズとしてつかえる。

マドロンは、ツツジ科のなかでもっとも大きいもののひとつだ。この科は、顕花植物科のなかでもっとも魅力的なもののひとつで、そこにはヒースやシャクナゲ、さらにはよく知られたブルーベリーもふくまれている。この科をめぐる一般的な庭園知識によれば、ツツジ科の木は石灰嫌いで、アルカリ土壌では木が黄色くなり、徐々に枯れていくことがよくある。もっと正確にいえば、ツツジ科の木は鉄分を好み、化学反応によって溶解性鉄分を多くふくんだ土壌が生長に最適である。ツツジ科はすべて、根に育つ特定の真菌と密接な関係をもち、緑の葉から生成される糖分と、土壌から吸収されるミネラル分とを交換している。この共生関係によってツツジ科は、他の多くの植物が生長するのにあまりにも不毛な土壌で、単に生育だけでなく繁殖もできる。

しかしその代償はある。マドロンは、かならずしもどこでもうまくいくわけではない特定の関係にしばられている。しかし、ツツジ科の木にとって有利なことは、それがよく生育する場所では、他の植物が生育しない傾向にあり、そのためツツジ科は最終的に広大な領域の土地を支配することになることだ。スコットランドのヒースがはえる荒れ地（ムア）、シャクナゲにおおわれた日本の山腹、そして北アメリカ南部の不毛の砂地は、すべて代表的なツツジ科の生息地である。とりわけ劇的な例をあげる。マンザニタ（*Arctostaphylos obispoensis*）は、すばらしく豊かな赤い樹皮をしたマドロンの近縁種であり、ほとんどの植物には毒性のつよい土壌の、カリフォルニアの蛇紋岩荒野に繁殖している。また、マドロンは耐火性があり、火事のあとすぐに種子から再生する。その生育のはやさは、よく関連づけられるダグラスモミ以上である。しかし、時間がたつと、マドロンは常緑針葉樹の陰に完全に入ってしまう。

マドロンを育てようとする人にとってのマイナス面は、多くの庭園植物に適している条件下で、この木が繁殖しないことである。たとえば、「普通の」肥料や水のやり方では、この木は病気にかかる。こうした木は、水が豊富で日の照る裏庭より、もっと荒れはてた乾いた斜面がよい。マドロンは、一度30センチくらいの高さに達したら、残念なことに植え替えがむずかしくなることでも知られており、成木は根の周辺の基礎や排水の変化にきわめて敏感である。概してマドロンは、荒れ地でもっともそのよさのわかる種である。

前ページ：マドロンの樹皮は定期的にはがれる——これは蔓性植物や寄生にたいする防御のためである

36. アメリカニレ（アメリカン・エルム）

〔英：American Elm〕

（学名：*Ulmus americana*）

科
ニレ科（*Ulmaceae*）
概要
落葉樹で、かつては都市の樹木として最高のもののひとつとされたが、現在は深刻な病害をかかえている
原産
中央アメリカと北東アメリカ

大きさ
45メートルに達する
寿命
200歳
気候
冷温帯から暖温帯

合衆国の都市や町を写した古い写真がある。そこには、ニレの木が通りのうえにまでのびている姿がうつっている。枝が高くのびて交差し、ゴシック・アーチ（尖頭アーチ）をなして、画面に大聖堂のおもむきをそえている。都市環境をかたちづくる際、このような役割を果たしてきた樹木はほとんどない。あるいは、国家の歴史において、これほど象徴的な役割を果たしてきた樹木もまれだ。残念だが、病害が蔓延したため、アメリカニレはいまや過去の木のようになってしまっている。アメリカ先住民は、この木を協議の木としてしばしば用いたので、特定の木が歴史的意義のある出来事とむすびつけられてきた。ウィリアム・ペンはある木のもとで、1683年、レナペ族と平和条約を締結した。また、1765年、ボストン市民がイギリスの課税におこしたデモは、「リバティ・ツリー（自由の木）」と名づけられた木にむかうものだった。地元政府の役人であったアンドリュー・オリヴァーの人形が、その木の枝に吊るされた。その後この木は、市民が集まり、政治について自由に議論する中心的な場となり、周辺地域は「リバティ・ホール（自由の集会場）」と呼ばれた。リバティ・ツリー自体は、1684年、公園ボストン・コモンに植えられた苗木から育ったものである。苗木を植えたのは、アメリカニレが街路樹としてとても可能性をひめていることに気づいていた入植者らであった。

アメリカニレのとる形はいくつかあるが、もっともよく知られている形は花瓶型で、地上5～10メートルから枝があらわれ、上にむかって弧を描き、最終的には外向きにひろがる。その結果できる天蓋は、立派にみえるだけではない。その下にかなりの空間を生みだし、そこは入り組んだ葉の格子によって陰ができる。葉の数は、成木だと100万におよぶ。もしこの木が、正確に道路の対面に位置づけられたなら、両側の木の枝は道路中央で出会い、柱で支えられた大聖堂の身廊のような効果をうみ、地面に濃い木陰をおとす。こうしたことはすべて、比較的すぐに達成される。なぜなら、若木の生長がきわめてはやいからだ。病害がなければ、この効果は長くつづく可能性もある。長寿で、比較的風水害にも耐性がある。

合衆国において、アメリカニレはその栄光ある姿により、東海岸各地の共同体の人気を獲得した。共同体があらたに町と村を設計する際、利用されたからだ。拡大する合衆国のほぼすべてで繁殖したこの木は、西はカリフォルニア州に、北東はカナダのブリティッシュ・コロンビア州にもちこまれた。19世紀に多くの町でひどい汚染がおこったが、それもその拡大、いやむしろ保護の障害にはならなかった。アメリカニレは、事実上、アメリカの街路樹の原型になった。「ニュー・イングランドのニレよ！　パルテノン神殿の円柱がその建物の栄光であったのと同じくらいに、ニュー・イングランドの美の一部だ」と、説教師・著述家ヘンリー・ウォード・ビーチャー（Ward Beacher）（1813～1887）は感激した。ミネアポリスには60万本、ダラスには15万本のアメリカニレが植えられており、国全体では、1930年代には2,500万本あったと推測されている。

その後、病害がおそった。クリの木ほどの壊滅状態にはいたらなかったが、多くの都市景観を完全にかえるのに十分だった。ニレ立枯れ病（オランダエルム病）は、最初1930年にオハイオ州クリーヴランドに登場した。わかったことは、感染した木材の積荷がフランスから輸入され、全土のいくつかの家具製造業者に配送されたことである。病気を媒介する甲虫が逃げ、およそ数カ月で居ついてしまっていた。

病気に感染したクリの木の前例を警告とし、政府の役人と林業の専門家は、病気を防ごうと決意した。この病の到来は、樹木医にとって天王山であった。彼らはちょうど組織づくりをはじめたところだったからだ。1924年に開催された「ナショナル・ツリー・シェイド・カンファレンス（日除けの木国民会議）」は意見をだし、樹木の専門家と樹木医が合体して、それとわかる専門職になるよう援助した。この会議は、1928年に年中行事になっ

次ページ：亀裂の入った樹皮（上）と、軽い、ギザギザの葉（下）は、アメリカニレの特徴である

たが、数年間、ニレ立枯れ病の抑制がその主要テーマのひとつであった。この病気が蔓延したことで、よかったことがひとつあった。この会議の出席者が、この病害の怖ろしさを道具に使い、樹木がより広範な社会的利益をもつことこの専門職を売りこむことができたことだ。

幸運なことに、この病気はクリ胴枯れ病ほど早く、そしてひろく蔓延することはなかったが、その進行は十分に早かったので、政治家は、多額の金を感染した木の伐採になんなくついやすことができた。木は数千本が伐採されたが、大量に木材が蓄積され、病害をもつ甲虫がより遠くまでひろがる最適の条件をつくってしまった。それ以来、アメリカニレの運命は決定づけられたといっていいだろう。第二次大戦後、DDT で甲虫の抑制がなされ、短期間に一時的休止がおとずれた。だが、ついには、1960 年代初期に殺虫剤の安全性への懸念がおこり、使用されなくなった。現在、とりわけ価値のある木は、数年ごとに殺菌剤処理がほどこされる。これは感染の危険を削減するのに役立つが、不幸なことに、比較的限られた効果しかみこめない金のかかる処理である。

遺伝子的に健康な個体群から期待されることだが、アメリカニレにはわずかな割合で、この病気に抵抗力のあるものがあるようだ（これは、クリの木にはあてはまらなかった）。周囲のすべての木がやられても、生きのこることができる木は、科学者と種苗園主の注目をひいてきており、アメリカニレ再興の核となっている。抵抗力をもった栽培種には、「アメリカン・リバティ」や「ジェファーソン」、「プリンストン」がある。これらの品種でも、やがてはかかってしまうことは、イギリスで「プリンストン」がたどった運命によってわかっている。ある大通りに、チャールズ王子が 2001 年に植樹したが、感染してしまい、その後伐採された。

カナダのオンタリオにあるゲルフ大学は、アメリカニレの未来を単独の栽培種に託すより、一般の人びとに訴え、健康な木の情報をもとめるプログラムをたちあげた。健康な木を繁殖させ、今度は種子から繁殖できる、遺伝子的に多様な個体群をつくりあげるのだ。種子をもとにした個体群が自然界で多様になり、それが病気への長期にわたる抵抗力をつけることに役立つと期待されている。アメリカニレによく似た木はほかにはない。おそらく、新世代の科学者の手で、未来の世代は、この木がとても寛大につくる木陰の恩恵にあずかることが可能になるだろう。

右：カリフォルニアのサクラメント中央部にあるアメリカニレ

Governor's
Mansion
PHOTO
ENFORCED

37. ライム〔英：Lime〕

（学名：*Tilia cordata* and *Tilia platyphyllos*）

科 シナノキ科（*Tiliaceae*）	**大きさ** 40 メートルに達する
概要 大きな落葉樹で、街路樹として人気がある	**寿命** 1,000 年にいたり、2,000 年ほどの低木林切り株がある
原産 スペインとポルトガル以外のヨーロッパ	**気候** 冷温帯

ドイツとオーストリアの多くの町の通りを6月から7月にかけて歩く。すると、よくあることだが、とても心地のよい、しかし神秘的な匂いに気づく。神秘的というのは、どこから匂ってくるのか、にわかには判然としないからだ。匂ってくるのはライムの木の花であって、ときどきリンデンの木として知られているものだ（ライムのドイツ語はリンデ)。これは大きい木で、だから開花期にはたくさんの匂いがして、かなりの距離からでも察知できる。ミツバチは花を好み、周囲数キロから的をしぼり、蜜をあつめる。ライムの花の蜜は甘く、その薄い色から判断されるよりも強い。街路樹として使用されていない場合、ライムは、風景樹としてとてもなじみがある。しばしば公園や、北欧の風景に位置づく貴族の邸宅の周囲を飾る農地に植えられていて、年とともに巨大化する。ライムの木は、樹齢をかさねるにつれ巨大に壮大になり、オークやヨーロッパグリよりも背が高くなる。後者は、ライムの木がそばになければ、こうした環境で他を圧する存在となる。

ヨーロッパには、2種類の主要なシナノキ属があり、一般的な2種類のヨーロッパ産オーク（*Quercus robur*／*Q. petraea*）のようにちがいはほとんどないので、区別をすることは植物学者でもなければむずかしい。2種のライム間で自然に変種ができたり、しばしば交配がおこったりするので、境界はまたぼやける。関連した北アメリカ産の種（*Tilia americana*）があり、アメリカン・リンデンとして知られているが、ヨーロッパの仲間ほど、欧米両方で装飾種としては人気がでなかった。ライムの木はヨーロッパでは、スラヴ人やドイツ人の伝統で聖なるものとみなされている。ポーランド語やその他のいくつかの言語で、7月を意味する「リピエク」（Lipiec）はライムをあらわす語「リプカ」（Lipka）から派生している。ドイツの都市ライプチヒ（Leipzig）の名は、その地域のスラヴ系ソルビア語でライムを意味する語からきている。ドイツでこの木は正義と連想関係にあるが、それは、この木が真理をみぬくのに役立ったと信じられているからである。いくつかの地域では、17 世紀まで、ライムの木の下で裁断がくだされたのである。

ライムはその香りと木陰の密度が高いので、街路樹として人気があるが、また抑制がたやすいからでもある。枝を刈りこんだり、必要なら伐採して好みの形に仕立てればよい。しかし、自然にまかせておくととても大きくなるので、公園用地ではヨーロッパ産の木でもっとも壮大なもののひとつになる。そうではあるが、ライムには不利な点がいくつかある。年をとった木は基底周囲に無数の吸枝をだすので、それを定期的に切り取る必要があるのだ。ライムのまた具合のわるい点は、アブラムシがたかることだ。アブラムシは大量の粘り気のある物質をだし、それが落ちてきて下のことごとくのものをおおい、嫌なことにかび臭くなる。都市の庭やライム並木の通りに駐車した車は、とんでもない状態になることがよくある。

思い通りに切ることができるので、ライムは何世紀にもわたり、庭園で用いられてきた。若い枝は容易にまがるので、人気の素材である。「枝を組み合わせ」、いわば「空中垣根」ともいえるものをつくるために人気のある素材である。ライムの木は等間隔に植えられ、枝は幹のふたつの側面だけで、しかも特定の高さで切られる。そして、枝がのびてほしくない方向に生長すれば、切り取られる。残った枝はつぎに針金でつなぎ、定期的に刈りこみがなされる。その結果、葉の遮蔽物ができ、それは、通例、地上2メートルのあたりからはじまるように刈りこまれる。オランダでは刈りこみの伝統と人口密度の高さが結びついて、枝を組み合わせたライムの垣根ができ、庭の目隠しとして人気がとてもある。

ライムがとても喜んで生長し、とても従順であると人類が知っているのは、まったく幸運なことだ。さもなければ、この木はみかけることのまれな木になるだろう。長命で寛大で、病気に抵抗力があるにもかかわらず、多数の弱点をもっているからだ。ひとつの顕著な問題は、

左：ライムがあると、公園用地の木々が壮大にみえる

この木が、種子を熟させるのに夏の高温を必要とすることだ。もうひとつは、その若い枝が、放牧の動物の口にとてもあうことである。花粉化石の証拠から、ライムは、イギリスとヨーロッパ北部の他の地域で、サクソン人の時期まで群をぬいて高い森の木であったことがわかる。しかし、比較的寒い夏には、再生が限定され、その一方で中世の農園主たちは、牛や山羊、そして羊に食糧をあたえるために、たえず萌芽更新をしていたので、その結果、多くの木が時がたつうちに、結局根絶されてしまった。今日のライムは、ヨーロッパのほとんどの林地では目立たなくなっている。しかし、町や都市では、都市生息地の重要な一部をなしている。ベルリンの通りウンター・デン・リンデン（リンデンの下）は、ライムの木が大通りを形作っている、まさに唯一の有名な例である。

ライムの木材は色が薄く軽いが、強い。木目が細かく、どの方向からでも割れにくい。こうした性質から、木彫家にとても人気がでた。中世以降、ヨーロッパのいちばんすぐれた彫刻の多くは、ほとんどが教会関連のものであったが、ライム材が使用された。すぐれた例は、ドイツ人ティルマン・リーメンシュナイダー、イングランド人グリンリング・ギボンズ、そしてスロバキアのマスター・パヴォロである。正教会の世界では、この木材はイコン画用として好まれている。この場合、それたり割れたりしにくいことも、また高い評価をえていた。現代人にとっては、ライムの用法としてきわめて珍しいと思われるのは、縄類、つまりロープやひも作りであった。樹皮の下には層をなした繊維があり、これは木全体に水と栄養分を運ぶためのものである。繊維はとても強く、のばしてひもをつくる。この繊維は「バスト」（靭皮繊維）とか「バス」として知られており、そこから北アメリカ産ライムの一般的名称がきている。つまり「バスウッド」だ。

伝統的に、靭皮繊維の取りだしは真夏におこなわれた。原材料は、数週間、水にひたされ、繊維を結びつけている組織が腐ると、有用な繊維が取りだせた。この作業は「浸水法」として知られ、亜麻から有用な繊維を取りだしリンネンをつくる伝統的作業にとてもよく似ている。太いひもをつかって、細ひも、漁網、エビ取り籠、さらに靴までもつくることができた。生産過程は骨がおれるし、製品は強いが麻と合成縄類素材に劣っているので、これをつくるのに必要な技術はおおむねすたれてしまった。この他の多くの植物素材と同じように、靭皮繊維は、また紙作りにも使用されたが、今日では木材としてしか使用されていない。

前ページおよび上：ライムは伝統的に、地方の私有地で、景観のために植えられていた

38. スギ（ジャパニーズ・シダー）

〔英：Japanese Cedar〕（学名：*Cryptomeria japonica*）

科	大きさ
スギ科（*Taxodiaceae*）	70メートルに達する
概要	寿命
大きく早く育つ針葉樹で、象徴的にとても大切なもの	すくなくとも2,000年
原産	気候
日本、たぶん中国も	暖温帯から冷温帯

この木は、森の底から大きくまっすぐにのびていて、このまっすぐな姿は、最初の枝がでている高さによって強調されている。底は谷なので、下から、そして途中までのぼったあたりから鑑賞することができる。その規模、その葉、そしてその樹皮は、セコイア（カリフォルニア・レッドウッド）をかすかに思いおこさせる。実際、この木、つまりスギは親戚であり、表面的には似た密集した針がその枝をおおっている。この場面は、原始的に感じる。つまり、巨大な木、地面には密集したシダが一面にはえ、はびこったつる植物がより小さい木や灌木の生長をおさえている。しかし、ここは東京をはしる郊外電車の最後の駅から、わずか30分歩いたところだ。この駅から1時間電車にのると、世界でいちばん混雑した駅、新宿につく。1日の乗降客は360万人で、36のプラットフォームと200の出口がある。

日本の人口の密集した都市地域は、しばしば劇的にうつりかわって、うっそうとした森でおおわれた急坂となる。東京の端にいくと、狭い水田が建物のあいだに頻度をましてあらわれはじめるが、そこでは森がとても接近してみえる。濃い緑の壁は、まったく近づきがたいようでもある。スギは森のいちばん重要な要素のひとつであり、この森は国土のほぼ70パーセントにおよんでいる。50パーセント以上をもつ工業国はほかにはない。この状態はかならずしもそうであったわけではなく、17世紀初期、日本はおびただしく山林を切り払ってしまっていた。数十年にわたる内乱のあと、多くの社会は、さらに被害をこうむった。地すべりや洪水が、裸になった山腹から襲ってきたからである。しかし、1603年に確立した江戸幕府の将軍らは、すくなくとも合衆国が1850年に開国をせまるまで、鉄の拳で支配をしていた。将軍らがしばしば抑圧的に支配したことでよかったことのひとつは、木材の伐採をきびしく取り締まることができ、積極的に森林再生をおこなうことができたことである。山守（森の保護者）として知られる人びとは森番としてはたらき、またあたらしい木を植え、森林再生のために苗床を管理した。森は日本の環境にとって、とりわけ重要なものである。日本の多くの地域にとって主要な収穫物である米の、栽培されるそのあり方のためだ。米栽培の水田は、水と栄養素をたえず予測どおりに供給しなくてはならず、森はそれがなくならないようにしている。スギの木は江戸時代から恩恵をうけたもののひとつであり、多くの日本人は、いまだにこの時代を黄金時代としてあおぎみている。スギの成功は、スギが伐採されたあと回復し、新しく生長できることに助けられた可能性も十分ある。これは針葉樹ではまれな特性であるが、セコイアにもある。

セコイアとの関係はあきらかであるが、「ジャパニーズ・シダー」という名は誤解をまねく。この木は本来のシダーと関係がなく（すべて針葉樹であるが）、「シダー」と呼ばれる北アメリカの木のどれにも似ていないからである。日本語で「スギ」として知られているこの木は、主要な象徴的重要性をもっている。ひとつには、それはほぼ確実に日本固有のものだ。中国には千年たった実例があるが、これらは導入されたもので、おそらく、日本と中国両国間の長期にわたる交易の一端を示すものとしてであったと考えられている。日本の多くの気候はこの木には理想的であり、暖かく多雨の夏に、少なくとも土壌が十分に深く肥沃ならぐんぐんと生長する。スギとヒノキ（*Chamaecyparis obtusa*）はともに、長きにわたり霊的なことと関連があった。たぶん、常緑で、材木がきわだって香り豊かだからであろう（大いに霊的意味をもつもう一種の木クスノキのようである）。ふたつの木は、カミ（神）、もしくは精霊を宿すとみなされている。伊勢にある、日本の土着宗教・神道のもっとも神聖な社は、ヒノキで建てられているが、スギの森のなかにあって、高位司祭にしか入ることがゆるされていない。多数の祭がスギを祝う。木を伐採し、神聖な柱として直立させ、儀式をおこないつつ、飾りつけをおこなう。この木は、また神社にいたる参道の木として日本では人気がある。おそらく、幹がまっすぐで印象的だからであろう。

前ページ：スギの小枝。針状葉が密生し、幼若の球果がいくつかみられる

右：スギは成熟期に入ると、群葉は青々とし、波打ったようになる

木質が軽いが強く、腐りにくく、美しいピンクの色をしているスギは、材木用の木として最適である。その故国では高い地位を獲得しており、宮殿、寺院、そしてその他の重要な建物にとっておかれる傾向にある。しかし、他の場所では、人気のある植林用の木である。ヒマラヤ山脈のように似た生育条件の地域では、比較的安い日常的な木材がえられるものとみなされることが多い。いくつかの場合には、この見方は、地元の環境に悲惨な結果をおよぼしてきた。たとえば、アゾレス諸島では原生林が伐採され、そこにスギの植林がなされたのである。

日本でこの木は、また深く尊敬される酒と結びつきがあり、スギ材は、しばしば酒の樽作りに用いられた。伝統的に、酒屋にはスギの葉でこしらえた玉が外にかけられ、酒製品の宣伝をしていた。樽作りに最適な木材のいくつかは、古代の首都であった奈良に近い吉野周辺の森からえられた。興味深いことに、この地域は、またサクラの起源と結びついたところである。

驚くことに、これが速生育であり、ついにはとても大きな木になる一方で、かなり多数の小型のものも存在していて、庭園植物として人気がある。これらの多くは「てんぐ巣病（魔女の箒）」としてはじまった。これは木に生長した植生のことで、もし切穂がそこからとられれば、きわめてゆっくりと生育し、自然に小型になる木を生みだす。たとえば、「バンダイスギ（万代杉）」は10年かけて1メートルにしか生長しない。その密生した葉は、木に典型的な小型の生長習性と似あっている。他方、冬に青銅色を発現させる傾向があるので、またもうひとつの様相がくわわる。いくつかの変種は、もともと日本で選びだされた。日本では盆栽用に人気があったが、ほとんどのものは西洋で開発されてきた。「コンプレッサ」（Compressa）はこうした木のひとつで、もっともゆっくりと生長するもののひとつであり、10年間に30センチにしかならない。小型針葉樹は、1960年代に低メインテナンス園芸への変化の一部としてとても人気がでた。もっとも、多くの園芸家はその魅力に動じなかった。実際、小型針葉樹は庭園植物の一番嫌われたもののひとつになった。そのような聖なる地位をもった木の変種にとって、むしろ不名誉なことである。

39. ボダイジュ〔英：Pipal〕

（学名：*Ficus religiosa*）

科
クワ科（*Moraceae*）
概要
大きな準常緑樹で、アジアではかなり宗教的意味をもつ
原産
南アジアと南東アジア

大きさ
30 メートルに達する
寿命
少なくとも 2,000 年にいたる
気候
季節的に乾燥する亜熱帯と熱帯

ヒンズー教の聖人であるサフラン色の衣をまとった苦行者が、動かず瞑想して坐っている。その頭上には、1本の木のひろくのびた枝がある。車、有蓋トラック、オートバイ付き人力車といった日常生活は、彼の周囲でブンブンとうなり、ポッポッと音をたてている。この木は往来のなかの島ともいえる場所にあるが、それがいまある環境より数百年前に存在しているかにみえる。苦行者のわきには小さな聖堂があり、オレンジ色の塗料、銀箔、そしてサンスクリットの聖句で名高い。

一般に木は、意識存在としての人間が誕してから、信仰の焦点になってきた。ほとんどすべてのアニミズム的宗教の習わしでは、それが特色となっているようだ。キリスト教やイスラム教は、おおむねそうした物質的基盤を捨て、霊的基盤を採用したが、他方、ヒンズー教とその姉妹宗教の仏教は、洗練された哲学とそれよりはるかに古い民間伝承を合体させる信仰を編みだした。その民間伝承のなかに樹木崇拝がある。聖堂は、しばしば木の下に設置されている。あるいは木が、その周囲の宗教建造物のすべてを獲得したかのようだ。信者は供養（プージャ）（木のなかの精霊への捧げもの）をするか、木の周囲を幾度も幾度も歩くかする。巡回を反復すると、瞑想状態を生むのに役立つ。

ボダイジュ（*Ficus religiosa*）は、特別な地位をもっている。それは、まさにこの木の下で、紀元前 500 年頃、インド王族の一員であった仏陀が、瞑想して霊的躍進をとげたからである。この躍進は、仏教では「悟り」として知られるようになった。この特定の木は、そしてその跡継ぎも消滅してしまっている。だが、この木は切穂で容易に増やせるので、もともとの木は遺伝的にいえば、ほぼ確実に仏教世界で幾度となくつくりなおされてきた。この原木にさかのぼることができるどの木も、「ゴータマブッダの菩提樹」として知られている。

葉はとても独特である。心臓の形をしていて、先端が長く細い独特の形だ。植物学者には、これは「ドリップ・ティップ（滴の先端）」として知られている。それは、多くの関連のない熱帯種のあいだでみることができる、非常によくある適応例である。葉の表面から湿気をなくし、葉の光合成力をさまたげる藻類の生長をおさえるのに役立つと考えられている。ドリップ・ティップは熱帯環境の典型であるので、植物学者は、化石の葉にそれがあるのは、それが太古の熱帯気候帯に起源のあることをしめしているとみている。この先端のおかげで葉は上品にみえる。伝統的な芸術であるリーフ・ペインティング（葉に絵を描く）に顕著にみられる。使う葉は水につけ、葉脈以外の部分をくさらせなくてはならない。

伝統的な生薬学とインドのアーユル＝ベーダ医学体系では、赤痢、おたふく風邪、そして多様な心臓異常などの膨大な数の病気が、ボダイジュの葉と実からつくった調剤薬で治療されている。臨床試験から判明したことだが、この木は実際に効力がある。それは抗菌性と鎮痛性があるからだ。病気や下痢を治すインドの評判がよい（おいしくさえある）家庭薬は、からし油に保存されたボダイジュの葉の酢漬けである。

このボダイジュの木は、アジアの故国の外の、気候帯が適切なところでは、しばしば植物園でみられる。また、この木は盆栽用に人気がでた。生長の習性と、とても柔軟な形のために、とりわけ練習にふさわしいものとなっている。ときどき水がなくなっても平気だからだ。比較的寒冷な地域では、この木は盆栽室内植物としてしか栽培できないが、少なくともそうした形態では、東洋のもっとも霊的にひきつけられるこの木はその故国の外でも育てることができ、その意義を十分に認識することができる。

左：ボダイジュの根と葉

SCOTTISH NATIONAL GALLERY

40. ノルウェー・スプルース（オウシュウトウヒ／ドイツトウヒ）

〔英：Norway Spruce〕（学名：*Picea abies*）

科	大きさ
マツ科（*Pinaceae*）	60 メートルに達する
概要	**寿命**
商業的にもっとも重要なヨーロッパ産の針葉樹	個々の木は 500 年にいたるが、再生してずっと長く生きる
原産	**気候**
ヨーロッパの北部と山岳地域	亜寒帯、冷温帯

「この木」をえようとするのは、クリスマスが近づいたまぎれもないしるしである。1 本の木が家にもちかえられ、飾りがだされ、包みがとかれる。木にきれいに下げたり、引っかけたり、置かれたりする。この慣習に用いられるこの伝統的な木は、ヨーロッパ産、もしくはノルウェー産スプルース（トウヒ／エゾマツ）である。

少なくとも西洋の、キリスト教関連遺産をもった諸国にすむ多くの人びとは、他の人びとよりこの木をよく知っている。子どもの頃、この木の下にねかされ、密集した小枝をみあげていた。松脂の匂いをすいこみ、尖ったハリで刺された経験がある。しかししだいに、ヨーロッパや北アメリカの多くの地域では、この一般に好まれるクリスマスの木は伝統的なオウシュウトウヒ（*Picea abies*）ではなく、雑種のプルースやモミ、つまりモミ属（*Abies*）の仲間となっている。これらの葉はスプルースより柔らかく、長くはもたない。

スプルースの木を象徴として使う習慣は古く、その連想は必ずしもクリスマスだけのものではない。ドイツの多くの地域で建築業者は、家の屋根の枠組みができあがると、スプルースの木をそのてっぺんに縛りつける。この「クリスマスの木」は、ドイツ語圏諸国では 16 世紀にさかのぼる。そこではこの習慣は、ギルド構成員がその集会場を飾るのにこの木を使ったことにはじまる。この習慣はゆっくり貴族階級にひろまったが、とりわけカトリック教徒が好んだクリスマスのかいば桶にかわる、プロテスタントの代用としてであった。この木はまず蠟燭で飾られ、19 世紀末にガラス球がくわわった。ヴィクトリア女王のドイツ人の夫アルバート公は、クリスマスのこの木をイギリスにはもちこまなかったが、この目的でのスプルース人気を大いにうながした。他方、北アメリカでは、ドイツ人移民が民衆の習慣としてこれをもちこんだ。しばらくはドイツ文化との連想があり、一種の暖かく居心地のよい快適な状態である「ゲミュートリッヒカイト」とも連想された。いくつかの宗教当局は、これを異教的象徴（実際、もともとはそうであった）とみなし、20 世紀はじめになって、やっと教会にあらわれはじめた。

ロシアや、1918 年から 1991 年まで存続したソ連邦の他の諸国では、この木は共産党によって徴用された。先端の星が天使にかわり、工業技術の近代化の象徴、たとえばトラクター、飛行機、宇宙衛星、そして宇宙飛行士がキリスト教起源の飾りにとってかわった。

多くの家族は、何らかのクリスマスの木を自分でもとうとする一方で、多くの社会は、公共広場や教会の外に大きな木をたてる。これらの木は、ほとんどいつもノルウェー・スプルースである。多くの人に感心されているのは、ノルウェー政府がワシントン DC、ニューヨーク市、エディンバラ、そしてロンドンの人びとに贈った、十分に育った木である。これらは、その国が第二次世界大戦中、ナチスの占領に抵抗する援助をしてくれたことへの感謝のしるしであった。

ヨーロッパ産スプルースが自然に生育し、広大な区域のテリトリーにおよんでいる場合、それはどこにでもみられる。短い生育季や北方の山岳地域のしばしばやせた土地に、十分に対処している。他の場所では、これは植林地の木であり、すし詰めにならんで生育させられ、風景のなかで暗く好まれない幾何学上の塊をなし、柵柱や横木用に伐採されたり紙用パルプにされたりする。

多くの過酷な気候に育つ植物のように、ヨーロッパ産スプルースは長命である。このこと以上に、クローン（分枝系）をつくることができるのである。スウェーデンの山岳地域では、1 本の木が、近年、その下に埋まった何世代も前の木材とクローンといっしょに発見された。すべてが遺伝的に同一のものであった。ヨーロッパ産スプルースは、その根から新しい若枝をだし、クローン作りができると知られていたが、そのようなクローンが本当に長命であることが証明されたのは、これが最初であった。もっとも古いものは、9,550 年間生きていることがわかったからだ。

前ページ：点灯されたクリスマスツリー。エディンバラ（スコットランド）の北の方

41. ココア〔英：Cocoa〕

（学名：*Theobroma cacao*）

科	大きさ
アオイ科（*Malvaceae*）	15 メートルに達する
概要	**寿命**
小さな常緑樹で、主に料理で重要	100 年
原産	**気候**
中央アメリカと南アメリカ北部	多雨の熱帯

少人数のヨーロッパ人が、植物園のこの木の周囲にあつまっている。多くの関心は、この木の果実にあるようだ。果実は大きく重いようにみえ、形は先のとがったヒョウタンのようで、きわめつけは、これが幹と比較的大きな枝からまっすぐにでていることだ。これはあきらかに、熱帯がはじめてのこの集団の誰ひとりとしてみたことがないものであり、たくさんの感想がのべられている。誰かが表示をさがし読みあげると、どよめきがおきる。寒いがチョコレート好きの北からきたもうひと組の来園者は、この大喜びの源に出会った経験がある。つまり、ココアの木だ。

この奇妙な結実習性は、茎上花性の一例である。この性質のため、花が、そしてのちに実が外側の小枝にではなく、幹や枝から生育する。これが適応にどのような意味をもっていようと、理由は単純にこうだ。つまり、熱帯の木本植物はこれより寒い気候のものにくらべ、樹皮がより薄い傾向にあり、そのため芽が容易にこの植物のこの部分から生育するのである。

そのサヤ状のものから、チョコレート用原材料がとれる。しかし、歴史的には、この実の内側にある豆は、チョコレートよりはむしろ飲み物にされていたと思われる。一例をあげると、メキシコの飲み物チャプラドーがある。この場合、ココア・パウダーをひきわりトウモロコシにくわえ、祭りの時期に濃くて粥状の飲み物にする。このラテン語の属名 theobroma は、ギリシア語で「神々の贈り物」を意味する語に由来するもので、この植物が重要視されたことをしめしている。化学的に複雑な主要な活性成分はテオブロミンで、これはカフェインに似た性質をたくさんもっている。カカオを使用する場合、サヤ状のものからマメを取りだし、それを数日間発酵させたのち焙煎することからはじめなくてはならない。

ココアは、コロンブスがやってくる前の文明では重要な儀式用飲み物であった。南北アメリカの生活様態のひとつであり、スペイン人征服者はきわめてはやい時期に所見をのべていた。すぐに旧世界にもたらされ、ココアの商業的生産は多くの熱帯地域にひろがりはじめた。ココア栽培の多くは小規模生産者によっておこなわれ、彼らはそれぞれ数本の木しか所有していない可能性があり、その生産はしばしば複雑で森を基盤とする農業システムの一部となっている。ガーナではチョコレートノキ（木陰をこのむ下層植生種）は樹幹の下で生育し、キャッサバ、ヤム、さらに他の食用植物が植えられた区域のなかに散在している。この植物が日陰の環境にみごとに適応している一例として、葉が光を最大限に遮断するのに必要などの方向にも向くことができる能力をあげることができよう。

この木は陰を必要としているので、既存の森林で生育可能な収穫物として育てることができる。それによって、雨林保護という定着した環境保護の理由とはべつに、経済的誘因となる。花に授粉する小型の昆虫は、乱されていない森林環境でしか生育しないし、整然とした植林地では栄えない。これがもうひとつの理由となって、その森林は比較的乱されていない状態に維持されているのだ。

どの収穫物とも似て、ココアの木は遺伝的変種が多い。鑑定家の意見では、最善のチョコレートはクリオージョ種（*criollo*）の遺伝群からつくられる。これは、他のものより苦味が少なく香りが高い。それは、アラビカ・コーヒーと劣ったロブスタ種（*robusta*）のちがいにやや似ている。問題なのは、純粋種のクリオージョ種がきわめてわずかしかなく、ほとんどがヴェネズエラにあることだ。クリオージョ種は、不運にも、他のものより病気にかかりやすい。栽培者や遺伝研究者は、多様な型を突きとめ、それを交配し、耐久力、生産性、害虫と病気の抵抗力を改善しようとしている。世界の住民がより豊かになり、しだいに食物製品のなかでもっとも逆らえないもののひとつにお金をだすことができるようになっているので、この研究は大いに求められている。それは、食欲と需要が、確実にますます大きくなっているからである。

次ページ上：ココアの木　下：ココアの未熟の豆果

42. レバノンスギ（レバノンシダー）

〔英：Cedar of Lebanon〕（学名：*Cedrus libani*）

科 マツ科（*Pinaceae*）	**大きさ** 40メートルに達する
概要 大きな常緑の針葉樹で、かつて経済的価値は高かったが、今日では文化的・景観的価値の方が上	**寿命** 最低1,000年、2,500年まで生きたという例もある
原産 トルコ南部からイスラエルとパレスチナにいたる	**気候** 比較的高地の地中海性気候だが、ほとんどの温帯にも耐性がある

その家の周囲の緑地にある古い木は、家のすべてをみてきた。この家が貴族の住居であった18世紀に植えられ、家が第二次世界大戦中に合衆国部隊に使用されるのをみたし、1950年代（この時期、多数のイギリスの邸宅におこったように、取り壊されそうになったのち）学校になり、ついで1980年代、会社に売却され本社として使用された。この木の低い方の枝は地面にほぼ接しているので、子どもがよじ登り、その上で優しくブランコ遊びができる。木そのものは、あきらかに年をとっている。幾本かの枝は除去されたり、長さを半分にされたりしてややぶざまにみえるが、大きさと明白な古さから存在感あふれ威厳がある。

レバノンスギは、18世紀イギリスで地方の地所が大改造された時期に、一番はやった木のひとつであった。この木は見栄えがよかっただけでなく（それを植えた人の死の、必ずといっていいほどずっとあとになってからだが）、聖書と強い結びつき（75カ所に言及がある）をもっていた。事実、幾本かの木は、巡礼たちが聖地パレスチナからもちかえったタネから生育した。19世紀のあいだ、この木の人気は合衆国にまでひろがり、そこではみごとな木がいまでもみつかる。19世紀から20世紀には、他の種のスギが植えられた。たとえば、ヒマラヤスギ（*Cedrus deodara*）や青い葉のアトラス・シダー（*C. atlantica* “Glauca”）である。だが、そのどれも、レバノンスギにみられる非対称の層状傾向をもってはいない。本当の「レバノン産」は、いまでは容易にみつかることがない。これ以前の世代のものが、衰退と風の餌食になりつつあるからだ。つまり、しだいに枝をうしない、それとともに調和のとれた美観もなくなりつつあるのだ。

スギは中東の古代文明が手にできた最良の木材で、その樹脂の痕跡とともに古代エジプト王の墓にみられる。樹脂は、ミイラ作りで使用される多くの材料のひとつとであった。聖書はスギがソロモン王の神殿で使用されたことをしるしており、スギの森は神々の住まいとしてギルガメシュ叙事詩にでてくる。この木が豊富に生育しているのは、標高1,000から2,000メートルにかけてだけである。だから、この木を大切にした大河谷文明からは遠くはなれていることから、価値が増したのであろう。「スギ（シダー）」という語がキリスト教世界の意識にとても深く根ざしているので、やたらに他の材木にも使用されてきた。とくに、北アメリカの多様な「スギ」はそうだ。こうしたスギのすべては材料として品質が劣り、そうした木材がつくられる木はそれ自体壮観であるが、本物のスギの特性をまったくもってはいない。

今日、この木の神話性に希少性がくわわった。地中海盆地は、人間による開発が千年にわたりおこなわれてきた。スギはとりわけ高レヴェルの略奪行為にさらされ、山火事や山羊の被害はもちろんのことであった。ローマ皇帝ハドリアヌスは、スギの保護を企てた最初の支配者であると記録されている。その他多くの者、キリスト教徒とイスラム教徒は最善をつくしてきた。

過去100年、この木はレバノン国の象徴になってきたが、悲劇的に分割されたこの地域からすると、この象徴はもろ刃の剣である。なぜなら、この木は第一に、レバノンのマロン派キリスト教徒社会の象徴であり、その地域のイスラム教徒のものではないからだ。生きのこった森を保護しようという企てがなされ、いくらかは自然再生がうまく促進されたことで、この木に希望がみられる。トルコでは広範にわたり補植がなされているが、その一方で、この地域の残りの場所が政治的に不安定であるため、そうした将来への投資は遅れそうである。

前ページ上：レバノンスギ　**下左**：その群葉　**下右**：種子をつけた球果

43. クスノキ〔英：Camphor〕

（学名：*Cinnamomum camphora*）

科
クスノキ科（*Lauraceae*）
概要
長命な「薬草になる」常緑樹で、歴史的に重要なもの
原産
中国中央部から南東アジアにかけて

大きさ
30メートルに達する
寿命
1,000年以上
気候
湿潤な亜熱帯

中国中央部の蒸し暑い夏には、木陰があってもほとんど意味がないようにみえる。だが、仏教寺院の境内では、生活をより耐えられるものにしてくれるものがある。大きくて光沢のある葉の木が、涼しくしてくれるのだ。とても大きなクスノキは、寺院境内の本来そなわった一部のようにみえる。たぶん、この木と大量に炊かれる香（通例、線香）との結びつきのためであろう。

クスノキは、かつて日本の南部低地と中国の中央部と南部の広大な地域におよんでいた天然の森林集落で、重要な木である。今日、残存する区域にしかのこっていない。この区域は、仏教寺院の敷地で保護されていることがよくある。かなり大きく生長するこの木は、常緑の葉の大きな天蓋で、その環境で目立っている。葉は春は濃い赤味がかった紫で、その後、暗緑色にかわる。この木は強い香りのある化学物質ゆえに、長く重用されてきた。その主要生産品のショウノウ（樟脳）は、香やその他多くの製品作りに使用されている。人間は、そのような高い香りの植物に魅了されるようにみえる。この植物に精神性をみることがよくある。ヒンズー教信者が、サンスクリット語でトゥルシー(tulsi)、英語でホーリーバジル(holy basil)と呼ばれる薬草バジル（メボウキ）にあたえる敬意が証拠となる。そうした植物から生みだすことができた芳香混合物は、現代の科学がおこる以前の時代ではとりわけ価値あるものとされていた。

クスノキはすべてに芳香がある。木にまである。中国や日本にある最古の木製仏像のいくつかは、クスノキでつくられている。日本最古の現存する木彫の救世観音像は、仏をあらわした7世紀のものである。その彫像は、実際には数世紀間隠されていた。何メートルもの布につつまれ、古都奈良のとある寺院で秘されていた。しかし、1884年、日本が開国したとき、この像のベールが剥がされると、みごとな状態にあった。今日、毎年春になると、短期間公開されている。この木の学名から、香料のシナモン（肉桂）と密接な関係にあることがわかる。シナモンは、通例、販売されるときは粉末になっていて、それはこの属のいくつかの他の種のひとつの樹皮からつくられる。

ショウノウ自体は、通例、葉から蒸留してつくられた。もっとも、木のチップもときには使用された。白い結晶状の物質は、19世紀から20世紀初頭にかけて商業的にとても重要であり、多くの製品のなかでとりわけ爆薬や塗料用溶剤に使用された。じっさい、ショウノウには多様な高い芳香化学物質がふくまれ、個々の木やこの種の各地ごとに異なる品種には、混合物の割合のちがいがいろいろある。現代の殺虫剤の登場以前には、クスノキの製品は高い評価をえていた。昆虫の害虫をおさえることができたからである。もっとも、これが有毒効果によるものか、抑制効果によるものか判然としない。18世紀以降、クスノキは船員の保管箱の素材として使用された。クスノキは腐るのがおそく、ガや他の害虫を寄せつけないからであった。

医学的にいえば、ショウノウは風邪や他の呼吸器問題、打撲傷、炎症、さらに実際にはもっと多くの病を治療するために使用された。しかし、大量につかうと毒となり、低用量では時がたつと発がん性のものとなることがわかった。米国食品医薬品局は、いまではショウノウを摂取するものの成分とすることを禁じているが、皮膚に使用する製品には許している。ショウノウをときたま少量摂取する場合、健康にかかわるという証拠はなく、いまだにアジアのいくつかの砂糖菓子の風味づけとして使用されている。

前ページ：クスノキは成熟すると、実にその景観を圧する

Ⅳ｜実用樹

木材はもっとも役に立つ材料のひとつであり、地球上の多くの場所でいちばん手に入れやすいもののひとつでもある。どの木材が扱いやすく、強い木材はどれか、もっとも腐敗しにくい木材は何かを、私たちの祖先はいちはやく学んだ。今日、木材の需要はあいかわらず大きく、製材としてだけでなく、紙や段ボール製品のパルプ源とされる。

木材の需要のために、広大な森林地帯が大規模に破壊された。開拓時代の社会はとりわけ劇的な破壊をした。たとえばアメリカの初期移住者たちは、莫大な量の材木をきわめて簡素な建築物に利用したし、舗装に木板を使ったり、大きくあいた火床の薪として大量の木材を燃やした。世界の反対側の中国で広域にわたる土地が劣化したのも、何世紀にもわたり、陶窯の燃料として薪が伐採されたからだ。啓発はゆっくりとおこなわれているが、現在、山林管理体制は持続可能性を強調し、木材産業では材木を最後のひとかけらまで利用している。

アメリカ太平洋岸北西部にある、世界でもっとも先進的で持続可能性のある木材産業のひとつは、ダグラスモミ、ベイスギ、ベイツガを利用している。しかし、熱帯林の破壊はおとろえることなく進行している。コクタン（エボニー）やマホガニーのような種が、高い価値をもつため、どんなに多くの規制があろうとも、その搾取が止められるとは思えない。その他の材木、とくにチークは、持続可能性のある管理がなされている植林地でますます栽培されている。そのような植林地のために、世界の森林は異なる種が親密に混じりあった混合林から、単一栽培種の区画へとしだいに変化している。この新しい森林は、野生動物にとっては以前のものよりはるかに不十分なものではあるが、少なくとも残存する未開墾の生息地にひしめきあうような事態をふせぐのに役立っている。

材木の人気に変化がおこるのは、供給によって手頃な値段で入手可能な種類が変わるからで、流行とテクノロジーも、また需要に影響をおよぼしている。現在、セイヨウカジカエデは人気があるため高値がつき、その一方、かつて有用な木材とされていたユリノキはパルプ素材にしか利用されていない。その他の木、とくにハンノキのような柔らかい木材は、今日の世界では実際に使用されなくなった。

木材が、樹木を商業的に利用する唯一の方途であるわけではない。コルクガシの樹皮は何千年にもわたりさまざまな用途で使用されてきたし、ヤナギのしなやかな幹は、世界中で籠を編むのに使われている。カポックの繊維はライフジャケット用詰物になり、フクベノキの実はさまざまな家庭用品をつくるのに用いられている。

木の樹液はサトウカエデのように食物となり、あるいはゴムのように工業原材料にもなっている。葉も役に立つ。クワの葉はカイコの餌として用いられ、また優れた家畜飼料にもなる。事実、クワの木は、いわゆる「アグロフォレストリー」（混農林業）で現在用いられている多くの温帯の木のひとつである。この「アグロフォレストリー」は刺激的な新分野で、土地の多目的利用を可能にし、植物資源の持続可能な活用に多くの期待をいだかせている。薬効のあるインドセンダンのように、樹木は薬としても機能する。最後に、薪を集めるという太古からの営みは、生物資源（バイオマス）の収穫という形でもどってきた。

前ページ：ダグラスモミの独特な樹皮

44. セイヨウカジカエデ〔英：Sycamore〕

（学名：*Acer pseudoplatanus*）

科	**大きさ**
カエデ科（*Aceraceae*）	35メートルに達する
概要	**寿命**
落葉性森林高木	300歳にいたる
原産	**気候**
大陸ヨーロッパ	冷温帯

北ヨーロッパの多くは高地農業地域であり、あらゆる方角から吹いてくる風にさらされている。古い牧場の建物は周辺の土のなかの岩から切りとった石でつくられ、景観の重要な一部となっている。このような牧場は、古くて大きなセイヨウカジカエデの木にまもられていることが多い。この木は、どのような気候にも耐えることができるようにみえる。セイヨウカジカエデは他の木よりも好んで植えられた。なぜなら、その密にかさなった群葉が風をふせぎ、酪農場で乳搾りを待つ牛たちのシェルター（避難所）となり、木陰を提供したからである。これらの木をみて、景観のなかで果たしてきた役割に感謝の念をいだけば、セイヨウカジカエデにたいする比較的よくある見方、つまり攻撃的で雑草のような種という見方をかえることになる。この見方によれば、セイヨウカジカエデは荒地で急速にコロニーを形成し、腐敗がおそいざらざらした葉を落とし、下にあるものの生長を妨げるという。ヨーロッパ産セイヨウカジカエデは、たしかに議論の余地のある木である。まぎらわしいことではあるが、ヨーロッパ産セイヨウカジカエデは、アメリカ産セイヨウカジカエデとは葉の形が同じだけで、まったく異なる。アメリカ産セイヨウカジカエデは、アメリカスズカケノキ（*Platanus occidentalis*）の一種であり、同じ科には属していない。

セイヨウカジカエデは、元来、ヨーロッパ本土全域の混合林に育つ樹木である。だから、イギリス諸島やスカンジナビア半島に自生している証拠はない。たしかなことは、イギリスには16世紀に導入され、その後スカンジナビアにもちこまれたのだ。どちらの地域でもこの木は繁茂し、実際、北はフェロー諸島まで生育している。しかし、イギリスとスウェーデンでは、この木が多くの実生の苗をつくることができるので、20世紀後半に環境保護論者のあいだで警鐘がうちならされはじめた。その時期、この木が自生林の成りたちを脅かしているようにみえたのである。セイヨウカジカエデは、現地の野生動物にとってほとんど価値がないと示唆されてもいた。若い木は、外観がどちらかといえば粗雑で、大量の葉がごみとなることも、また評価に役立たなかった。

セイヨウカジカエデは、とても特徴的な種子を大量に産みだす。大きな球形の種子で、プロペラのような堅いものに付着している。植物学上、翅果として知られるこの空気力学的な種子はかなりの距離を飛ぶことができ、ここに遠く広範に旅するつもりの木があったと印象づけられる。都市地域の林地は、とりわけ被害をこうむりやすいようにみえた。何千もの実生の苗が、道ばたや他の木々のあいだに芽をだしていたからである。

しかし、時代はかわり、今日の研究では、セイヨウカジカエデについてはもっと肯定的であるべきと示唆されている。この木が、原産の木にとってかわるという証拠は何もない。そうではなく、多くの侵略的な外来種のようにこの木は、障害があった場所で再生するのがとてもうまいのだ。道路や住宅開発によって、雑草のような種にとって格好の場が生みだされる荒れた土壌は、しばしばみただけでわかる環境となる。

驚くことではないが、この木が他の種にとってかわっているという、誤った印象が形成された。事実、この木の実生の苗は他の木の陰では育たず、トネリコ（*Fraxinus excelsior*）との競争に負けてしまう。トネリコはヨーロッパ原産の種で、攻撃的に播種するのである。野生動物にも利益があることを研究がしめしているので、セイヨウカジカエデの評価はよくなりつつある。ほとんどのヨーロッパ産の木とはちがい、この木は風よりはむしろ昆虫によって授粉されるので、食物網へよりいっそうの貢献をする。くわえてこの木は、樹液を吸うアブラムシが寄ってくる傾向にあるので、それが野生動物にとっての恩恵となる。なぜなら、アブラムシは、めったにいないヤマネはもちろん、多くの種の鳥の餌になるからだ。野生動物にとってはデリカテッセンのような木がある一方で、この木は安いスーパーマーケットのようなものである。つまり、オシャレではないが、大いに有難いものなのだ。それゆえ生物多様性の見地からすれば、この木には使い途がある。だから心配をやめて、この木の評判をもとにもどす時だ。

前ページ：セイヨウカジカエデの幹は、独特な滑らかな樹皮をもつ
次ページ：吹きさらしの場所に育とうとも、生長を止めることはない

45. コルクガシ〔英：Cork Oak〕

（学名：*Quercus suber*）

科	**大きさ**
ブナ科（*Fagaceae*）	20メートルに達する
概要	**寿命**
経済的・生態的に価値の高い、比較的小さな常緑樹	250歳にいたる
原産	**気候**
地中海東部	地中海性気候、より涼しい気候にもいくらか耐性がある

丘陵地帯は灰色がかった緑の葉のついた、どちらかといえば太く短い木々におおわれている。はじめは、情報なくそこを訪れる者には、その木が作物であることはただちにわかるわけではないが、たくさんの活動がなされているかにみえる。男たちがチームをつくって、作業をしながら木々のあいだをぬけ、数台の有蓋トラックが道路脇にとめられ、材料が積みこまれている。この活動はコルクの収穫作業で、自然利用であっても通常のものではなく、環境的に優しいものなのである。

コルクは、天然素材のなかでもきわめて独特のもののひとつである。他に類をみない特性があるからだ。つまり、軽くて水をはじき、優れた絶縁性があり、奇妙で海綿状だが強固な物質性をそなえている。ローマ人たちは、ワインなどの液体をボトルに密封するのにコルクを利用したが、同じことは少なくとも最近までおこなわれている。プラスチックのストッパー、さらには金属製のものさえもが、今日、ボトルに用いられるようになっているが、こうしたもののいい点は、ときにコルクから連想される病原真菌が減るようにみえることぐらいである。しかし、他のストッパーの生産とはちがい、コルク製品はまったく衰えをみせてはいない。

コルクは、オーク（ナラ、カシワ、カシ、クブギなどの総称）の樹皮のことである。オークのいくつかの種は地中海原産で、その地域特有の気候に適応している。しかし、コルクガシは、その樹皮をとりわけ高いレヴェルまで進化させてきた。山火事は、地中海の木にとって大きな危険のひとつであり、その土地に自生するすべての種は、その炎を生きのびるなんらかの方途を当然そなえている。多くの種そのものが燃えるが、その埋め合わせとして大量の種子をつける。イタリアカラカサマツ（スイート・パイン）のような他の種は、葉を高い場所につけて危険を避け、比較的耐火性のある樹皮の幹をもつように進化してきた。コルクガシは、できる限り幹のいきた細胞組織を絶縁し、必要とあれば枝と葉を犠牲にする。こうすることで、火事のあと、シェルターの働きをした樹皮の下から新しい芽をだすことができるのである。この新しい芽は幹の上へといくらかのびるので、オークは地上レヴェルにある他の種の実生の苗よりも有利となる。

コルクには、ユニークな性質がある。第1に、樹皮細胞がスベリンと呼ばれる蠟質の化学物質を貯えているからである。スベリンは疎水性が高く、他の多くの植物のさまざまな部分、とくに根に生じて水分がなくなるのをふせいでいる。コルクガシだけが樹皮にスベリンを多量に蓄積する。木が年をとるにつれ、樹皮は薄くなっていく。樹皮がある程度の薄さになると、それは通例は樹齢25年くらいのときであるが、木を害さずに樹皮を切りとることができる。この樹皮の除去は、1世紀以上のあいだ、9～12年間に数回くり返すことができる。これは、もっとも持続性のある農作業のひとつである。

コルクの収穫はいまだに機械化されず、高度な技術がもとめられる作業である。それは、樹皮の下の生きた組織が切断されると、この木はダメージをうけやすいからだ。コルクの森は、とても山の多い地域にあることがしばしばある。コルクの森は、他の作物に不適切な場所で容易に育つためだ。その結果、樹皮を収集・抽出する作業は、ロバの力をかりたり小さなトラクターを用いておこなわれることがよくある。コルクの収穫は、経済活動としてはいまだに労働集約的で伝統的なものである。推定3万人がヨーロッパのコルク産業で雇用され、年間約30万トンの生産がある。コルクの森は、伝統的に農業と

次ページ：古いコルクガシの幹――冬の寒い夜には良質の薪となる

関連してもいる。この森はしばしば放牧に用いられる。たとえば、豚は、秋になると落ちてくるコルクの木のドングリを食べてふとり、羊や山羊はコルクの木々のあいだの草や野草を食む。ハチミツの生産と野生キノコの収穫も、またコルク生産地の社会にとって重要な副収入源となっている。

コルクの森が土壌保全と水資源保全にもつ価値も、またひろく認識されている。丘陵地帯にある森は土壌の水を保持する働きがあり、下流の農業者や他の水使用者にとって継続的な供給が確保される。しかし、すべてのコルクの木が森にあるわけではない。いくつかの地域では小自作農家が、多様な伝統農業の一部として他の木や作物にまぜて数本のコルクの木を栽培している。コルクはたいへん価値あるものとされているので、世界の供給のほとんどを生産している国であるポルトガルでは、伐採が違法行為になっている。古くなり生産性のない木を伐採するときでさえ、農業省から許可をもらう必要がある。

コルクの森のおかげで、生物多様性は大いに維持されている。コルクの木の下に育つ野生植物はその栽培耕作を妨げず、鳥や他の野生動物がおよぼす被害はほとんどない。その結果、この森は地球上でもっとも人口密度が高く、生態的に損傷をうけた地域のひとつにみられる脅威にさらされた生物多様性にとって、価値ある避難所となる。プラスチックや金属性のボトル・ストッパーがもたらしたコルク産業への脅威を考えるならば、それが自らを積極的に守ってきたことは驚くべきことではない。環境保護論者は、もちろんその防衛の同盟者である。幸運にも、円柱状のコルク栓をガラス瓶の首に押しこむことは別にして、コルクをつかってできる素晴らしいことはたくさんある。コルクは建築物の優れた絶縁材となる。その断熱・防音効果はフロアタイル用素材としてよく知られるようになったし、さまざまな専門的な工学分野で応用されつづけている。たとえば、自動車のクラッチや宇宙船の熱シールドなどの分野である。絶縁材がエネルギー保護という成長分野の主要な一部であることから、この素晴らしく効率的な素材は、将来重要なものとなる可能性がきわめて高い。

前ページおよび上：でこぼこして裂け目のあるコルクガシの樹皮は、何ものにも間違われがたい

46. ダグラスモミ

〔英：Douglas Fir〕（学名：*Pseudotsuga menziesii*）

科
マツ科（*Pinaceae*）
概要
大きな常緑針葉樹で、景観と経済に重要
原産
カナダからメキシコ北部にいたる、北アメリカ大陸西海岸
大きさ
120メートルに達するが、この高さのものは現存しない
寿命
1,000歳にいたる
気候
冷温帯から地中海性気候まで

合衆国オレゴン州のオレゴン・コーストを旅行していると、多くの家や店にとてもよく似た標識があるようにみえる。文字の体裁や、ときにはあきらかに砂吹きでつくられた浮き彫りの意匠文字についていえば、その文字が目立つのは、とても特徴的な幅のひろい木目のためである。木目から、木材がダグラスモミであることがわかる。ダグラスモミは太平洋岸北西部のいたるところにみられ、その名称はアメリカ西部でもっとも大胆で生産的な19世紀の植物採集者のひとりスコット・デイヴィッド・ダグラス（Scot David Douglas）にちなんだものだ。ダグラスモミの学名は彼ではなく、ライバルであったスコットランドのナチュラリスト、アーチボルド・メンジーズ（Archibald Menzies）を記念するものだ。太平洋岸北西部ではいまなお、樹皮がとてもごつごつし幹が高くそびえる古木の壮大な木立がいくつか存在しているが、たいていの場合、その木は幼齢期から中年期のもので、ヨーロッパ移民がもとあった森を破壊したのち二次生長したものである。

木こりたちは、ダグラスモミを不意にみつけ大喜びした。19世紀後半、主要産業木材、つまり東部各州にあったストローブマツ〔white pine〕が急速に姿を消しつつあり、高くまっすぐの幹をしたダグラスモミがそれにかわる理想的なものとなったからである。ほぼ30年にわたり利用されて、アメリカ合衆国の半分以上の立木が伐採された。この種はカリフォルニア産セコイアに次いで2番目に高い針葉樹であるが、ほとんどの場合、このもっとも高い木はのこぎりで切られてしまった。種としてのダグラスモミははかり知れない回復力をもっており、いくつかの点で理想的な木材用樹木である。その木は美しく、木目が幅広でピンクの色合いをしているが、第一には産業用木材である。幹に枝がなく（それゆえに節もない）、合板作りに最適であるからだ。何千キロにもわたる鉄道線路がダグラスモミの上に設置され、そのそばには何千キロもの電話線がダグラスモミの柱につながれていることがよくある。太平洋岸北西部の地形がこの開発に大いに役立った。海岸線が深く入りこんでいるので、木は水辺にまで容易に運べ、別の場所へ輸送することができたからである。伐採された木材の不法な積載も、またいとも簡単におこなうことができた。無数の小さな入り江があり、にわか作りの波止場を設置し、そこから木の発送ができたからだ。

今日、1世紀前になされた破壊的な伐木をしめすものはなくなりつつある。この木が急激に再生したからである。ひとつには生長季が長く、北西部の気候が湿潤であることのたまものである。この地域のもうひとつの重要な材木であるウェスタン・ヘムロック〔the western hemlock〕は日陰でも育つが、これとはちがい、若いダグラスモミはその親木の陰では育たない。だから、ひとつの森が完全に消えたあとでは再生がとても効果的になされる。一般の人びとは、伐採された森の破壊された姿をみるのは好まないであろうが、少なくともこの木には意味がある。産業規模の見方からすると、それは森林管理にきわめてふさわしい状況であるからだ。

ダグラスモミは栽培にはもってこいの樹木であるが、環境保全運動家からすると、たくさんのものが若齢林からなくなっている。成熟林、あるいは「老齢」林は、若齢森にはいない野生動物を養っているようにみえる。その一例がアカギノネズミである。この動物はダグラスモミの葉だけを食べ、より古い木のなかだけに巣をつくるようである。もう一例はニシアメリカフクロウである。これは、シンボル的な動物として大きな反響を呼ぶようになった。つまり、老齢林伐採を環境保護の立場から反対する立場を象徴しているのだ。このフクロウは、活動家たちが理解しているよりもずっと適応力があり、山火事が定期的におこるので、老齢森はとりわけどこにでもあるというわけではなかったと示唆する者もいる。伐採反対運動は、伐木輸出産業に依存する地域住民と環境保護者とのあいだに激しい不和を生み、ニシアメリカフクロウの生態がやや政治的駆け引きに利用されるようになっている。

前ページ：ダグラスモミはまっすぐ伸びる——木材産業の頼みの綱であることは疑いがない

47. セイヨウシロヤナギ

〔英：White Willow〕（学名：*Salix alba*）

科
ヤナギ科（*Salicaceae*）
概要
原産地ではとてもよく知られた落葉樹で、人間による利用の長い歴史がある
原産
西ヨーロッパからユーラシアをへて中国国境まで

大きさ
30メートルに達するが、普通はそれよりも小さい
寿命
100歳くらいだが、刈りこみがなされた木はそれよりも長く生きる
気候
冷温帯

冬の光に鮮明に刻まれ、セイヨウシロヤナギの刈りこまれた枝は空を背景にくっきりとそびえている。枝はいくぶん一方に傾いた幹の丸くなった先端から放射状にのび、平坦で何もない湿地の風景のなかでひときわ際だっている。その姿は、排水路沿いに不規則にくりかえされている。ヤナギは湿地帯のとても馴染ある樹木のひとつであるだけでなく、枝を短く刈りこんだ木（ポラード）として育てられるもっとも一般的な樹木のひとつでもある。「ポラード」と呼称されているのは、枝がのびている幹の先端で、頭のように丸く成長させられるからである。（「ポラード」の「ポル」は、「頭」を意味する一般的なイギリス方言である。）ポラードは3メートルの高さで伐採され、その後、通例は年1回の剪定によってこの高さに維持される木のことである。

ヤナギのポラードをその頭のところまでさげて切ると、たくさんの幹が生長してくる。短期間で、2メートルまで生長できる。幹はまっすぐで、とてもしなやかなので、多くの用途に供される。実際、それは前工業化社会の人びとが手にできたすべての材料のうちで、もっとも役だつもののひとつであった。ヤナギの幹でつくられた籠の場合、その起源を紀元前数千年にまでたどることができる。幾人かの考古学者によれば、籠は集めたり入れておいたり運んだりするのに欠かせないものであるが、原始人がつくった最初の道具のひとつであるらしい。

いくつかの伝統文化において籠作りは、少数の個人ではなく、社会の全員が身につけていた技術であった。この技術はかならず身につけていなくてはならないたしなみであり、誰もが基本的な実用性のある籠を1時間程度でつくることができた。ヤナギは、また垣根や鳥籠、あるいは子どものオモチャの材料としても使われてきた。何千年にもわたりヤナギは、その「しなやかな枝」をえるために刈り取られてきた。その枝は籠作り用の原材料であった。1年以下のヤナギの幹はとても柔らかいため、小枝編み細工に用いることができる。柔軟性と軽さに強さがくわわった素材なのだ。側面から若枝がでない幹は籠作りに最適である。その一方で、側面に若枝をもつ幹はより大きくて重い構造物に用いることができる。籠以外にも、人びとはヤナギを編んで、魚釣りのわなや家畜の囲い、はたまた原始的な舟（たとえば、ウェールズの円い籠舟［コラクル］）をつくった。ヤナギのしなやかな枝は、垣根から家にいたるあらゆるものをつくるための材料として使われた。枝のなかの繊維は取りだされ、ロープや紙になった。

当然のことだが、セイヨウシロヤナギや多くの類似の種はまっすぐ高く育つが、その後、垂れかかる傾向にある。この習性はその終わりを示唆するというより、そうした木が生育している湿地環境に進化して適応した姿である。なぜなら、若い枝は、湿った土壌に触れ、そこにすぐに根を生やして新しい木を形成するからである。低木の茂みが結果的に生じ、それが洪水ででた堆積物を堰きとめ、ゆっくりと地表形成するのに役立つ。これは、この木が湿地から乾燥地を形成するのに役だつプロセスの一部である。ずかずか地中に押し進んだあとで、このように急速に成長できることから、すでに見応えのする利用法リストにさらなる用法がくわわる。しなやかな枝を使えば、生きた、それゆえとても強い垣根がつくれるし、土手の生きた補強材ともなる。後者の場合、土手が浸食されたりずれ落ちたりすることが食いとめられ、しかもコンクリート使用の場合より、費用面で安価に、あるいは環境への影響も軽減できる。今日では栽培されたヤナギの利用法として、生ける彫刻――学校や地域コミュニティのアート・プロジェクトの一環であることが多い――となったり、また個人の庭園の生きた四阿や隠れ場所に使用されたりしている。

セイヨウシロヤナギにはさまざまな形態があり、そのうちひとつは若い木の樹皮の色で、あかるい黄色、オレンジ、そして緋色（いうまでもないが、濁りのある茶色）にいたるまである。このような樹皮の色は冬だけにみ

前ページ：葉の裏側が白いことが、セイヨウシロヤナギという名前の由来になった

右：セイヨウシロヤナギがその好みの生息地を占有している

られる傾向であり、冬の風景をあかるくしたいと思う庭師や風景整形師にとって価値ある財産となってきた。比較的緯度の高い地域ではとりわけ、冬の日差しによってヤナギの小枝は照り輝く。この輝きは、ヤナギがなければこの時期にはまったくみられないものだ。しかし、2年間生長すると、樹皮のその色は消える。そのため、木の下生えを育てたり刈りこみをしたりして、毎年、輝く若木をつくれば、その気をひきたてるような効果は維持できるだろう。樹皮の色は、籠職人やその他の工芸家にとっても有用である。もっとも、つくられた製品は2、3年後には褐色にかわる傾向にある。

生長したヤナギの木材は軽くて強いが、腐食するのがはやい。亜種のひとつ *Salix alba*“Caerulea”は、「クリケット・バット・ウィロー」として知られており、特別にクリケットのバット作り用に育てられている。ほとんどのヤナギの木材は最後は薪になるが、これは実に有望な用途である。なぜなら、ヤナギの木、とくにセイヨウシロヤナギは、現在、バイオマス作物として人気がでているからである。

ヤナギのしなやかな枝は、とてもはやく実りの多い木に生育する可能性があるので、石炭や石油にかわるものとして、持続可能で再生可能な燃料源開発に従事している各国政府や個人の注目をあつめている。環境保護論者たちも、また傾斜地の土壌を補強するコンクリート（温室効果ガスを大量に発生させる）にかわるものとして、ヤナギを利用するように積極的に主張している。ヤナギの根は枝分かれし、不安定な基質をとてもはやく強力にくっつけるので、十分に管理すれば何十年も効果が持続する。しかし、注意しなくてはならないことがある。このように強力に根をはるので、それはまた困ったことにもなり、ヤナギの根は湿地帯の下水溝や排水溝に侵入することで悪名高いのである。

多くの知られた植物と同様に、ヤナギは伝統医学でも利用されてきた。この用法は、現代科学によって、間違いないことが証拠だてられている。ヤナギの樹液にふくまれる化学合成物サリチル酸は、痛みを和らげるのに効果がある。とはいえ、副作用として、胃のむかつきをひきおこすこともある。ヤナギが生育してきたどの場所でも、住民はその鎮痛効果がわかっていたようである。サリチル酸について研究した化学者は、最終的にもう一種類のアセチルサリチル酸を合成した。銘柄をアスピリンとされたそれは、すべての調剤のなかで最も有益で安価なもののひとつである。この薬は、非常に効果的で用途もひろいため、1897年以来あちこちにいきわたっているが、今後、われわれの健康と生活の質を改善する新しい方法追究の対象でありつづけている。

48. マホガニー〔英：Mahogany〕

（学名：*Swietenia mahagoni*）

科
センダン科（*Meliaceae*）
概要
大きい準常緑樹で、もっとも良いと考えられているもののひとつ
原産
フロリダ南部とカリブ海

大きさ
25メートルに達する
寿命
不明
気候
季節的に乾燥している亜熱帯

「このあたりは、かつてブラウン・マイルと呼ばれていた」と、ある年配の骨董商は語った。「どのショーウィンドーも、ダークブラウンのマホガニー製家具でいっぱいだった。だが、もうそうじゃない。こうした濃い色は、いまでは時代遅れだ」と。なるほど、人生と流行は変化するので、時代遅れになるということも、おそらくマホガニーの木にとってはちょっとした休息期間となるだろう。何世紀ものあいだ、西インド産マホガニーは、濃い色合いや並はずれた強さと耐久性のある材木として、最も需要のあった樹木のひとつであった。そもそも、とりわけ広範に分布してはいなかったので、はやくも1950年代に、マホガニーの木の輸出は保存目的で禁止されはじめた。

マホガニーの価値にはじめて気づいたのはスペイン人である。それは、カリブ海地域の先住民が、その幹から丸木舟をつくっているのを目撃してからのことである。スペイン本国では、造船用の良材がなくなりはじめていたので、スペイン人が16世紀から17世紀にかけて新世界の土地を急激に征服・支配しようとしていたさなか、まさに最初に奪取した地であるカリブ海地域にこの注目すべき木が生育しているのをみたのは、天の恵みに思えたにちがいない。イギリス人もまた、財宝をつんだスペイン艦隊をいつも激しく追撃していたので、マホガニー材が造船に適していることがわかっていた。それは大いに腐食しづらく、砲弾をうけてもその衝撃を吸収し裂けることがない。この木の性質は、同様に立派な館を建造するのに適していると高く評価されていた。そうした館をスペイン貴族は、当時、南北アメリカの略奪からえた収益で建てることができた。マホガニーは、また高級家具用の素材としても好まれるようになった。年がたつにつれ、古い船が材木取引につかわれ、それから材木が取りだされるようになった。多くの当時の高級家具は、事実、再生利用の結果である。再生利用というと、多分、今日の関心事とみなされるだろうが、そうではない。

機雷が発明され、それが戦争で破壊目的に使用されたために、造船業者は、再度、木材に興味をもった。多くの機雷は磁気原理にもとづき作動するので、木材をつかうと機雷の脅威が緩和された。第二次世界大戦中のつかのま、一時的にマホガニー製の船が復活した。もっとも、比較的小型の掃海艇でしかなかったのだが。そうした船は大きな損傷をうけても、なお浮かびつづけることができた。

マホガニーを材木として使用することは18世紀後半にはじまり、19世紀末まで人気はつづいた。その後、より軽い他の材木が好まれはじめた。しかし、マホガニーの人気が衰えない使用分野があった。極度の強固さと安定さが重要とされるところで、たとえば科学機器や楽器の部品の分野である。今日でもなお、このような用途で使われている。20世紀末に用いられた「マホガニー」は、南アメリカ北部全域にみられるマホガニーの他の種であった。それは、ほぼ同じ質をそなえている。2000年代初頭まで、このマホガニーは、合衆国の高級家具製造に使用されつづけた。もっとも、多くの国々は、この木材の輸出を保護の観点から禁止していたのだが。南アメリカでなされるこの材木の違法伐採の多く、とくにペルーのアマゾン川流域での伐採は、アメリカ市場向けであった。

保護は、今日、以前より効果的になされ、天然のマホガニーはほんのわずかしか残されていないことから、市場でみられるマホガニーは多くない。類似の他の樹木がそれにとってかわる傾向にある。たとえば、アフリカ産の属「アフリカマホガニー」（ハイヤ khaya）に属する種である。皮肉にも、事実、これらの種から南アメリカ産の属に「マホガニー」という呼称がついたのかもしれない。なぜなら、「ハイヤ」とかなり似た名が、西アフリカのいくつかの言語で用いられているからである。西インド産マホガニーとその亜種の未来は、植林地にある。はやくも1795年、マホガニーの種が植物園で生育させるためにインドに輸出され、今日では、インド、スリランカ、インドネシアといった熱帯アジアで、マホガニーは広範に育てられている。南アメリカではなく、まさにこうした国々から、現在、本物のマホガニーが限られてはいるが供給されている。

前ページ：幹にシダの着床したマホガニーの木

49. ユリノキ（チューリップツリー）

〔英：Tulip Tree〕（学名：*Liriodendron tulipifera*）

科	**大きさ**
モクレン科（*Magnoliaceae*）	60メートルに達する
概要	**寿命**
非常に重要な木で、装飾効果がある	500年におよぶが、普通それほどでもない
原産	**気候**
アメリカ合衆国東部だが、アパラチア山脈西部ではない	暖かい夏のある冷温帯

ほとんど枝もつけずに、頭上かなたまで、まっすぐそびえたつ生長したユリノキ（チューリップツリー）に出会うと、人はかならず見上げる。これは温帯において、このような長くて煩わしいもののない幹をもつ数少ない樹木のひとつであり、一見して雨林を思わせる。そこではこのような形の樹木が、はるかに一般的だからである。これが、モクレン科の構成員と聞かされると驚くかもしれないが、派手さがない分、純粋に物的存在感がある。北アメリカの初期移住者たちは、まぎれもなくその大きさに感銘をうけたであろう。

イングランド人とフランス人が、北アメリカ東海岸でえた新しい領土を探検しはじめ、植民者が移りすみ森林を伐採し土地を耕作しはじめるにつれ、植物の実地調査もまたはじまった。そうした調査の直後にしばしばおこり、またじっさいにしばしばその動機となるのは、造園業者や土地所有者が、新しい異国風の植物を欲しがることである。18世紀には、アメリカの先駆的植物学者フィラデルフィアのジョン・バートラム（John Bartram）が実入りのよい商売をたちあげ、アメリカ産植物（主に樹木）の種子を収集し、それをイングランドの取引先であるピーター・コリンソン（Peter Collinson）に販売した。ついでコリンソンは、その種子を冒険好きな庭師たちに配布した。そのなかには、もっとも重要かつ影響力のある地主たちの幾人かがいた。

イギリスで、アメリカ産の樹木を育てることに関心がもたれはじめたのは17世紀である。北アメリカ大陸開拓は、イギリスの庭師たちが新しい植物を手にするはじめての機会となった。新種導入はそれ以前にもなされたが、それは中東や地中海地方からのもので、しばしばオスマン帝国を経由しており、その地方より冷涼な気候には一般的に適さないものであった。ついに、アメリカ産植物や、さらに「アメリカ風庭園」への熱狂らしきものが出現した。18世紀のことだ。コリンソンが輸入できたどんな種子も、先を争って購入された。しかし、この遺産は、今日ではほとんどみられない。輸入されたこの種の多くが十分に生育するには、イギリスよりも夏の気温が高くなくてはならなかった。十分に生育できたいくつかの種も、19世紀末にはじまったアジア、とくに中国や日本の植物を求めるはるかに強烈な熱狂にとってかわられたのである。

初期アメリカから伝来した種で、生きのこっただけでなくヨーロッパで繁茂したもののひとつは、ユリノキである。『シルヴァ、もしくは陛下の領土における森林樹、そして木材用樹木の繁殖について』（*Sylva, or A Discourse of Forest-Trees and the Propagation of Timber in His Majesty's Dominions*, 1664）の著者ジョン・イーヴリン（John Evelyn）は、最初のユリノキは、植物探検家ジョン・トラデスカント（John Tradescant）とその同名の息子ジョン・トラデスカントによって、17世紀前半、イギリスにもってこられたと考えている。イーヴリンによれば、この木はその花の形から当時流行していたチューリップにちなんで名づけられ、葉は「先っぽが切られたようで、とても独特の形」をしているとしている。この木が最初に導入されたのがいつなのかは、誰にもわからない。とはいえ、1688年、1本がロンドンのフラムにある植物愛好家コンプトン主教（Bishop Compton）の庭園を美しく飾っていた。この時代にさかのぼりさえするもう1本は、スコティッシュ・ボーダーズにあるコールドストリーム・カントリー・パークにみられ、おおむね消滅した庭園の生きのこりである。とても古くみえる他の木は数本がイギリスの庭園にみることができ、しばしば明確に生育しているのが見られるのは、それらが根づいた湖の周囲の湿った土壌である。幾本かの老木とはちがい、そうした木はとくに年をとっているようにはみえず、そのために格別注意を引くものではない。概していえば18世紀アメリカから伝来した種のなかで、これはもっとも成功した例のひとつであるということができる。

のちにアメリカ合衆国になった場所にもどると、ユリノキが初期移住者に役立ったことは、獲得した名の数から判断できる。イエロー・ポプラ（黄色ポプラ）、チュー

前ページ：紅葉したユリノキ（上）と、湿地帯に育つユリノキ（下）

リップ・ポプラ、イエロー・ウッド（黄色い木）、サドルウッド（鞍の木）、カヌーウッド（カヌーの木）である。「ポプラ」という名は、ふたつの木が似通っていることに由来する。ユリノキの木材は、軽いが適度に強く、事実、すべての硬材のなかで、このふたつの質の組みあわせは特別に優れている。重さが軽いのは、空気を多くふくむためであり、そのため筏や船をつくるのに最適な木材となっている。また十分に絶縁するため、小屋の材料としても適している。この木はカヌー作りに好まれ、開拓者の英雄ダニエル・ブーン（1734～1820）は、家族をつれてオハイオ川をくだったとき、20メートルの「カヌーウッド」の丸木舟を使ったとされている。木材は水を汚さなかったので、送水管作りにも気に入られた。その後、オルガン製作者がパイプ（管）にも用いた。今日、その主な使用法はずっと地味なものになっている。それはパルプ原料としてだ。しかし、歴史的にいえばユリノキは、地面から30メートルまで枝がまったくないので、材木としての価値があきらかに高まった。

ユリノキの花が現代のチューリップに似ているかはいざ知らず、昆虫による受粉がなされる点で通常の花ではない（温帯にある大木の多くは風による）。それらは多量の蜜を産出し、その結果、ミツバチにとって非常に重要であるとみられている。しかし、他の蜜の材料によって薄められることがないので、ミツバチがつくる蜂蜜は、多くの人の味覚にとってあまりにも味が強すぎるのだが、パン職人はパンのレシピに使うのによい評価をくだしている。

基本的に先駆植物種であるユリノキは、幼齢林ではよくみられるが、老齢林ではまれである。先駆植物種一般のようにはやく生育するが、多くの種とは異なり、長寿でもある。もっとも、時みちてオークやヒッコリーにとってかわられてしまう。初期移住者たちが、ユリノキがあれば土地が肥沃だとみたほど、湿潤で肥沃な土壌で繁茂するが、この木は湿地帯の木ではない。しかし、フロリダでは土地固有の形態があり、水浸しの土壌に繁茂しているようにみえる。ラクウショウ（スワンプ・イトスギ）のように、通気孔と呼ばれる木質組織をもっていて、それは土壌や水面にあらわれ、根に酸素を入れる役割をはたす。この木は、ダーウィンの進化論が作動していることをしめす、明確で有益な実例である。

上および次ページ：ユリノキの葉と花は、他のどんな木々にも間違われることはない

50. アルダー
（セイヨウヤマハンノキ／カワラハンノキ）

〔英：Alder〕（学名：*Alnus glutinosa*）

科	**大きさ**
カバノキ科（*Betulaceae*）	40メートルに達するが、普通ずっと小さい
概要	**寿命**
よくある木で、それがあるとほとんど必ず湿地帯である	100歳をこえることはまれ
原産	**気候**
ヨーロッパ全土	冷温帯

遺棄された製造工場があたり一面に建っている。錆びた巨大な鉄塔、パイプ、そして構台が錯綜した列をなしている。これはかつてのコールタール処理加工場で、20年前に閉鎖されたものだが、強烈なタールのにおいが漂っている。しかし、汚染にもかかわらず、そこは信じられないほど緑に覆われ、いたるところに若い木が生えている。

もっとも汚染された環境を埋めて「緑にする」自然の力は、実に並外れたものだ。3種類の木が特定の役割を担う。つまり、カバノキ（バーチ）、ヤナギ（ウィロー）、そしてアルダー（セイヨウヤマハンノキ）だ。この3種はどれも比較的短命であるが、生長がはやい。これらの樹木には、また重要な特徴が共通してある。大量に生みだされるとても小さな種子が、風に長い距離運ばれることだ。この3つでは、アルダーがいちばん水分に依存しているようであり、水から遠く離れると生きていくことがほとんどできない。アルダーは吸枝をのばすことができ、それによってゆくゆくは大きな群生を形成する。個々の木はきわめて短命かもしれないが、アルダーの根系は何世紀も生き、たえず新しい木を生みだす。この過程は川岸や湖岸沿いでもっとも劇的にみられ、そこでは水際でへりをなしていることが多い。水の流れがどうたどるかは、何キロも離れたところから、アルダーが流れに沿って曲がりくねって並んでいるのでわかることが多い。

今日、アルダーは水際に生える樹木とみなされているが、沼地の多い牧草地に数本単独で生えていることもある。当然、アルダーは広大な森林をなすことができ、通例はヤナギのような他の湿地帯の樹木とともにある。「カー（湿原）」（carr）と呼ばれるこの生息地は、いまではもっとも稀な自然の植生タイプのひとつとなっている。現存のカー林地を訪れると、特別な経験ができる。とても湿った地面と、通り抜けられないほど茂った下生えのせいで、そこへいきつくのはむずかしい。カーには太古の印象があり、同時に、ここで人間が働くことはほとんどできないとわかる。カーは、木（アルダーとヤナギ）が開放水面にとってかわる過程の1段階である。アルダーとヤナギの前段階はヨシ原で、その後はオーク（カシ）のような、より長生きする木のある森林となる。

アルダーが伐採されると、切株の露出した表面はすぐに独特のオレンジ色になる。この色から、伝統的用途が思いうかぶ。染料材だ。ハンノキの樹皮と若枝から黄色染料が抽出される。銅をくわえると灰黄色染料ができ、その多くはタペストリー織工によって使用される。鉄合成物をくわえると黒色染料ができる。他方、緑色染料は尾状花序から抽出できる。このようにアルダーによる染色リストをあげていくと枚挙にいとまがない。前産業期のヨーロッパ人は、この木の異なる部分と多様な金属系化合物を使い、じつに素晴らしい多くの種類の色を染料やインク用としてつくることができた。

アルダーの木材は柔らかく加工がしやすいため、彫ってつくるボウルや木靴のような安価なものの材料として、われわれの祖先に人気があった。アルダーは、豊かなオレンジ色がもとめられる場合をのぞけば、品質のよい材木とみなされないが、ある特定の目的には高く評価されている。この木材は地面に接しているとすぐ腐るが、水中や非常に湿気の多い土地ではとても長期間もつ。ヴェネチアやアムステルダムという都市は、アルダーの杭を泥に打ちこんでたてられたのである。

Alnus glutinosa は、多くのアルダー種のひとつである。灰色のアルダー（ハイイロハンノキ）（*A. incana*）は、スカンジナヴィア半島と中央ヨーロッパで岩の多い斜面に繁茂している。赤いアルダー（アカハンノキ）（*A. rubra*）は、伐採された森林地帯にコロニー形成ができることで有名なので、合衆国森林監督官には有害なものとされることが多い。その能力のために、価値ある木材用樹木の補植が妨げられる。イタリアン・アルダー（*A. cordata*）は、十分にみた目がよく、造園技師にも人気がある。この木は都市部でもたくましく生育する先駆植物で、適応力のあるこの木から遠く離れて住んでいる人はほとんどいない。

次ページ：アルダーの種子の先端は、針葉樹の球果のようである

51. フクベノキ

（カラバッシュ）

〔英：Calabash〕（学名：*Crescentia cujete*）

科
ノウゼンカズラ科（*Bignoniaceae*）

概要
常緑低木で、庭園装飾としてもとても重要な木

原産
おそらく中央アメリカだが、正確な範囲は不明

大きさ
110メートルに達するが、通例は比較的小さく盆栽になる

寿命
不明

気候
湿潤熱帯

フクベノキは、熱帯地方ではどこにでもある。この木は、大きな球形の実をつけ、そのなかにあるタネと果肉を取り除けば、丸い防水の容器として使うことができる。生来おあつらえ向きのフクベノキには広範な用途がある。液体、ばらの物、食べ物や小さな貴重品を入れておける。半分に切れば、その実はコップにもなる。さらに切っていくと、堅くて曲がらない皮は刃物のような色々な道具の材料になる。中身をくり抜けば、フクベノキ全体が楽器として使える。太鼓の本体、弦楽器の共鳴箱、あるいは小石を入れた容器として、ふってリズムとることができる。しかし、今日ではプラスチックが代替品として使われるようになり、フクベノキは、実用品と同じくらいに装飾品をつくるのに使われている。中央アメリカでは、地元住民向けにも観光客用にも、優美に色をぬられた容器として売られていることが多く、陶芸品に代わる魅力的で軽い土産物となっている。

フクベノキには2種類ある。よく知られている方は、「旧世界」フクベノキである*Lagenaria siceraria*（ユウガオ）で、これはウリ科の草本類である。ユウガオは、アメリカ大陸に8,000年以上前にはじめて出現したとされる。どのようにしてそこにたどり着いたのかは謎である。しかし、アメリカのユウガオの実が、アフリカよりもアジアの種類に近いことがDNA鑑定でわかってから、タネが、アジアから北アメリカにやってきた最初期の移住者とともにきたと推測されている。ふたつ目のフクベノキは*Crescentia cujete*（フクベノキ）であるが、これもまた、いくらか謎めいた起源をもっている。南北アメリカの先住民族がとても広範囲にひろめたため、いまでは原産地がどこかを特定するのがむずかしい。人類史のそうした初期段階で、農作物の栽培以前に、2種類のフクベノキが広範に分布したことから、われわれの祖先のあいだでは、容器の需要がとても重要性をもっていたことがわかる。フクベノキは、いまではアジアでひろく育っているので、まるで旧世界の同名のものへ逆方向の旅をしたことになる。その木とそこに咲く花は、ときには装飾として栽培するのに十分魅力があると考えられている。

フクベノキの実は驚くほど球形であることが多く（他方、ウリ科の実は長くのびている）、とても光沢があり、皮が硬い。きわめつけは、割れないのだ。実は収穫されると、やや毒のある果肉がくり抜かれ、皮が製品づくりに使用される（対照的に、ユウガオの実は野菜として食すことができる）。実は、あかるい緑色の鐘形の花からでき、これは夜にひらき、コウモリによって受粉される。

花と実の特徴は、木の枝と幹から直接生えてくるものもあることだ。この現象は、植物学者には「幹生花」として知られているが、温帯の植物に慣れている人にとってはかなり奇妙にみえる。幹生花は進化上の利点を当該植物に付与していると考えられている。花がつくところは、ある昆虫やコウモリのような他の花粉媒介者が、花がみえたり匂いがしたりして、来て受粉しやすいところである。幹生花の実は、フクベノキのように、大きくて丸く硬いものが多い。他の例としては、カカオ（*Theobroma cacao*）や、南アメリカのキャノンボール・トリー（ホウガンノキ）（*Couroupita guianensis*）がある。一般に実は地面に落ち、猪や他の陸上動物がこじあけて種子を四方に散らしてくれる。

フクベノキの実の果肉は、人間にとってはあまりにも有毒で食用には適さないが、その一方で、医学的に寄生虫や発熱、多様な胸部問題に用いられる。果肉は、湿疹のような皮膚症状の外用治療薬としても使われる。その毒性を考えると、注意深く服用することが必要である。果肉を取りだし、プラスチック製の箱のかわりにもっと環境にやさしい代替品として用いる方がより安全だろう。

次ページ：ほとんどまん丸な形のカラバッシュの実

52. インドセンダン（ニーム）

〔英：Neem〕（学名：*Azadirachta indica*）

科	**大きさ**
センダン科（*Meliaceae*）	30メートルに達する
概要	**寿命**
生存力が大で、とても役に立つ木	記録なし
原産	**気候**
インド亜大陸とアジア	乾熱帯と亜熱帯

砂漠には緑がないものと決まっている。生きている植物が何であれ、土地そのもののように乾燥してみえる。しかし、インドとパキスタンの国境地帯をなす砂漠には、新鮮で青々とみえる植物がひとつある。そのみずみずしく茂る姿からは、厳しい状況で生き残るなみはずれた力があるとは思えない。これは、インドセンダン（ニーム）の木である。ここが原産であるが、この木はとても役に立つため、長いこともとの範囲を大きくこえて栽培されてきた。いまでは多くの場所で、歓迎されざる侵入種になるほどである。

インドセンダンの特別な性質は、その化学物質に由来する。インドセンダンの葉には、多くの抗菌性・抗真菌性の化合物があり、寄生虫や昆虫といった多くの無脊椎動物を寄せ付けない効果もある。最近では、インドやその近隣諸国で有機農業への関心が高まりをみせているので、殺虫剤としてインドセンダンが広範に奨励されている。葉をすりつぶし水とまぜ、約10日ごとに散布する。この物質は昆虫を直接殺しはしないが、活動を妨害し食欲をなくさせ、その結果、餓死にいたる。

ニーム・オイルは、実と種子を搾って抽出される。民間療法だけでなく、アーユルベーダのようなインドの伝統的医学体系でも多様に使用されている。熱病やマラリア、ハンセン病、結核、糖尿病などは、このオイルが処方された広範にわたる症状のものである。ニーム・オイルは胚が子宮に着床するのを抑制するため、避妊薬としても使われている。皮膚に塗ると炎症がやわらぐ場合もある。インドセンダンの用途は広範におよび、医学的応用が数多くあるため、インドでは「村の薬屋」や「薬の木」といった多くのよくある名がつけられている。インドセンダンはまた人間だけではなく、機械にもよいようだ。ニーム・オイルは、インド農村部の伝統的な輸送手段である牛車の車輪に油をさすのによく使われていた。ニーム・オイルは「特効油」であるといわれることが多いが、ほとんどの場合、科学的調査によって裏づけられている。たとえば、補完医療で適切に利用すれば、ニーム・オイルは血圧を下げて胃腸の潰瘍を緩和することができる。

このようにインドセンダンは多くの用途があることから、当然のことながら、ヒンズー教の儀式や祝宴の多くで重要な役割を果たしている。宗教行事で食される料理の材料として使用されることがきわめて多い。その独特の味は、宗教とつながりのない料理でもまぎれもなく賞味できる。とりわけ、南アジアの料理には、苦みに肯定的姿勢がみられるからである。たとえば、ビルマでは、葉はタマリンドと一緒に調理される。タマリンドのフルーティーだが酸っぱい味が、インドセンダンの苦みを引きたててくれるのだ。表面的に似ているものに、オオバゲッキツ（*Murraya koenigii*）という別の木の葉があり、この木は「甘いインドセンダン」として知られている。これは、アジアの食料品店で「カレーリーフ」としてひろく販売されている葉のもとのものであり、とりわけ南インド料理に、妙だが楽しい隠し味をそえてくれる。

インドセンダンにはこれほど多くの用途があり、そのように効能ある化学的特性があることを考えると、製薬会社がその木をねらってきているのも不思議ではない。1995年、合衆国の企業がインドセンダンからつくった抗真菌調合薬の特許を申請し、欧州特許庁（European Patent Office, EPO）がそれを認めた。インドの運動家たちは激怒した。これは「バイオパイラシー」（生物資源盗賊行為）であり、外国の多国籍企業が伝統的知識から利益をえようとする企てだと主張した。インドに本拠地を置く製薬会社が、類似の製品を開発するのが困難になったことはいうまでもない。運動家たちは、特許に異議申し立てをするようインド政府を説得し、10年後、EPOはインドに勝訴の判決を下した。インドセンダンの薬効ある化学物質とその広範囲にわたる適用例を考えれば、並外れて万能なこの木をめぐる争いは、これからどんどん増えていきそうだ。

前ページ：万能で薬効のあるインドセンダンの木の林冠

53. カラヤマグワ（ホワイト・マルベリー）

〔英：White Mulberry〕（学名：*Morus alba*）

科 クワ科（*Moraceae*）	**大きさ** 20メートルに達する
概要 落葉広葉樹で、かなり経済的価値がある	**寿命** 500年にいたり、それ以上のこともある
原産 中国北部	**気候** 冷温帯から暖温帯

中国中央部の安徽省を旅していて、この繁栄していそうな土地で最もよくみかける景色のひとつは、一見ブドウのつるにみえるものが列をなしている情景だ。もっとよくみると、あきらかにブドウではない。カラヤマグワ（ホワイト・マルベリー）だが、小さく刈り込まれており、ちょうどブドウのつるのように列をなして植えられている。一種の刈りこみ技術を使い、これをこのように仕立てあげているのは、カイコの餌となる新鮮な若葉をたくさんつけさせるためである。

中国では、絹の生産は少なくとも紀元前3500年にさかのぼり、それゆえカラヤマグワの栽培も同時期にはじまったにちがいない。絹の生産が中国をこえて普及するにつれて、クワの木も移動した。蚕は、幼虫の多くがそうであるように、かなり特定の食餌植物を必要とするからである。蚕はクロミグワ（ブラック・マルベリー）（*M. nigra*）を食べるが、それでは十分に成長しない。このことは、16世紀末、イングランドおよびスコットランド王ジェイムズ1世（スコットランド王としてはジェイムズ6世）によって発見された。王は絹産業をはじめようとして、クワの木の栽培を促進した。カラヤマグワはイギリス諸島の涼しい夏では十分に生長しないため、そのかわりにクロミグワが試されたのである。蚕はその代用食物源ではうまく育たず、そのため、イギリスの繁栄は粗末な羊の羊毛に依存することとなった。クロミグワは商業的に失敗だったかもしれないが、庭木として人気がでた。小型なので、限られた空間でも利用しやすく、実際よりも古くみえる傾向があるので、その周囲に古い雰囲気がでる。

クロミグワは、原産地よりも気温の低い地域には十分に適応しないかも知れないが、気温のより高い地域では生長し、熱帯なら葉を一年中つける。インドのような国の養蚕農家にとって恵みだ。土壌深く根をはる傾向があり、ほとんど地上根の邪魔にならなければ、この木の近くで他の作物を栽培することもできる。これは、小規模農家にもってこいである。そうすれば、クワを狭いが生産性の高い土地に取りこむことができるからだ。安徽省にみられるクワの多くは、トウモロコシやジャガイモ、さらに青野菜のあいだで一列に並んでいる。

クワの葉の栄養分と消化のよさを役立てている生き物は、蚕だけではない。クワは、牛の飼料としてもながいこと使われてきた。牛の飼料としてのクワ栽培が増え、その栽培が公的支援をうけている地域も世界にはある。牛は、直接木を食べることは許されていない。クワが回復し、新しい若木を生育させるには時間がかかるためだ。そのかわり、葉を切り、牛のもとへ運ばれる。これは、労働集約型の小作農業で実行可能性が高く、大規模自作農は、広い畑で機械化された収穫を実施している。

カラヤマグワは濃い赤い実をつける。クロミグワに似ているが、味は劣る（クロミグワは極上のゼリーのひとつになる）。劣るにもかかわらず、カラヤマグワの実は、その木が栽培されてきた所では食糧源として評価され、しばしば乾燥させて年の後半に調理に供される。雄花と雌花がそれぞれちがう木につく傾向があり、花粉は風によって雄花から雌花に飛ばされる。花粉をそよ風にのせるために、雄花は、時速560キロメートルで花粉を飛ばすパチンコ型の仕組みを進化させた。そのスピードは音速の半分で、植物界では最速である。

他の有用植物と同じように、クワは多くの文化の民間療法で用いられてきた。その根皮はアジアの伝統薬でとりわけ人気がある。現代の研究では、根皮にはいくつか価値のある性質、とりわけ抗菌性があり、虫歯からの感染に使える可能性があるという。この木の有用性は大変なものであるので、将来、クワを育て大事にするもっと多くの理由があかされるだろう。

前ページ：イタリア庭園にあるカラヤマグワ
次ページ：熟すとラズベリー（キイチゴ）のようになるカラヤマグワの実

54. ウェスタン・ヘムロック
(アメリカツガ)

〔英：Western Hemlock〕(学名：*Tsuga heterophylla*)

科
マツ科 (*Pinaceae*)
概要
常緑針葉樹で、景観と材木用に重要である
原産
北アメリカの太平洋岸北西部の沿岸
大きさ
80メートルに達する
寿命
1,500年におよぶ
気候
冷温帯

ウェスタン・ヘムロック（アメリカツガ）の木は、実に大きい。その大きさも、群葉が奇妙に垂れさがっているので印象がやわらぐ。ほとんどの針葉樹は、たとえばモミ（ファー）の硬くてむしろ尖った「針」か、イトスギ（サイプラス）の鱗のような葉をもっている。しかし、ヘムロックの場合、まったく異なっており、群葉は柔らかくて触ることができる。それだけでなく、新芽がとても弱いために垂れさがる。この木のまさに頂点の先導的新芽も同じである。

この名もまたいささか誤称である。初期の植物学者によって、この木が「ヘムロック（ドクニンジン）」と名がつけられたのは、群葉の匂いが薬草のヘムロックを想起させたからである。昔、ソクラテスを殺すのに使用された毒の元である。しかし、草本ヘムロックと樹木ヘムロックは、これほど似ていないものがないほどである。ともあれ、その木は実際、食用になる。その形成層、つまり樹皮のすぐ下にある柔らかくて生長の活発な組織の層は、アメリカ先住民が食べていた。とりわけ冬のあいだ、生か、あるいは押しつぶして固まりにしたり乾燥させたりして食べていた。今日では、サバイバリストの食べ物にしかなりそうにない。樹皮そのものは、なめしたり赤色染料の原料として使われた。葉は、ビタミンCを多く含む茶にすることができる。

ウェスタン・ヘムロックは、太平洋岸北西部の森を支配する3つの樹木のうちのひとつであり、他のふたつはダグラスモミ（ダグラス・ファー）とベイスギ（ウェスタン・レッド・シダー）である。3種ともその地域に降るたっぷりの雨を浴びて生長し、ヘムロックはこの地域のいわゆる「温帯雨林」の優勢な樹種である。より乾燥した状況や土壌では、優勢になる可能性のあるのはモミである。森林構成がちがうのは、林齢にも関連している。火事や嵐のあと、あるいは皆伐された土地では、まずダグラスモミが育ち、最初の数百年間そこを引きつぐ傾向にある。生態学者はそういう。しかし、ダグラスモミの若木は日陰では育たず、他方、ヘムロックの若木は日陰でも育つ。ヘムロックという木は、ヨーロッパブナに似ている。つまり、タネが多量の芽をだし、親木や他の木の陰で一種の不活発な状態にあって数十年間生きることができる実生の苗木を生む。頭上の成木が倒木したり、伐採されたために、光がその林床にあたる。すると、その苗木が芽をだす。とはいえ、成木にまで育つものはわずかしかない。この能力は、原産地をこえた地域でこの種が帰化するのに都合がよい。

ヘムロックは濃い陰をおとし、根は土壌上層部を支配する傾向がある。したがって、ヘムロック樹冠の下では、下生えは少なく、種の多様性を欠いている。この傾向が極端になった事例は、ヨーロッパの商業的植林地にみられる。ヨーロッパではこの木は、20世紀になって、より湿度が高く、より西側の場所によく植えられた。この植林地は、残念ながら生物多様性の砂漠として知られ、木の下には陰鬱な闇のなか、生育しているものはなにもないのだ。

太平洋北西部の森でともに育つダグラスモミとベイスギのように、ウェスタン・ヘムロックは木材としてとても重要である。切りこむときれいな表面ができ、規定の寸法に加工して大量生産の建材にするのにもってこいである。しかし、モミとスギには木材を腐敗から防いでくれる樹脂化学物質があるのにたいして、これにはなく、それゆえ屋外で使用しようというのなら、防腐剤処理をしなければならない。アメリカ先住民は、ヘムロックの木材の柔らかさやきめの細かさを利用して、木を彫って道具や装飾品をつくった。

今日では、ウェスタン・ヘムロックの主な役割は比較的地味なものとなり、製紙用パルプや製板用パルプの元として使用されている。地味とはいえ、とても重要でもある。なぜなら、ウェスタン・ヘムロックの収穫は、新聞紙や本、包装紙にたいする増えつづけ飽くことを知らない世界の需要を賄ってくれているからだ。

前ページ：ウェスタン・ヘムロックの空高くそびえる独特な様と、柔らかく繊細な針状葉

55. チーク〔英：Teak〕

（学名：*Tectona grandis*）

科	大きさ
シソ科（*Lamiaceae*）	45メートルに達する
概要	寿命
大きな常緑樹で、商業的に重要であり、強固で維持力のある木材が建材に使用される	1,500年にいたる
原産	気候
インド、東南アジア、インドネシア	熱帯湿潤気候、もしくは乾期のある熱帯気候

何千もの若い実生の苗が、黒いプラスチック袋でつくられた「鉢」に植わってならんでいる。列の一方の端では、人びとがそれを注意深く籠にいれている。それから男たちの肩に載せられ、男たちはゆっくりと、しかも足の踏み場に気をつけながら急勾配の丘の斜面を歩いてのぼる。

これは森林再生の営みであるが、かなりの経済効果が見こまれる。ここ、タイ北部で植林作業に従事している地元部族の人びとが利益をえるかどうかは、別問題である。若木はチークであるが、それは世界で最も価値のある木材のひとつであり、栽培作物としてかなり成功することがわかった木である。植民地時代にはじまったチークの植林には、かなり長い歴史がある。木は種から簡単に育ち、はやく芽がでる。他の多くの良質な熱帯硬材よりも断然はやい。

チークの需要は大きい。とても強固で、防水をする油がたっぷりあり、腐食のもとになる菌類の生長をふせぐのに役立つ。植物学的にいえば、ミントやオレガノの科であるシソ科に属し、この科の植物はどれも複雑な香り合成物をつくり、特徴的な匂いがする。その無数の用途を人間はみつけてきた。チークは木のミントと考えてもよいだろう。

この点では、チークは浸水しても大丈夫で、濡れと乾きを経験しても拡張・収縮しないので、造船に好まれてきた。貿易と漁業にたずさわる東南アジアの人びとが、チークの木の価値を最初に見出した。ここでは地理的要求から、当然、海運業が文化の重要な一部になる。ヨーロッパ人はすぐその木材を知り、その地域の森林は体系的に伐採されはじめた。金属とグラスファイバーの船が主な今日において当然、まさに敷板にチークがいまでもひろく使われている。しばらくすると、年輪のよりもろい部分が最初にすり減り、より狭くてより強固な部分が突きでてくる。その結果、滑り止めのついた表面となって役立つのである。

チークは、建築と屋外用家具として一般に好まれる木材でもある。東南アジアでは伝統的な家屋の全体がチークでつくられる一方、地域全域で、ドアや窓枠、ベランダの柱やデッキといった、風雨にさらされる部分に使われている。現代の屋外用家具市場はチークに占められているが、それは月日がたち風雨にさらされるにつれ、濃い赤茶色から美しい銀白色へと変色するからだ。多くのチークはインドネシアで栽培されている。チークの原産地をめぐる消費者の懸念が重要な要素となり、林産物製品が持続可能であることを示す表示制度導入の運動がおこった。森林管理協議会（the Forest Stewardship Council、FSC）は、1993年の設立以来、ますます木材産業の環境的・社会的基準を効果的に管理してきた。このロゴがあれば、チーク材家具が栽培場で生育した木でつくられたこと、そして現地住民と生態系の長期的な利権が考慮されていることを、消費者に保証しているのである。

チークは種子から簡単に育つが、数日間かけて湿らせたり乾かしたりして発芽する。十分に生長した木の伐採は、植えてから約40年してはじめられる。その際、比較的小さい木は引き抜かれ、残りのものはより価値のある大きな木に育つようそのままにされる。チーク栽培の多くは無計画であったが、経済的に重要になるにつれ、適切な場所を選び、この種の遺伝的資質を改善することが重要であると、しだいに認識されてきている。チークは、どのようにすれば将来、熱帯林を持続的に開発できるかを提示しており、未来には、もっと合理的に環境が利用できるようになるだろうと期待もいだかせている。

前ページ：若いチークの木（左）、葉（右上）、そして樹皮（右下）

56. ベイスギ
(ウェスタン・レッド・シダー)

〔英：Western Red Cedar〕(学名：*Thuja plicata*)

科 ヒノキ科(*Cupressaceae*)	**大きさ** 70メートルに達する
概要 常緑針葉樹で、景観と木材取引で重要な役割をはたしている	**寿命** 1,500年にいたる
原産 北アメリカ太平洋岸北西の沿岸地域	**気候** 冷温帯

組み立て式の物置小屋をつくっていると、人はすぐにベイスギ(ウェスタン・レッド・シダー)と親密になる。つまり、特徴的な樹脂の匂い、切って赤い色合い、薄くても強固な木片にする仕方がよくわかってくる。この「スギ(シダー)」は、屋外用の温帯材木のなかでもっとも重要なもののひとつであるが、本物のスギとはどのような関係もない。シダーは、地中海付近でみられる針葉樹の1種であり、みた目もちがえば材質も大きく異なる。本物のスギ材は、いまでは珍しくて高価である一方、木材取引されるこのシダーは比較的安い。ベイスギのすばらしさは、低価格、低重量、張力、耐久性が一緒になっているところである。

特徴的なスギの匂いは、この木材の特性が何かを示唆している。生長したスギは、ツヤプリシンと呼ばれる化学物質を生みだす。それには殺菌剤の効果があり、木が切られた後、最長100年まで活性状態にあり、木材を自然の力でとても長期間もつようにする。この化学物質を生みだす能力は、一般にとても湿度が高く、木が腐りやすい気候において、自己防衛として進化したのであろう。実際、太平洋岸北西部のいくつか、とりわけカナダのブリティッシュ・コロンビア州がはじまる北部はとても湿気が多く、「温帯雨林」と呼ばれてきた。この気候は腐敗を促進するが、植物の生育にはとても都合がよい。おまけに、火事もなくなる。当然のことながら、ここでは林業がとても重要な産業になっている。

ベイスギには、天然の殺菌剤をつくるだけではなく、ナラタケ(honey fungus)と共生できる仕組みもある。ちなみに、ナラタケは樹木の病気でもっとも破壊的なもののひとつである。研究によれば、ナラタケにより影響をうけやすい他の木と一緒にこの木を植えることによって、混合林が菌類によってうける被害を制限できるという。

太平洋岸北西部のアメリカ先住民たちは、ベイスギを大いに利用した。考古学者たちは、雄鹿の枝角や骨、その後はおそらくアジアから買った金属でつくられた木材加工用具一式を発見した。この木材は、家や、印象的な共同体施設を建てるのに使われた。他方、丸太全体をくり抜き、カヌーや、その地域でもっとも有名な人工物トーテム・ポールがつくられた。成木の伐採は、前工業化時代の人びとにとって大仕事で、たくさんの人手と団結力がもとめられた。まず第一に、儀式によって木の魂を静めなくてはならなかった。それから、石や黒曜石の道具で切り、そして焼く作業を交互におこない、それを幹全体にゆっくりと施した。伐採後、大きな幹を使える長さに切るために、もっと多くの仕事をしなくてはならなかった。科学者は、湿地に保存されていた花粉の証拠から、アメリカ先住民が、おおむねベイスギを他の種よりも優先して伐採したことにより、何世紀にもわたってその森林の構成に大きな影響をおよぼしていたことをしめした。

ベイスギの樹皮は、柔らかいが繊維質である。これは、森林公園に生えているその典型的樹木を調べればわかる。この性質の組み合わせがあったので、アメリカ先住民の社会にはとても役立つ木となった。なぜなら、それから縄をつくったり、生地づくりの原材料として取り扱うことができたからである。樹皮は伐採した木からとること

前ページ：特徴的なまっすぐな幹をみせるウェスタン・レッド・シダーで、これを材木業は好む

ができる一方、生きている木からも収穫できたが、それは1度きりで、2回とると木は死ぬことになったからだ。樹皮は、帽子や個人的装飾品とともに、マットや籠やその他多くの家庭用品の材料となった。うまく扱えば、樹皮を編んで衣服や毛布もつくることができた。他の多くのアメリカ先住民の工芸品と同様、今日では復興が活発化し、有名な工芸家による製品は高値で売れている。ホームクラフトのカリスマ的指導者マーサ・スチュワート（Martha Stewart）さえも、そのテレビ番組のひとつで樹皮編みを扱っている。ひとつの活動が「到来」したことをしめす確かな印だ。

ひとたびヨーロッパ人移住者が太平洋岸北西部に出現すると、もっと攻撃的な伐採がはじまった。しかし、ダグラスモミと同じように、ベイスギは再生がはやく、現代の森林管理はおおむね持続的になされている。移住者にとって、スギの木材は耐久性で急激に評判となった。とりわけ、箱づくりにはよく、外面を密封すれば、数十年間、中味は腐敗と蛾からまぬがれることができた。この木材は、ミツバチの巣箱づくりにも人気がでた。巣箱では、木を保存するため合成防菌剤を使用するのは好ましくないからだ。もっともよく知られているように、このスギは屋根板の材料に好まれ、薄くしたものはアメリカの地方の人びとが屋根瓦のかわりにしている。

耐久性があり比較的節目がないため、木材は薄く細長く切られ、外装用にとても具合がよい。質素な小屋だけでなく、あらゆる種類の建物に使える。今日、建築家のあいだで木材を用いた外装が流行しており、その多くはベイスギが原材料である。伝統的なスギの屋根板も、やや復活している。この木材が土壌と接して耐久性があるということは、柱として使えるということであり、フローリングの人気によってその需要は増している。

現在、ベイスギは商業的にとても重要であり、木材に屋外用に適した独特の性質があるので、ヨーロッパや日本に大量に輸出されている。商業的価値のある木と同様、遺伝的特徴の研究は、今日重要になっている。よく育つ特性の木を探しもとめ、新しい栽培に種子を供給するのに使用される。商業的に重要な特性のひとつは、鹿に若芽を食べられないことである。これは若い木にとって大問題である。群葉に樹脂を比較的多くふくむ典型的な木は、食べられる可能性が低い。耐寒性と耐乾性もまた大事なものであり、一方で心材の化学物質に影響をおよぼす遺伝的特徴、つまりベイスギが腐りにくいという謎もまた研究されているところである。この木の未来は、実に、あかるくみえる。

上および次ページ：アメリカ合衆国ワシントン州の森にある古いベイスギの一画と、その群葉

57. パラゴムノキ（ラバー）

〔英：Rubber〕（学名：*Hevea brasiliensis*）

科
トウダイグサ科（*Euphorbiaceae*）
概要
中型の常緑樹で、産業用原料として商業的に重要である
原産
アマゾン盆地
大きさ
30メートルに達する
寿命
100年をややこす
気候
湿潤な熱帯

木の連なりがのびて丘の上に達する。その木の1本1本が同じ方向に曲がっている。それらは妙に実体がないようで、商業的な樹木作物にはみえない。注意深く観察すると、なにか奇妙なものを目にするだろう。小さなバケツが、それぞれの木の幹の下の方についている。その上部には、一連の切り込みが樹皮につけられている。これはパラゴムノキ（ラバー）の栽培場であり、植物性産物のなかで、パラゴムノキはもっとも並外れたもののひとつである。パラゴムノキの発見と栽培によって、その木が育つ国々でひどい介入がなされてきた。

パラゴムノキの木はトウダイグサ科に属している。ほとんどの庭師が知るように、パラゴムノキに切れ目を入れたり、一部が偶然もぎ取られたりすると、乳白色で濃い刺激性の樹液がでてくる。それは、この植物が食べられないようにするための自己防衛の一環である。パラゴムノキの木がとるこの防衛策のきわめつきは、乾かすと特別な物質的特性をもつラテックスという乳液をだすことだ。パラゴムノキが生育する地域では、現地住民はそれを玩具やボールとして使っていたが、その真の可能性がわかったのは、やっと18世紀中頃、フランス人科学者がその注目すべき性質を説明したときのことである。しかし、天然のままのパラゴムノキはあまり耐久性がなく、1839年に加硫法が発明されてはじめて、パラゴムノキは大規模に栽培されはじめたのである。最初、ブラジルが優勢であった。多くのパラゴムノキの木があり、種子の輸出を強く禁止したためであった。しかし、1877年、イギリスは種子を手に入れるのに成功した。この種子はロンドンのキュー植物園にこっそりともちこまれた。この植物園は、帝国のために作物を開発する主な機能をになった植物園ネットワークの中心に位置していた。

今日ではパラゴムノキは他の大国の手中にあり、栽培は世界中にひろまった。パラゴムノキは全地域と全経済を乗っ取った。ブラジルに話をもどすと、注目に値するほど拡大し、ジャングルの遠くはなれた辺境の植民地マナウスは突如として新興都市となった。オペラハウスがあったほどである。アマゾンの何万もの現地住民が、パラゴムノキの栽培・収穫・加工のために奴隷化され、厖大な数の人が死んだ。1928年、ブラジルはさらなる狂気の舞台となった。合衆国産業の開拓者ヘンリー・フォード（Henry Ford）が、自動車タイヤ用にパラゴムノキを栽培するため、悲惨な管理がなされたフォードランディア（Fordlândia）の地を創造したときのことだ。ところが、天然害虫の問題によって、生産が早すぎる終焉を迎えた。ブラジルはこの木の原生息地であるが、その木の害虫や病気の発生地でもあり、熱帯地方の他の地域が、パラゴムノキ栽培にとって生物学的にはより清浄な環境であることがわかった。

今日、依然としてゴムの約40パーセントが、採取された樹液からつくられ、残りは油から生産されている。樹液が取れる木は、約30年は生産しつづけるが、その後、生産高は減少しはじめ、木は伐採される。その結果として生じた木材は、良質で持続可能な商品である。ラテックスは日々採集され、ゴム生産は熟練を要する労働集約型の作業である。はじめに、木の片側だけの導管が注意深く切られ、その後さらに切断される。約5年後には、切り傷をつけた「パネル（四角い枠）」が癒えるにまかせ、その木の反対側にもうけた新しいパネルを利用する。植民地時代には、パラゴムノキは栽培場で厳しく管理された労働力をもって栽培されていたが、小規模農業経済にとってもすぐれた作物であり、こちらの方が、社会的・環境的にはるかに健全である。そうした栽培場、たとえばインドのケーララ州の栽培場などは、乾燥ゴムを年間1ヘクタール当たり2トン生産している。

この天然生産物の未来は、依然としてよい。パラゴムノキの栽培場には、ヤシ油のような他の多くの熱帯生産物の栽培場よりはるかに高い生物多様性が宿ることを考えれば、ゴム栽培は称えるべきものだといっても、おかしくはない。

次ページ：パラゴムノキ（左）、ラテックス採取のために切られた幹（右上）、葉の上部（右下）

58. サトウカエデ
（シュガー・メープル）

〔英：Sugar Maple〕（学名：*Acer saccharum*）

科
カエデ科（*Arecaceae*）
概要
落葉高木で、世界でもっとも有名なメープル・シロップの元であり、料理・商業・文化的重要性がある
原産
カナダ南東部と合衆国北東地域

大きさ
35メートルに達する
寿命
500年
気候
大陸性冷温帯

パンケーキにしたたるメープルシロップをみると、おいしそうで嬉しくなる。この喜びは、北アメリカ住民にとって単に日常生活の一部にすぎないが、それ以外の場所ではかなり特別な楽しみである。カナダや合衆国から飛行機で帰国しようとしている人にとって重大な問題のひとつは、メープルシロップを機内にどれだけもち込むかということである。外国各地の土産で、これほど大喜びしてうけとってもらえるものもほとんどないが、シロップはとても重く、もれるという悲劇もありえるので、なかなか決心がつかない。

ほとんどの樹木で、春になると、根から枝へと炭水化物を多くふくむ樹液の湧昇がおこる。しかし、サトウカエデ（シュガー・メープル）では、湧昇がとりわけ著しく、木をだめにすることなくそのおいしい樹液を容易に採取することができる。気候が暖かくなるにつれ、根と幹の澱粉が砂糖にかわり、生長する芽へと簡単に届けられるエネルギー源となる。冬の気候が寒ければ寒いほど、春にはより多くの砂糖が流れる。木の側面に浅くて細長い切口をつくると、甘い樹液が流れでて、これをバケツに集めればいいことを、アメリカ先住民は発見した。この樹液は、甘くてすがすがしい飲み物になる。メープルシロップをつくるには、水が蒸発するまで樹液を煮つめ、砂糖を濃縮する。アメリカ先住民と開拓者たちは、夜が依然として寒ければ、もっと簡単な方法を使うことが多かった。バケツを外に置いておき、朝になって、樹液の表面に張った氷を捨てればよかった。水を蒸発させるやり方では、1リットルのシロップをつくるのに、約40リットルの樹液が必要とされる。ワンシーズンに、1本の木は40～80リットルを産出することになろう。

開拓時代には、メープルシロップが主な砂糖源であったが、19世紀になると、甘藷糖にかわりはじめた。その結果、必然的に、メープルシロップはすき間商品、つまり贅沢品となった。19世紀半ばの奴隷制反対運動家は、メープルシロップを甘藷糖の代替品として使用することを奨励した。甘藷糖は奴隷労働によって生産されることが多かったからである。第二次世界大戦時に砂糖の配給制がおこなわれたので、再度、メープルシロップが一般に必要とされた。今日のテクノロジーによって、木から樹液を採取し、樹液がシロップになる際の効率が大いに改善された。テクノロジーによって、細菌汚染と味の損失が削減されたからだ。

メープルシロップの風味はとても独特なもので、合成はほとんど不可能である。その多くは、メープルシロップがもつ珍しい化学物質による。今日の研究で分析したところ、科学界にとって新しい30以上の化合物が発見された。メープルシロップは主要商品となり、カナダのケベック州が世界で生産される全メープルシロップの約4分の3を供給している。カナダの国旗に描かれた赤いメープルの葉は、サトウカエデのものではなく、むしろ混合したものであるが、カナダ中心地域の生活でとても重要な役割を果たしているカエデ属を称えるものである。

サトウカエデを植えるのは、決してお金持ちへの早道ではない。なぜなら、少なくとも樹齢30歳になるまでは、樹液を採取できないからである。そのときになると、約100歳になるまで、毎年4～8週間ほど樹液が採取され、1日最大21リットルの生産ができる。土地所有者は、樹液採集からだけではなく、経済的に樹液を生産するには年をとりすぎた木からも儲けをえることができる。この木の木材は、北アメリカ中で最も硬く、最も密度が濃いもののひとつである。カエデ材は床板（とても魅力的な木目がついているときには）や、バスケットコート、ボーリングのレーン、野球のバット、ビリヤードの突き棒、スケートボードや、その他多くの強打に抵抗しなくてはならないもの用に最適である。この木材は、バイオリンやチェロなど弦楽器の弓だけでなく、アーチェリーの弓にも十分なくらい柔軟である。

サトウカエデは、秋の紅葉に非常に貢献する木のひとつであり、そのとき、北アメリカ東海岸の群葉は鮮やかに変化する。一般的に、北であればあるほど色がよいと

次ページ：紅葉がはじまるサトウカエデの木

左：さまざまな色合いのサトウカエデの葉

されている。この木は、通例、黄色に色づき、ときにはオレンジや赤のときさえもあり、一度にひと枝を変える傾向にある。州外から観光客が「紅葉狩り」に殺到し、丘陵斜面全体が色をかえ、赤褐色の色合いがあかるい陽の光に輝き、古風なニューイングランドの村や古き時代の赤ペンキを塗った納屋のまたとない背景となるなど、そうした光景を讃嘆する。

サトウカエデは「極相林」(climax forest）の木で、木の陰によって周りの木の生長を抑え、表面付近に濃いひげ根の網をつくる。より深く張った根は、ずっと下から水分を吸い上げる。他の極相種の苗木と同じように、実生の苗はかなり耐陰性があり、とてもゆっくりと生長し、ついには嵐による破壊のような出来事がその林冠を十分にひらき、その苗木が光にむかって生長していく。サトウカエデはその環境にあまりにも優勢となるので、ほぼ純群落を形成する数少ない北アメリカの種のひとつである。しかし、この木は、ブナ（ビーチ）やシナノキ（バスウッド）(*Tilia americana*）のような他の木と一緒に育つことの方が多い。より乾燥した用地では、カシ（オーク）やヒッコリーと一緒にあり、より湿潤な土壌では、ニレ（エルム）やトネリコ（アシュ)、そしてとても類似するベニカエデ（レッド・メープル）と一緒に生えている。この木は深くて肥沃な土壌を好む一方、非常に適応力があり、とても砂質の土地や乾燥した土地以外ではどこでも繁殖する。他の樹木種はそのひげ根によって抑制される一方で、やがて腐葉土の多い土壌の厚い層ができ、エンレイソウのような、春に花を咲かせる根の浅い植物に最適の生息地となる。そのような植物は、数カ月以内にそのライフサイクルを終える。合衆国の春に林地に咲く素晴らしく色彩豊かな野草は、その上に適切な種類の木があることにかかっていることが多い。

他の多くの極相種の場合のように、混乱がおきると、木の生長は制限をうける。また、外来の侵入種を入れもする。だから、表面上似ているヨーロッパ・カエデ（*A. platanus*）は、とくに問題である。この木は、耐陰性と生長が他よりはやいという特性を合わせもち、汚染にもより耐えることができるので、町や都市の周囲の多くの地域で乗っ取りをはじめている。しかし、人類がサトウカエデの未来に大いに直接的関心をもっていることに感謝しなければならない。この木がなければ、メープルシロップもない。

59. コクタン（エボニー）〔英：Ebony〕

（学名：*Diospyros* Species）

科
カキノキ科（*Ebenaceae*）
概要
中型の常緑樹で高い評価がある
原産
エボニー（コクタン）は南インド、スリランカ、インドネシア原産で、他のカキノキ種はアフリカにみられる
大きさ
25メートルに達する
寿命
不明
気候
暖温帯から冷温帯

「本物のコクタン（エボニー）、本物のコクタン彫刻」と、道路脇にいる男がさけぶ。うしろの屋台にならぶ多くのもののひとつ、木彫りの黒い象を手にしてふっている。観光客がバスから降りてあたりを散策している。その多くは、「ルーツ」ツアーで自分の遺産を探るアフリカ系アメリカ人だ。バスは、西アフリカの国ガーナの沿岸をはしる。彼らは彫刻を手に取り吟味しつつ、本物のコクタンかどうか議論をはじめる。ある者は、それは本物ではないと確信している。「ありきたりの木に、靴磨きの色をつけたヤツだ」と、商人に聞える大声でいいはる。

コクタンの英語名「エボニー」ということばには多くの意味がこめられている。もっとも評価の高い木のひとつとして、今日ではとても稀少である。経済的価値は、近くの材木置き場で購入できるものよりも準宝石に近い。しかし、その属であるカキノキ属は少しも珍しくはなく、およそ700種がそこにふくまれている。高価な木によくあるように、「エボニー」という語そのものが多義的である。それは、いくつかの異なる種の木材にあてはまるからである。この語は、アフリカとアフリカの遺産にとても強くむすびつくようになったので、まったく新しい意味をおびたのだ。

語としての「エボニー」は古代エジプト人の言語に由来し、エジプト人によって史上はじめてこの木が使用された（エジプトの墓の乾燥した空気によって、他の場所よりよい状態で残ることができたからであろう）。可能なかぎり黒にちかく、密度が高く水に沈むので、コクタンの木材はとても複雑な彫刻には骨がおれるだろう。エジプト人は、複雑で緻密な象形文字を刻んだ。彼らが今日のエリトリア、エチオピア、スーダンから輸入したコクタンはアフリカン・エボニー（エチニ）（*Diospyros mespiliformis*）であったが、もうひとつ関係のない種がとても似ているため、かわりに使われた木がある。セネガルコクタン（*Dalbergia melanoxylon*）であり、今日、「アフリカン・ブラックウッド」、あるいは「ムビンゴ」（mpingo）として知られている。

コクタンの一種セイロン・エボニー（*Diospyros ebenum*）はアジア種であり、ヨーロッパ帝国主義時代以降、コクタン材のおもな原材料のひとつとなってきた。似たようなふたつの種であるインドネシア産のスウェラシコクタン（マカサール・エボニー）（*D. celebica*）とインドコクタン（モーリシャス・エボニー）（*D. tesselaria*）は、どちらも大規模で破壊的な開発がなされた。

コクタンは、色合いと密度、長期間劣化しにくい性質のため、いつでも称賛されてきた。16世紀以降、ヨーロッパへ輸入され、この木材は家具のくり形や浅浮彫をするのに重宝されるようになった。高級家具職人とあまりにもむすびついていたために、高級家具師をあらわすフランス語は「エベニスト」（ébéniste）となった。黒さのために、ピアノの鍵やチェスの駒にもってこいの材料となり、これに対応する白いものには象牙が好んで用いられた。硬さゆえに、ピストル・グリップのような極端な圧力をうける物、また鍵盤、ネジ、ピックのような楽器の主要部に適していた。今日、使われつづけているのは、楽器や類似のものだけである。それより大きなものは手がでないほど高価になりがちなのだ。

1945年以来、英語「エボニー」にはもうひとつ別の意味が加わる。この年に、その木材にちなんで名づけられた雑誌が創刊されたからである。雑誌『エボニー』だ。これは、すぐにアフリカ系アメリカ人のコミュニティ向けの最もひろく読まれたライフスタイル情報誌となり、今日でもそうありつづけている。その結果、これが多くの人にとって、「エボニー」の意味するところ、つまり黒人とアフリカ遺産へのプライドを肯定するものとなった。エボニーは、単に、素晴らしい光沢と視覚的深みと美をそなえた木目の、著しく黒い木材であるだけでない。アフリカの諸民族の美しさとアフリカ文化の豊かさをあらわすのにふさわしい、肯定的なメタファーでもある。

前ページ：コクタンとその実。カキと同属である。

60. カポック〔英：Kapok〕

（学名：*Ceiba pentandra*）

科
アオイ科（*Malvaceae*）
概要
準常緑高木で、シンボルとしてとても重要
原産
メキシコから南アメリカ北部、そして西アフリカ各地

大きさ
70メートルに達し、生長がはやい
寿命
不明
気候
湿潤熱帯気候、あるいは乾季のある熱帯気候

踊り手が1本の木のまわりを取り囲んでいる。この木の特徴は、幹のなめらかな樹皮を覆う幅広だが鋭いトゲである。男たちはコットンの白い簡素なワンピースを着て、女たちの服は似ているが、精巧でとても色使いの豊かな花模様が首回りに描かれている。彼らの言語はマヤ語である。この人びとは、かつて中央アメリカを支配した大文明の末裔であるからだ。彼らの儀式は、あきらかにその木を中心にとりおこなわれている。カポックだ。ときに「セイバ」（ceiba）と呼ばれることもある。この木は、マヤ族や世界のこの地域にすむ他の先住民にとって、「世界樹」として知られている。つまり、大地と黄泉の国を天国に象徴的につないでいるものだ。

この儀式は、いくつかの異なる機能をはたす。マヤ族にとって、この世界樹を称えることは、その民族的アイデンティティと精神性を肯定することにほかならない。その民族性は、カトリック教会とスペイン人の抑圧からかろうじてのがれたものである。スペイン人は、はじめて17世紀にメキシコのユカタン半島にやってきた。この祭を主催し後援している施設、つまりスパが併設されたデザイナーズ・ホテルの所有者たちにとって、この行事によって、客にエンターテイメントが提供できる。ダンスはうわべだけ由緒のあることをみせ、ニューエイジの精神性を物語っている。

高くまっすぐのびたカポックの幹には、ぞっとするようなトゲの装備と巨大な支えとなる板根があり、世界樹のすぐれた典型のようにみえる。とりわけ、ユカタン半島の他のすべての木は、概してとりたてて高くもなく、みた目が印象的ではないからだ。条件がよければ、この木は巨大に生長できる。中央アメリカでは、おもに村の中央にみられるが、その他では植物園や公園でもみられる。花には立派な雄しべの大きなかたまりがついており、乾季に何もない枝にいくぶん劇的にあらわれてくる。均整のとれた5枚の小葉にわかれた葉のおかげで、若木までが魅力的にみえる。みた目のよさと経済的価値によって、カポックは熱帯のいたるところで栽培されている。しかし、西アフリカのカポック個体群は、完全に自然のままであるかにみえるだろう。種莢（種子のさや）はとても軽いため、遠い昔のある時期に大西洋をわたって南アメリカに容易に漂ってくることができたとも思える。

種莢の軽さは、種子を取り巻く繊維によるが、種子が風によって飛ばされやすくするために進化したものである。繊維はカポックとも呼ばれているが、軽くて浮力があるだけでなく、防水性もある。そのため過去には、マットレスやクッション、枕、ライフジャケットの詰め物など、多様な用途があった。綿の8分の1の重さであり、コルクの5倍の浮力をもっている。多くの詰め物用材料とはちがい、これは時間がたっても塊になることがなく、洗ってもその形が保てる。そのため、柔らかいオモチャの詰め物用にとりわけ使われる。世界のいくつかのところでは、カポックのマットレスをいまだによくみかけるが、いまでは工業国への輸出はほとんど途絶えている。詰め物用素材として、カポックはすべりやすいため、使用を困難にしている。また、ばらばらになって粉塵問題がおきるため、これを使う労働者はむせるように感じる。カポックはとても燃えやすくもあり、火をおこすための火口として使えるほどである。タネはつぶして食用油をつくり、料理に使うことができる。

今日、この素材は西洋ではほとんどみられないので、カポックの木を知っているのは、原産地で休暇をすごす者だけであろう。熱帯地方にはじめてやってきた人は、この木に衝撃をうけるにちがいない。とりわけ、その幹のトゲと板根はそうだ。木は表土がとても浅い土壌で生長するが、板根は木を支えるよう進化したもので、とりわけハリケーンの際には役割りをはたす。

次ページ：カポックの板根

V 食用樹

土地のスーパーマーケットにならんだ果物や野菜をざっとみると、いくつかの樹木種、たとえばリンゴやマンゴー、オレンジなどの、カラフルでジューシーで栄養のつまった産物が目に入ってくる。東南アジアや中国で食用の買い物をしようとすると、ナツメの実もまた目にするだろうし、おそらくはきわめて注意深く包装されたドリアンも。果物は、健康的な食餌に大いに必要なものとみられている。科学者はいまでは、一日に果物や野菜を5人前以上摂取するよう忠告しているが、私たちのほとんどは、パリパリいうリンゴや果汁が豊富なアプリコットにかぶりつくように促されるまでもない。しかしながら、人類史上のほぼ全般にわたり、生の果物を食べるのは季節的な贅沢であったり、金持ちにしかできないことであった。近代農業、運送、さらに倉庫貯蔵が発展してはじめて、生の果物がこれほど広範に、また安価に手に入るようになった。

ナッツ（堅果）は、これとは多少事情の異なる食品である。数ヵ月間、さらには、数年も貯めておくことができ、自然が生むタンパク質の最良の供給源であるからだ。アーモンド、クルミ、ペカンは、狩猟採集民の生活で主要な役割をはたしてきた。その一方で、その役割は現代の食餌では大いに減少している。西洋では、ナツメヤシの実は贅沢品とみられている。だが、中東の人びとにとっては日々の食餌の一部である。だから過去には、ナツメヤシの実は遊動民にとってなくてはならない栄養物であったことであろう。ナツメヤシの実のような果物は、乾燥させて運搬することができた。だから、人びとが自身の土地でできる産物以外で出会う唯一の果物であることが多かった。樹木になる果物のなかで、たとえばココナツなどは、生産される土地の料理ではきわめて重要な役割をはたしているが、他の場所ではあまり重要ではない。過去、オリーヴは果実と油の両方ともが、似たような位置にあった。生育している地域では生活に欠かせない一部であるが、そうではない所では贅沢品であった。しかし、多年にわたりグローバル化と健康意識の高まりによって、オリーヴもオリーヴ油も、しだいに世界中でショッピングカートに入るようになってきている。

人間の食餌において、まったく重要ではない樹木生産物がいくつかあるが、もしそれがなくなってしまうとしたら、消費者は大いに惜しむことであろう。クローブの木からとれる香料や、クジャクヤシ（トディ・パーム）からできる砂糖とアルコール飲料はそうしたものだ。逆に、今日イナゴマメは、なくなっても嘆く人はいないであろう。これと対照的に、ココアの木（136ページ参照）がなくなるとしたらどうか。多様な病気にかかるので、まったく考えられないことではないが、数百万人の人びとから大惨事とみなされることになろう。

主食となる樹木は比較的少なく、今日、ほとんどの人の場合、カロリーの大部分を1種だけにたよることはない。ところが古代人のなかには、たとえばヨーロッパグリの収穫がうまくいくかどうかが、自分たちの生存に重大な意味がある人たちがいた。カリフォルニア州在のアメリカ先住民にとって、おなじことが、ヴァレー・オーク（30ページ参照）についてもいえるだろう。そのドングリ（殻斗果）が主食だったからだ。数千キロ南にいくと、チリマツの木（106ページ参照）はきわめて価値あるものとされていた。土着部族がその堅果に依存していたからだ。最後にイタリアカラカサマツについていえば、その種子はかつて生存に必須の食餌の一部であったが、今日では珍味や贅沢品とされている。

前ページ：リンゴの変種〈クイーン・キャロライン〉

61. クジャクヤシ（トディー・パーム）

〔英：Toddy Palm〕

（学名：*Caryota urens*）

科	**大きさ**
クジャクヤシ科（*Arecaceae*）	12メートルに達する
概要	**寿命**
ヤシの一種で、経済と料理で重要	ほとんどの種が25年くらい
原産	**気候**
インド亜大陸の熱帯地方	熱帯、亜熱帯、温帯

インド南部ケーララ州には、アルコール飲料販売の厳しい法律がある。ビールとワインは、高額の許可書を取得したレストランでしか売ることができない。もっとも、他の多数の施設では、「特別な茶」と称してアルコール飲料をだし、ティーポットからカップに注いで飲まれている。極貧の市民には、もっと安い代替飲み物がある。州が許可した「トディー酒場」だ。典型的なものは、コンクリート・ブロックをつかった粗雑なもので、屋根は波型の鉄ででき、窓といってもおかしくない壁の開口部には補強として横木がそえられている。「トディー」とはヤシ酒のことで、英語名トディー・パームの樹液を発酵させたものだ。数千年間、この粗雑で容易に作れ、酔いをもたらしてくれる飲料は、インドと東南アジアの各地で飲まれてきた。他のヤシ種から醸造される類似のものが、アフリカで飲まれている。粗雑でイーストが入っているので、トディーを飲んだ無謀な西洋人観光客のほとんどはたちまち二日酔いになり、24時間以上はだめだろう。

クジャクヤシの花を切り取ると、かなりの量の甘く白い樹液が茎からにじみでてくる。これを容器に集める。未発酵のものはおいしい飲み物となり、また料理につかうことができる。放置しておくと急速に発酵がすすみ、数時間でビールのアルコール度数となる。ただし、石灰を加えると発酵はとまる。一日発酵させつづけると、ワイン級の強さのものになる可能性がある。さらにながく寝かせると酸味がでて酢にかわる。発酵力の高さのために、調理に使用することもできる。たとえばケーララでは、米粉（ときには、砕いたココナツ）と混ぜられ、発酵したドーナツ状の塊にして蒸して「アッパム」という炭水化物として食される。これは、ココナツ風味のカレーと辛いチャツネと一緒に食べるとおいしい。また、蒸留すればスピリット（強い酒）となり、通例、「アラック酒」として知られている。合法的なアルコール販売の規制があるインド各州では、家庭でスピリットが製造されることがあり、ときどき悲劇がおこる。蒸留の未経験の者が、メチルアルコールを入れてスピリットをだめにするからだ。

未発酵の生のトディーを煮詰めると、結晶して砂糖となる。こうすれば、ヤシ樹液の甘みが保存できる。それは「ジャガリー」（粗糖）として知られているが、インドの伝統的な砂糖である。独特の香りはモラセス（糖蜜／廃糖蜜）かキャラメルのようで、多くの甘い料理や飲み物に使用される。粗糖は、今日では先進国のスーパーマーケットにいけば容易に手に入り、料理にもあらわれだしている。

クジャクヤシは、実際にはかなりの巨木で、その独特の葉のために、他のヤシより際だってみえる。扇状の「手」（葉）や馴染のあるナツメヤシのような長い羽根状の葉ではなく、多数の端がギザギザの小葉にわかれている。カヨータ種につけられた「フィッシュテイル」（魚尾）という一般的な英語名は、とりわけ正確なものではないが、幾分かはヒントとなる。各小葉は、約30センチメートルの幅と長さで、3.5メートルくらいの長さの葉の一部となっている。フィッシュテイル・ヤシが多数みられると、それはひと区域の森が伐採されたことを示していることが多い。このヤシは、樹木が伐採された後で生えてくる先駆種のひとつである。

ほとんどの先駆種とおなじように、クジャクヤシは寿命が短い。いくつかの他のヤシに似てはいても、「本当の」樹木とはまったく異なり、植物学者が「一回結実」と呼ぶものである。つまり、一度、大々的に花を咲かせ実をつけると死滅するのである。花が咲くのは、各葉の節から巨大な蕾が出てきたときである。これが、結果的に穂《すい》状花序となるのだが、それは3メートルの長さがある。そこには何百という花がついている。クジャクヤシの規模は、多くの他のヤシのように、他の植物とはまったく異なっているようにみえる。つまり、分解してみると各部はとても巨大で頑丈で、その規模と組織がほとんど別物といってよい。温帯地方からやってきた者には、見慣れない魅力をひめている。

前ページ：クジャクヤシは葉と習性のために、独特のもじゃもじゃな姿をしている

62. アーモンド〔英：Almond〕

（学名：*Prunus dulcis*）

科	大きさ
バラ科（*Rosaceae*）	10メートルに達する
概要	**寿命**
落葉樹で、堅果をとるため栽培されるが、花は大いに鑑賞用となる	100歳にいたるが、商業的にはわずか25年の寿命
原産	**気候**
地中海東部からパキスタンにかけて	地中海性気候、温帯

クリスマス・シーズンがくると、食料雑貨店では一列の通路から商品が一掃される。クリスマス用の商品を陳列するためだ。クラッカー、チョコレートやミンスパイの入った箱のなかに、ナッツ入りの袋（アーモンド、クルミ、ブラジル・ナッツ、さらにハシバミの実を混ぜたものだが、まだ殻つきである）もまじっている。多くの国では、クリスマスのしきたりのひとつとして、食後に食卓をかこんですわったり、家族によっては暖炉まわりにまるくなり、ナッツの殻をむいて食べる。儀式としてこのしきたりは、古き時代に立ちかえるようにみえる。つまり、狩猟採集民家族が、生存のために車座になって堅果の殻を剥いている時代のことである。産業化された西洋では、こうした形の堅果はほとんど贅沢品といってよく、また、食餌のほんの一部にすぎない。とはいえその他の国では、今でも重要な役割を担っている。堅果は高品質でありつづけられるタンパク質であり、ほとんどのものがとてもたやすく育てることができる。

堅果のなかで、アーモンドは、もっとも多目的利用のできるもののひとつである。生のままおいしいアーモンドは容易に細かく砕けるし、アーモンド油と砂糖と混ぜるとマジパンができる。これは子どもの好きなおいしい食べ物で、プレードウ（子供用のカラー粘土）のようにすることができ、食用色素で簡単に色づけができる。地中海地方、中東、中国では、すりつぶしたアーモンドの入ったケーキ、パン菓子、デザート、砂糖菓子などが無数にある。アーモンドの使い方として比較的新しいもののひとつに、アーモンド・ミルクがある。細かくすりつぶしたアーモンドを水に浮かばせたもので、ラクトーゼに耐えられない人にはありがたい代替ミルクとなる。また、ピーナツ・バターに匹敵するアーモンド・バターも新しいものだ。アーモンド粉もまた、グルテンに耐えられない人には、いい代替粉となる。

文明国でアーモンドとして知られているものは、野生のアーモンド・ナッツとは大いに異なる。生のものはシアン化水素が少々含有しているので、強烈な苦味がある。苦い毒素類をもたない突然変異体の木が、荒地に生育しているのが時どきみつかる。栽培されているアーモンドは、どれも過去に起こった木の淘汰から系統を受けついでいる。アーモンドを栽培したのはとても昔のことと考えられている。おそらく5,000年前のことであろう。オリーヴとならびアーモンドは、地中海文明の主要食品のひとつとなった。木は多くの丘陵斜面をおおい、樹冠は、夏中、ありきたりの緑をしているが、冬の終わりになるとピンクの花が大量に咲く。この木は貿易路を通って中央アジアに入り、そこできわめて生産性が高くなり、さらにそこから交換品として中国にもちこまれた。

しかし今日、最大の生産地はなんといってもカリフォルニア州である。堅果生産にはミツバチによる花の受粉がなされなくてはならないが、カリフォルニアのアーモンドの木立は実質上、単一栽培であるので、アーモンドが短期間に開花したあとでは、ミツバチが食料にするものはほとんどない。栽培者は受粉のために、ミツバチがいっぱいつまった巣箱をトラックで運びこまなくてはならない。開花期が終わるころになると、巣箱は数百キロ離れたところに運ばれる。到着すると、ミツバチはつぎの受粉作業にとりかかる。このときの農作物は、リンゴ、ナシ、あるいはクランベリーとなろう。

どの農作物でもかわらないが、アーモンドにもたくさんの異なった種類がある。セロファン袋に入ったアーモンドを購入する西洋の消費者は、そのことを知るすべがない。中東や中央アジアの市場を訪れるとすぐにわかることだが、アーモンドは姿と味がとても多様であるだけでなく、値段もとても異なる。精選された生の堅果や乾燥させたものは、伝統的に、中央アジアやパキスタンの多くのところでコーヒーや茶のお供となる。しかし、大切なのは品質で、品質の劣る生の堅果や果物を供して客の気分を害することなど、人は思ってもみないであろう。

次ページ：葉がでるまえに、アーモンドの木は花を咲かせる
198～199ページ：花はミツバチにとって、はやい時季の重要な蜜源となる

63. ヨーロッパグリ〔英：Sweet Chestnut〕

（学名：*Castanea sativa*）

科
ブナ科（*Fagaceae*）
概要
広範囲に栽培されている落葉樹で、経済価値や美容的価値が大きい
原産
南ヨーロッパからトルコにかけてとぎれとぎれに分布し、イングランド南部と北フランスでは渡来樹木として定着している

大きさ
45メートルに達する
寿命
数百年、1,000年以上の可能性もある
気候
冷温帯

イタリア北部にみられる多くの丘陵には、密集した森林地帯がひろがっている。しかし、そこに足を踏み入れると、ここが通常の森ではないことがわかる。つまり、樹木がほとんど一種類しかないのだ。それはヨーロッパグリである。過去のある時点で基底部で切断され、ふたたび成長したようにみえる。これは低林である。すなわち、伝統的な風景管理をほどこしたもので、かつては、ヨーロッパとアジア各地に広くみられた。ヨーロッパグリは、とりわけ低林木である。少なくとも２千年のあいだ、商業的収穫物として栽培され、今日の密集したクリの森はその結果である。

今日、クリといえば、クリスマス料理の柔らかい堅果のことと考える傾向にある。砂糖漬けにしたマロン・グラッセや、冬の寒い日に、燃えている石炭のうえで焼かれたりする。熱い堅果の皮を指でためらいつつ剥くと、なかの果肉にたどりつく。また、クリといえば、まったく関係のない食用にならないセイヨウトチノキ（*Aesculus hippocastaneum*）を連想することもある。しかし、ヨーロッパのほとんどの地域では、木材として使用されたのは、主としてクリであった。

幅広の葉の樹木のほとんどは、伐採しても再生する。再生の仕方はいろいろである。ほとんどの木は、少数の新芽をだす。その新芽のひとつ、もしくはふたつが、それから他の芽より優位にたつ。しかし、ハシバミやヨーロッパグリのふたつは、まっすぐに成長する多くの新芽をだす。この新芽をかなり年月がたったあと取り除くと、幹の成長がよりよくなる。このやり方は数世紀つづけることができ、幹（なんと「台（ストゥール）」と呼ばれている）は着実に太く成長し、数年にわたり生産性が高まる。ヨーロッパグリは、少なくともローマ帝政時代以来、ヨーロッパ南部と西部でこのように成育されてきた。用途は棒と薪であった。18世紀末になると、北部と中央ヨーロッパでは準工業化された醸造業が発展し、ホップが倒れないように支える長い棒が必要であったので、クリの人気は高まりをみせた。クリの雑木林もまた「柵」の資材となった。これは、棒を「割った」、つまり鋸で切るというより割ったもので、柵に使用された。鋸で切ることよりも割る方がいいのは、この木は生来の木目に沿って裂けるからである。この木目があるおかげできわめて腐りにくく、比較的水を通さない表面ができる。この木材はタンニンをたくさん含有しているので、さらに腐りにくくなっている。クリ木を割った柵は数十年もつ。

萌芽更新は伝統的におこなわれて、クリは20年から30年の間隔で切られていた。樹木の下には、特徴的な植物相が発育する。つまり、光レヴェルがたえず変化するので、それに対処できる種が中心となる。南部イングランドでは、ブルーベル（*Hyacinthoides non-scripta*）が、切断後数年でめざましいコロニーを形成する。そのころには光レヴェルは最高に達する。イタリア各地では、これに相当するのは、ピンク色の花をつけるシクラメン（*Cyclamen hederifolium*）で、この花は秋に咲く。20世紀末にはクリの使用が大幅に落ちこみ、多くの雑木林が過成長した。そのため土地は日陰が濃くなり、ほとんど花が咲かなくなった。しかし、その状況は変えることができる。なぜなら、ヨーロッパグリは高度の発熱量をもち、容易にチップになり、バイオマス燃料として理想的なものとなる。こうした過成長したヨーロッパグリは、将来、燃料資源となる可能性がある。

ヨーロッパグリの樹木近くで生活している者にとって、この堅果とそれを包んでいるイガは馴染のあるものだ。この実が第二の理由となり、ヨーロッパ全土で広範にクリ栽培がなされている。今日、この堅果は美味なものとして、また伝統的料理の材料などとして、愛情をもってみることができるが、それはとりわけ、栄養内容が低コレステロール食餌にかなっているからだ。すなわち、炭水化物は高いが、脂肪とプロテインがきわめて低い。しかし、過去数世代の人びとにとって、クリは貧困状態のときだけに食べるものであった。

前ページ：成熟したヨーロッパグリ。かつて刈りこみされた可能性がある

ローマ人はヨーロッパグリを、ヨーロッパ全土の穀物のできない地域で栽培した。とりわけ、標高の高い場所である。ジャガイモとトウモロコシ（おおむね栄養価が似ていた）が導入されると、クリの重要性はおちた。この新しい炭水化物源の方がより生産性にとみ、成育がよく、食物として多目的に使用ができたからである。土地の生産力がほとんどない共同体は、19世紀がかなり進んでもこの食物に依存して主食としつづけていたが、その住民の残りの者たちは、クリを動物のエサだけに使用しており、そのため、クリの評判はかんばしくなかった。クリのポリッジ（粥）、あるいはクリをつかったパン種の入らないパンは、ローマ軍団の食糧となっていた可能性はあるが、18世紀以降のより洗練された味覚の人びとにとって、そうした食物はあまり食欲をそそるようなものではなかった。今日、高級なマロン・グラッセや菜食主義者用のクリスマス・ディナーが、とみにクリでつくられるようになってきたので、クリの料理上の評判がやっと回復しはじめている。「アグロフォレストリー」（樹木を植栽し、樹間で家畜・農作物を飼育・栽培する農林業）への関心が高まることによって、そのうち、過去のようにもっとクリが経済的に生産されるようになるだろう。

樹木としてヨーロッパグリは魅力的であり、しばしば栽培されてきた。とりわけその特徴は樹皮にある。独特の渦巻き模様がある。とても古いクリの木は全ヨーロッパにひろく分布し、先祖伝来の地主は、クリを経済的価値のためではなく標本としてしばしば栽培している。とりわけすばらしいものは、イングランドのヘレフォードシア州にあるクロフト城にある。1キロメートルに達する「アルマーダ・クリ」の並木道がそれだ。この樹木は、1588年、イングランド侵攻を企てたスペイン無敵艦隊（アルマーダ）の難船の一艘から引き揚げられた堅果から成長したといわれている。この樹木は刈り込まれてきたことで、長く生きたのであろう。今ではとても幅広となって、樹皮は折重なり膨れ、脂肪の層のようである。ところがこの樹木は、シチリア島エトナ山の斜面にはえている有名なクリの木（カスターニョ・デイ・チェント・キャヴァルリ）にくらべれば、青年期のものにすぎない。エトナ山の木はたしかに世界最古のものであるが、何歳かは正確にはわからない。4,000歳であると主張する植物学者もいる。18世紀末、周囲が58メートルあり、これまで一番幅のある木であったが、それ以来、多数の幹に分裂してしまった。ヨーロッパグリは、種として、人類滅亡後も生き延びる可能性がある。

左：ヨーロッパグリの熟した実、右：葉、次ページ：独特の樹皮

64. リンゴ〔英：Apple〕

（学名：*Malus domestica*）

科
バラ科（*Rosaceae*）
概要
落葉性の果実の木で、莫大な経済的価値がある
原産
中央アジアで、カザフスタンとキルギスタンの境界地域

大きさ
4.5 メートルに達する
寿命
100 年
気候
大陸性冷温であるが、適応性が高い

長テーブルがいくつかならんでいる。そこに紙皿がおかれ、それぞれに3つのリンゴがのっている。リンゴの前に種類の名が記された張り紙がある。少なくとも60の、そうした皿が並ぶにちがいない。こうした光景は、「リンゴ週間」には、しだいに一般に目にするようになっている。この行事は、毎年10月に開催されている。このとき、果樹園主あるいは保護団体が一体となって、豊かなリンゴ文化と遺産を売り込もうとしている。合衆国、イングランド、ドイツ、あるいはフランスにおいても、少なくとも先進世界では誰もが、他の地域に増してかつて以上に、昔ながらの果物と野菜の大きな範囲の変種を意識するようになっているかにみえる。概して店には限られたものしかでていないので、このようにして非商業的な種類を生産し共有しようという動きが、福音伝道的熱狂といってもおかしくないほどになされてきた。

リンゴの品種は、少なくとも7,500種知られている。そのうち約100種が商業的に栽培されているが、このうちのわずかなものだけが定期的に購入可能なものである。人びとが「多様性の喪失」を嘆くのをよく聞くが、昔からつたわる品種のうち、真に栽培に値する数はきわめて限られているのが過酷な現実である。古くからの種類のほとんどは、実際には食べても美味しくはない。多くのものは保存がきかず、あるいは害虫や病気にかかりやすい。遺産を生かしつづけているのは、アマチュア園芸家と非商業的栽培者である。多くの人びとがその昔からの種に魅了されるのは、とても華やかな名がつけられているからだ。たとえば、「ブラック・ダビネット」「ピットマストン・パイナップル」「デヴォンの美しき乙女」「猫の頭」「ハリー・マスターズ」「ジャージー・サマーセット」「十戒」などだ。

昔からつたわるリンゴの品種が多様であることから、リンゴが、われわれの先祖にとっていかに重要な果実であったか、また今でもそうであるのかがわかる。地球全体で、現在7,000万トン以上が栽培されている。リンゴの木になる実は、多くの果実と比べて、頑丈でいろいろ種類がある。ヨーロッパ北部では、10月から11月にかけて多くの品種に実がなり、いくつかの品種の実は、貯蔵がよければ翌年の5月までもつ。木からとって食べるに適した甘い品種もあれば、よく煮える酸っぱいもの、さらに発酵させてアルコール分を含むサイダーにするのに適した、ほろ苦い品種もある。他の果物より、はるかに品種は多い。

なぜ、リンゴは多品種なのであろうか。比較的最近まで、この問いに答えるのは困難であった。リンゴの原産地が実際にわからなかったからだ。ローマ人やさらに古い文化の人びとは、小さく酸っぱいヨーロッパ産の野生リンゴ（*Malus sylvestris*）を、たぶん古代の他の品種と交配して新種をつくっていたと考えていた。ところが1991年にソ連邦が崩壊し、本当のことが明るみにでた。そのリンゴの起源は発見されていたのだが、スターリンの粛清と第二次世界大戦の混乱期に、発見にかかわる資料がなくなってしまった。しかし、この知を保存していた者がいた。初期ソ連の偉大なプラントハンター［17世紀から20世紀中期にかけて、ヨーロッパで活躍した職業人で、食料・香料・薬・繊維等に利用される有用植物や観賞用植物の新種を求め世界中を探検・冒険した］であったが、スターリン体制下で獄死したニコライ・イヴァノヴィッチ・ヴァヴィロフ（Nikolai Ivanovich Vavilov, 1887〜1943）が教えた、カザフスタンの学生アイマク・デジャンガリエフ（Aimak Djangaliev）がもっていたのだ。共産主義崩壊後、デジャンガリエフは、新たに独立した故郷カザフスタン南部を訪れるよう合衆国の植物学者を招いた。イギリスDNA研究所はこの地域の「果物森林」にある木は旧ソ連の国内産リンゴの祖先（*M. sieversii*）であるとした。とても興味深いことに、この種の野生総数を調べてみると、実が熟するのにかかる時間内に、かなりの変異が起こることがわかった。これは、一種の適応であると考えられた。つまり、熊や野生馬をふくむ多様な動物種がその実を食べ、そのタネをばらまく機会を確実にするためのも

前ページ：果樹園の100歳をこえるリンゴの木。もはや広範に生育されていない変種もいくつかあるだろう

のである。この遺伝性変異は人類に多大の価値があった。それによって、異なった時期に熟れるクローンを選択することが比較的容易になったからだ。

リンゴがアジアからヨーロッパに入ってきたのはいつのことか正確にわかっているわけではないが、千年かけて、もとの遺伝的多様性は広がり、その結果、近代がはじまるころになると、ヨーロッパの隅々までその土地固有の変種ができた。この実が北アメリカに導入されたあと、さらに遺伝の拡散が18・19世紀に起った。この事態は、順調にはじまったわけではなかった。ヨーロッパのリンゴ種はしばしば死滅したり、より過酷な気候の中で実をつけることがなかった。接ぎ木の知識が植民者のあいだだけのものであったとしたら、広範な伝播はタネによるものであった。開拓地の果樹園からとれたタネが自然に発芽して増大したが、初期には品質の悪い食用に適さない果実が大量にできた。しかし、初期アメリカのリンゴ栽培はサイダー生産が目的であったようだ。甘さ、耐久性、見た目のよいことなどは、デザートや料理の場合よりも、はるかに重要ではなかったからだ。デイヴィッド・ソロー（Henry David Thoreau, 1817～62）がそうしたリンゴについて意見を述べていて、「酸っぱくて、リスの歯が浮きカケスが叫ぶほどだ」としている。これはたぶん、19世紀アメリカの大多数のリンゴについてなされた発言であったろう。

リンゴをタネから大量に栽培することで、遺伝的多様性と遺伝子組み換えの洪水がおきた。その結果、あらゆる新しい変種が生じた。初期の段階から変種の売買が、大西洋の向こう側へ戻りはじめた。今日、多くの合衆国産リンゴはヨーロッパで人気がある。たとえば「ジョナサン」「デリシャス」「アメリカン・ビューティ」など。ベンジャミン・フランクリン（Benjamin Franklin, 1705～90）は、ニューヨーク州フラッシングでみつかったリンゴ「ニュートン・ピピン」は、すでに1781年頃、ヨーロッパに広まっていたとしている。

リンゴの実は、それほど食べたいとは思われなくても、木の方は装飾的植物として人気があるだろう。比較的小さく、春になるときわめて魅力的な花がたくさん咲くし、開花期の花はピンク色で、あせると白に近くなるという独特ともいえる性質がある。矮性台木［紀元前328年に、アレクサンドロス大王が中央アジアからもたらした］を使えば、とても狭い庭は別としてどの庭でも、こうした花やその後にできる実を楽しむことができる。もっとも多様な果実のひとつは、同時にもっとも栽培しやすいもののひとつでもある。

上：リンゴの変種「ケンティッシュ・カーレンデン（Kentish Quarrenden）」
次ページ：満開の花

65. ナツメヤシ〔英：Date Palm〕

（学名：*Phoenix dactylifera*）

科
ヤシ科（*Arecaceae*）
概要
おそらく栽培植物種で最古のもののひとつであるヤシ
原産
おそらくイラク

大きさ
23 メートルに達する
寿命
約 100 年
気候
亜熱帯、半砂漠性

地平線にナツメヤシがみえる景色は、多くの交易キャラバンにとってきわめて歓迎すべきものであったにちがいない。ラクダは、砂と石ころの砂漠をとぼとぼと横断してきたのだから。この樹木はそこに水のあること、だから生存を示唆しているだけでなく、旅程のつぎの段階の食糧がえられるということを意味していた。ナツメヤシの実は、自然が与えてくれるもっともすぐれた生き残るための食品のひとつである。栄養価が高く、腐らずに都合よく運搬することができる。

ナツメヤシは砂漠をあらわすイコン的イメージとなっているが、じつは砂漠の植物ではない。多量の水が必要なので、本来は肥沃な河谷の木である。たとえば、今日のイラクにあるチグリス、ユーフラテス川の谷などである。たぶん、ここが原産地であろう。本当の起源がどこかを知ることは困難である。そうした有用な植物は、人類史上、たいへん早い時期から交易され栽培され、南部スペインから北部インドに通じる交易路にそって広まったからである。この拡散の多くは、イスラム教が起こる前からなされていたが、イスラム教文明が統合されたことによって、ナツメヤシの実の分布が促進された。実際、ナツメヤシの実は、全イスラム教国では特別な場所を占めている。なぜなら、この実を食べることがイフタール食（断食明け食）の重要な一部となっているからだ。つまり、ラマダーンをおこなう聖なる月に、1 日の断食を終えたとき食べる軽食のことである。

ナツメヤシの実は、数百年前、ふさわしい気候の多くの地域に移入されたので、それは普及させなくてはならず、その栽培を理解してもらう必要があった。初期の栽培者たちは雄と雌の木のちがいをすぐに理解し、雄の木が多くなりすぎると好ましくないことがわかっていた。場所をとるだけで、実をつけないのだ。古代の民族もまた早い時期に、多産化は人工的におこなうことができると知っていた。雄の木の花を切り、その花粉を雌の木の花に塗ればよかった。手で効果的に多産化する方法は、一本の雄花をつかい 100 の雌花を多産化すればよかった。進取の気性にとんだ栽培者もまた、雄花は市場で売れると知っていた。そうすれば、小規模な栽培者の場合、雄花をまったくなくしてもよかったからである。

ナツメヤシ栽培は多くの国に進出した。その中には、オーストラリアや合衆国などの新世界の国があった。その一方で、ナツメヤシの故郷イラクでは退却している。イラクのナツメヤシは、住民同様、数十年にわたる戦争の被害をこうむった。2000 年代中頃には、広大なプランテーション地域では、気のめいることであるが、「首を切られた」幹しかみられなかった。1980 年まではナツメヤシは、石油に次いで、イラクの二大輸出品目であったし、おおいにこの国の象徴ともなっていた。2005 年からはじまった政府の計画によって、国家によるナツメヤシのプランテーションが再建されはじめた。すでに 30 のナツメヤシ農場が開始され、バグダッド空港から市内にのびる道路には象徴的にこの木が植えられ、合衆国陸軍が強引に植えた木にとってかわった。きわめて重要なことであるが、この木の遺伝的多様性を収集・保護する努力がなされてきた。この計画がはじまるまで、生き残った木の約 4 分の 3 が 1 品種のものであった。ところが歴史的には、約 600 品種が栽培されていたのである。

ナツメヤシの多くの品種は、いろいろと多様化している。もっとも重要な品種のひとつは含水量にかかわる。たいへん乾燥したナツメヤシは、ばらにした実として貯蔵に最適である。一方、水分量の多いナツメヤシは、圧縮してかためれば保存できる。いくつかの品種、たとえばイラク産の「アミル・ハジ」とイラン産の「モザーファティ」は皮が薄くジューシーであり、果肉は甘く、生で食べてもよい。「デグレート・ヌール」は半乾燥の品種でもちがよく、しばしば輸出用に栽培されている。エジプトでは、政治家の名を品種につける伝統がある。「ザグルール」はきわめて甘い品種で、歴史上の国民的英雄サアド・ザグルール（Saad Zaghloul, 1859 ～ 1927）にちなんだものだ。

組織培養は現在、選別された大量のクローンを増殖するのに使用されているし、2009 年にカタールのチームがナツメヤシのゲノムを解読した。このおかげで、さらに研究作業をすすめれば、この木を収穫物として改良できることになろう。この最も古い在来植物のもっと多くの品種をつくることが、まちがいなく期待される。

右：若いナツメヤシは完全なシンメトリーになる

66. オリーヴ〔英：Olive〕

（学名：*Olea europaea*）

科
モクセイ科（*Oleaceae*）
概要
原産地の地中海地方で大きな経済的重要性をもつ常緑樹。文化的象徴とその景観の重要な一部
原産
地中海東部からアジア南西部にかけて

大きさ
15メートルに達する
寿命
100歳にいたるが、商業的にはわずか25年の寿命
気候
地中海性気候

ほとんど放置された状態の古い石造りの家は、隣りに古いオリーヴの木があるとひきたつ。幹は黒く、妙な角度に傾いている。しかし、その家が時と怠慢によって明らかに荒廃を余儀なくされている場合、オリーヴの木はよく育っているようにみえる。先のとがった灰色がかった緑の葉が、健康にみえる枝に大量にしげっている。そこには実もたくさんついていて、脇の見捨てられた段丘（テラス）と際だつ対照をなしている。段丘は、牧草と雑草が昔の収穫物にとってかわっている。

こうした放棄された田舎の情景は、多くの地中海諸国にみられる。そこでは、交通の不便な地域社会の若者たちは、不毛の土地での生活に悪戦苦闘することをやめ、よそへ移住している。幾世代にもわたり努力して造りあげた家と段丘整備にとって唯一の希望は、外部の者たちが休暇用にそれらを買ってくれることであるのかも知れない。そうした運命は、通常、オリーヴの木にはとてもいい知らせとなる。古さと田舎の出所の正しさを漂わすその雰囲気は、まさに都市に住み週末に休暇をとる人びとが持っていないものだからである。しかし、こうした古いオリーヴが掘られて売却されることも、またよくある。遠く離れた裏庭に植えかえられる、あるいは出所が農民のルーツに近いと主張したがるレストランのわきに置かれたりもする。何らかの卑劣な行為がかかわることすらあり、古びて神々しいオリーヴが真夜中に消えることもある。オリーヴは驚くほどたやすく移植できる。オリーヴの古木のいくつかは、冷え冷えとする北方地域にいきつくことがある。そこでは通例、室内で栽培される。若木は、北ヨーロッパのしゃれたレストランのテラスにみられることがよくある。しばしば、亜鉛メッキされたトレンディな容器に入っている。地球温暖化の影響で穏やかな冬がつづくため、多くの人びとは地中海風の生活様式をはるか北でやってみようとする。木のなかで一番地中海的なものを周囲におくのは、そうした熱い思いのしからしむることだ。オリーヴは驚くほどタフであることがわかった。とても寒い冬も難なく切り抜けるが、オリーヴが北の地域で長期的に存在しえるかは不明である。

典型的な地中海の木オリーヴは、田舎の地域のどこにでもある。それほど世話をしなくても、多くの年月にわたり実をつける。実は塩水につけ苦みを取り除いて食べてもいいが、最大の使いみちは料理用のオイルである。歴史的には、オリーヴ・オイルはランプや潤油として用いられ、これからつくる伝統的な化粧品と石鹸は、富裕な消費者のあいだで新たな売れ行きを示している。こうした消費者は、人工的原料の製品に背をむけているのだ。中世ダマスカスの剣製造者は、オリーヴが高温で燃えるのをうまく使い、並はずれて高品質の鋼鉄を鍛えた。

栄養の点でいえば、オリーヴ・オイルは「健康によい油」とみなされてきた。調査によれば、他の食用油や獣脂がからむ健康問題のいくつかを引き起こすことは少ないという。地中海地方のオイル生産者は、この健康との結びつきにとびつき製品を売り出しており、田舎の生活様式がかもしだすロマンチックなイメージとそれをむすびつけることもよくある。しかし、オリーヴ・オイルと、それが使われる料理法とをわけるのは賢明ではないだろうし、全体的に健康的な食餌をとって、はじめてオリーヴ・オイルは健康的なものになる、という人もいる。

良い悪いはともかく、オリーヴ・オイル意識はたしかにうなぎのぼりの高まりをみせており、消費者は、今日では広範に及ぶオリーヴ・オイルを手にすることができる。これは、異なった多数の地域の木や多数の品種の木からつくられている。今日また、目が回るほど多数のオリーヴ自体が提供されている。緑と黒のおなじみの違いは、変種にかかわるものではなく、オリーヴの摘み取りの段階と関係している。黒いオリーヴは熟していて、緑のものは熟していないのだ。摘み取ったあとで発酵させるかどうかも重要な違いをうむ。

今日、商業目的の生産は地中海地域全域に拡大している。同時に、この木が導入された地中海に類似した気候の各地でもおこなわれている。たとえば、カリフォルニ

前ページ：スペインのマラガ近くで生育している熟したオリーヴの実

左：オリーヴの木は、地中海地域を特徴づける光景のひとつである

ア、アルゼンチン、チリなどである。現代のプランテーションは、伝統的におこなわれてきたものとは大いに異なる傾向にある。伝統的なものは、ひとつにまとまった小作農民経済の一部であった。草や野生の花がこの樹木の下に繁茂し、羊や山羊が周囲を歩きまわっていた。近代になると、オリーヴの木以外は、誇張なしにまったく植生のない、広大な地域が出現してきた。たとえば、スペイン南部アンダルシア州のハエンでは、車で数キロいっても、目に入るのはオリーヴだけということがあり、その木の下の地面は何も生えておらず、不毛である。

こうした有用な木に必然的なことであるが、オリーヴには大きな精神的意義がある。この木は、都市アテネの建設神話で重要な役割をになっていた。古典期の長い期間のあいだ、1本の木が、アクロポリスにはえていた。伝説によれば、この都市がペルシア人によって焼かれたあと、この木は奇跡的にもとの状態にもどったという。もっとも、実際にはこの「奇跡」は、時の問題にすぎなかったのであろう。オリーヴは多くの地中海地域種のように、火でだめになったとき地表面でふたたび芽を出すことができるのだから。オリーヴの枝は遍在し生産力のある木の象徴であるが、勝利・祝福・平和と長いことむすびついている。

英語に、「オリーヴの枝を提供する」といういい方がある。これは、賢明な妥協を提案するという意味に理解されている。パレスティナの指導者ヤーセル・アラファトは、1974年、国連で重要な演説をしたとき、その最中にオリーヴの枝をふった。パレスティナ人にとって、オリーヴの木にはとりわけ強く心に訴える意味がある。小農場主の所有になる厖大な数のオリーヴの木が、占領地西岸のイスラエル陸軍によって根こそぎにされていたからである。

オリーヴ・オイルには、精神的意義がある。戴冠式の国王や祭典的な試合の勝利者に塗油するのに使用されたからである。いくつかのキリスト教の伝統では、このオイルは臨終の者にも塗油される。ユダヤの伝統では、オリーヴ・オイルが、七本枝の燭台に使用される。神の知をあらわす光と象徴の源としてのオイルは、コーランでも聖書でも隠喩として用いられている。東方正教会の伝統は、オリーヴ・オイルを祈祷堂のランプに使うことを忠実にまもっている。とはいえ、鉱物油は、いまでは他の場所では広く使用されている。このように、アブラハム由来の三つの宗教で使用される長い伝統があるので、今日、オリーヴ・オイルが健康的で生命をあたえるものとして売られるのは、たぶん必然的なことなのであろう。

67. インドナツメ〔英：Indian Jujube〕

(学名：*Ziziphus mauritiana*)

科
クロウメモドキ科（*Rhamnaceae*）
概要
乾燥地域に生育する速成の木で、実は滋養分があり食用になる
原産
不明。今日では、とても広範に分布しているが、中央アジアもしくはアジア南部の可能性がある
大きさ
12メートルに達する
気候
乾燥および準乾燥地域

「母なる自然の贈り物で、見かけ上、不毛の生態系の生産力を象徴している」と、ある研究者はのべている。「濃密に群生することで、……侵入のできない雑木林がつくりだされる。家畜管理が深刻な妨害をうけ、牧草生産や近づきやすさが削減され、環境上重大な影響がありうる」と、オーストラリア政府文書に記載されている。そうした多様な意見が、特定の植物種をめぐり次第に聞かれるようになり、不毛の環境はとりわけ極端な形で意見を分極化する傾向にある。

困難で乾燥した状況で十分に成育し、しかもまた、何かに有用なものは、革新的な農場主からも、人助けだけでなく自分の専門でも点数をあげることに熱心な研究者からも、恰好の対象とされる傾向にある。しかし、砂漠は微妙に均衡のとれた環境である。したがって、何らかの新種が現れ、既存の種にやや有利な点をもっていると、とても急速にひろまり、破壊的影響をもつ可能性がある。

あたりまえのことだが、インドナツメはこれまでとかわらず広まっている。砂漠で食用となり滋養のある実を、それほど大量につけてくれるものは、現代だけでなく古代の民族からも歓迎されたことであろう。実際、中国産リンゴは選択された起源不詳の植物のひとつになっているが、それは、はるか昔に多くの場所に導入されてきたからである。インドナツメの木を実の果肉にある種子から栽培すると、長い期間かかる（ロンドンのキュー植物園が「困難な種子」としてリストにあげている）が、ひとたび発芽すると若木は急速に成長し、水分をとるために主根を地中深くのばす。一方、たくさんのトゲは、放牧の動物から守るのに役立つ。実は3年以内にできる可能性があり、砂漠に住む人びとにとって有用なことに、この木にできる実は、間をおいて熟す傾向にある。

それほど大きくはない卵型の実は、甘みと酸味をあわせもつ、いくつかの果実のひとつである。生でも食べられるが、砂糖や酢、または塩につけてもよい。塩漬けは、同種の本ナツメや紅ナツメ（*Z. jujuba*）でもおこなわれる。甘み、酸味、塩辛さが一体となった味は、中国人や東アジアの人びとには好まれるが、アメリカ人やヨーロッパ人には、多少カルチャー・ショックをあたえるかもしれない。彼らにとってこの味の組みあわせは、しばしば相容れないからだ。インドナツメは、それに近い種よりも耐寒性が強く、中国では長いあいだ栽培されてきた。中国では、この実は広範な食品に重要な役割をはたしている。茶、ジュース、酢、アルコール、多様なスナック菓子などである。どちらの種のナツメでも、それを乾燥させたものはアジア南部、イラン、そして中東の料理に登場してくる。現代の調査によると、インドナツメは、果実の中でヴィタミンC含有が最高水準にあるもののひとつであるという。それ以上のものとしてはグアヴァの実しかなく、どの柑橘類とくらべても、それらをゆうに凌駕している。

この実の味と使い道があることで、歴史的交易路にそって広範に広まったが、この木がそのいくぶん神秘的な原産地をはるかにこえて広がったことで、生態学的な問題がいくつも生じてきた。いくつかの環境では急速にタネを生じ成育するので、この木は深刻なほど侵入的な種となった。とりわけオーストラリア北部ではそうだ。外来種によくあることだが、この植物が繁茂するのは、人間が土地を荒らし、それによって繁茂するための土壌づくりがなされたところである。最悪の加害例は古い鉱山集落周辺で起こった。そこでは、土着の樹木と灌木とが木材をとるために伐採されたのである。オーストラリアでは、このように見捨てられたいくつかの鉱山の周囲では、何キロにもわたりインドナツメだけしかみられない。

最新の森林農業（アグロフォレストリー）によって、この多目的に利用できる有用な木の人気はまちがいなく高まるだろうが、望まれることは、この木が移動した新しい土地の多くで、周囲にある植物群を犠牲にしないことである。

前ページ：インドナツメのまがった枝とすき間のある群葉

68. ココナツ〔英：Coconut〕

（学名：*Cocos nucifera*）

科
ヤシ科（*Arecaceae*）
概要
広範に分布するヤシで、人類に広範な食物原料と原材料を提供しつづけている
原産
大いに議論されているが、太平洋地域である可能性がある
大きさ
30メートルに達する
寿命
100歳におよぶ
気候
熱帯湿潤

インド南部ケーララ州のエルナクラム空港に降りたつ。すると、大きさの均一な木の暗緑色で羽根のような葉が、見渡す限りに広がっているのがみえる。これはココナツヤシの森で、実際、ケーララは「ココナツの地」として知られている。だが、ヤシの森のみかけはあてにしてはならない。その中に、畑、家、道路、さらにもっと多くのものがある。

ここに生活する人のほとんどは、毎日、ココナツ製品でつくられたものを食べている。また、その皮膚にココナツ・オイルで潤いをあたえている。ココナツ材でつくった家庭用品を使い、場合によっては、この木材だけでなく、乾燥させた葉もちいた家で生活していよう。ココナツは、じつにたくさんのものを供給してくれる。木は、毎年、上限75個の堅果をつけ、そのひとつひとつは、おおよそ1.3キログラムの重さがある。

ココナツは生態学的に成功した木であるが、それ以上に成功している。人類に有用であるため、その数が急激に増えてきたからである。種子が水を漂っても、数ヵ月間、生存可能状態にありつづけるので、この木はきわめてうまく遠くに広まるようにできている。しかし、遺伝子分析をしてみると、遠くまで広がったのは、ほとんどの場合、人間によってなされたことがわかる。海に生きる民族が熱帯地方の周囲に運んだのである。今日、熱帯の海岸地域全域のほぼどこにでもある。もっともこの木は、内陸でも十分生育する。必然的にこうした有用な植物は、他の植物に損害を与えて生育させられる。マングローヴの森は、ココナツのプランテーションをつくるために伐採されている。

ココナツはいくつかの層からなる。外の層は緑色でつやつやしていて、輸出前にはいつも取り除かれる。温帯世界の消費者にとって馴染のものといえば球にちかい堅果で、褐色のあらい毛で表面がおおわれ、一方の端には3つの独特の「眼」、つまり発芽用の毛穴をもつ。条件がそろうと、この穴から実生があらわれてくる。

熱帯地方でよく目にするのは、道路脇につまれた（緑色の外皮のままの）ココナツの山だ。手ごろな代金をはらうと、男（まれには女）が、残忍にみえるのだが、マチェーテ（長刀のなた）で、ココナツの片方の端を切り取り、ストローを入れてさしだす。内部の甘い水分を吸うとさわやかになる。これは、熱帯の通りで経験できる数少ないもののひとつだ。この堅果は山ほどあるから、最後の水分を飲みおわると、通例ポイと捨てられ、捨てられ腐った実の山の一部となる。この堅果は、通常、筋骨たくましい若者があつめる。彼らは、幹につけた切り目をつかい登っていく。いくつかの国では、訓練した猿がこの仕事をしている。

しかし、ココナツを収穫するのは、安全対策にもなるのであろうか。堅果が落ちてくるのは危険なことである。もっとも、どれだけの人が毎年死ぬかは、大いに議論されていることだ。年間上限150人が死ぬという意見は根拠がない。現代の神話といってもよい。これは、大衆向け新聞で見出しが欲しくてたまらない編集者が育てたものだ。また、作詞家や物語作家が、ホテルのバーで目を見開いた観光客に語るものだ。オーストラリアでは、「ココナツ死」をめぐる途方もない話が語られてきた。この話に心配を煽られた地方自治体の役人が、人気ビーチにあるこの木を伐採してきた。この木が明らかに安全保障上リスクであるという証拠は、まったくないといってもよい。

ココナツの白い果肉は料理に使用することができる。あるいは、熱をくわえてオイルをつくることもできる。このオイルは、フライを揚げたり、さらに加工したりするのに使用されている。いうまでもないが、その味は、多くの南部インド料理や東南アジア料理で重要な役割をになう。甘味が、土地の料理に欠かせない辛味、あるいは、これも楽しい酸味や苦味を中和してくれるのだ。ヨーロッパ料理は、甘さよりほかはわからないようだ。ココナツは、実際にはケーキやチョコレート・バーに甘

右：ココナツは、とても耐風性がある

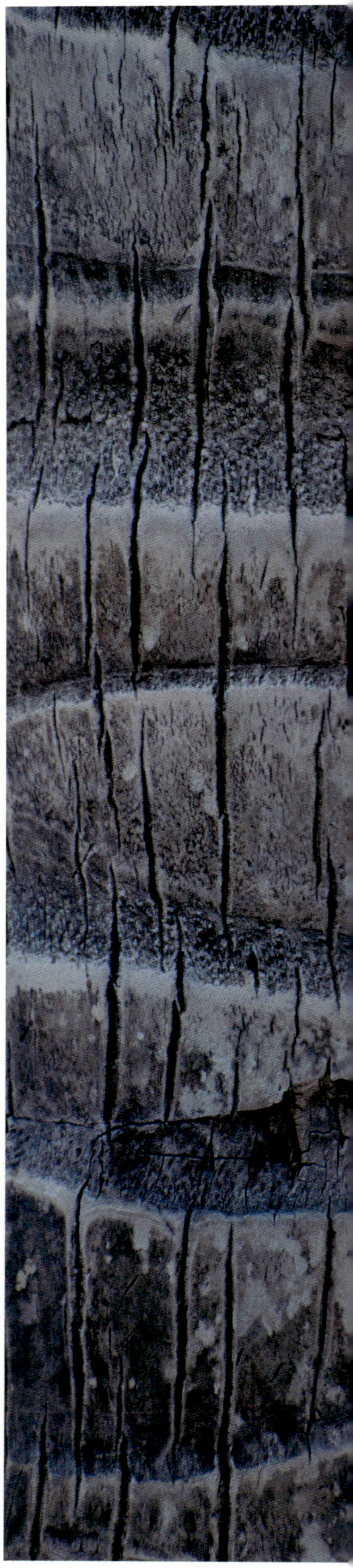

左：木から落ちたココナツの実
右：その幹と葉

味をつける以上の役割をあたえられていない。この役割は大英帝国統治時代にココナツが獲得したものであり、当時、温帯の世界で利用しうる唯一の形態は乾燥させたフレークであった。ココナツ産地では、化粧品をつくるのに使用されてきたが、いまでは世界中で化粧品の原料として人気が出はじめている。ココナツオイルはすぐに皮膚に吸収されるので、モイスチャークリームやマッサージオイルとして価値があり、また石鹸にもなる。

ケーララ州やその他の熱帯地方にすむ貧困層は、依然として、ココナツヤシの近くに住み、それに依存している。家の骨組みは伐採されたヤシの幹がつかわれ、壁は大きく丈夫な枯葉を編んで縛られたものが巧みにつかわれている。何年も水漏れのない効果的な屋根は、葉の一部を木摺に縛ってつくられる。葉は、斜めの屋根に層に重ねられているので、熱帯地方の豪雨は前へ前へと動かされ、ついには屋根から完全に流れ去る。各葉の断片は、タイルやこけら板のような役割をはたしている。ヤシの家を組む場合、多くはヤシの葉の繊維でつくった縄やより糸が使用される。西洋人にとってもっとなじみのあるのは、ヤシの実の内側にある褐色の皮を覆っている繊維である。この繊維は基本的には老廃物であるが、多数の製品の原材料として使用されている。その製品のなかで最もなじみのあるのは、粗末なドアマットである。この繊維は、「コイア（ココヤシ皮の繊維）」として知られており、同時に、庭の鉢植え用堆肥の原料として輸出されてもいる。

ココナツヤシは信じられないほど多目的に使用できるので、この木のそばに生活している人びとの精神生活でも役割をはたしている。たとえば、富の女神ラクシュミは、しばしばココナツを手にして描かれている。また、この堅果にある３つの目は、シヴァ神の３つの目を想起させるとみられている。ヒンズー教でココナツは、多くの儀式でもちいられている。もっとも歴史的には、多くのヒンズー教徒は内陸に住み、ココナツの生育する地域から遠くはなれたところにいた。殻は乾燥させ、しばしば神殿の儀式で供え物を作るのに使用されている。ヒンズー教の聖なる言語サンスクリットは、ココナツを「カルパヴリクシャ」（生活にあらゆるものを提供してくれる木）と呼び、その重要性を認めている。これ以上の賛辞は、他にあるだろうか。

69. ペカン〔英：Pecan〕

（学名：*Carya illinoinensis*）

科
クルミ科（*Juglandaceae*）
概要
大きな森の木で、食用の実をつけ、経済的価値がある
原産
おおむねミシシッピー川西部で、テキサス州とルイジアナ州から南イリノイ州とメキシコの山岳地域まで
大きさ
40メートルに達する
寿命
300年にいたる
気候
温帯

ペカンパイはアメリカ南部の伝統的料理であり、その豊かな味は、感謝祭やクリスマスといった冬の祝祭に格好のものだ。19世紀末以前の記録がないので、原産地は不明。20世紀に人気がでたが、コーンシロップの販売をもくろんだ企業の宣伝努力のたまものである。しかし多くの人は、一番おいしいペカンパイは天然のメイプルシロップといっしょにつくるのがいいというだろう。かくして、北米森林地帯のもっともおいしい産物のふたつが一緒に購入されることになる。

ペカンは滋養が高い。カロリーは高いが、カロリーのほとんどは比較的健康的な不飽和脂肪酸のものである。ペカンはまた植物繊維が豊富で、ナトリウムが少なく、ジョージア大学の研究が示したように、コレステロール低下に役立つ混合物を含んでいる。人気があるのも不思議ではない。香りがきわめて豊かで、バターのようであり、同時に、誰はばかることなく食べることができるからだ。

旧世界ヨーロッパの住民にとって、ペカンは聞きなれないので、実の仁の形から、なじみのあるクルミとの関係を容易に思うだろう。クルミとは実際、関係がある。両方とも科が一緒だからだ。葉の形もよく似ている。それぞれの葉は多数の小葉に分かれている。ペカン属（*carya*）は、新世界の変種に富むものである。この属内の他の種は一般に「ヒッコリー」と称され、合衆国の東半分の地域では、森の木としてなじみがある。ヒッコリーのすべては食用の堅果をつけるが、ペカンの高い生産力はもっていない。あるヒッコリーはペカンと交配させ、ペカンの原産地より北でより多くの収穫がえられる変種をつくろうとする試みがなされている。

アメリカ先住民はペカンを大いに利用していた。滋養があり、貯蔵や調理が容易である。拾い集め、プロテイン豊かな仁をとりだすのは、狩猟して獲物を料理することに代わる魅力的な活動であった。証拠はないが、先住民は意図的にこの木を栽培していたらしい。「ペカン」という名称はアルゴンキン族の言語がもとになっている。これは妙である。この言語使用者は、この木の分布区域からはるかに北方で生活していたからだ。栽培がはじまったのは、ヨーロッパ人開拓者がやってきてからである。トマス・ジェファーソンは偉大な農場主であり園芸家であったが、また植物育種のすぐれた点を推進した。彼はペカンの木を植え、流行をうみだした。その結果、栽培新種が生じた。すべてのヒッコリーと同じように、木材はまた高品質で、食物の燻製用にきわめて高い評価をえている。

ペカンが他のヒッコリー種より栽培に適応した理由のひとつは、堅果の大きさや質だけでなく、予測可能性にもあった。果実樹を栽培している者なら知っていることであるが、木には「いい年」と「わるい年」とがある。ときどき、はっきりと交代するのだ。その理由は、堅果や果実が豊作であると木にとってたいへん過酷なことになり、大豊作の年は木が餓死寸前の状態になるからだ。したがって、翌年は生き残りをかけて栄養分を蓄えることになる。なぜ毎年、少数の堅果をもっと一貫して生産することがないのだろうか。進化生物学者の考えでは、大豊作は、齧歯《げつし》動物などの略奪者を圧倒する傾向にあるからだろうという。そうした動物は、「いい年」のすべての生産物を食べつくすことはできない。

商業生産者は、プランテーション農場に多様なペカンのクローンを入れているが、その理由のひとつは、確実に木に（リンゴのように）他花受粉させるためであり、また一変種が「不作の年」のとき、べつの変種が豊作になるようにするためである。多様な変種があれば、多かれ少なかれ、毎年、実をつける傾向にあり、「隔年結実指標」を使えばこれを定量化することができる。とても複雑な数学が関与するので、ペカン栽培には、単に植栽と収穫以上のことがもとめられる。

次ページ：成熟したペカンの木（上）と、熟した堅果（下）

70. キャロブ〔英：Carob〕

（学名：*Ceratonia siliqua*）

科
マメ科（*Fabaceae*）
概要
常緑樹で、歴史的にも、やや経済的にも重要。食用のサヤをえるのにしばしば栽培される
原産
地中海東部地域

大きさ
15メートルに達する
寿命
不詳
気候
地中海性気候

地中海の古代文明では、この地域の過酷な条件で生育する、頑丈で干ばつにつよい多数の種の木が大いに使用された。キャロブは、比較的知られていない種のひとつである。もっとも、依然として商業的に重要であることにかわりはない。キャロブの使用はサヤが中心で、その姿から、豆科の仲間ではないかと思える。この科のほとんどのものと同じように種子は食用に適し、滋養がある。熟すまで1年かかるサヤも内部が果肉状なので、一部は食用となる。

干ばつの際、キャロブは地中海地方の多くの木のように、深く根をのばし、比較的浅い根の植物には利用できない水分のあるところに接近できる。したがって、周囲の植物がしぼんでも健康でいられる。これは、干ばつ期の農耕民にとって恩恵であった。つまり、キャロブのヘブライ語名「ハローヴ」は、「救命の」という意味である。このサヤは家畜に食べさせることもでき、また食用にもなる。聖書が、洗礼者ヨハネが荒野で「イナゴマメと蜂蜜」を食べていたとしたとき、「イナゴマメ」とはキャロブの実のことである。種子のまわりの果肉はとてもおいしく、糖分が豊かである。これ（豆ではない）は「キャロブ」の主成分ともいえるもので、チョコレートの代用品として使用され、食品産業では着香料や増粘安定剤となる。

実をこのように使用するのは、デザートを作る際、キャロブの果肉でつくったシロップや粉末が、中東と北アフリカ各地で伝統的に使用されていたところからくる。サトウキビが導入されたり、近代的なサトウダイコンが開発されたりする以前、キャロブは、この地域で使用された甘味付けの主たるもののひとつであった。チョコレート・アレルギーのある人にとって、キャロブは代用品として歓迎され、健康食品産業は多数のチョコレート代用品を生産している。本物のチョコレート好きはこうした代用品種を嫌悪する傾向にあるが、たぶんそれは、代用品種が比較できるほとのものだからであろう。違うものと理解し、それ自体で面白く味わうだけの価値がある。キャロブは疑いもなく味がよいし、チョコレートにない健康に良い噛みごたえがある。

キャロブの固いマメは通常のものではない。重さがきわめて均一だからである。古代の人びとはこのことに気づいており、とてもありがたく思っていた。彼らはそれを錘として、とりわけ金の重さをはかるのに使っていた。結局、キャロブ豆の錘は標準計量にとってかわられたが、0.2グラムに相当していた。金の重さをはかり、「カラット（金位）」でその純度を記述する仕組みは、ここから伝わったものである。「カラット」と「キャラブ」は、語根がおなじだからだ。

このように有用な木であるので、必然的にキャロブは、中東諸民族の神話と信仰に登場してくる。世界最古の文学作品のひとつ、ギルガメシュ叙事詩にまず出てくる。ついでユダヤ人のタルムード。ここでは、利他主義を説明するのに使用されている。この木は一世代以上かけて、やっとかなりの収穫がえられる。したがって、人びとがこの木を植えるのは子孫のためである。とはいえ、実際、十分な耕作とたっぷりした灌漑をすれば、植物は、タネの状態から6年以内に実をつけることができ、もしさし木によって繁殖させれば、さらにもっと早まることもありうる。

キャロブの木そのものは見た目がいい。太い幹は年をかさねると、じつに彫刻のように成長し、黒い光沢のある葉は一枚が多数の小葉にわかれている。これは、マメ科に属するものの典型的な姿だ。世界中の地中海気候地域やその他の温暖で乾燥した気候地域では、キャロブは装飾として使用されてきた。あるいは、生け垣用灌木として使用されてきた。それは、条件がよければ早く成長し、乾燥してよくない年でも生きることができるので、その原産地からとおく離れた多くの場所で人気があるのだ。キャロブは、風味がいいというだけのものではない。

前ページ：キャロブの「マメ」は、マメ科植物であることを明確にしめしている

71. オレンジ〔英：Orange〕

（学名：*Citrus* species）

科	**大きさ**
バラ科（*Rosaceae*）	10メートルに達する
概要	**寿命**
常緑樹で、世界で最も広範に栽培されている果実種	明確ではないが、たぶん150年くらい
原産	**気候**
東南アジア	地中海性気候、ないし他の温暖気候

オレンジは木からぶらさがり、うっとりするほど丸く、よく知られているようにオレンジ色をしている。木の下の歩道にはもっとたくさんある。その一方で、道路に出ると、自動車につぶされアスファルトをよごしている。あたりに柑橘類の匂いがかすかにする。ここはスペイン南部のセビーリャで、ここより寒い国からの来訪者は、周囲にころがり捨てられたものに、自分たちがすすんでお金をはらっているのを知り、驚きショックをうける。もちろん、ここではオレンジの木が多くの通りに植えられているので、無料である。ひとつひろいあげ、皮をむき、うっとりするほど果汁の多い部分を食べたくなる。だが、実際にやってみると唖然とする。果肉は酸っぱいだけでなく、強烈な苦味がある。セビーリャのオレンジはマーマレード作りに使用されるもので、酸味と苦味が、加えられる砂糖の甘味とコントラストをなし、好ましいからだ。今日、安くて早い輸送が実現したが、それ以前、北ヨーロッパやその他の地域の人びとは、柑橘類果実はジャムとしてしか経験していなかったのである。

セビーリャのオレンジ（*Citrus aurantium*）は、オレンジの「原」種のひとつである。その一方で、現代の甘い「食用」オレンジは複雑にかけあわされたもので、スイート・オレンジ（*Citrus* × *sinensis*）という名のもとに一括されている。学名の一部「シネンシス」があきらかにしているように、植物学者はかつて、オレンジの原産地は中国だと信じていた。この果実の本当の原産地は、その最初期の名「ナランガ」（*naranga*）からわかるだろう。これは、インド南部のドラヴィダ諸語の「オレンジ」をあらわす語であり、サンスクリットとアラビア語を経由し、スペイン語「ナランハ（naranja）」として、ほぼおなじ形でのこっている。野生の柑橘類の分布区域は、ヒマラヤ山脈の北よりはむしろ南にある。もっとも、中国人が最初にこの果実を栽培したのである。オレンジは中国と中東やヨーロッパをむすぶ貿易路シルクロードを経由し、ヨーロッパにたどりついた。まさにアラビア人こそ、オレンジを収穫物として開発し、最初にスペイン南部に導入したのである。次には宣教師たちが、この果実をカリフォルニアをふくむ南北アメリカのスペイン植民地にもたらした。

今日、オレンジは、世界中で一番広範に栽培されている果実である。オレンジ・ジュースの生産は、その他の使い道をはるかに凌駕している。ブラジルが１位で、ついで合衆国、そして中国となる。オレンジ以外の柑橘類品種や異なった産地では、多様な品質のジュースが生産されており、このことから、商業的オレンジ・ジュースの多くがなぜブレンドかがわかる。これは、ウィスキーやリンゴ酒、あるいは茶にとても似ている。オレンジ・ジュース製造は大量の皮をのこすが、これも無駄にはならない。皮から搾られるオレンジ・オイルは、いろいろに使用される。たとえば芳香産業。このオイルの主要成分はＤ‐リモネンとして知られる化学物質で、ソルヴェンとして働く。このオイルは、多数の製品に取り入れられている。たとえば家具のつや出し、汚れ取りやその他の洗浄剤である。また、抗癌や抗酸化剤の特性をもつと報告されてもいる。

オレンジは、際限なく交配をかさねてきた複合的植物群のひとつである。「サツマ」「タンジェリン」「クレメンタイン」のような用語は、異なった種をさしている。この種は明確な遺伝的系統を介して、その独自性を維持している。近代の植物育種の手段の多くは、オレンジに向けられてきた。もともとの遺伝的配列を維持しているひとつの型は、少なくともさしあたりは変異型のネーブル・オレンジである。このオレンジの場合、また別の実が、このオレンジの表面の内側で成長しはじめている。とても風味豊かであると同時に、ネーブル・オレンジにはタネがない。これは商業的にとても有利で、生果販売業では、ならべて売られている他の多くのオレンジにまさっている。しかし、タネがないというのは実をつけないということであり、そのため育種がとても難しくなる。今日のネーブル・オレンジは、ただ１本のもともとのオ

次ページ：オレンジの木は、街路樹としてもすぐれている

レンジにきわめてよく似ている。それは、1820年頃、ブラジルのバヒア近くのプランテーションでみつかったものである。

ほとんどの消費者にとって、ネーブル・オレンジ以外で特徴的な唯一の種はブラッド・オレンジである。黒い色素のため、赤い果肉とジュースとなる。一般に味は他の品種よりすぐれているとみられている。最初のブラッド・オレンジは、15世紀のイタリアで生れたとされる。ほとんどのものは、いまでもそこか、あるいはスペインで生育している。消費者は買うオレンジの種を色以外で区別することはないが、生産者は、つくるものについていろいろと決めなくてはならない。酸味が強いとか糖分が高いとかで品種を選択するか、気候でうまくいく品種選択をするか、一年のいつ熟すかで品種を選択する。

オレンジは気候さえあえば容易に生育するが、大量の水が必要である。したがって、商業的に生産する場合、オレンジを仕事にする地域で得られるしばしばわずかな水の供給に、過重の負担を強いることになる。害虫や病気も、また大きな問題となり、将来、オレンジ産地の生産力と場所が、いろいろな病原体がいるかいないかに左右されかねない。家で柑橘類を育てたことがあればたぶんなじみのことであろうが、カイガラムシ、クモ状の巣をかける小型のダニ、コナカイガラムシを退治しなくてはならない。プランテーション全体にこの問題があることを想像してみてよう。合成の化学駆除剤がかつて広範に使用されたが、あらたに戦略が開発されつつある。それは、健康問題と、化学物質が害虫だけでなく自然界の害虫制御をする生きものも殺しているという認識にもとづいて開発されてきた。

現在、主要な問題はバクテリア感染である。これは柑橘類の緑化病として知られ、昆虫によって広まる。それゆえ、防護戦略として、この昆虫の抑制に力がそそがれる傾向にあった。将来、「統合害虫管理」と今日呼ばれているものの一部として、合成化学物質の使用がいっそう削減されることだろう。この多面的戦略の一部は、有害昆虫を抑制するために捕食性昆虫を育成することである。いわゆる「生物的抑制」である。

この例として最初に成功したもののひとつは、オレンジ作物とカイガラムシにかかわるものであった。カイガラムシは、1860年代にオーストラリアからカリフォルニア州に偶然もちこまれた。州のオレンジ畑に壊滅的影響がもたらされ、ついにはおよそ20年後、科学者が自然界のテントウムシという捕食者を導入した。テントウムシがカイガラムシを食べてくれたので、オレンジ畑は健全な状態に回復した。自然界の害虫抑制には、かなりの見込みがある。

右：オレンジがあると、商業的栽培場がもっとも華やかなもののひとつとなる

72. クルミ〔英：Walnut〕

（学名：*Juglans regia*）

科	大きさ
クルミ科（*Juglandaceae*）	135メートルに達する
概要	寿命
堅果をつける落葉樹	おそらく300年まで
原産	気候
バルカン諸国から中央アジアをぬけ、中国西部まで	冷涼から暖温帯、大陸性

キルギスのオシ・バザールは、中央アジア最大の店舗面積をほこるもののひとつである。数百におよぶ市場の露店は部門ごとにまとめられ、キルギスタンの都市ビシュケクの数区画に相当する。乾燥果実と堅果部門は、おそらく中央アジア一番の典型といえる。なぜなら、この地域から、われわれの好きな果実と堅果がやってくるからだ。クルミが山と積みあげられているだけでなく、さまざまな大きさや少しづつ色の異なるもの、さらに産地の異なるものがある。同じことは乾燥杏子、アーモンド、ナツメヤシの実、その他多数のものにもいえる。あきらかにここの住民は、西洋人がほとんど目にすることのない物をたくみに識別できる目を持ちあわせている。露天商は買ってくれそうな人にサンプルをあたえ、外からきた者は、すぐに、ほとんど同じにみえる堅果にきわめてたくさんのものがあることを知る。それだけでなく、そのうちのあるものは自国で手に入るものよりはるかに良質だと知る。

クルミは、とりわけキルギスにふさわしい堅果である。この国の南部は、クルミの森がある世界で唯一の土地であるからだ。クルミの広大な分布区域（歴史的なシルクロードに及ぶ）の他のどこをさがしても、クルミの森はない。他のところでは、クルミ以外の種が多い森で、個体として分散して生育している。アメリカ英語はこの堅果を「イングランド・クルミ」と呼んでいるが、完全な誤称である。野生状態のクルミが決してみつからない場所がイングランドであり、ここは分布区域より北に位置している。イングランドの園芸家は特別な品種を選び、涼しい夏に実がなるようにしている。「イングランド・クルミ」という名は、実際には18世紀のイングランド船員をさしていた。彼らはこの堅果を、大西洋を横断して運んでいたのだ。運ばれたものはスペイン産かフランス産のものである可能性が高い。中国は、今日では最大の産出国となっている。

クルミの木は大きな庭園や田舎の風景にはとてもふさわしいので、たとえ実がよくならなくても存在が維持できる。ヨーロッパ中の各地の人びとが広範に植えているので、堅果がとれ、殻からは黄褐色の染料がとれ、さらに盛りをすぎると高品質の木材となった。堅果はヨーロッパではスナック食品になる傾向にあり、クリスマスのような特別の機会には売り出されている。もっとも、クルミ・オイルはサラダのドレッシングに加えられ、評価が高い。

コーカサス地方とトルコでは、クルミがずっと重要な役割を料理でになっている。グルジア（ジョージア）やアルメニアでは、細かくくだかれたクルミが、シチューやサラダにたくさん使用されている。他方、トルコの伝統的な甘いパン菓子バクラヴァに、なくてはならないものとなっている。妙な料理の使い方をひとつあげると、未成熟のクルミの酢漬けがある。これはイングランドの伝統料理のひとつである。今日でも依然として、いくつかの料理に使用されている。原則としてクルミは健康によい食品で、抗酸化物と身体によいオイルがたっぷり含まれている。しかし、少数の堅果アレルギーの人にとっては、きわめて危険なものとなりうる。

クルミの木材は固く、衝撃をよく吸収してくれるので、銃床に適している。木目がとても美しく、高品質で見た目がすばらしいので人気があり、ドアの取っ手、化粧板、楽器などに使用される。北アメリカ産のクロクルミ（*Juglans nigra*）はきわめて近い関係にあるものだが、アメリカ大陸で一番美しい木材のひとつとして知られている。この木材はきわめて高い値がつくので、この木が盗まれるのは稀なことではない。

クルミは策略を隠しもっている。多くの昆虫と寄生虫を殺すだけでなく、除草作用のある化学物質を使い、周囲や下にある他の植物の生育を抑えることができる。他の植物を抑えることで若木が自立することができるので、園芸家は、クルミの周囲に植栽をするときには、有害なこの影響を知っておく必要がある。この木は間違いなく、自分を大切にするにはどうしたらよいかわかっているのだ。

前ページ：1本のクルミの木が、イタリアのトスカーナ地方にあるサン・ガルガノ修道院の廃墟に根づいている

73. ドリアン〔英：Durian〕

（学名：*Durio* species）

科	**大きさ**
アオイ科（*Malvaceae*）	50メートルに達する
概要	**寿命**
大きな常緑樹で、果実は原生育地で「果実の王様」として知られるが、不快な匂いで有名	不詳
	気候
	多雨の熱帯性
原産	
東南アジア各地、インドネシア	

中国の最高級ホテルの廊下を歩いていると、まごうかたない匂いがする。「異物の流出だ」と外国人来訪者がつぶやく。部屋のドアのところにいくと、恐ろしいことに、その匂いは内側からくる。ドアをあけると匂いの全容があきらかになる。ドリアンの実にちがいない。二層にしたプラスチック製セロファンにくるまれ、封印された箱に入り、ミニバーのなかに入っているのに、独特の匂いがしみ出てきたのだ。この地域のほとんどで公共交通に持ちこむことが禁じられているのも、なんら不思議なことではない。この匂いを正確にあらわすのはむずかしい。生下水、腐敗ニンニク、腐敗野菜などの例があげられてきた。これをどう考えようと、あきらかに動物には気に入られている。多くの動物種は遠方からやってきて、木から落ちたこの果実をたらふく食う。

ドリアンの購入は複雑で、土地の慣習によっている。時おり野外の露店で売られる。すでに切り分けられ、包装用フィルムに包まれて、いろいろな等級のものがしばしば売られている。通例、高値のものからとくに高価のものまである。まるごと買うこともできる。この場合、重い手袋をつけた売り手は、大きなメロンくらいの、先端が尖がって危険なものをとりあげる。売り手は特別の器具をつかう。それは小さな鎌のような形のもので、皮に刻み目を入れ、大きく広がったどろどろしたものの間から、果肉をはじきだすのに使用される。食べられるのは限られた部分だけだからだ。買ってこそこそとホテルに持ち込む客は、その珍味を腹に詰めこむには部屋の外のバルコニーにすわる必要があると感じる。鈍黄色の物質はいくぶん卵カスタード風だが、口に入れても歯ごたえがカスタードに似ている。ドリアンを食べるときは、匂いを忘れなくてはならない。それは感覚を途方もなく喜ばせる経験で、他の食べ物では得られない。味はとても繊細で、きわめて心地よい。もっとも、けっして甘くはない。後味は、例の匂いがかすかにのこる。魅力的ではないが、魅力がないわけでもない。実際、経験したことのない魅力があり、脳の深層の動物部分に語りかけるフェロモンのようだ。ひとたびこの味覚を獲得すると、比較するものは他になくなる。

ドリアンには約30種ある。そのうち約9種が一般に食べられ、とりわけ1種（*Durio zibethinus*）がそうだ。この重要な種は何百もの栽培品種を生みだしたが、多くのものは依然、分類されておらず、いまだに試食もされていない。ほとんどは、母国インドネシアとマレーシアのこの木の中核地域にある。人口増加にくわえ、この木の生育している地域や近隣中国の住民の収入が劇的にあがったので、ドリアン需要は増大してきている。研究者は匂いを減らしたり、あるいは匂いが出ても熟してから何日もたってからのことになる栽培種の開発にとりくんでいる。こうすれば、この果実を市場に出しても、誰も不愉快にならない。したがって、栽培種は切穂と接ぎ木によって繁殖させられていて、その特別の性質は保持されている。毎年ドリアン祭を開催している場所がいくつかある。熱烈なファンがいたるところからやってきて、自分の好みの種を探し、新しい種をためす。ドリアン人気に拍車がかかったのは、それがとりわけ健康によく、男性ホルモンの一種テストステロンを増強してくれると広範に（しかし、根拠がなく）信じられたからである。

タイは今日、ドリアンの主要輸出国となっている。だが、この木はそこに自生はしていない。そして、中国が一番輸入している。関心が急激に高まりをみせ、オーストラリアではすでに1970年代に商業的生産が開始された。乾燥ドリアン、ドリアン・ジュース、あるいはドリアン味のアイスクリームは、たまに分布地域の外でも求めることができるが、こうしたものは、本物を食べる経験にくらべれば、淡い味覚経験にすぎない。

前ページ：ドリアンの木（右）、葉の裏面（左・上）、そして果実（左・下）

VI 装飾

ひとたび身の安全と十分な食物がえられると、環境をよくしたい、あるいは周辺を飾りたいという欲望が人間のなかに頭をもたげてくるものだ。装飾園芸がはじまるのは、社会的エリートが、みずからの家の庭に魅力的な土地固有の植物を植えることがきっかけになる。時をへて、社会の階層性が弱まるにつれ、意図的に植樹される木が公共の空間にひろがり、植樹が実用性のある種と装飾的な種とがまじりあうことがよくある。

西洋で今日セイヨウヒノキ（イタリアン・サイプラス）として知られている木は、古代ローマ人とペルシア人、さらにはたぶんそれ以外の中東文明が、早い時期にもちこんだものである。それ以来この木は、上品で洗練されている木とされ、今日にいたっている。古くから機能性と装飾性とをかねそなえた樹木は、ほかにもある。たとえば、セイヨウハコヤナギ（ロンバルディ・ポプラ）の場合、風をしのぐため、あるいは土地の境界をしめすために用いられることで、とりわけ芸術家に評価されるものもときどきある。それは、それらの木が特定の風景を独特の形で特徴づけているからである。レインツリーやトチノキ（ホース・チェスナット）はそもそも木陰をつくるために植えられたのだが、姿がとても美しく、その周囲の一部として大いに愛され、その特徴ともなっている。

純粋に装飾のためだけに植えられた最初の木に、シダレヤナギ（ウィーピング・ウィロウ）とエンジュ（パゴダ・ツリー）がある。このふたつの木を数世紀にわたって植えたのは、最古の文明国のひとつ中国である。中国から派生した文明国・日本は、世界で美的に最も洗練された文化をつちかってきたが、その核にあるのは、サクラの花のデリケートではかない、ピンク色の美である。日本人は、その他にも多くの野生植物を選択して、庭や公共の場所に植えてきたが、そのなかでも最もよく知られているのはイロハモミジ（ジャパニーズ・メープル）であろう。

西洋では、中国ほど早くから庭園文化が発達したわけではないが、その黎明期になると、園芸の探求・実験を躍起になって開始した。今日、世界中に分布する装飾植物をうみだしたのは、比較的少数の植物収集家（プラントハンター）であり栽培家であった。世界のあちらこちらに移植された木は、その新天地において、かつての居場所よりも大きな役割をになった。ミモザやキササゲ（カタルパ）のように、原産国よりもその外でよく知られている樹木もある。また、カエンボク（アフリカン・チューリップ）のように、真に地球規模の植物相の一部になるものもある。しかし、いまあげた3つの種はどれも、生態学的な観点からは有害な種になってしまった。実生の苗が遠くひろく拡散できるので、固有種の生育がはばまれてしまうからだ。

タイサンボク（サザーン・マグノリア）の場合のように、樹木は原産地の象徴ともなりえる。また、たとえばイスタンブールのユダの木や合衆国東部の花咲くハナミズキ（ドッグウッド）の場合のように、春の象徴にもなってきた。このようによく知られている種は、「氷山の一角」にすぎない。いまや厖大な数の木が人の手によって栽培されるようになったからだ。これほど知られているわけではない種のなかには、いわば玄人うけするような地位を築き、樹木愛好家や園芸家の世界で有名なものもある。ハンカチの木（ダヴィディア）やカツラはその仲間である。

前ページ：みごとな花を咲かせたタイサンボク（「リトル・ジェム」）

76. セイヨウトチノキ〔英：Horse Chestnut〕

（学名：*Aesculus Hippocastaneum*）

科	**大きさ**
ムクロジ科亜種（*Hippocastanoideae*）	35メートルに達する
概要	**寿命**
花をつける木のなかで最大のもののひとつ	300年にいたる
原産	**気候**
マケドニア、アルバニア、ギリシャにかけてのピンドス山脈	冷温帯から地中海性気候

学校に通う子どもたちにとって「トチの実遊び」は、秋のいわば儀式である。大きくて丸く、取りたてなら美しく光沢のある種子にひとつ穴をあけ、紐からぶらさげ、相手の実にぶつけるのである。実が割れたり壊れたりしたら、その持ち主の負けである。もともとイギリスの遊びではあるが、このたいへん人気のある装飾樹のあるところならどこでも楽しむことができるだろう。イギリスでは地域によって異なるルールがあり、学童からつぎの学童へとうけつがれている。1965年以降、世界大会も開催されており、参加者が世界各地からイングランドにやってくる。このことから、セイヨウトチノキがいかに広範に植えられているかがわかるだろう。ちょくちょく学校はゲームを禁止しようとしている。その理由は、飛んだトチの実が目にあたり怪我をするといけないからというのである。しかし、こうしたことも、学校側が健康や安全にとらわれすぎているのではないかと、大衆的な新聞雑誌に笑いものにされるだけである。

セイヨウトチノキは、温暖な地域全域、とりわけ公園や広大な私有地に植えられている。この木は、温暖な気候帯で虫に受粉される断然大きな木である。つまり、ほとんどの人にとって、この木こそが花をつける木のなかで最大のものである。成熟し大きくなった木が満開の花を咲かせた姿は、初夏の光景のなかでも実に壮麗なものである。その花は熟するとトゲのついた頭状花をつけ、これをこじあけると、光沢のあるトチの実が、柔らかくてクリーム色をした繊維のなかに横たわっている。

北アメリカとアジア全域に分布している約15種の属のなかでも、セイヨウトチノキとその近縁種をもちだすと、植物史および地史の興味深い一面がてらしだされる。かつて世界がいまよりも暖かかった頃（約500万年前まで）、セイヨウトチノキをはじめとする多くの熱帯および亜熱帯の樹木は、北寄りの地方でもよくみられていた。寒冷化と大陸移動とともに大陸が分割したことにより、この種は相互にわかれ孤立してしまった。とりわけセイヨウトチノキは周囲と切りはなされてしまい、植物学者は「残存種」と呼んでいる。つまり、かつてはどこでもみられたにもかかわらず、いまは自然消滅の危機に瀕しているのである。野生種がみられるのは、ヨーロッパの最果てのひとつ、（ギリシャ北部からアルバニア南部にまたがる）ピンドス山脈の谷間だけであったため、16世紀、植物学の草分けカロルス・クルシウス（1526～1609）が紹介し栽培しはじめた。彼はまた、多くの植物を中東からヨーロッパに紹介する役割をになった。

その魅力的な花や実がすぐに多様な用途にもちいられたセイヨウトチノキは、装飾用に使用された移入種の初期の実例になった。この木がつくる奥行のある木陰は高く評価され、ドイツ南部各地では、ビアガーデンの所有者がこの木を植えて、ビールを冷やすための地下貯氷庫に陰をつくるのが慣習となった。トチの実はさまざまな薬草医療にも用いられているが、じつはこれをいちばん利用しているのは繊維産業である。トチの実をつぶして石けん状にし、軟水の井戸水とまぜれば、亜麻の洗剤として使うことができる。

不運なことに、このとても愛されているセイヨウトチノキは、今日、多様な害虫や病気に悩まされており、樹木の専門家ばかりではなく、一般の人びとのあいだにも、憂慮の波がおこっている。この木は、突然倒木する原因である内部腐敗でいつもやや悪名が高かった。もっとも最近の、しかも心配な事例では、ピンドス山脈で野生の個体群を食べて生きる潜葉性のガ（*Cameraria ohridella*）が、そこから数世紀をかけてひろまり、ヨーロッパで栽培されている樹木のすべてを脅かしている。幼虫は葉を食べ、内側から葉をくりぬいてしまう。残念ではあるが、こうした懸念がある以上、今後セイヨウトチノキの若木が植えられことはほとんどなくなるであろう。

前ページ： セイヨウトチノキの果実がふたつに割れると、そこにはトチノミが姿を現す
次ページ見開き： その穂状花序は「ろうそく」として知られる

77. セイヨウハコヤナギ

〔英：Lombardy Poplar〕（学名：*Populus nigra* “Italica”）

科	**大きさ**
ヤナギ科（*Salicaceae*）	30メートルに達する
概要	**寿命**
たいへん人目につく落葉樹で、栽培種しか存在しない	100年にいたる
原産	**気候**
栽培種のみ	冷温帯で、大陸性のつよい気候やより湿潤な地中海性気候

多くの人びとにとって、幅がせまくて茎の細いセイヨウハコヤナギ（ロンバルディ・ポプラ）こそがポプラである。人びとのイメージでは、この木はまた、フランスを象徴している。道路や運河沿いに長い列をなして規則的にくり返される姿は、豊かな農地の平坦な光景をぬけて地平線にまでおよんでいて、木の大きさは、距離が遠ざかるにつれて小さくなっていく。あたかも遠近法を学んでいるかのようだ。この木がはじめて見分けられたのは、イタリア各地や北ヨーロッパの農業景観でこの木が広範に使用されていることによる。つぎには、フランス印象派たちでもっとも知られているクロード・モネの芸術と、1891年2月から制作がはじまった25の絵画連作とかかわりがある。

セイヨウハコヤナギの名は、原産地、北イタリアのロンバルディア州にちなんだものである。そこでは、1本の突然変異体が17世紀に選別され普及された。この変異体は、通常のクロポプラのややひろく乱雑であるものより、枝がきちんと上にのびていた。ポプラは繁殖が容易だ。どんな若木でも地面にさしこめば根をはる。よって、この新しい種も、すぐさまヨーロッパ中にひろまった。セイヨウハコヤナギ（*Populus nigra* “Italica”）の直立した「よりそい分枝」の習性は有用性が高いと判断された。この木は陰をほとんど落とさないが、風よけとして十分であったからだ。

300年以上にわたり、この“Italica”種は存在し、セイヨウハコヤナギのよりそい分枝の変異は幾度もおきているので、多数の変種が存在している。雑種もいくつかつくられており、なかには夏の涼しい気候下で繁茂する種もいくつかある。よりそい分枝のポプラは、当初、イトスギ（イタリアン・サイプラス）に似ていたので景観デザイナーに好評であったが、ずっと以前に好まれなくなり、今日では主に機能的な理由で植えられる傾向にある。モネのような画家たちは、あきらかにポプラの画像性にひかれた。また、この木はフランスで象徴としての価値をもってもいた。つまり、革命期（1798年以降）、この木は急進派と同一視されるようになった。おそらく、そのフランス名「プープリエ」（peuplier）が、フランス語で「民衆の」「民主的な」を意味する「ポピュレール」（populaire）や「人民」を意味する「プープル」（peuple）とよく似ていたからであろう。おまけにこの木は、風よけとして敷地の境界を明示するため、さらには道路の場所を示したり個人の所有地の入り口を知らせたりするためにもよく使用された。

モネは、その経歴を通じてポプラを描いたが、1891年、ジヴェルニーの彼の家から2キロほど離れた村リメッツ＝ヴィレ近くの川沿いに一列にならんだポプラを対象に、一連の習作に着手した。木は角度も季節も天候もさまざまに描かれたが、そのほとんどは同じ場所から描かれた。この一連の習作をはじめたモネは、厄介な問題に直面する。ポプラはリメッツ村の人びとの共有財産であったのだが、よりによって村人たちが、材木として価値があるという理由でポプラを伐採したかった。数ヵ月のあいだ、木を救うために、モネと地元の材木商は村から木々を買いあげた。モネが習作を完成するや、すぐにその一時的取引パートナーの材木商がそれらを伐採した。翌1892年、モネは習作をもとにして描いた絵を展示・販売した。その無駄な装飾のないタッチは批評家うけもよく、一連の作品は成功だと断言された。

もうひとつのよりそい分枝の変種“アフガニカ（Afganica）”も、また非常に象徴性の高い木であるが、まったくちがう景観の木である。つまり、中央アジアと北部インドの広大な空間の木だ。銀白色の樹皮が特徴的なこの種は、乾燥した気候のもとではオアシスの木として大変重宝されている。そのような気候の人びとは、家の周囲に数本の木陰をつくる木がほしいだろうが、家から離れた畑では、木で灌漑した貴重な土地に陰をつくろうとは思わない。変種“Afganica”は最適な解決策である。風よけにはなるし、薪にも建材にもなる。パキスタン北部の人里離れたフンザ渓谷のような場所では、この木はその景観の主要な一部となっている。他方、北ヨーロッパでは、変種“Italica”が平坦な景観を支配している。ここでは、空にむかって屹立する変種“アフガニカ”も、世界最高峰に数えられる周囲の山々のために、ほとんど小人のようにみえる。

次ページ：セイヨウハコヤナギの葉はどんなに弱い風が吹いてもざわめく

左：セイヨウハコヤナギの典型的な防風林

用途もあり美観もそなえているので、多くの人びとはまっすぐ伸びるポプラを愛していると思うかも知れないが、じつはそうではない。1994年にアーノルド植物園の機関誌に掲載された論文「とても危険な木」において、著者C・D・ウッドは、アメリカ独立革命期に導入されてから約半世紀してとても人気を博したあと、この木がまったく好まれなくなった経緯をまとめている。合衆国における景観デザインの創始者とひろくみなされているアンドリュー・ジャクソン・ダウニングは1841年に、この木が「退屈で嫌悪感を抱かせる」とさえ述べている。だからといって、多くの人びとの気をそぐことはなく、この木はさらに多年にわたり広範に使用されつづけた。そして、よくあることだが、最初の熱狂のために植えられすぎてしまったのである。この木は多くの人によってセイヨウヒノキ（イタリアン・サイプラス）（合衆国北東部では生育しない）にたとえられ、裕福なマイホーム所有者に人気のある代用となった。彼らは、19世紀後期に基礎がつくられたイタリア邸宅の外観をまねようとしたのである。

時がたつにつれ、セイヨウハコヤナギはその短所をあらわにした。植物のもつ諸問題をはっきりさせるためには、広範に植えるにしくはない。セイヨウハコヤナギの強固で広範囲に及ぶ根系は、配水管や送水管、下水管をさがしだし、それらを貫通し、しばしば詰まらせてしまう。合衆国東海岸の湿気の多い夏の気候では、広範におよぶ菌性の病気にかかりやすいので、この木の外観がそこなわれ、寿命も短くなることがよくある。その結果、合衆国ではいまや、この木は比較的まれな存在となっている。ヨーロッパではこの木の人気がなくなったが、それは他のより幅広のポプラが広範に植えられたからである。このポプラは、木材樹としてすぐれているのである。

雑種のポプラは、もっとも生育のはやい樹木のひとつである。これは、紙パルプ業界や、急いでまた植樹しようと願う地主にとってありがたいことだ。ほとんどの雑種には、ヨーロッパ産ポプラとアメリカ西部産のアメリカポプラ（ヒロハハコヤナギ *P. trichocarpa*）をかけあわせたものがふくまれている。この木が、そのゲノムの配列順序がつきとめられた最初のものであったというのは、それが商業的に重要であることを物語っている。雑種ポプラ植林地は機能的で視覚的に単調であるが、もし紙媒体の本を依然として読みたいというのなら、効率のよい製紙用の木をそだてなければならない。しかし、これだけは言っておこう。こうした雑種ポプラのどれも、セイヨウハコヤナギほどせまくて風をしのいでくれる働きを十分にしてくれるものはないので、今後も長いことモネを思い起させる景観が数多く残るだろうと。

78. エンジュ〔英：Pagoda Tree〕

（学名：*Styphnolobium Japonicum*）

科	大きさ
ブナ科（*Fagaceae*）	20メートルに達する
概要	**寿命**
落葉樹で、外来史をもっている	250年にいたる
原産	**気候**
中国	暖温帯から冷温帯

この老木は、いまやあまりに年老いてしまったため、幹が空中でうねるので大きな金属の杖でささえなくてはならない。レンガの支柱すらいくつかある。ロンドンのキュー地区にある由緒正しい王立植物園では、この木は「年老いたライオン」として知られる木の一本である。「年老いたライオン」とは、1762年に、オーガスタ王妃が最初に王立植物園の植樹をしたもののうち現存する数少ない景木のことである。このエンジュ（パゴダ・ツリー）は、イギリスで生育されたこの木の最初のものであり、1753年に苗木職人によって中国からもちこまれた。

エンジュは、西洋では栽培がまれな木である。もっとも、合衆国では街路樹として推進する努力がなされている。というのも、この木は、旱魃や固くてやせた土壌、さらには塩分や汚染に耐性があるからである。いくつかのすぐれた新しい栽培種が入手可能で、その出来ばえは予測可能である。この木は、中国の庭園をみて時間をすごした者にはとてもなじみのあるものであろう。そうした庭園にはエンジュがしばしば生育しており、とくに寺の境内などがそうだ。多くの中国原産の種と同様に、この木は僧侶たちによって日本にもちこまれ、幾数世紀にわたり栽培されている。両国においてエンジュは、とりわけ循環器系および心臓血管の疾患にきく漢方薬の原材料として高い評価をえるようになった。

エンジュは、中国ではしばしば傑出した有識者を顕彰するために植えられた。しかし、中国でも日本でも、この木はまた、悪霊の住処となるという評判があった。その理由は単純だ。冬に葉のない枝をみあげると、鉤爪のような枝が空中を引っかいているようにみえる。このよくない評判が中国で強固なものになったのは、明朝最後の皇帝・崇禎帝がエンジュの枝で首を吊って自害したときであった。それは、1644年、農民の支持をえた軍隊が紫禁城の門に押し寄せたまさにそのときのことだ。

エンジュが植えられるひとつの理由は、ほとんどの木が花を咲かせ終えたずっとあとの晩夏に、ひときわ際だつ白くてエンドウマメの花に似たもののかたまりをつけるからである。中国東部や日本のように湿気の多い気候においては、夏の植物はいわば緑の長いトンネルとなり、自然には他の色がほとんどみられなくなってしまうとき、秋のはじまりはあたかも第二の春のように感じられ、どの花も褒めたたえられる。花は少なくとも樹齢10年、あるいはその2倍の木にしか咲かない傾向にある。近年の選別作業によって、わずか6年ほどで花をつける栽培種もうまれた。これによってエンジュは、都市の街路や公園をあかるくするために植樹されるので、よりいっそう魅力的なものとなっている。とりわけ、合衆国東部や似た温帯気候の土地ではそうである。

エンジュは、中国本草学体系をなす50種の「基本的植物」のひとつである。広範囲な用途があり、発熱や高血圧、高コレステロールをはじめとする病の治療がふくまれている。しかしながら、今日ではほとんど使われていない。もっとも、最近の研究では、この木にしか含まれない化学物質が多数あり、それが有効である可能性があることが判明している。また、強くとても柔軟であるのに、この材木は広範に使用されてはいない。その材質ゆえに、大工道具の木製部分にはもってこいである。日本では伝統的に、そのような使われ方がされている。

学名についてひとこと述べる必要がある。すべての学名のなかで、もっとも記憶できず下手なもののひとつなのだ。とりわけ、かつての名称（*Sophora japonica*）とくらべるとわかる。この種がエンジュ属（sophora）から区別されたのは、染色体にかかわる理由からであったが、マメ科のほとんどの構成種とは異なり、窒素を固定するバクテリアとの共生関係を形成できないからでもある。この新しい名前はひろく認められているわけではなく、あきらかに、いまだその使用が要求されてもいない。植物学者をふくむ植物愛好家のほとんどは、結局、古い名前にもどるだろうと期待しているのではないだろうか。

前ページ：ロンドンのキュー・ガーデンのエンジュの古木

79. キササゲ〔英：Catalpa〕

（学名：*Catalpa bignonioides* and *C. speciosa*）

科 ノウゼンカズラ科（*Bignoniaceae*） **概要** 見栄えのする花と魅力的な葉の落葉樹 **原産** 北アメリカ中部と東部	**大きさ** *Catalpa bignonioides* は 15 メートル、*C. speciosa* は 20 メートルに達する **寿命** 150 歳にいたる **気候** 冷温帯

キササゲは熱帯産や外来のもののようにみえるが、それは釣鐘状の白い花の大きな円垂花序と関係がある。花は晩春や初夏に咲く。葉もまた華やかに大きく、幅 30 センチ× 20 センチである。しばしば庭園でおこなわれることだが、この木の枝を刈りこむと葉はさらに大きくなる。しかし、キササゲは実際にはとても耐寒性があり、カナダ南部ほど北でも繁茂する。自分の土地にすこしばかり熱帯色をくわえたい園芸家に人気があるのも不思議ではない。

それに異国色があるのは、耐寒性のキササゲが、圧倒的に熱帯性のノウゼンカズラ科（the Bignoniaceae）に属しているからである。北アメリカでは、この科の 2 種がほかにあり、そのひとつはよく知られたアメリカノウゼンカズラ（*Campsis radicans*）で、きわめて異国風のオレンジ色の花をつける。植物の科は特定地域に集中する傾向にあり、気候に限定されることが多い。だが、少数のものは進化して、異なった条件に対処できるようになり、その結果、異なった分布パターンをとることもある。キササゲとアメリカノウゼンカズラは、氷河期の生きのこりにちがいない。その時期、回復力の劣った近縁関係にあるものが絶滅に追いこまれたのだろう（あるいは、少なくとも合衆国とメキシコ国境の南部では）。温帯のほとんどの樹木は風によって受粉し、かなり平凡な花しかつけないが、熱帯の多くの種は昆虫によって受粉するので、華々しい花を進化させ、ミツバチやその他の花粉媒介者をひきつけてきた。ノウゼンカズラ科の起源が熱帯であるといえば、その花が華々しいのも納得される。

キササゲは装飾的で容易にそだつ木であり、しめった肥沃な水はけのよい土壌で繁茂するので、公園や庭園によく植えられている。この木は根づくのがうまく、軽いタネから帰化する。このタネは、上品で長い莢《さや》から遠くまで容易に吹きとんでいく。晩夏にこの木をとても効果的に（また異国風に）飾るこの莢は、この木のよくある名のひとつ「インディアン・ビーン・ツリー」のもとをなしている。「インディアン」とは、インドよりはむしろアメリカ先住民をさしている。

本書では、北アメリカ産の 2 種を掲げているが、全部で 40 種ある。ひとつはカリブ海地域産で、のこりは東アジア産である。後者の地域は、6 回の氷河期を通じてその生物多様性を維持してきた。それぞれの氷河期には、北アメリカ大陸とヨーロッパ大陸を削りとった氷床が、植物を一掃してしまった。キササゲはとてもたくみに帰化するので、植物学者は、合衆国原産の 2 種（南部産キササゲ（*Catalpa bignonioides*）と北部産（*C. speciosa*））がどのような自然分布をしているか確信がもてない。2 種とも、純粋な野生樹としては一般的ではなく、自然状態では狭い地域に限定されているが、とても効果的にひろがるので、ニューイングランドの生態学者の幾人かは、大きな方の木（*C. speciosa*）のひろがりに関心をよせている。考古学の証拠をみると、この木はかつてもっと広範に分布していたことがわかる。だから、道路沿いに生えだしている苗木は、この種のもとの範囲を再設定しなおしているにすぎないのかも知れない。

「カタルパ（キササゲ）」の名は、アメリカ先住民のカトーバ族からきていると考えられている。彼らにとって、この木はひとつの象徴であった。この名が合衆国をはるかにこえて知られるようになったのは、この木がエキゾチシズムと耐久力を兼ねそなえていたことで、園芸家や造園設計士に人気がでたからである。そのように目立つ華やかな花をつける木は、北の気候では生育するのが比較的まれである。黄色がまざった若い葉をもつ種類（*C. bignonioides* "Aurea"）も人気がある。キササゲとこの種とも、イギリス王立園芸協会からガーデン・メリット賞を授与された。この木の枝に十分の刈りこみができることも気に入られる理由だ。広くひろがる形と葉によって陰樹としてすぐれたものになっているが、最終的にどれだけひろがるかは容易に予測できない。枝の刈りこみをすれば、所有者は自分のもとめる通りに木の整形ができ、また魅力的な葉も比較的小規模な庭の売り物として

前ページ：壮麗な花をつける初夏のキササゲ

使うことができる。もっとも、こうすると開花期がだめになってしまう。

キササゲは、18世紀に北アメリカからヨーロッパに導入された多数の樹木のなかで比較的うまくいったもののひとつである。導入は1726年のことであった。最も古い生きのこりは、実際には世界でもっとも古い記録のキササゲであるが、ロンドンちかくのレディングにあり、ここではおおよそ150年たった木が墓地に生育している。イングランドには、ほかにも神々しい木が数本ある。キササゲが、1世紀後に中国から色彩にとんだものが導入されても、影がうすれなかったからである。だが、この事態は多くのアメリカ種におこったことだ。そうならずに、この木は栽培されつづけた。合衆国の園芸家は、ヨーロッパ人ほどこの木を好ましく思わないようだ。ヨーロッパより暑い気候では開花期がとてもみじかいことが多く、この木からは、通例、厖大な量の葉がゴミとなって散乱し、その数ヵ月後に種の入った莢がどっさり落ちてくるからだ。また、冬には魅力的であるとはみられず、秋にはいっさい色づくことがない。

キササゲの木材は、今日、あまり使われていない。木の形のために、長くまっすぐ切れないからだ。しかし、開拓時代、若木は柵柱用に人気があった。この材木がそう簡単に腐ることがないからである。1870年代、多数の企業家が枕木に使用しようとし、植林地までつくり、北部産の種（*C. speciosa*）が栽培された。これが、自然の範囲をこえてこの木がひろがったもうひとつの理由である。その後なされた実験によれば、キササゲの木材はやわらかすぎて、線路の下で恒常的に衝撃を受けると耐えられないことが判明した。この木は過少評価されすぎているという人もいる。木目がかなり美しく、伸び縮みの割合がとても小さいので、彫刻やボートづくりにむいているのだという。この木にはさらなる用途がある。とりわけ、キササゲ・スズメガなどの毛虫の食糧となる。漁師によれば、この毛虫はエサとしてよく（南部では「カタワバ・ワーム」として知られている）、木を植樹して毛虫の食料源にすらしている。しかし、この毛虫は他の装飾的樹木につく害虫であって、葉を丸裸にしてしまう。こうした樹木は、通例、回復するが、もしこのガが毎年襲ってくると死んでしまうおそれがある。風変りな用途であるが、こうすれば、この美しい木を人びとの目のとどく範囲においておける。

80. カエンボク〔英：African Tulip Tree〕

（学名：*Spathodea campanulata*）

科
ノウゼンカズラ科（*Bignoniaceae*）
概要
とても装飾的な熱帯の木で、原生地アフリカをはるかこえて伝えられた
原産
熱帯西アフリカ

大きさ
25メートルに達する
寿命
不詳
気候
熱帯気候

燃えるようなオレンジ色の花が、濃い緑の葉の堂々とした一本の木全体のあちこちにみられ、とても印象的である。しかし、同時に、どうしてなのかと思われることがある。この光景が、ブラジルの国立公園の原始林とされている箇所にみられるからだ。そもそもこの木は、アフリカ産の種である。この木は、黄金海岸（今日のガーナ）でヨーロッパ人に発見され栽培されるようになった、最初の熱帯の木本植物のひとつであった。19世紀のあいだ、世界中に輸出され、公園や庭園、またときには熱帯地方の都市や開拓地の通りに植樹された。不運なことにそのとおりだ、という人がいるだろう。この木は、多くの場所で積極的に侵略する種になっているからである。その場所は、カリブ海沿岸諸国、東南アジア、オーストラリア各地、ハワイ、そしてそれ以外の太平洋諸島である。もっとも、いくつかの侵略的外来種とはちがい、どこでも野生生物に好まれる魅力をもっているようだ。大きなオレンジ色の花は豊富な蜜にあふれ、アフリカ産タイヨウチョウ（太陽鳥）を引きつけるように進化したようにみえるし、また確実にアメリカ産ハチドリも引きつけている。

原産地が熱帯アフリカの装飾的な植物は、ほとんどなかった。事実、この地域では、人目を引く花がやや不足している。そのため、アフリカ芸術には花の象徴的表現形式がほぼ完全にみられず、事実、文化一般で花のはたす役割がないのである。カエンボクには、他の侵略的外来種に似た問題がいくつかある。つまり、乱された生息環境を支配し、ときにはその羽根をつけた種子のせいで、原生林に浸透するからである。不運なことに、この木は吸枝を介してひろがり、伐採してもこの問題は解消されず、切り株を化学処理するしかない。

熱帯地方全体を旅行してみると、同じ装飾的植物を幾度となく目にし、またあるだろうなと即座に予測できる。だが、熱帯地方は信じられないほど生物多様性が高い。このあきらかに矛盾した状況はどうしてできたのだろうか。その理由は、19世紀から20世紀初頭にかけて、この熱帯地域が経験した劇的で、実際に悪夢のようなグローバライゼーションにある。18世紀に特徴的にみられた沿岸貿易と奴隷売買の時代にひきつづき、熱帯地方のほとんどは、少数のヨーロッパ諸国によってひろく植民地化された。経済的搾取が第一の目標であったが、ヨーロッパ人植民者がやってくると、すぐにつづいて装飾園芸への関心がおこった。ヨーロッパの諸帝国が地球規模の存在であったことを考えると、ひとつの植民地からすぐれた装飾植物がやってくると、その特定の強国が支配していた他のすべての植民地の公園や庭園にすぐさま入りこんでいったと思われる。強奪した果実の分配をめぐり、しばしばある程度まで敵対していたヨーロッパ諸国は、交易と交換をおこなった。そのため、愛好された装飾植物はいっそう遠くまで分配された。その結果、旅行者が熱帯のどこにいこうとも、目にするものはブーゲンビリア、フレームツリー（炎の木の意）、プルメリア（アカソケイ）（以上、フランス人の「発見」）、レインツリー（スペイン人）、そしてシルクオーク（絹のカシの意）とカエンボク（両方ともイギリスが導入）となった。

ポスト植民地時代に出現してきた国々は、徐々にではあるが自国の野生植物の美しさや用途を発見しはじめている。東南アジアは一歩先んじているようにみえるが、それにくわえ、植民地時代に先立つ園芸の伝統があった。ブラジルは20世紀末に、ひとりの男、ロベルト＝ブーレ・マルクスの努力によって長足の進歩をとげた。彼は庭園・造園設計家として成功しており、いく組かの植物学者チームをブラジル内部に導いて、まぎれもなくブラジル産の装飾植物相へと彼が開発した植物をさがしもとめさせた。土地固有の植物を使うなら、カエンボクがかつてしたように、種が侵略的にひろがる危険は回避できる。なぜなら、土地固有の種は、土地の害虫や病気の抑制と均衡にしたがうからである。

右：満開のカエンボクの花

81. セイヨウヒノキ〔英：Italian Cypress〕

（学名：*Cupressus sempervirens*）

科	**大きさ**
ヒノキ科（*Cupressaceae*）	35メートルに達する
概要	**寿命**
常緑の針葉樹で、景観に大いに重要な木	1,000年、あるいはそれ以上
原産	**気候**
イタリアからリビアにいたる地中海東部地域	地中海性気候だが、耐寒性も十分にそなえている

幅の狭い深緑色の尖塔が、ゆるやかな起伏の丘にアクセントをつけている。この尖塔の他には、トウモロコシ畑や針金のうえにひろく張りめぐらされているブドウの蔓より背のたかい植物は何もない。谷に目をむければ、同じ深緑の尖塔の小さな群れが、ひとつの小さな教会を取りかこんでいる。このような場所は、イタリアではよくみかける。イタリアでは、地中海地方で最も特徴的な木のひとつセイヨウヒノキが、風景には欠かせない一部となっている。英語圏諸国においては、この木はイタリアン・サイプラスと呼ばれてきた。もっともこの木は、地中海西部地域やその他の世界中で類似の気候地帯だけでなく、イタリア周辺地域の多くの景観の主要な一部となっている。セイヨウヒノキの形状はペルシア絨毯の柄にもよくあらわれるが、それはこの木が、長らくイランで繁茂してきたからである。

セイヨウヒノキは、本来、変異する木であり、とりわけ細い形をした個体が選択されたのは、ローマ人からはじまった。今日、鉛筆の形をしたヒノキがなぜか本物のヒノキの形であると考えられている。その一方で、実際、もとの個体群にあったほとんどの木は、もっとひろいものだったと思われる。とても古い木は、樹冠は広くなる傾向がつよい。しかし、景観の美的要素、そして何かを記念するための、あるいは実利的な指標として、幅のせまい木に対抗できるものはない。

中東のイスラム教徒にとっても、セイヨウヒノキは大切な木である。イスラム教化以前のペルシアにみられた公式の囲まれた空間は、今日、イスラム世界の典型的な庭とみなされているが、かならずヒノキの尖塔を呼び物とし、この庭園様式の特徴であるバラの狭い縁取りに区切りをつけている。イスラム教の芸術家たちは動物や人間の描写を避けなくてはならないので、しばしばセイヨウヒノキをモチーフにえらんできたので、様式化されたものが陶器と絨毯にあらわれている。

イスラム教もキリスト教も、セイヨウヒノキは墓場にもってこいの木であると考えている。光沢がなく色の濃い葉が、悲しみにみちた回想につながる。その一方で、刈りこむと木が再生しないので、死との連想がおきる（もっとも、これは針葉樹の一般的な特徴でもある）。葉は、葬儀のあいだ空気に香りをつけるために燃やされることがよくある。死との連想が重視されてきたことは、アポロンのお気に入りで、ヒノキに変身させられたキュッパソス（Cyparsisus）の伝説がいくつかあることでわかる。アメリカ、北欧、そしてイギリスの庭園デザイナーは、このように死を連想させるからといって、いやがってヒノキを使用しなくなることはなかった。むしろ彼らは、ヒノキを愛情をもって受容した。それは単に形がよいからではなく、古典文明の源泉たるイタリアとの連想関係があるからである。しかし、カリフォルニア以外では、合衆国の庭園デザイナーは、結果に失望する傾向がある。というのも、この木には十分な耐寒性が備わってはいるものの（スコットランド北東部の凍てつく寒さの海岸にあるアバディーンには、有名な古木がある）、雪の重みで枝が損なわれ、形状が常に安定しないのだ。1990年代には、かつてないほど入手できたという事情も手伝って、イギリスの景観デザイナーたちはイタリアから大量に木を輸入した。しかも、それは歴史的に使用されたものより規模の大きなものであった。そこには、さまざまなヒノキも含まれていた。しかし、世紀が変わると、折れてねじ曲がり、倒れてしまったセイヨウヒノキの悲しい姿があまりにも一般的になった。これはあきらかに、ヴィクトリア朝人から学べなかった結果である。彼らは、1890年代にイタリア庭園に熱中していた経験があった。わずかなセイヨウヒノキは植えられたが、たいていのヴィクトリア朝人は良識をもって、アイアリッシュ・ユー（セイヨウイチハ）（*Taxus baccata*）で手をうっていた。この木はヒノキよりはるかに幅広のものであったが、それでも暗く葬式にふさわしかった。たとえそうであっても、本物のかわりをするものはなく、この素晴らしい木の効果を理解したければ、その本来の故郷でみるのがよい。

前ページ：セイヨウヒノキの木（上）と、葉および果実の接写（下）

82. ハンカチノキ〔英：Hndkerchief Tree〕

（学名：*Davidia involucrata*）

科
ヌマミズキ科（*Nyssaceae*）
概要
真に独特な装飾的落葉樹
原産
中国南西部

大きさ
25 メートルに達する
寿命
不詳だが、2 千年以上の可能性がある
気候
湿潤温帯

ハンカチノキが満開になると、じつに目をみはる光景が出現する。植物にほとんど関心をみせない人でも、注目することうけあいである。花の群れひとつひとつが、ふたつの葉状の包葉にかこまれている。それはほぼ純白で、長さが 20 センチメートルまでのものである。成熟した木につく何千という花の全体的な効果は、途方もないものである。耐寒性の温帯植物相のなかで、これに似た物はほかにない。視覚的衝撃は、そよ風がふくといっそう強いものになる。下げ飾りの包葉がはためくからだ。花のあとにできるタネはクルミほどのもので、きわめて硬い。あまりにも硬いので、それがあたると怪我をするほどだ。たとえ、子どもが戯れに投げたとしてもそうなる。

この異国風の植物は、その背後に物語をもっている。その外見と同じくらいに注目にあたいするものだ。ハンカチノキが西洋にはじめてやってきたのは、根拠のない話としてである。そのときの野生の姿を最初にみたヨーロッパ人は、フランス人イエズス会士アルマン・ダヴィド（Armand David）神父で、1869 年、雲南省でのことである。彼こそが、そのラテン名に記念されている当人だ。ダヴィドはパリにタネをおくったが、撒かれずに、ホルムアルデヒドに保存されていた。アイルランド人の植物収集家で中国専門家のオーガスタイン・ヘンリー（Augustine Henry）は、つぎにその木をみたが、そのタネを収集することができなかった。

今日、この木が伝説的な地位にちかづいているので、特別の遠征が必要なことは間違いない。当時、一流のイギリスの苗床であったジェイムズ・ヴェイチ・アンド・サンズ社は、中国南西部のとてつもなく植物的にゆたかな地域に園芸学的遠征をおこなった際のおもなスポンサーであった。1899 年、この苗床は、E・H・ウィルソンをおくりだし、植物標本の収集をさせた。彼は、ハンカチノキの発見が絶対優先すべきことで、気をそらしてはいけないといわれた。多くのプラントハンターのように、彼も多くの点で嘆かわしいほど準備がととのっていなかった。中国語の知識はなく、他の多くの者や現地のポーターチームのように盗賊の襲撃にあい、多様な病気にかかり、また川でおぼれかかった。ついに彼は、ヘンリーが旅した地域に達したが、説明されていたこの木は家を建てるのに伐採され、近隣地区には他にはないことがわかった。ウィルソンは前進をつづけ、結局、600 キロメートルほど離れた湖北省でかなりの個体群をみつけた。1901 年、ウィルソンの貴重なタネがジェイムズ・ヴェイチ・アンド・サンズ社に届いたが、発芽せずに、2 年後、廃棄された。翌年の春、4 本の苗木がその苗床の堆肥の山で発見された。ハンカチノキは、結局、西洋に到達していたのである。何年もかけて、この木はどちらかといえば貴族的な大庭園にしかみられなかったが、近年、もっと多くの木が公園に出現しはじめ、それを鑑賞する人びとの輪がひろがっている。

この種はいまでは「珍しくはない」と説明するのがもっとも適切であるが、花が咲くと必ず人の群れをいまだにひきつけている。花がなければただの落葉樹で、ほとんどの人は、そばを通ってもふりかえりすらしない。育てやすいが、結局、忍耐が必要である。木に花が咲くには、一般に少なくとも 15 年はかかるからだ。また同時に、モクレンとはちがい、若木の頃に確実に花をつける変種は、この種からは生れてはいない。ほとんどの生長した景木は、樹木園か酸性土壌の庭園で青々としげったツツジのあいだにみることができる。酸性の条件はとりわけ必要とするわけではないが、湿気はあっても水はけのよい土壌を好んでいる。

中国南部の木の多くと同じく、ハンカチノキは、かつてもっと広範に分布していた。化石資料をみると、暁新世（6,500 万年から 5,500 万年前）の北アメリカの植物相の重要な一部をなしていた。森林破壊によって、今日、原産地の野生樹木種として危機をむかえている。この木は、栽培と保護が一致するにはどのようにすればよいかを考える際の好例である。

左：満開の花をたたえるハンカチノキ

83. セイヨウハナズオウ〔英：Judas Tree〕

（学名：*Cercis siliquastrum*）

科
マメ科（*Fabaceae*）
概要
小型の落葉樹で、庭園装飾用に使用されたり、華やかな花のために栽培されることもある
原産
地中海東部地域

大きさ
12メートルに達する
寿命
不明だが、100年をこえることはないと思われる
気候
地中海性気候だが、多くの冷温帯気候に耐える

春に公園を散歩すると、とある木に注意がむけられる。その花はピンク色をしているが、花盛りのサクラで最も濃いピンク色より強烈なピンク色である。サクラとの比較でいうと、同時に妙に青色がかったところがあり、これは他のほとんどのピンクの花の色とこの花の色とを明確に分かつものである。この木には葉がないせいか、ピンクの色がいっそう鮮やかである。ちなみに、葉はその後あらわれてくる。枝はまばらにしかないが、たくさんの花がつく。小枝からだけでなく、幹からも咲く。この現象は「幹生花」として知られ、通常は熱帯種のあいだにしかみられない。この花をもっとよくしらべると、まぎれもなくマメに似た形をしていることがわかる。実際、セイヨウハナズオウは、マメ科の木である。この科には、霜に耐える木は比較的すくないので、緯度の比較的高いところに住む人びとは、木の形をとらない「マメ科植物」しか知らない傾向にある。地球のもっと温暖な地域には、この科に属するおびただしい数の木がある。

セイヨウハナズオウの正体を学ぶ人は、必ずこうたずねる。なぜ「ジューダス・ツリー（ユダの木）」なのか、と。伝説によれば、イエス・キリストの弟子であり、イエスをローマ当局にうったユダが、その後、自責の念にかられてこの木の1本で首を吊ったという。ほとんどの木の専門家にいわせれば、これはありえないことだ。セイヨウハナズオウの材木はとても砕けやすく、木は小さいので、仮にユダが首を吊ろうとしても地面におちて、わずかな怪我しかしなかった可能性が高い。この英語名は、この木がみられるイスラエルとパレスチナの地域ユダヤ属州にちなむものなのであろう。この木はヨーロッパで栽培されるために、早くからもちこまれている。聖地巡礼者たちがその種子をもちかえったからで、この新しい植物の周囲にいい話をくわえたいという、大いなる誘惑にかられたのであろう。

トルコの都市イスタンブールには、多くのセイヨウハナズオウがある。そこでは、この木は春の象徴であって、他の文化のサクラに似ている。中東料理は、低木や木からとられた多数の成分を使用するが、その木が選択されるのはちょっとした酸味を出すためである。セイヨウハナズオウはそのひとつであり、花の美しさは食卓で安全に鑑賞できる。というのも、食べることができ、甘酸っぱい味がするからだ。食べられない「マメ」が、年も押し迫ったころになると、木になるさび色で大仰な莢をみたすが、これはこの木がマメ科の植物であることをあかすものだ。

地中海より北のヨーロッパでは、セイヨウハナズオウはこれほど知られているわけではない。この木は傷みやすいので、従来繁殖していたのは、風雨からまもられた南面の場所でしかなかったし、よくみられたのは大きな庭園だけで、たいていは邸宅の壁ちかくに植えられていた。以前の時代には、この木はいくぶんめずらしく、いいものはちょっとしたステータス・シンボルであった。その種子が巡礼からもちかえられたものなら、なおさらのことであった。しかし、数十年間にわたり西ヨーロッパで温かい気候がつづき、その結果、植えられる数が増えた。

近年ではまた、とてもよく似た花をつける北米の近縁種が、よりいっそう広範に栽培されている。合衆国東部やカナダの近隣地域で、森林の小道をハイキングすると、深い森のなかで鮮やかなピンク色の花をつけた木をみて驚くであろう。これはレッドバド（アメリカハナズオウ）（*Cercis canadensis*）であり、セイヨウハナズオウによく似ており、樹冠の下で育っているのをよくみかける。原産地を考慮すれば驚くことではないが、この木はセイヨウハナズオウより耐寒性があるので、北アメリカの庭や景観により適している。また、深紅の葉の種類である「フォレスト・パンジー（森のスミレ）」（*C. canadensis*）もある。これは、北アメリカでもヨーロッパでも、商業的園芸で非常に人気がでてきた。冷温帯の多くの庭園愛好家にとって、セイヨウハナズオウはやや異国風のものでありつづけそうな気配である。

前ページ：花を咲かせたセイヨウハナズオウの木（上）、
多くの花は枝に直接咲く（下）

84. タイサンボク〔英：Southern Magnolia〕

（学名：*Magnolia grandiflora*）

科	大きさ
モクレン科（*Magnoliaceae*）	25メートルに達する
概要	**寿命**
大きな常緑樹で、装飾樹として世界的に人気がある	300年ほどだが、それ以上もありうる
原産	**気候**
バージニアからフロリダまでの東海岸、およびテキサスにいたる内陸	暖温帯だが、冷温帯や亜熱帯にも適応できる

1989年製作の映画「マグノリアを盗め」（*Steel Magnolias*）では、美しく甘美で華やかであるが、同時に非常に頑丈なもののイメージが眼前にあらわれる。それは、この映画に登場する女性たちの性質を、ひいてはアメリカ南部出身の幾人かの女性の性質を象徴するためにえらばれたものであった。実際、タイサンボク（サザーン・マグノーリア）は、アメリカ南部に特徴的な木のひとつである。南部ではこの木は頻繁に植えられ、そのイメージは土地の文化で大いに使用されている。

この木の大きく光沢のある葉は、初期ヨーロッパ探索者をひきつけ、種子は大西洋をわたりおくられた在来植物相の、最初のもののひとつであった。この木は、1720年代にイングランドで生育されていた。その当時、栽培されていた常緑樹の数は非常にすくなく、モチノキやトキワガシ、ツゲなどよりもはるかに大きな葉をつけ、見た目もよかった新しい木の登場は、園芸の少数のエリート仲間のあいだで大評判になったにちがいない。当時の冬はいまより寒く、大西洋をこえてきたこの新来者が、十分に耐寒性があるとはあまり期待されていなかった。その結果、この木は暖かい家の南面の壁によせて植えられ、寒い天候にはしばしば保護用マットがその上にかけられた。時がたつにつれ、その木は十分に冬を生きぬけることがわかったが、温かい壁によせて植える伝統はのこった。ほとんどの場合、こうした初期の植栽は、家の壁によせて刈りこみや整枝がつづけられているが、それをまぬがれ標準サイズの木になるものがときどきある。こうした木は、いまではやや場違いにみえる。その根が、はっきりと建物の基礎部分に食いこんでいたり、ときどき巨大な白い花が見る者を驚かせたりするからだ。

他の場所、つまり世界中のより温暖な気候のところで、19世紀以降、タイサンボクは広範に植えられ、大いに愛されて、広範に分布する装飾樹になった。この木が育てられる主要な理由は、そのみごとな葉にある。花は数も少なく、夏のあいだ、不規則に開花する傾向にあるからだ。これは、ほとんどのマグノリアとは異なる。それらは、春や夏に花を惜しみなく咲かせる。大きくて純白の花は直径25センチにもなり、豊かで独特の香りを漂わせる。つまり、豊かで異国風ではあるが、強いレモンの成分である。

タイサンボクがアメリカ南部を強く連想させるのは、独立戦争の際に南軍のシンボルとして使われたせいである。映画「マグノリアを盗め」というタイトルが示しているとおり、この強い象徴は今日でもすたれず、南北戦争における非をあきらかに認めようとしない人びとの、攻撃的な政治的立場を意味するのに依然として使用されている。南部同盟（The League of the South）のウェブサイトと雑誌のタイトル『自由なマグノリア（*The Free Magnolia*）』はその一例である。タイサンボクの花輪も、長らく南部の家庭様式の特徴となっており、今日では広範にわたる多様な変種が利用できるので、花輪やその他の装飾につくられる可能性は数えきれない。花輪作りに適している変種は、典型的な種類のものよりも小さくて幅の狭い葉をもつ。上部の表面には高度の光沢をもち、厚い柔毛質の下塗りがあり、それは豊かな赤茶色から淡い木褐色までになる可能性がある。葉が乾けば、花輪は数ヵ月もつ。

ヨーロッパからの移民が来る以前、タイサンボクの分布は範囲が比較的限られていた。耐火性が低いからだ。南部の多くの地域においては、耐火性のある種ダイオウショウ（ロングリーフ・パイン）が優勢であったため、タイサンボクは川岸や湿気の多い場所に限られていたことであろう。といっても、この木はしめった土壌にも弱く、また断じて湿地植物ではない。この種は、いまや世界の公園や庭に広められたので、人類との出会いから恩恵をうけたと思える唯一の種である。

次ページ：カリフォルニア州サリナスに街路樹として植えられているタイサンボク

85. サクラ〔英：Japanese Cherry〕

（学名：*Prunus* × *Yedoensis* and related varieties）

科	大きさ
バラ科（*Rosaceae*）	12メートルに達する
概要	**寿命**
小さな落葉種で、花をつける木ではたぶん最も有名である	通常は50年～100年だが、日本種で1,000年以上のものも数本ある
原産	**気候**
東アジアの謎に満ちた原種の雑種	冷温帯

人びとは、早朝から青いプラスチック製のシートを地面のうえに敷くのにいそがしい。シートの次は毛氈である。名前を記した小さい看板も掲げられ、各シートの持ち主が誰かを明示する。これは、ハナミ（文字通り「花を見る」こと）の準備である。その日もおそくなると、飲食物を手にした家族がやってきて宴がはじまる。ハナミは、日本の年中行事のなかでも最も大切にされるもののひとつである。自然の美を集団で鑑賞する機会であるが、それは、文字通りには「物事の悲哀」、とりわけ移ろいゆく美の悲しさのことだ。サクラ（チェリー・ブロッサム）は、10日もすれば、その非常に淡いピンク色の花びらを桜吹雪にして散らせてしまう。サクラの象徴は日本の文化に深く根ざしていて、たとえば、第二次大戦の神風特攻隊員たちは「桜花」として知られていた。美しいが、死すべき運命にあったというのだ。

花だけのために育てられるサクラは、西ヨーロッパや北アメリカで、20世紀初頭から広範に植樹されてきている。とりわけ合衆国ではサクラ崇拝がある。それは妥当なことだ。なぜなら、ペリー提督こそが1853年、開国して外部世界と接触するよう将軍に迫ったからだ。しだいに合衆国の各市はサクラ祭りを催すようになり、しばしば、そこに日本人社会や日本的テーマが加わることがある。サクラが文化の壁をこえることができるのは、きわめて注目すべきことだ。

日本人は長らく花咲くサクラの木を育ててきた。伝説によると、西暦408年、履中天皇が宮中の敷地で酒をのんでいると、ひとひらの桜花がその杯におちてきた。召使いたちは天皇の命をうけ、近くに1本のサクラの木があるのをみつけてかえってきた。これは、とりわけ早咲きで、冬に花を咲かせる種ヒガンザクラ（*Prunus subhirtella* var. *autumnalis*）であったと考えられる。7世紀ごろになると、当時の首都であった京都からさほど離れていない仏教の中心地・吉野から、サクラの栽培がはじまった。吉野は日本の伝統的信仰と仏教とを融合させた神秘的な一派・修験道の中心地となった。カミ（精霊）との接触をもとめ、修験道信仰者は登山家の先がけになった。彼らは花咲くサクラの木を植え、交配をした。カミの蔵王権現へのお供えとして、吉野の寺（金峯山寺蔵王堂）の下の谷に数千本も植えた。後継者もこれにならい、いまでは約3万本もの木が、谷の浅いところの木が最初に花をつけると、次つぎと花を咲かせている。

日本のサクラの大半は「ソメイヨシノ」（*P.* × *yedoensis*）である。一重咲きで、ほとんど白にちかい薄いピンク色をしている。この特定の変種は、19世紀の半ばに、やや神秘的な原種（*P.* × *yedoensis*）から交配された。この原種は、日本、韓国、そして中国にみられる2種のあいだの雑種であった。この変種は主なるものであるが、200くらいの他の変種が、鎖国をしていた江戸期（1603～1868年）につくりだされていた。明治維新後の広範にわたる社会的混乱のなか、これらの変種の多くはほぼ消失してしまったが、少数の熱狂者が、みつけられたすべてのサクラの変種を収集した。まさにこの収集から、数十年後、合衆国やヨーロッパの植物学者や植物収集家が繁殖させ、輸入しはじめたのである。今日、日本以外で手に入るかなりの数の変種のうち、わずかなものしか実際には広範に生育されておらず、ソメイヨシノは現実にはさほど一般的ではない。

わずかずつだったサクラの輸入は、20世紀初期には洪水となった。これは、日本文化に心酔した多くのアメリカ人たちの宣伝努力があったからである。アジアを広範に旅したジャーナリストのイライザ・シドモア（Eliza Scidmore）がそのひとりで、植物学者にしてプラントハンターで、大豆の輸入（さらに東アジアから）にも貢献したデイヴィッド・フェアチャイルド（David Fairchild）がもうひとりである。フェアチャイルドはさまざまな変種をアメリカに輸入し、その耐久性をしらべ、1908年、ワシントンD.C.で植樹祭を開催し、何百人の学童がサクラを植樹した。

1912年、当時の東京市長が2,000本の若木をワシント

前ページ：「アサノ」はサクラの八重咲きの変種

ン D.C. に寄贈した。結局、これらの木は多様な害虫や病気にひどく侵されてしまい、慎重な外交交渉のあと、すべてが焼却処分となった。日本人はとても物わかりがよく、同年、さらに 6,000 本もの健康な木がやってきた。約半数は、ポトマック川沿いやワシントンの他の場所に、残りはニューヨークのセントラルパークにある中央貯水池の周囲に植えられた。以後も輸入は途切れることはなく、日本の苗床から直接輸入されたこともあったし、E・H・ウィルソンのような植物探検家の手によってもたらされることもあった。ちなみに彼は、植物を収集して日本中を広範に旅してまわった。

イギリスにいくと、プラントハンターのコリングウッド・イングラム（Collingwood Ingram）という、サクラにとりつかれたといってよい人物がいる（彼は「チェリー」・イングラムとして広範に知られていた）。彼は 1926 年に日本に旅行したとき、自身で収集することができた。旅行中に彼は、華々しい白い桜の絵をみせられた。絵をみせてくれた日本人によれば、この木はかなり前に絶滅してしまったという。イングラムは、この木がかつてイングランドのサセックスのとある庭園で目にしたものであると知った。その木は、19 世紀に日本から輸入され、彼はそこから切穂をとりすらしていた。この大きな白いサクラ「タイ・ハク（太白桜）」は救いだされていたわけで、日本に逆輸入されることになった。

サクラの変種は、人気の段階をへる。たとえば、非常にあかるいピンク色の八重桜「カンザン（寒山）」は、1930 年代にイギリスの首都の新興近郊地域でとても広範に植えられた。「チェリー」・イングラムにしてみれば、これは植えすぎであった。「ぞっとするほど頻繁にその美服をみせびらかしている」と彼は書いている。この木は短命で、いまでは急速に消滅しつつあり、ほとんどはもっと薄い色の花をつける変種に置き換えられようとしている。たとえば、「ウコン（右近）」の黄色とも緑ともつかないような花などをつける変種である。いかなる変種であれ、日本の花咲くサクラはわれわれとともにありつづけ、世界中の人びとの生活にとって、その祖国がおこなった最もありがたい貢献のひとつとなっている。

86. シダレヤナギ〔英：Weeping Willow〕

（学名：*Salix babylonica* と雑種）

科
ヤナギ科（*Salicaceae*）
概要
ながい落葉樹で、装飾樹として植えられる
原産
中国北部のオアシス

大きさ
25メートルに達する
寿命
50～70年
気候
冷温帯、大陸性気候が好ましい

水面より高いところにある大きなシダレヤナギ（ウィーピング・ウィロウ）の木は、多くの人の子ども時代の記憶にあるものだ。地元の公園には、よくこの木があったことだろう。そのために、この木はさまざまな思い出の背景となり、ときには思い出それ自体の一部にもなっていよう。カーテンのような枝が地面に流れるように垂れさがる姿をみて、子どもたちは、あらゆる種類の想像をめぐらせることができる。

シダレヤナギの起源はいくらか謎めいている。いくつかの異なる種が関与していることで、複雑になっているからだ。ヤナギはまた、植物の遺伝的特徴と分類がもっとも複雑なもののひとつである。原種のシダレヤナギはほぼまちがいなく、自然に垂れさがる枝をもたない種が突然変異したものであった。シルクロードに出現したこの木は、早い時期に東西に運ばれたことであろう。中国ではすぐに広範にひろまった景観樹になり、人気のある木になった。そのことは、磁器に使われた人気のあるヤナギの模様をみればわかる。西洋ではシダレヤナギは知られておらず、知られるようになったのはやっと17世紀末になって、オスマン帝国がキリスト教徒の旅行者や外交官に心をひらくようになってからのことである。このとき、この木が現在のトルコとシリアの一部で育っているといわれており、結局、西ヨーロッパに導入された。イギリスの詩人にして庭師のアレキサンダー・ポープと、造園家のチャールズ・ブリッジマンの大きな貢献によって、この木は18世紀に人気を博した。しかし今日では、流行をおう庭園設計士や景観整形師から大いに見下されている。この木が、通俗的で使われすぎているとみる傾向にあるからだ。

学名の *babylonica* というのは誤称である。スウェーデンの植物学者リンネが、聖書で言及されるバビロン川にちなんで名づけたのだ。それは、ヘブライ語の誤訳のためであった。実際は、その語はヤナギではなく、ユダヤ人流浪の地のポプラをさしている。この種は、チベットとタジキスタンでいくつかの異なる形態でみつかる。ヨーロッパでは、他のヤナギの種と交配され、その結果、ヨーロッパや北アメリカのいつも湿度のより高い気候で育つことのできる、多数の変種が生じた。ヤナギは多くの菌類病にとてもかかりやすいが、そうした病気は、中央アジアの砂漠の空気では稀なものである。西洋で栽培されているほとんどのシダレヤナギは、実際は *Salix* × *pendulina* と *S.* × *sepulcralis* という雑種である。“Chyrsocoma”は、若芽が黄金色の後者のひとつである。

シダレヤナギの人気のわけは、ひとつには簡単に繁殖させることができるからである。他のヤナギと同じように、枝を地面にさすとすぐに芽を出し、シダレヤナギだとわかる前にあまりにも高くなって、かなり頑張らないと取り除くことができなくなる。あまりにも見通しもなく、たくさんのシダレヤナギが植えられてきた。しばしば、ヤナギの広範囲にのびる根系が排水溝や下水溝に入り、そこに根を一杯にはり、詰まったり氾濫をひきおこしている。ヤナギは、結局、大きくなるので、現実にはとても大きな庭園か公共の景観にしか適していない。伐採すれば問題が解決されるというわけでもない。なぜなら、切り株からはまた力強く芽が生えるからである。手におえない木が再出現しないようにするには、除草剤によるしか方法がない。

イギリスで、この木がどのような起源をもつかについて、ある話が伝えられている。つまり、アレクサンダー・ポープが、トルコから輸入されたイチジクの入った籠からとりだしたヤナギの若枝を植えたというものである。そのような小さな枝が、十分に長く生育可能状態にありつづけたとは考えられないが、その話は、ヤナギは繁殖しやすいという民間の知識をうまく要約しているし、さらに大きな出来事は計画されているよりもむしろ偶然のものであり、無名の旅行者よりも詩人や芸術家のような有名でロマンチックな人物が関与していてほしいという、一般人の願望をもとらえている。どのようにして新しい居場所にたどりつこうとも、まぎれもなく、この広範にひろまった木によって、多くの景観が変化したのである。

次ページ：シダレヤナギはしばしば水とともにある

87. レインツリー〔英：Rain Tree〕

（学名：*Albizia saman*）

科	**大きさ**
マメ科（*Fabaceae*）	20メートルに達し、背よりも幅のある樹冠がある
概要	**寿命**
大きな常緑樹の種で、いちばん壮大な街路樹のひとつ	数百年
原産	**気候**
メキシコ南部からブラジル北部	多雨、もしくは季節的に乾燥

クリケットの試合が、まさに進行中である。打者はいい位置にいる。マイダーン、つまり公共広場の隅には、途方もなく幅広の木が枝をひろげ樹冠を形成しているが、その真下にいる。さらに2試合のクリケットが、この木陰からはなれた埃っぽい空間でおこなわれている。節だらけの幹を背にして、インドのマルクス＝レーニン主義共産党の書籍販売店がある。その近くで、数人の党員がインド南部の伝統的なスカート状の腰布をまとい、数人の男たちと熱心に議論をかわしている。この木の巨大な樹冠は、ほかのものたちを日の光から保護する。母子が物乞いをしている。汗をかき赤い顔をした一団のヨーロッパ人観光客が、共同使用のガイドブックをじっくりと見ている。ひとりの男が安物のイアリングを売っている。土地の料理店主が、通りすがりの金のありそうな人に宣伝用名刺を手渡している。あらゆる人間の生活がここにはある、そう見える。また、驚くほど多くの植物もある。少なくとも3種のシダが、この木の比較的短い幹からのびた錯綜した枝に着生植物として生育している。

このレインツリーの木は、南インド、ケーララ州のコーチにある。もともと南アメリカ産の種であったこの木の陰樹としての長所は、早くから認識されていた。とりわけイギリス人から認識され、彼らはその帝国全体に広範にわたり植樹をした。とくにシンガポールは、レインツリーの国といえる。長い街路に植えられたこの木は、空港からの途上にある観光客を歓迎し、ほかにも多くの通りや公園に見ることができる。木の丈よりも大きいことがよくある樹冠は幅80メートルにもおよぶので、皆がほしがる陰をつくるのにもってこいの木である。農民もまた、この木の陰をつくる能力を利用し、とても強力な太陽光線から作物の保護にあたっている。たとえば、コーヒー、ヴァニラ、ココア、そしてナツメグである。レインツリーには、はかり知れない威厳を感じさせる何かがある。この木に生育する着生植物個体群は、ともかく並はずれている。枝にできるかなりの規模の水平空間、堅固な枝と幹とが出会う複合的地点、そして起伏の多い樹皮を利用して、そっくりそろった自然庭園を、地上10メートルほどのところにつくることができる。

シンガポールは、「庭園都市国家」といってもおかしくはない。洗練された戦略として園芸学や生態学を駆使し、国土全域に緑地をつくり、つないでいる。それは、最大級の自然保護区から、木を植えた道路脇のスペースまでにいたる。シンガポールは自然の味方である。そういえるのは、とりわけレインツリーが、その枝のなかにできたこうした自然の植物共同体にたいし、主人役をつとめることをゆるしているからだ。最も素晴らしいそうした例のひとつは、シンガポールの中央ショッピングエリアに見ることができよう。ここでは、買物客は高価そうな袋をたくさんもって歩き、シダやランの鉢を手にしている。そうした植物は、まさに彼らの頭上のレインツリーの樹冠に生育しており、それぞれが、自発的にできた小規模の生態系をなしている。

レインツリーはマメ科（*Fabaceae*）のもので、この科に属している多数の他のもののように、その葉は驚くほど可動性をもっている。雨がふると小葉は内側に閉じる。ここからこの名がついた。この小葉はまた、夜になると丸くなる。だから、マレー半島では、「5時の木」を意味する「プクル・リマ」として知られている。ピンクや黄色の綿毛の花は、花粉をもった雄しべが著しく目立ち、そのあとには大きな莢ができる。この莢ができるので、マメ科との関係がはっきりする。関係するイナゴマメの木にやや似て、その莢にはいくぶん甘い果肉がついている。木材にすると、魅力的な木目をしているが、作業がむずかしいので、生きたままの状態が最もありがたい木といってもおかしくはない。

次ページ：レインツリーの樹幹（上）、葉（下左）、および花（下右）

88. ハナミズキ〔英：Flowering Dogwood〕

（学名：*Cornus florida*）

科
ヤナギ科（*Salicaceae*）
概要
小さな落葉樹で装飾用
原産
カナダ南東部からメキシコ湾にいたる地域とメキシコの限られた地域

大きさ
10 メートルに達する
寿命
80 年
気候
冷温帯から暖温帯にかけて

ハナミズキの大きくて白い花を見ると、たちまち魅了される。よく調べると、他のほとんどの花とくらべ、やや妙に見える。花弁が革のようで、妙なコブのようなものを取り囲んでいるのだ。実際、その花弁というのは、花弁ではなく葉のようなもので、「包葉」と呼ばれている。コブのようなものは、とても小さな花の密集にほかならない。ハナミズキやその他のいわゆる「フラワリング・ドッグウッド」は、花粉媒介の昆虫をひきつける手立てを発展させてきた。そのやり方は、各単一の花の周囲に華やかな花弁を生育させ注意を引くという、一般的な型とはちがう。こうした発展は、ハナミズキだけではない。このように進化した他の植物には、アジサイ、ドウダイグサ、ブーゲンビリアなどがある。

ハナミズキは小さな木であり、典型的にみられるのは林地端の生息地である。それは森とか、ときには森林被覆の密度がそれほど高くなければ亜高木としてある。春に花が咲くと見ごたえがあり、当然のことだが、庭や公園用にとても人気のある灌木や小径木になった。自然はいつも驚きをなげかけてくる。際だった色をつけた種類が、幾度も野生状態のところからひろいあげられ、品種名をつけ育苗産業にくばられてきた。「チェロキー・ブレイヴ」（チェロキー族勇士の意）は濃いピンクで、「オータム・ゴールド」（秋の黄金の意）はみごとな黄色の秋の色であり、「チェロキー・サンセット」（チェロキー族の夕陽の意）はまだらの葉をしている。アパラチア山脈のテネシー州山麓丘陵（ハナミズキの由緒あるテリトリー）にある種苗場は、名に「チェロキー」がふくまれる変種をえらんでいる。すべてが試験され、植物育成者権法で登録されている。この法律は一種の特許システムで、種苗場が新種植物開発にみずからがおこなった投資を保護するためのものである。

またとても似た種ヤマボウシ（*C. kousa*）があり、これも小さい木で華やかな包葉をもっているが、ハナミズキの原産地、北アメリカ東部から遠くはなれた東アジア産のものである。これは、植物学者が「隔離分布」と呼んでいるものの好例である。このことはたくさんの種にもおこることで、合衆国東部各州、とりわけアパラチア山脈南部で研究をしているアジアの植物学者は、妙なくつろぎを覚える。それは、東海岸のアメリカ人が韓国や日本で感じるのと同じである。隔離分布現象は、2 世紀以上前から注目されており、以降、大いに議論されてきた。妙なことに、北アメリカ西部にはハナミズキは存在しないのである。この三つの地域で多くの植物が同じように生育しているが、アジアと北アメリカ東部とのあいだでの方が、共通に見られるものが多い。今日考えられていることによれば、第三紀にふたつの大陸をつないでいた地峡があったので植物の交配が可能であったが、それからロッキー山脈ができ、その後にアメリカ西部が変容したので、そこの植物相の多くは一掃されてしまったという。

今日のハナミズキは、主要な病気問題に直面している。一種の炭疽病で、1970 年代にニューヨーク地域で最初に発生した。今日では広範囲にひろまり、緯度のより高いところにある自然木をとりわけひどく冒している。栽培者は、園芸用に抵抗力のある変種を選択しようとしてきた。ヤマボウシは人気のある変種で、広範に栽培されている。それは、この病気に抵抗力をもっているからだ。庭園で十分に栽培管理をすれば、この病気の回避は可能である。たとえば、水枯れや湛水をふせげばよい。しかし、このような植物の病気は多分に生物の一部であるので、20 世紀初頭にアメリカグリを実質的に一掃したクリの病気とは異なり、この病気はその起源が自然にあるようにみえる。

耐性のある種類が発展し引きつぎがなされるにつれ、自然は、結局、この問題を解決するだろうが、森のなかのハナミズキが、かつてのように一般的になるには時間がかかるだろう。そういうわけで、ますますハナミズキを本国で生育させることになる。

右：比較的古いハナミズキ

89. ミモザ〔英：Mimoza〕

（学名：*Acacia dealbata*）

科	大きさ
ネムノキ科（*Mimosaceae*）	30 メートルに達する
概要	寿命
とても装飾性のある常緑の花樹だが、場所によっては評判のよくない雑草	30 歳にいたる
原産	気候
南東オーストラリア	地中海性気候で、冬の気温が摂氏 12 度以上あれば冷温帯でも可

大胆に黄色の花をつける木は、北欧の都市の２月には驚きである。ここはあきらかに、コート・ダジュール（フレンチ・リヴィエラ）ときいて、ほとんどのヨーロッパ人が連想するオーストラリア種の木がみられる場所ではない。しかし、大都市は郊外や田園地帯にくらべるとあきらかに暖かく、気候の変化によって、多くの都市に長期にわたるおだやかな冬がもたらされたようにみえる。しだいに多く植樹されているので、この特徴的なミモザの木は、冬の終わりの数週間、人目をひく色で通行人の目を楽しませるようになった。花が咲いていないときには、極端にわかれた葉のために、やや灰色とぼやけた姿をみせる。

ミモザ（フサアカシア）は、約 1,300 種の数多いアカシア属のなかでも最も知られたものである。とはいえ、多くの植物学者はこの属をわけ、もっと扱いやすくしたいと思っている。ミモザは最も硬質の種では決してない（タスマニア産の *A. pataczekii* がその栄誉にあずかる）。しかし、硬さと育てやすさと花の美しさを、とても効果的にかねそなえた木である。「育てやすい」というのは、ひかえ目ないい方である。由緒あるこの先駆的な木は広大な土地を侵略して、地中海周辺地域、インド、マデイラ島、アフリカ各地でその土地固有の種に空間をゆるさなかった。生態学者のびっしりつまった語彙集では、それは由緒ある「特定外来種」となっており、おびただしくタネをまき、空いた空間を占拠し、急激に生育する。自然環境ではこの木は、火によって他の種が一掃された土地を占拠し、その他のもっと長生きする種に時間をかけてとってかわられてしまう。しかし、外来種によくあることだが、人間が混乱をひきおこすことで、ミモザはひろがる機会をえる。ミモザの黄色の花が好きだが、寒冷すぎて戸外で生育できない気候に生活している人は、この木を温室やその他の閉鎖空間で育てようとすることがある。しかし、多くの先駆植物のように、ミモザは寿命が短かい。急速に生長するのも、またフラストレーションを感じさせるし、この木は多かれ少なかれこじんまりした形に刈りこむことはできない。実際のところ、戸外の温点に植えて、最善を期す以外に手がない。

植物にむやみやたらに生育する傾向があっても、それは必ずしも悪いことだとはみなされていない。実際、コートダジュールの住民にとって、高速道路の盛り土沿いや荒地の一角にタネをまくこの木は、地域でとても可愛がられる特性の一部となっている。新たに流行しだしたコートダジュールで、避寒をするのが好きであった庭園所有のイギリス貴族によって、19 世紀にオーストラリアからもちこまれたこの木は、急速に新しい土地になじんだ。パリのリッツのバー店員によって、それにちなんだ名のカクテル（オレンジジュースとシャンパン）もつくられた。いまでは土地の人や訪問者が、黄色の花は冬が去りかけていることを知らせる確実なしるしとみている。この花を切って家を飾りたいというのは、自然の欲望である。ましてや、ほこりっぽいが魅力的な香しい独特の薫りを、よりいっそう楽しみたいと思うのはなおさらのことである。しかし、花はあまりにもすぐに落ちてしまい、何千という小さな花が落ちるので、家具をよごす。しかし、もし花を一日のあいだ、室温摂氏 22 度から 25 度に設定した部屋におけば、さらに９日間もつだろう。ほぼ１世紀前に、洗濯女たちが発見したことである。この発見以降、この木は数家族によって商業的に利用されてきた。この家族は、この花を切り、化学処理をほどこし、ヨーロッパの残りの地域に輸出している。このオーストラリア産の侵入植物はこれほどまでに地元文化の一部となっているので、毎年、「ミモザ祭」がおこなわれてきた。人の流れに導かれ、観光客はコートダジュールの町と村を通り、ボルム＝レ＝ミモザまでいく。この村は、少なくとも 11 世紀までさかのぼる歴史をもっているが、1968 年に新しい名が採用された。

次ページ：ミモザは地中海地方に古くからある
次ページ見開き：明るい黄色の花で知られるミモザ

90. イロハモミジ〔英：Japanese Maple〕

（学名：*Acer palmatum*）

科 カエデ科（*Aceraceae*）	**大きさ** 15メートルに達する
概要 とても変種の多い小型の落葉樹で、家庭園芸家に人気がある	**寿命** おそらく最高300歳くらい
原産 日本、韓国、極東ロシア	**気候** 冷温帯

樹木園の駐車場は満車で、木のあいだに人ごみがひろがりつつある。イロハモミジの周囲の地面はとてもぬかるんでいて、スノコが置かれ、人が歩けるようにしてある。成人は立ったまま、讃嘆のまなざしで木々をながめ写真におさめている。一方、子どもたちは周囲を走りまわり、葉をあつめ、いちばん華やかな葉を見つけようと競いあっている。

イロハモミジは人気がある。とりわけ秋になると、葉の色を大々的に見せる。この木をとりこんだ樹木園と公園では、大いに呼び物となる。とりわけ西ヨーロッパのような場所ではそうであって、そこでは原生種が十分色づくことはないからだ。秋のいい色は、なによりもまず気候しだいである。つまり、気温が急激に下がらなくてはならず、そうなると化学作用が始動しはじめ、その結果、葉が豊かな赤やオレンジや黄に色づくことになる。さらに遺伝子的成分もある。自然に色づく木は、よい色を大いに促進しそうな気候帯に生育しているようにみえるからだ。北アメリカ北東部と東アジアに発するカエデは、どこで生育していようが、秋の色のいちばんすぐれた源のひとつである。対照的に、北アメリカ産オークは、地元のようには、西ヨーロッパではうまくいかない。

しかし、秋はまさしく有終の美である。イロハモミジの葉は、つぼみがひろがったときから葉が落ちるまで美しい。雪片がひとつひとつ独特であるように、すべてのモミジの葉の型もそうだといっても、類推をひろげすぎたことにはならない。そのように比較すると、その変異のレヴェルがいくらかでもわかる。イロハモミジの亜種は3つあり、それぞれの差異はわずかなものである。しかし、それぞれの種には、個体レヴェルでたくさん変異がおきている。ちがいは木の大きさ、枝ぶり、葉の大きさ、葉の裂片の数、葉の色、そしてきわめつきは各葉の分かれ方の程度である。輪郭がまったく平凡なものもあれば、すかし細工をほどこしたようなものや、羽根毛のようなものまである。

そうした程度のちがいが個体間にあるので、イロハモミジは収集家といえる人の愛好する植物になっている。収集は日本からはじまった。日本では、人びとが特定の植物種の変種をさがし、それを分類化し名づけ展示するゆたかな伝統がある。江戸期（1603～1868）、たくさんの数の変種が名づけられ繁殖された。したがって、日本が1860年代に開国して外部世界との交易をはじめたとき、苗床はただちに北アメリカとヨーロッパにおびただしい数の若木を輸出することができた。西洋による日本の「発見」は、日本的なモノへの熱狂といえるものにいたった。20世紀初頭には、日本式庭園造りがはじまった。イロハモミジは、この時期の庭園造りの中核にあった。この時期の木は、地方の大庭園によく見ることができる。それとわかるのは、形が小型で、彫刻をしたようなジグザグ形の分枝性が魅力的だからである。しばしばその脇には、かつて「日本庭園」の一部であった築山の雑草一杯の名残りがあり、時にはのびすぎの竹藪もあったりする。まれには石灯籠がある。それは依然として日本の多くの庭を飾る種類のものだが、もとは庭に置かれていたのが売却されたり盗まれたり、1941年に日本と連合軍との戦争が勃発した際に、溝に投げこまれたりしたものである可能性が高い。

多くのみごとなモミジは、イギリス諸島の寒冷で雨の多い西部に見つかる。そこは、夏が蒸し暑い日本とはむしろ異なる。しかし日本では、モミジは下層植生の木で、スギ、マツ、オーク（カシ）などの日本の森林地帯の多くを形成している木の下で生育する。日なた、あるいは風の強い場所に植えられると、その華奢な葉はすぐにすり切れてしまう。しかし、日陰で育てると、光の方に引きよせられたり、他の生長の早い木におおわれたりする。夏が涼しい気候では、他の木に囲まれることなく十分な日の光のなかで育てることができ、その潜在力を十分に発揮できる。

1990年代まで、日本のモミジはいつも高値がついていた。生長がおそいので、若木が親木のもつ顕著な葉の模様を確実にもつようにするために、接ぎ木をしなくては

次ページ：曲がりくねった枝ぶりがイロハモミジの特徴である

ならない。技術のいる処置である。しかし、ヨーロッパと北アメリカで20世紀末に園芸ブームがおこり、種苗場は植物をうみだすより安価な方法を発見した。つまり、すぐれた木からたくさんつくられたタネをあつめ、それをただちに撒いて春まで待ち、見た目のよりよい植物を鉢植えにして、無名の苗木として売るのである。千以上の名のある栽培品種があるので、多くの園芸家は、実際、園芸用品店で見る格好のいい植物が名前をもつのかもたないかには関心がない。それが自分の庭で生長してくれさえすればいいのである。

「カラオリニシキ（唐織錦）」「カマガタ（鎌形）」「ケンディ・キッチン」「カラスガワ（烏川）」「カサギヤマ（笠置山）」などを購入する人は、何を手に入れるのであろうか。通例、それは遅生育の木で、時間がたたないとほどよい大きさにはならない。いくつかの変種はずっと小さい。「イロハモミジ」型はとてもこまかく分かれた葉をもち、生育習性がおそい。この木は灌木とほとんどかわらず、緑か紫の葉の小丘をなす。「カマガタ」は盆栽で、「イロハモミジ」ではない。「カラオリニシキ」はまだらの葉をした珍しいものである。この名は1745年にさかのぼるが、今日の植物のうちどれがこれに相当するのか、専門家の意見は一致をみていない。「ケンディ・キッチン」は葉がブロンズ色であるが、シーズン全体を通してたえず新しく生長しつづけるという興味深い特徴をそなえている。葉があかるいピンク色なので、花のような効果をもっている。「カラスガワ」は新芽がピンク色だが、春だけである。少なくとも日にあてておけば、「カサギヤマ」の新芽は赤レンガ色になる。などなどがあり、日本産モミジは、執念をもった収集家向きの植物といってよい。

前ページおよび上：矮性種の果実および葉、そして生息地

91. カツラ〔英：Katsura〕

（学名：*Cercidiphyllum japonicum*）

科
カツラ科（*Cercidiphyllaceae*）
概要
とても美しい壮麗な落葉樹で、比較的大きな庭園に好まれる
原産
南東中国と日本

大きさ
45 メートルに達する
寿命
不明だが、数百年の可能性がある
気候
暖温帯から冷温帯

カラメルになった砂糖の匂いにまちがいない。それとも、シナモンの匂いか。ともかく甘いものだ。このあたりで、誰かタフィー作りをしているのだろうか。空気の匂いをかぎ当惑気味の人を、秋になってカツラの木の周囲でよく見かける。この匂いのもとは、このようにとても美しく特徴的な木の葉である。落葉樹の葉が秋になって色を変えはじめると、たくさんの複雑な化学作用が関与する。いくつかの化合物が再利用・蓄積され、ほかのものは捨てられる。なんらかの理由で、この種では、よく知られた糖質化合物であるマルトース（麦芽糖）が、この過程のなかで放出されるのだ。そうする木は、ほかには知られていない。

他の木がこのいたずらをしないといわれても、たぶん驚きではないだろう。カツラは、やや分類学上の孤児である。その科には、種が二つあるだけである。このように孤立した立場は、この木の古さに起源する。化石からあきらかなように、カツラは白亜紀から方々に存在していた。これはモクレンやメタセコイアのように古い属であり、かつてアジアとヨーロッパ中にもっと広範に分布していたものである。その他の近縁種のすべてが死にたえ、多くの古代植物の発祥の地・中国南東部という生きた大自然博物館と日本中部と南部の分室に、たった2種しかのこらなかったと思われる。中国南西部の四川省ではじめて、プラントハンターで探索者のE・H・ウィルソンが、20 世紀初頭、カツラが生育している森を発見した。悲しいことに、今日、この森の多くは枯渇している。

「カツラ」という語は日本語であり、桂川周辺地域と密接な関係にあることがわかる。この川は古都・京都にながれこみ、桂離宮までつづいている。この宮殿は、王宮のなかでも最も美しく上品でミニマリズムの建築である。日本で長らく栽培されていたこの木は、19 世紀末に西洋にやってきた。ニューヨーク市民トーマス・ホッグが北アメリカにもたらしたのである。彼は、1860 年代から 1870 年代まで日本の外交使節に任命され、また兄弟のジェイムズと養樹園を経営していた。ジェイムズはアメリカにとどまり、トーマスが送ってくるタネをつかって植物を育てていた。彼らが植えた植物のいくつかは、いまでも生きている。そのなかに、多様な幹をした大きくて壮麗な木が数本あり、その枝は、上へ、そして外側にむかってアーチの弧を描く傾向にある。弓形になる習性は変種「ペンドュラム（振り子の意）」(Pendulum）にまでうけつがれており、この変種には独特のしだれる習性があり、川辺の植栽用のシダレヤナギのかわりを十分にはたす。この習性は、変種「ルビー（ルビーの意)」(Ruby）では削減されている。この枝は上にのび、この木に独特の柱状になる習性を付与している。葉は、夏中、ピンクがかった赤のままである。この木の葉はほしいが庭が小さい人には、小型種「ヘロンズウッド・グローブ（サギの木の球の意)」(Heronswood Globe）がおすすめである。

花はどちらかといえば重要ではなく、この木は葉のために育てられる。葉はとても楽しい形をしていて、基本的には円形で、葉柄あたりの基底部にギザギザがある。春にはピンク色にひらき、成熟するとくすんだ緑となり、秋には、美しく黄からオレンジがかった茶色の色合いにかわり、そのあとに、いうにいわれぬ例の香しいキャンディの匂いがしてくるのだ。

このように壮麗で美しい木は、もっと見る価値があるが、好き嫌いが激しい面があり、繁茂するのはただ、ふかくしめった土壌、しかもできれば酸性の土壌だけである。多くの木のように、酸性土壌でなら秋によりよく色づく。この木をいちばんよく目にするのは、大きな庭園や個人の樹木園である。そのわきには、モクレンや成熟したツツジがある。もっと多く、公園やその他の場所に植えるべきだ。そうすれば、もっと多くの人びとがこの木のよさがわかり、毎年、秋にはその珍しい香りに頭をなやますことだろう。

次ページ：美しい秋の色を見せてくれるカツラの葉

森の始祖たち

この年表は、個々の樹木種で最長樹齢の実例を示している

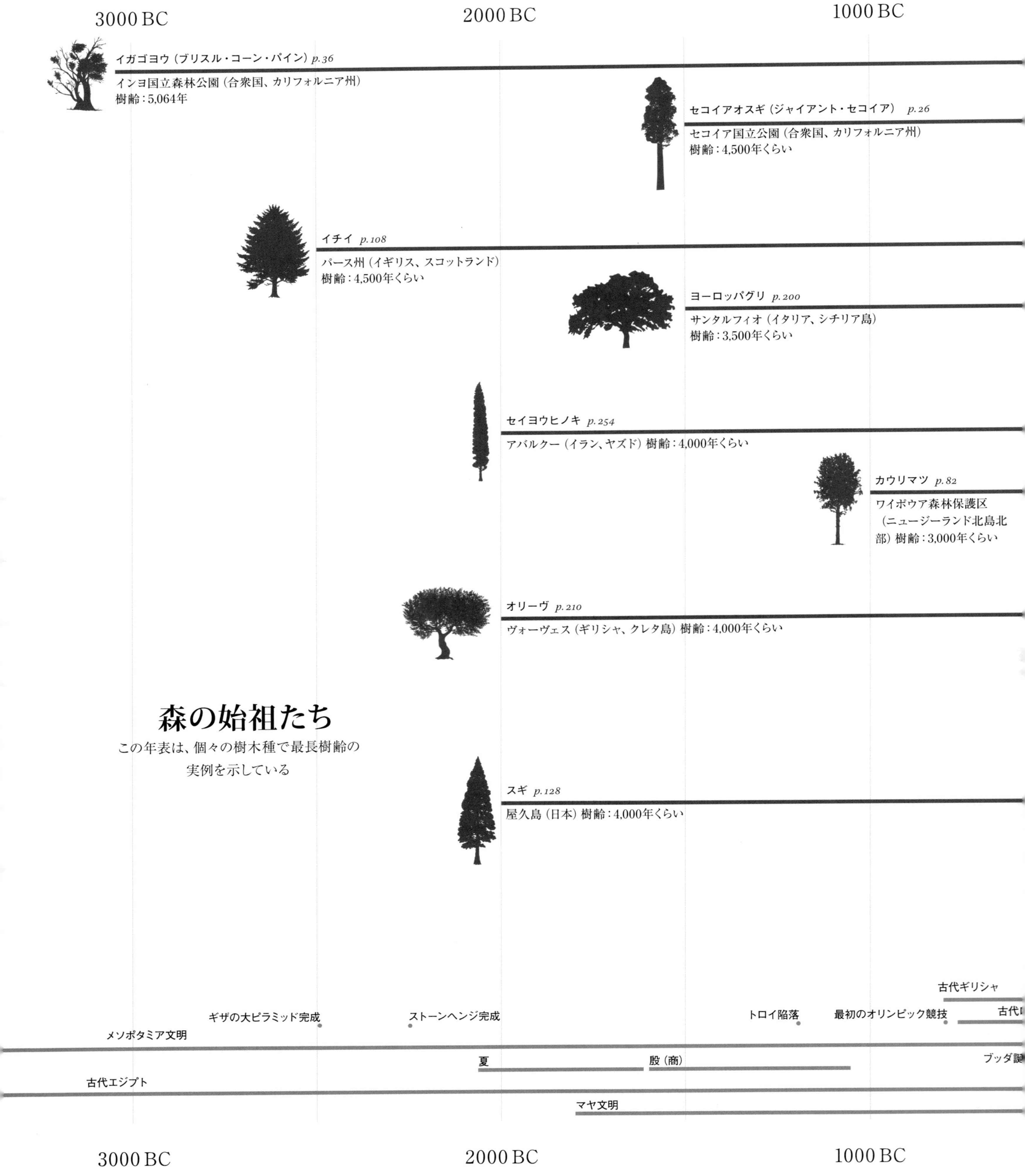

3000 BC
2000 BC
1000 BC
イガゴヨウ（ブリスル・コーン・パイン） p. 36
インヨ国立森林公園（合衆国、カリフォルニア州）
樹齢：5,064年
セコイアオスギ（ジャイアント・セコイア） p. 26
セコイア国立公園（合衆国、カリフォルニア州）
樹齢：4,500年くらい
イチイ p. 108
パース州（イギリス、スコットランド）
樹齢：4,500年くらい
ヨーロッパグリ p. 200
サンタルフィオ（イタリア、シチリア島）
樹齢：3,500年くらい
セイヨウヒノキ p. 254
アバルクー（イラン、ヤズド）樹齢：4,000年くらい
カウリマツ p. 82
ワイポウア森林保護区（ニュージーランド北島北部）樹齢：3,000年くらい
オリーヴ p. 210
ヴォーヴェス（ギリシャ、クレタ島）樹齢：4,000年くらい
スギ p. 128
屋久島（日本）樹齢：4,000年くらい
古代ギリシャ
ギザの大ピラミッド完成
ストーンヘンジ完成
トロイ陥落
最初のオリンピック競技
古代
メソポタミア文明
夏
殷（商）
ブッダ誕
古代エジプト
マヤ文明
3000 BC
2000 BC
1000 BC

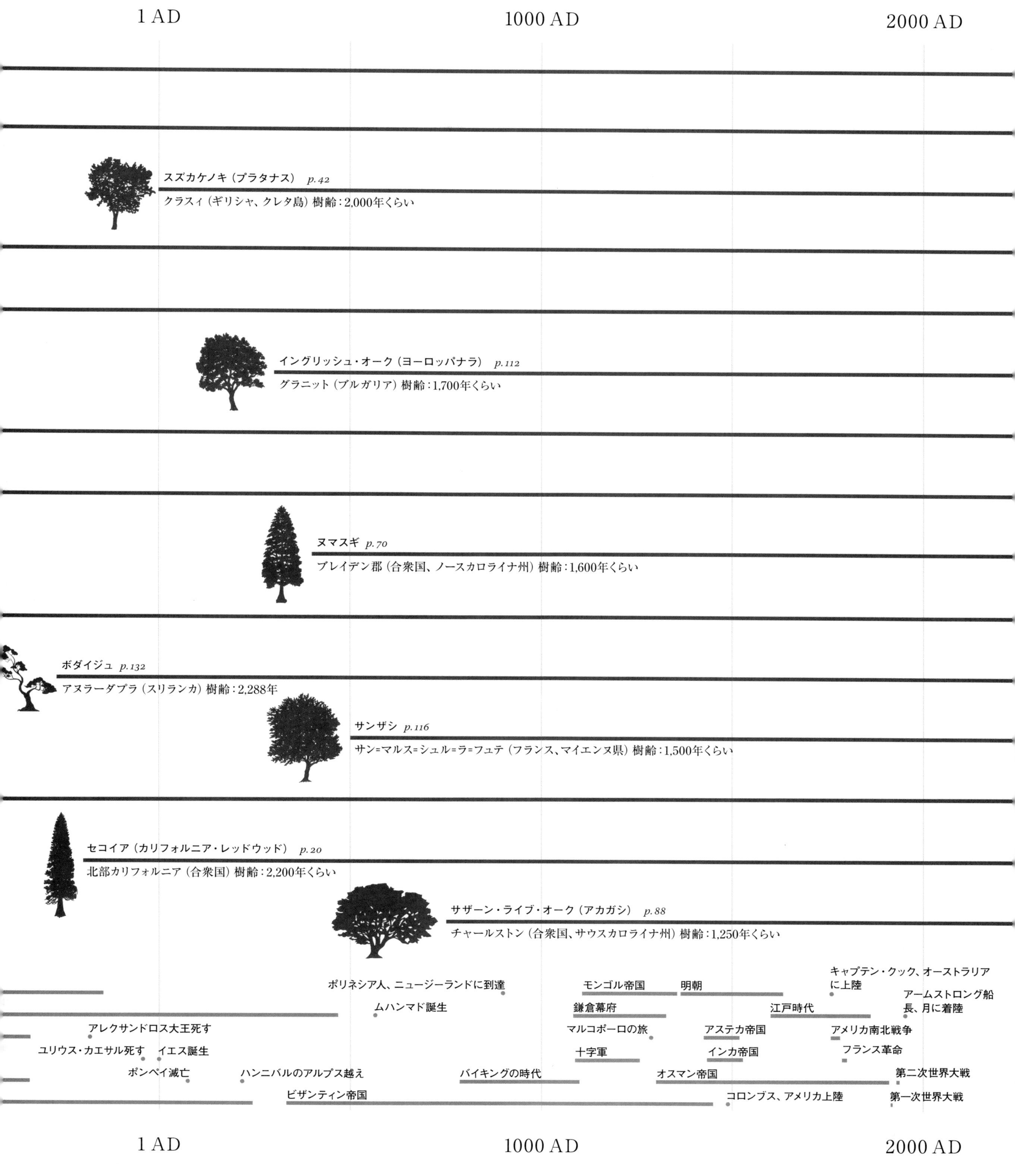

1 AD
1000 AD
2000 AD
スズカケノキ（プラタナス） p. 42
クラスィ（ギリシャ、クレタ島）樹齢：2,000年くらい
イングリッシュ・オーク（ヨーロッパナラ） p. 112
グラニット（ブルガリア）樹齢：1,700年くらい
ヌマスギ p. 70
ブレイデン郡（合衆国、ノースカロライナ州）樹齢：1,600年くらい
ボダイジュ p. 132
アヌラーダプラ（スリランカ）樹齢：2,288年
サンザシ p. 116
サン=マルス=シュル=ラ=フュテ（フランス、マイエンヌ県）樹齢：1,500年くらい
セコイア（カリフォルニア・レッドウッド） p. 20
北部カリフォルニア（合衆国）樹齢：2,200年くらい
サザーン・ライブ・オーク（アカガシ） p. 88
チャールストン（合衆国、サウスカロライナ州）樹齢：1,250年くらい
ポリネシア人、ニュージーランドに到達
モンゴル帝国
明朝
キャプテン・クック、オーストラリアに上陸
アームストロング船長、月に着陸
ムハンマド誕生
鎌倉幕府
江戸時代
アレクサンドロス大王死す
マルコポーロの旅
アステカ帝国
アメリカ南北戦争
ユリウス・カエサル死す
イエス誕生
十字軍
インカ帝国
フランス革命
ポンペイ滅亡
ハンニバルのアルプス越え
バイキングの時代
オスマン帝国
第二次世界大戦
ビザンティン帝国
コロンブス、アメリカ上陸
第一次世界大戦
1 AD
1000 AD
2000 AD

索　引

邦文索引

学名索引

著者による謝辞および参考図書

本書で使用した事実資料は、広範におよぶ標準的な典拠から参照した。しかし、とりわけ興味深い、あるいは論議をよんでいる題材をあつかっている追加資料は、引用典拠とならんでのここにあげてある。アーノルド樹木園（the Arnold Arboretum）のとても貴重な雑誌『アーノルディア』（*Arnoldia*）は、オンラインのものである。ウェブサイトについては、オープンにみることができる典拠だけをあげている。

全巻通じて
www.monumentaltrees.com is a global website that details particularly impressive trees.

セイヨウカジカエデ
'Sycamore — Acer pseudoplatanus,' Townsend, Mike, report from The Woodland Trust (2008). <www.woodlandtrust.org.uk/.../pdf/sycamore-paper-ext-version.pdf>

ベニカエデ
'The Red Maple Paradox,' Abrams, Marc D., in *BioScience*, Vol. 48, No. 5 (May, 1998), pp. 355–364.

ヨーロッパグリ
Acknowledgment to John Leigh-Pemberton.

キササゲ
'The Great Catalpa Craze,' Del Tredici, Peter, in *Arnoldia*, 46:2 (1986).

ケイマン・アイアンウッド
Acknowledgment to Ann Stafford.

ハナミズキ
'Land Bridge Travelers of the Tertiary: The Eastern Asian–Eastern North American Floristic Disjunction,' Yih, David, in *Arnoldia*, 69:3 (2012).

コクタン（エボニー）
'The ebony trade of ancient Egypt,' Dixon, D.M., doctoral thesis, University of London. Green open access (1961). <http://discovery.ucl.ac.uk/1381754/>

ユウカリノキ（ゴムノキ）
Quotation from: http://theburningsplint.blogspot.co.uk/2009/09/eucalyptus-environmental-monster.html

'Is Eucalyptus an ecologically hazardous tree species?,' Teshome, Tesfaye, in *The Ethiopian Tree Fund Foundation*, 1:1 (2009). <http://etff.org/Articles/Eucalyptus.html>

イチョウ
'Ginkgo biloba in Japan,' Handa, Mariko, in *Arnoldia*, 60:4 (2000).

'Wake Up and Smell the Ginkgos,' Del Tredici, Peter, in *Arnoldia* 66:2 2008).

'Ginkgos and People: A Thousand Years of Interaction', Del Tredi Peter, in *Arnoldia*, 51:2 (1991).

'Where the Wild Gingkos Grow', Del Tredici, Peter, in *Arnoldia*, 52:4 (1992).

Sargent quotation from: 'The Ginkgo in America,' Del Tredici, Peter, in *Arnoldia*, 41:4 (1981).

Quotation regarding alzheimers from: <http://www.webmd.com/alzheimers/news/20120905/ginkgo-biloba-doesnt-protect-alzheimers>

モチノキ（セイヨウヒイラギ）
'Ilex aquifolium L.,' Peterken, G. F., Lloyd, P. S., in *Journal of Ecology*, 55:3 (1967), pp. 841–858.

ユリノキ（チューリップツリー）
Evelyn quote from 'Liriodendron tulipifera — Its Early Uses,' Reynolds, Margo W., in *Arnoldia*, 36:3 (1976).

リンゴ
Quote from *The Botany of Desire*, Pollan, M., Bloomsbury (2002), p. 9.

メタセコイア
'Metasequoia glyptostroboides: Fifty Years of Growth in North America,' Kuser, John E., in *Arnoldia*, 58:4 (1998).

'Metasequoia and the Living Fossils,' Andrews, Henry N., in *Arnoldia*, 58:4 (1998).

'Metasequoia Travels the Globe', Satoh, Keiko, 58:4 (1998).

'From Fossils to Molecules: The Metasequoia Tale Continues,' Yang, Hong, in *Arnoldia*, 58:4 (1998).

ノルウェー・スプルース
Press Release from Umeå University, Sweden (April 16, 2008). <http://info.adm.umu.se/NYHETER/PressmeddelandeEng.aspx?id=3061>

イガゴヨウ（ブリスル・コーン・パイン）
Story of felling the oldest tree comes from *American Canopy: Trees, Forests, and the Making of a Nation*, Rutkow, Eric, Scribner (2013).

イタリアカラカサマツ（ストーン・パイン）
Pinea project, <www.pinuspinea.com/literature-review>

ヴァレー・オーク
California Indian Acorn Culture, National Archives, Pacific Region, <www.archives.gov/pacific/education/curriculum/4th-grade/acorn.html>

'Cooking with Acorns',
Redhawk, from *The People's Paths*, (2004). <www.thepeoplespaths.net/NAIFood/acorns.htm>

イングリッシュ・オーク
Trees: Woodlands and Western Civilization, Hayman, Richard, Hambledon (2003).

The History of the Countryside, Rackham, Oliver, Dent (1986).

Wooden Vessel Ship Construction, Mathews, Jim, in *On Deck*, <www.navyandmarine.org/ondeck/1800shipconstruction.htm>

'The number of species of insect associated with various trees,' Southwood, T.R.E., *The Journal of Animal Ecology*, 1:8 (1961).

ナツメヤシ
'Date palm decline: Iraq looks to rebuild,' *The Independent*, September 11, 2011. <www.independent.co.uk/environment/date-palm-decline-iraq-looks-to-rebuild-2353048.html>

'A glimpse of Iraq,' Khaleel, Abu, blog. February 19, 2005. <http://glimpseofiraq.blogspot.co.uk/2005/02/date-palm-trees.html>

クロポプラ
'Black poplar — the most endangered native timber tree in Britain' — RIN239 <www.forestry.gov.uk/pdf/RIN239.pdf/$file/RIN239.pdf>

サクラ
'Japanese Flowering Cherries — A 100-Year-Long Love Affair,' Aiello, Anthony S., in *Arnoldia*, 69:4 (2012).

シダレヤナギ
'Alexander Pope's Willow Tree,' The Twickenham Museum <www.twickenham-museum.org.uk/detail.asp?ContentID=401>

エンジュ
'An ancient tree thrives in the city,' Turek, Leslie, for Radcliffe Seminars course 'Plants in Historic Landscapes,' November 21, 1995. <www.leslie-turek.com/LandscapePapers/PagodaTree.html>

***Syzygium aromaticum* (clove)**
'The world's oldest clove tree,' Worrall, S., *BBC News Magazine*, June 23, 2012. <www.bbc.co.uk/news/magazine-18551857>

ウェスタン・レッド・シダー
'A Tale of Two Cedars,'
United States Department of Agriculture Forest Service Pacific Northwest Research Station General Technical Report PNW-GTR-828, October 2010. <www.fs.fed.us/pnw/pubs/pnw_gtr828.pdf>

ライム
'History, manufacture, and properties of lime bast cordage in northern Europe,' Myking, T. et al., in *Forestry*, 78:1 (2004). <http://forestry.oxfordjournals.org/content/78/1/65.full.pdf>

Quote from Rackham 1986.

'Phylogeography: English elm is a 2,000-year-old Roman clone,' Gi L. et al., in *Nature*, 431 (2004), p. 1053.

アメリカニレ
Quoted in Rutkow (2013), p. 218.

Urban and Community Forestry in the Northeast, Peattie, D.C., Kuser, J.E., Springer (2007).
Elm Recovery Project, University of Guelph. <http://www.uoguelph.ca/arboretum/collectionsandresearch/elmrecovery.shtml>

インドナツメ
First quote from:
'Chinee Apple,' Department of Agriculture, Fisheries and Forestry Biosecurity Queensland. <www.daff.qld.gov.au/documents/Biosecurity_EnvironmentalPest IPA-Chinee-Apple-PP26.pdf>

Second quote from:
'Ziziphus for Drylands — A Perennial Crop Solving Perennial Problems,' Vashishtha, B.B., in *Agroforestry Today*, 9 (1997), pp. 10–12.

写真家による謝辞

本書をつくりあげるのには何回もの旅行が必要とされ、広範にわたる調査をして、各章にもっとも適切な木をみつけなくてはならなかった。本書に写真を使えるようにするため、作業中にさまざまな団体と個人から寛大な援助をうけた。ある木の場合、野外撮影の便宜を図っていただいたり、確認作業をしていただいたりしたし、探しまわっている際に、感謝にたえない歓待をうけたこともある。以下の方々と団体に感謝したい。

イングランド
Trewithen Estate, Cornwall
The Bournemouth Tree Trail, Dorset
Sheila Jones, Bournemouth, Dorset
Kerry Bradley, Beckford, Gloucestershire
Peter Gregory, Cirencester, Gloucestershire
Dan Crowley, Westonbirt Arboretum, Tetbury, Gloucestershire
Mary and Nick Brook, Ampfield, Hampshire
Kevin Hobbs of Hillier Nurseries Ltd., Romsey, Hampshire
Wolfgang Bopp, Hillier Arboretum, Romsey, Hampshire
David Redmore, Lancaster, Lancashire
Barbara Latham, Lancaster, Lancashire
Zoë Smith, Quintessence, London
Tony Kirkham and Elizabeth Warner, The Royal Botanic Gardens, Kew, London
Lord Howick, Howick Hall Arbo retum, Northumberland
Jane and John Lovett, Wooler, Northumberland
Lord Lansdowne and staff, Bowood Estate, Calne, Wiltshire
Jim Buckland and Sarah Wain, West Dean Gardens, West Sussex

スコットランド
Peter Baxter, Benmore Botanic Gardens, Dunoon, Argyll
Thea Petticrew, Rozelle Park, Ayr, Ayrshire John and Jean
Dr Iqbal Malik and staff, Ayr Hospital, Ayrshire
McGarva, Barr, Ayrshire
John and Sally Anne Dalrymple-Hamilton, Bargany Estate, Ayrshire
Lady Jane Rice and Head Gardener Will Soos, Dundonnell
Richard Baines, Logan Botanic Gardens, Dumfries and Galloway
Sarah Troughton and staff, Blair Castle and Estates, Perthshire
Henrietta Fergusson, Killiecrankie, Perthshire
The Forestry Commission

アイルランド
Carmel Duignan, Dublin
Ballyfin Demesne, Co. Laois
Brendan Parsons, Earl of Rosse, Birr Castle, Co. Offaly
Sarah Waldburg, Rathdrum, Co. Wicklow
Powerscourt Estate, Enniskerry, Co. Wicklow
Mt Usher Gardens, Ashford, Co. Wicklow

スペイン
Jardín Botánico-Histórico La Concepción, Malaga
Chris and Ann Hird, Malaga
Lindsay Blyth, Malaga
Heulyn Rayner, Periana
Felicity Wakefield, Periana

イタリア
Jeanette and Claus Thottrup and staff, Borgo Santo Pietro, Chiusdino, Siena
The Abbey of St Galgano, Chiusdino, Siena

シンガポール
Dr Nigel Taylor and staff, Singapore Botanic Gardens
Sungei Buloh Wetland Reserve

ケイマン諸島
Wallace Platts, Cayman Brac
Lynne and George Walton, Cayman Brac
Ann Stafford, Grand Cayman
John Lawrus, Queen Elizabeth II Botanic Park, Grand Cayman
Gladys Howard, Little Cayman
Brigitte Kassa, Little Cayman

アメリカ合衆国
Greg and Dawn Reser, San Diego, CA
Bruce Martinez, Kim Duclo, Mario Llanos and team, Balboa Park, San Diego, CA
Susan Van Atta and Ken Radkey, Montecito, CA
Santa Barbara Botanic Gardens, CA
Rodney Kingsnorth, Sacramento, CA
Muir Woods, Mill Valley, CA
The Trail of 100 Giants, CA
Ancient Bristlecone Pine Forest, Big Pine, CA
Michael Dosmann and staff, Arnold Arboretum, Boston, MA
Ben Byrd, Lakeview Pecans, Bailey, NC
Margo MacIntyre and staff, Coker Arboretum, Chapel Hill, NC
Brienne Gluvna-Arthur, Camellia Forest, Chapel Hill, NC
Sarah P. Duke Gardens, Durham, NC
Historic Oak View County Park, Raleigh, NC
Helen Yoest, Raleigh, NC
Erin Weston, Weston Magnolias, Raleigh, NC
Tony Avent, Plant Delights, Raleigh, NC
Kim Hyre, Sandhills Nature Preserve, Southern Pines, NC
Lee and Christine Jones, Harlem, NY
Melanie Sifton and Sofia Pantel, Brooklyn Botanic Gardens, NY
Nicholas Leshi, New York Botanic Gardens, NY
Nancy Goldman, Portland, OR
Bill Thomas and staff, Chanticleer Gardens, Wayne, PA
Middleton Place, Charleston, SC
Kelly Dodson and Sue Milliken, Far Reaches Farm, Port Townsend, WA
Lynn and Ralph Davis, Burien, WA
Lavone and Dick Reim, Skagit Valley, WA

訳者あとがき

西欧のルネサンス期に、ネオプラトニズムが流行した。この思想は、古代ギリシャのプラトニズムをキリスト教に読み換えたものであったが、ここに「大宇宙」と「小宇宙」の呼応という考えがあった。大地のとてつもない上方の悠久の彼方に「神」が存在し、その下に「天使」の層があり、さらに下って「天体」が、そして最後に「自然」が最下層に位置づいていた。

この各層には連鎖があり、「存在の大連鎖」と呼ばれていた。この連鎖の上方先端に「神」が、下方先端に「大地」が位置し、それは「純粋霊」と「純物質」であった。当然のことながら、キリスト教の枠内では、前者が尊い存在であり、後者が卑しい存在であった。『創世記』では、人間の創造はまずこの「純物質」である「土」でつくられ、そこに神の息（スピレ）が吹き込まれたことになっている。「小宇宙」とはこの人間のことであるが、大宇宙の4大元素からなる自然の最下層「大地」は、小宇宙の一部、つまり下腹部としか呼応していなかった。とりわけ、排泄物との関係である。

この卑しい大地に生育する植物は、それほど重要視されることはなかった。だが、西欧では、植物を大事にする思想は、決して20世紀中頃にはじまるエコロジーによってもたらされたわけではない。キリスト教以前のケルトの宗教にあった。本書「聖樹」の章でも示唆されているように、それは多神教文化の思想である。「生」の根源である「大地」を尊いものとする思想だ。この思想からすれば、その「大地」が育む植物は、同じように尊い存在となる。さらに、人間の食物源、つまり生命の根源となれば、この上なくありがたい存在にほかならない。本書第Ⅲ章「聖樹」にこうある。

一般に木は、人間の意識の誕生以来、信仰の焦点になってきた。ほとんどすべてのアニミズム的宗教の習わしでは、それが特色となっているようだ。キリスト教やイスラム教は、おおむねそうした物質的原理をはねつけ霊性をとったが、他方、ヒンズー教とその姉妹宗教の仏教は、洗練された哲学とそれよりはるかに古い民間伝承を合体させる信仰を編みだした。その民間伝承のなかに樹木崇拝がある。

本書を観て／読むと、樹木、ひいては植物は、「大地」そのものの変化した姿にほかならないと思えてくる。実際、写真に映ったある樹木は、大地がそのまま垂直に細くのびたようにもみえてくる。とりわけ、古木はそうだ。たとえば、本書で取りあげられたイガゴヨウ（ブリスル・コーン・パイン）、セコイアスギ、ポリレピス、ライムなど。本書は、つまるところ「大地」礼賛の書にほかならない。本書は、2014年に、「ブックリスト・エディターズ」（若者向け図書選定協会）から、2014年度出版図書20選のひとつに選定された。

＊　　＊　　＊

著者ノエル・キングズベリー氏（1957年生れ）はイギリス人で、2009年にシェフィールド大学から博士号を取得し、園芸と景観の専門家として活躍し、自然に触発された植栽計画と植物生態学を景観に応用することにかかわっている。多数の著書があり、最近のものとしては以下のものがある。

『家庭のガーデンデザイナー』（*Garden Designers at Home*, 2011）
『多年生植物のガーデニング』（*Gardening With Perennials: Lessons from Chicago's Lurie Garden*, 2014）
『秘められた自然史：樹木』（*Hidden Natural Histories: Trees*, 2015）

本書の共同制作者アンドレア・ジョーンズ氏（1960年生れ）は、世界有数のイギリス人女性庭園写真家で、多数の著名な新聞・雑誌で活躍し、挿入写真で多くの著者に貢献もしている。本書は、その最新のものである。

訳の分担は、荒木（序、第Ⅴ章）、松田（第Ⅰ章、第Ⅲ章）、佐藤（第Ⅱ章、第6章）、江口（第Ⅳ章）である。荒木が全体の訳を統一した。

訳者代表　**荒木正純**

著者
ノエル・キングズベリー（Noel Kingsbury）（1957年生れ）：イギリス人で、2009年にシェフィールド大学から博士号を取得し、園芸と景観の専門家として活躍し、自然に触発された植栽計画と植物生態学を景観に応用することにかかわっている。多数の著書があり、最近のものとしては以下のものがある。*Garden Designers at Home*, 2011；（*Gardening With Perennials: Lessons from Chicago's Lurie Garden*, 2014；*Hidden Natural Histories: Trees*, 2015。

写真撮影
アンドレア・ジョーンズ（Andrea Jones）（1960年生れ）：世界有数のイギリス人女性庭園写真家で、多数の著名な新聞・雑誌で活躍し、挿入写真で多くの著者に貢献もしている。本書は、その最新のものである。

翻訳者
荒木正純（あらき・まさずみ）：白百合女子大学教授・筑波大学名誉教授、英文学・文学理論、著書：『ホモ・テキステュアリス』（法政大学出版局）、『芥川龍之介と腸詰め』（悠書館）、その他。訳書：『宗教と魔術の衰退』（法政大学出版局）、『驚異と占有』（みすず書房）、『シェイクスピア百科図鑑』（悠書館）、その他

佐藤憲一（さとう・けんいち）：東京理科大学理工学部教養 講師、アメリカ文学。共著書：『知の版図』（唯書館）、『人間関係から読み解く文学』（開文社）

松田幸子（まつだ・よしこ）：高崎健康福祉大学講師、初期近代イングランド演劇。著書：「王政復古期の「宗教戦争」―― The Duke of Guise における英仏の「パラレル」」『Shakespeare News』51.2 (2012)、「名誉革命とブリテン島征服――ドライデン『アーサー王』（1691）における女性の〈認識〉」（『オベロン』2015）。共訳：『シェイクスピア百科図鑑』（悠書館）

江口真規（えぐち・まき）：筑波大学人文社会科学研究科在学中、比較文学・比較文化。論文："Representation of Sheep in Modern Japanese Literature: From Natsume Sōseki to Murakami Haruki" (*The Semiotics of Animal Representations*, 2014)、その他

樹木讃歌

樹木と人間の文化誌

2015年9月22日

著　者　ノエル・キングズベリー
写　真　アンドレア・ジョーンズ
翻訳者　荒木正純・佐藤憲一・松田幸子・江口真規
装　幀　尾崎美千子
発行者　長岡正博
発行所　悠書館

〒113-0033　東京都文京区本郷2-35-21-302
TEL 03-3812-6504　FAX 03-3812-7504

2015 Printed in China／ISBN978-4-86582-005-8

ブルガダ三兄弟の
心電図リーディング・メソッド 82

Our Most Beloved Electrocardiograms

［著］ Josep Brugada (MD, PhD) Associate Professor of Medicine, Director of the Arrhythmia Section, Cardiovascular Institute, Clinic Hospital, University of Barcelona, Spain

Pedro Brugada (MD, PhD) Professor of Cardiology, Director of the Arrhythmia Unit, OLV Hospital, Aalst, Belgium

Ramón Brugada (MD) Director of Molecular Genetics Program, Masonic Medical Research Laboratory, Utica, NY, USA

［訳］ 野上 昭彦 横浜労災病院不整脈科部長

小林 義典 東海大学医学部内科学系教授・循環器内科

鵜野 起久也 東京医科大学八王子医療センター准教授・循環器内科

蜂谷 仁 土浦協同病院循環器センター内科部長

医学書院

Printed and bound in Japan

ブルガダ三兄弟の心電図リーディング・メソッド 82
発　行　2012年7月1日　第1版第1刷
訳　者　野上《のがみ》昭彦《あきひこ》・小林《こばやし》義典《よしのり》・鵜野《うの》起久也《きくや》・蜂谷《はちや》　仁《ひとし》
発行者　株式会社　医学書院
代表取締役　金原　優
〒113-8719　東京都文京区本郷 1-28-23
電話　03-3817-5600(社内案内)
印刷・製本　大日本法令印刷

ISBN978-4-260-01544-8

訳者の序

このたび，Josep，Pedro，Ramón の Brugada 兄弟の執筆による“Our Most Beloved Electrocardiograms”の日本語版『ブルガダ三兄弟の心電図リーディング・メソッド 82』を出版できることになったことは大きな喜びです．

Dr. Pedro Brugada と私

Brugada 先生のお名前は Brugada 症候群の発見者として世界的に有名ですが，1993 年の Brugada 症候群発表以前からの多くの臨床不整脈に関する論文を報告されており，私はそれらの論文を通じて不整脈を学んできました．その内容は上室頻拍から心室頻拍へと多岐に及び，それらの論文の一編一編が教科書のようであったのを今でも覚えています．

個人的に Brugada 先生たちの「秘密」に直接触れられたのは 2005 年のことです．このとき，わが国で Pedro 先生と Josep 先生による心電図判読コースが開催され，私も moderator としてそれに参加させていただきました．そのとき，両先生の心電図講義を目の当たりにして，先生方が優秀な科学者であると同時に熱心な教師でもあることがわかりました．そののちもご縁があり，Pedro 先生主催の EP fellow program のアジア版でもお手伝いさせていただくこととなり，不整脈学に留まらない先生の心臓病教育の奥深さに再び感激しました．

今回，日本語版でお届けできるようになった本書には，Brugada 先生たちの不整脈・心電図教育のエッセンスが詰まっています．本書は 82 題の問題形式になっていますが，そのすべては体表面心電図からの設問です．それは，“すべての不整脈診断は注意深い体表面心電図の観察なくしては始まらない”という Brugada 先生の教えから成り立っています．この背景には昨今の多彩な医療機器を駆使した不整脈検査に対する反省もあります．解説部分も単なる回答ではなく，ラダーグラムで体表面心電図を解き明かし，さらには先生方の哲学までもがウィットに富んだ文章で表されていますので，読み物としても楽しいものです．また，設問にはそれぞれ「不思議な」タイトルとその心電図を捧げる不整脈学の先達たちのお名前が記されています．若い読者にはあまりなじみのない先生方のお名前もあるかもしれませんが，そのタイトルやその先生方に捧げられている理由を考えてみるのも一興です．ぜひ，楽しみながらこの本の一頁一頁をめくって，Brugada 三兄弟の愛すべき心電図をご堪能ください．

最後に，本書の出版にあたり企画の段階からご尽力いただいた医学書院の大野智志氏に感謝の意を表したいと思います．

2012 年 5 月

訳者を代表して
横浜労災病院不整脈科
野上昭彦

日本語版　推薦の序

我々が執筆した書籍の日本語版が発行されると聞き，とても驚き，とても嬉しく思っている．この話を聞いたとき，我々の執筆作業が佳境を迎えていた際に，いつも雨ばかり降っているベルギーのフランドル地方で，思いがけず晴天が続いたことをふと思い出した．

この書籍が日本の医師たちにも母国語で読まれ，日常の診療に役立ててもらえることを願っている．また，この企画を実現させてくれた，野上昭彦先生とほかの先生方にも感謝の意を表したい．

我々が厳選した心電図を読み解くことによって，日本の読者の方々にも心電図診断の興味深さを味わってもらいたい．そうすれば，今回取り上げた 82 の心電図はまさに“pearl”であることがおわかりいただけると思う．

2012 年 5 月

Pedro, Josep and Ramón Brugada

序

我々の人生には，“どうしてそれをしたの？”という問いかけが常に存在する．幼児期に始まり，思春期，成人した後にも延々と続き，きっとそれは死を迎えるまで終わらない永遠の問いかけである．

もしあなたがまだ幼い子どもであったとしたら，この問いかけはたいてい，何か悪さをしたときで，父親か母親からのある種の叱責の意味合いを帯びているであろう．

もしあなたがティーンエイジャーであったとしたら，ほかの人から同様の問いかけがあれば，もっと感情が込められ，同意を求めるような意味合いになるかもしれない．“もう何をすべきか分かっているよね！”といったふうに．

大人になると問題はさらに複雑になり，問いかけが向かう先が自分自身に変わっていく．“どうして私はそれをしたのだろう？”と．つまり，今回の我々三兄弟の立場に置き換えてみると，“どうしてこの本を書いたのだろう？”という自問になるかもしれない．

この答えを見つけることはなかなか難しいが，あえて挙げてみるならば……

1)金儲けのため．いやいや，多くの人がまず思いつくかもしれないが，残念ながら，そうではない．むしろ本を執筆するには，儲けよりも出費の方が多い場合もある．
2)節税のため．もちろんこれも違う．
3)執筆を口実として，美しい島でバカンスを楽しむため．これは少し当たっているかもしれない…….
4)自分たちの権威を広く知らしめるため．
5)友人と夜遅くまで，大好きなカード遊びを楽しむため．

かくして我々三兄弟は，ベルギーのフランドル地方にある美しい村，Sint Martens-Latem で本書の原稿を執筆した．この村はたいてい雨が降っているので，草木が青々としていてとても美しいところである．

今回取り上げた 82 の心電図は，我々がこれまでに経験した，文字通り山ほどもある中から厳選したもので，いずれも愛着が深いもの(Most Beloved)ばかりである．それゆえ，これらの心電図を解説する作業はとても楽しく進んだが，本当はそれぞれの心電図にゆかりのある友人たちとディスカッションしながらまとめたいという気持ちがあった．残念ながらそれは叶わぬことであり，その代わりに82の症例それぞれに捧げたい友人の名前を挙げさせてもらった．もちろん，名前を挙げることのできなかった友人も数多くいるので，この場を借りて謝罪と感謝の意を記しておきたい．

さてさて，この本の原稿が完成したときには，いつも雨が降っているこの地域ではとても珍しいことに，2日間にわたって青空を見ることができた．これも，我々の友人たちからの祝福があったからかもしれない．

我々三兄弟は，この本を書き上げることを通じて，とても知的な喜びを得ることができたような気がしている．この知的な喜びが読者にも伝わり，皆さんの知的な刺激となるよう切に願っている．

Pedro, Josep and Ramón Brugada

目次

翻訳担当箇所　1～20：野上昭彦，21～40：小林義典，41～60：鵜野起久也，61～82：蜂谷　仁

1 似て非なるもの

Similar does not equate identical

A

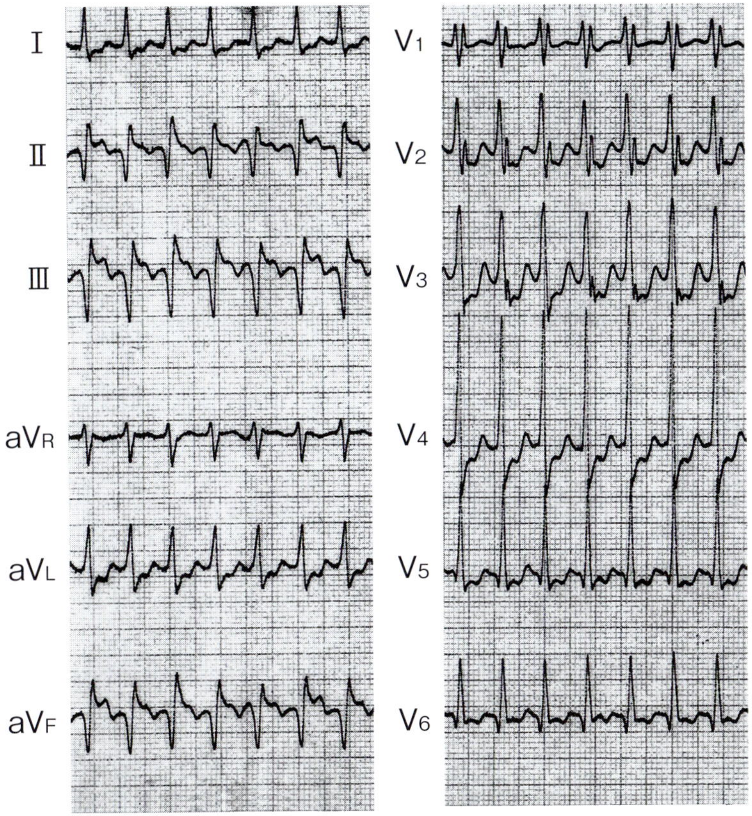

B

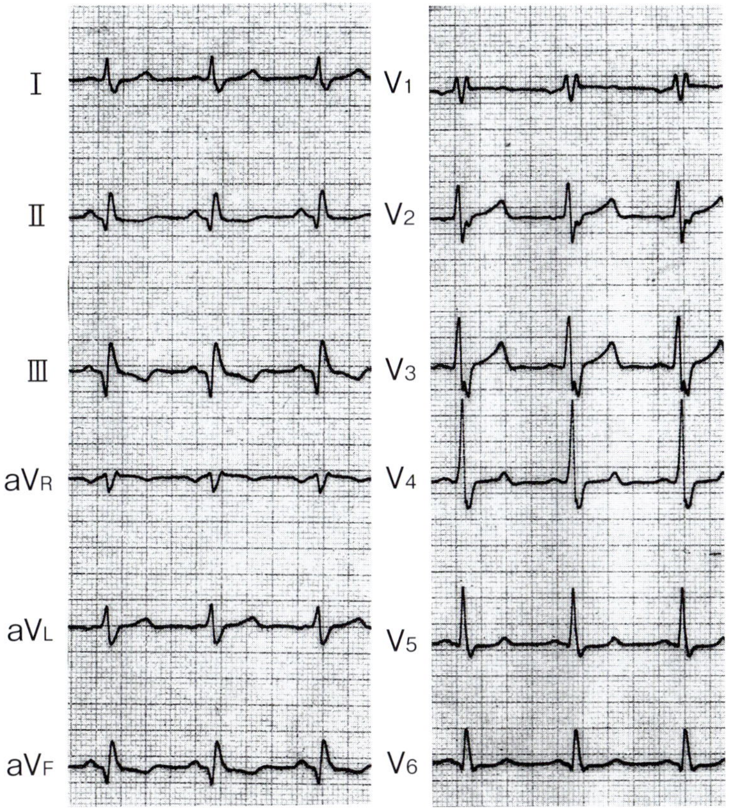

（David Ross に捧ぐ）

1 似て非なるもの

A は 180 bpm（回/分）の規則的な頻拍で，QRS 幅 140 ms の右脚ブロック型である．最も印象的なことは，頻拍の QRS 波形が洞調律中の QRS 波形（B）とほぼ同じことである．

最初に思いつく心電図診断は，変行伝導を伴った上室頻拍（SVT）であろう．しかし，洞調律時の心電図をよく観察すると，下後壁の陳旧性心筋梗塞を有していることがわかる．したがって，心室頻拍（VT）を見逃さないように注意しなくてはならない．

心室頻拍と上室頻拍の鑑別クライテリアに従うと，房室解離（AV dissociation）が存在していることから（C），これは心室頻拍と診断される．

洞調律と心室頻拍時の波形が同じようになった理由はどのように説明されるであろうか？　それはいずれの場合でも，心室内の同じような部位から興奮が始まっていたためと考えられる（D E）．

診断 房室解離を伴う心室頻拍

C

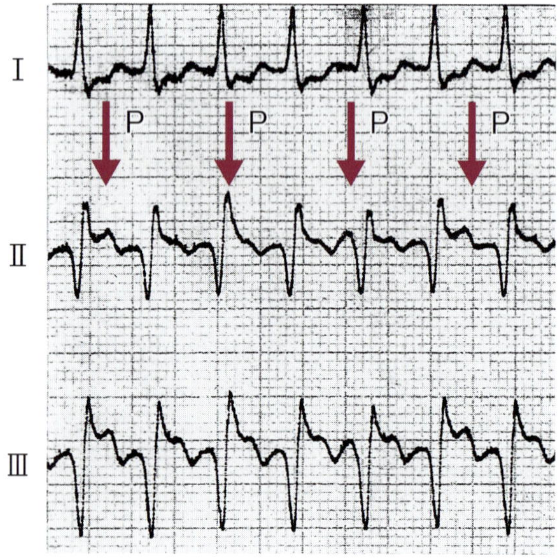

D 洞調律（sinus rhythm）

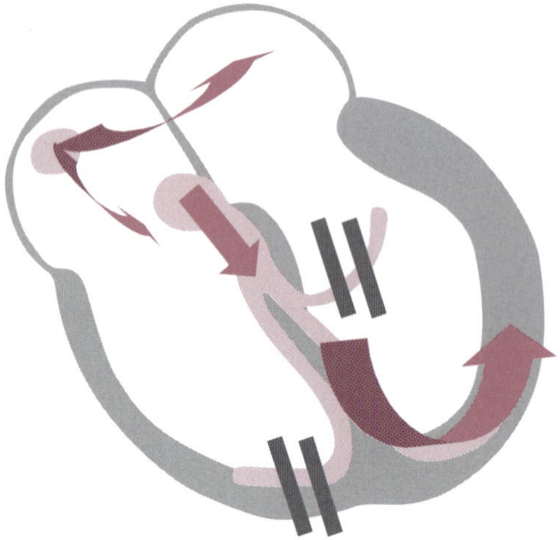

E 心室頻拍（VT）

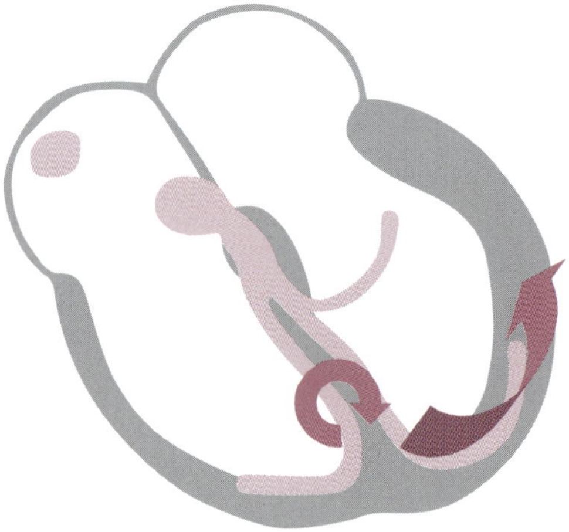

2

離ればなれの心房

Atrial divorce

A

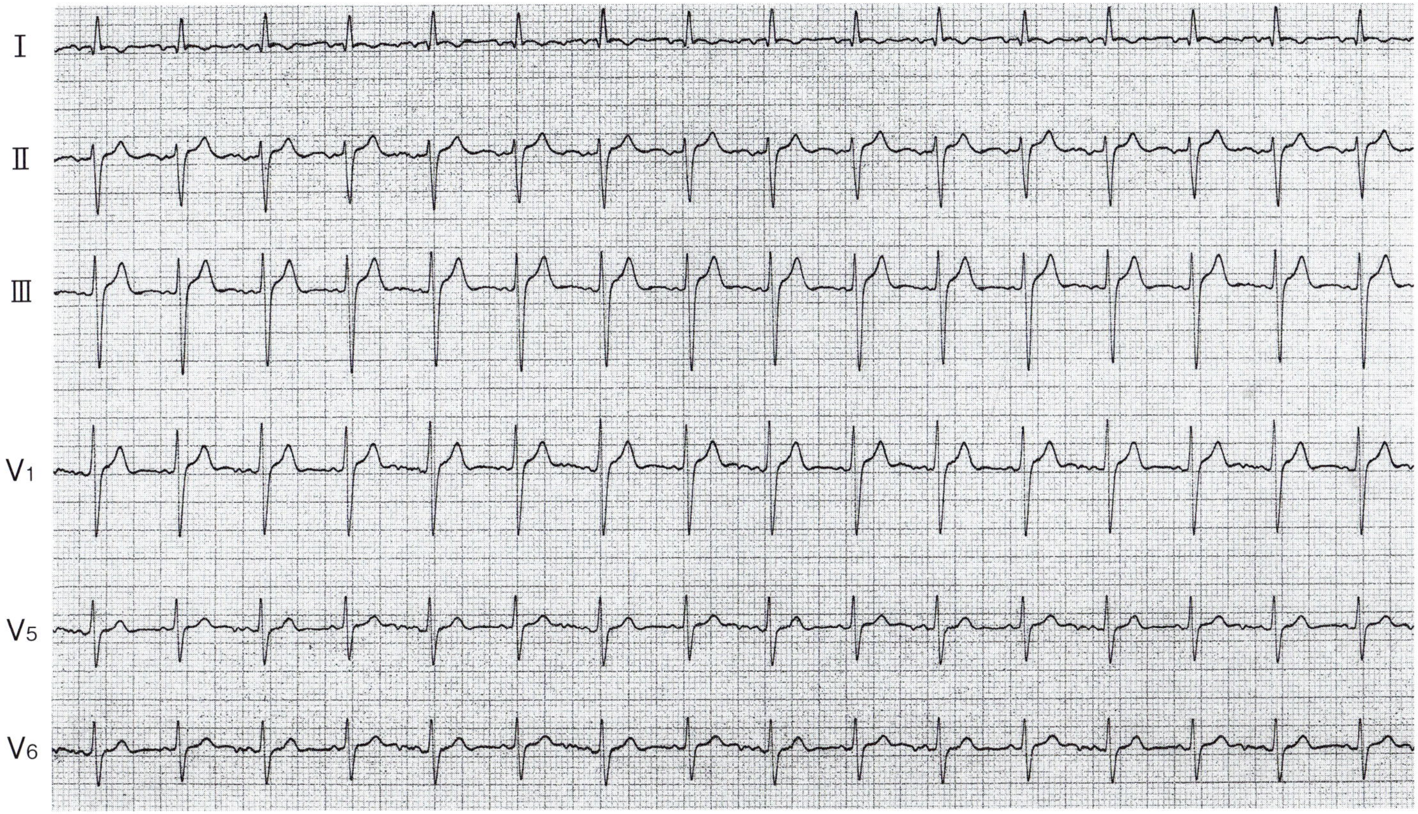

（Antoni Bayés de Luna に捧ぐ）

2 離ればなれの心房

この特異な心電図は，呼吸器疾患を有する患者で認められたもので，医学誌上でも大きな論争を生んだ．はたしてアーチファクトであろうか，あるいは真の心房間解離であろうか？

洞調律中に40 bpmの規則的な振れが記録を通じて認められる(B の矢印).

さて，心房間解離と診断する手がかりは何であろうか？　65 bpmの洞調律は，正常P波形ではないし，P波幅も60 ms以上ある．40 bpmの波形は左房起源を思わせる．Ⅱ誘導とⅢ誘導は陽性で，Ⅰ誘導はisoelectricから陰性である．

このような心房間解離の波形は患者の終末期にしばしば認められ，時には人工呼吸器からのアーチファクトと同期していることもある(C).

診断　心房間解離

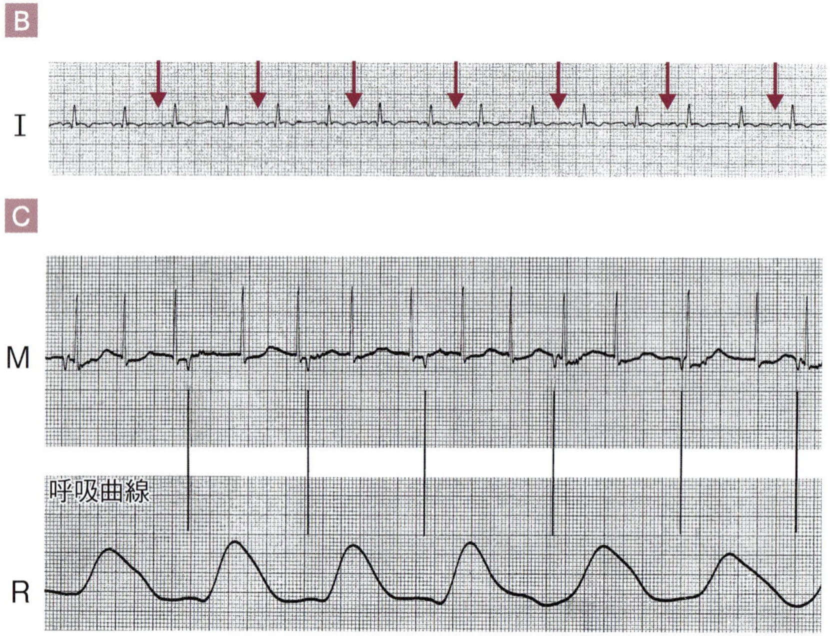

3

頻脈なしの頻脈発作

Tachycardia sine tachycardia

A

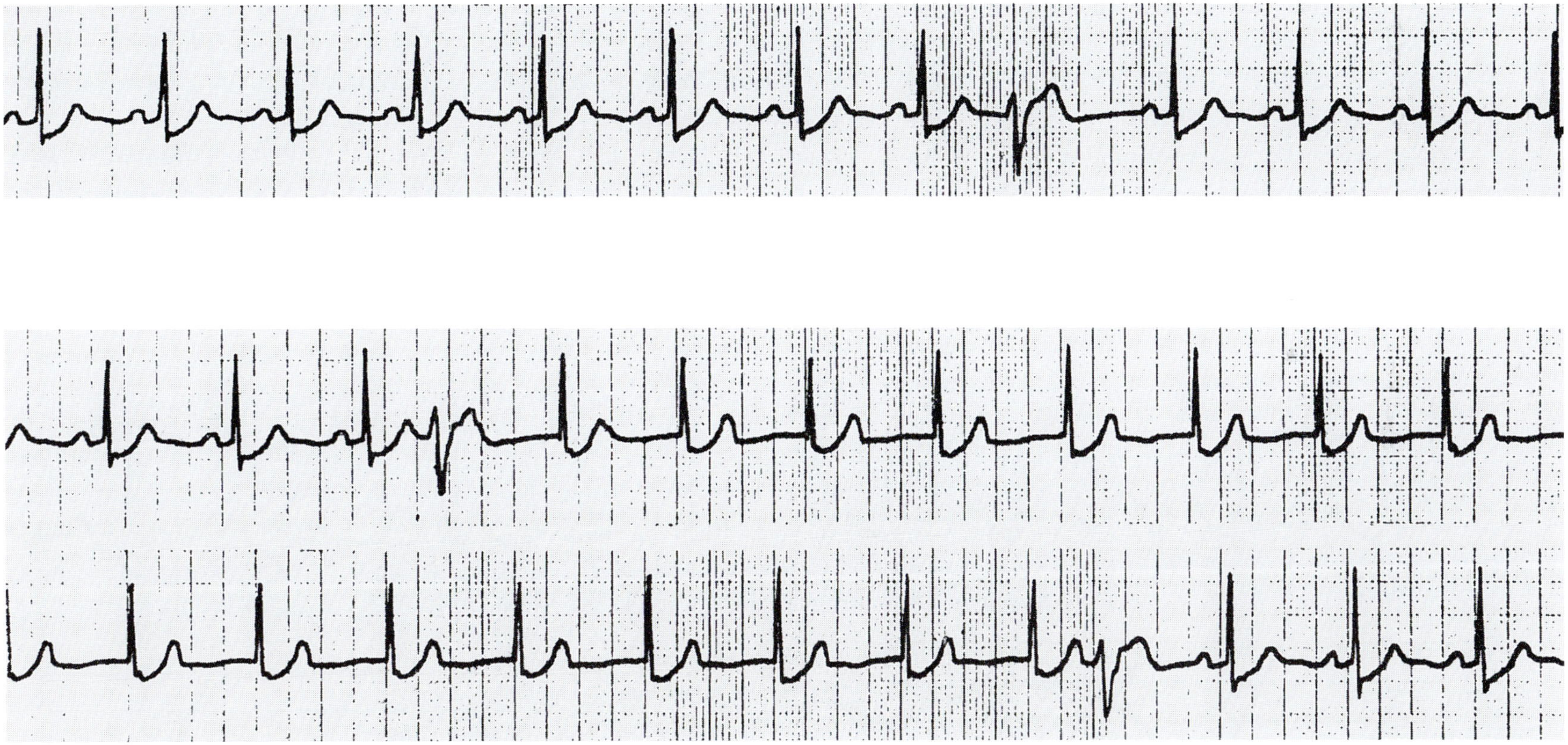

（Sinan Gürsoy に捧ぐ）

3 頻脈なしの頻脈発作

この症例の心電図解釈は非常に難しいが，不整脈を専門とする医師ならば理解できなくてはならない．

患者は心拍数正常であるが，頸部の発作性拍動を訴えている．確かに，この連続記録中の心拍数は変わらず，途中に3つの心室期外収縮が認められるのみである（A）．記録のはじめの部分では，洞調律中に連結期の長い心室期外刺激により代償性休止期を生じているが，心房や心室リズムには影響していない．2段目の短い連結期の心室期外収縮は心房への逆伝導はないが，次の洞調律で PR 時間の著明な延長を生じている（B）．これ以降の洞調律 P 波は PR 時間約 520 ms で順行性に伝導している．3段目の記録では別の心室期外収縮によって，正常 PR 時間の洞調律に戻っている（C）．

実は，この患者は房室結節二重伝導路を有している．心室期外収縮による速伝導路(f)の潜在性逆行性伝導によって洞調律中の順行性速伝導路がブロックされ，遅伝導路(s)にスイッチされている．その後は潜在性逆行性伝導が順行性速伝導路をブロックし，遅伝導路を介する1対1伝導が維持されている．そして再び心室期外収縮が生じると，逆行性伝導で両伝導路がともに collision され，順行性速伝導路が回復する．

この症例では長い順行性速伝導路不応期を有していたために，洞調律中の遅伝導路1対1伝導が生じ，それによる心房心室の同時収縮が頸部の動悸症状を引き起こしてしまった．この状況に抗不整脈薬は無効であり，遅伝導路の選択的アブレーションが有効であろう．

診断 洞調律時の持続性遅伝導路1対1伝導を示す房室結節二重伝導路

B

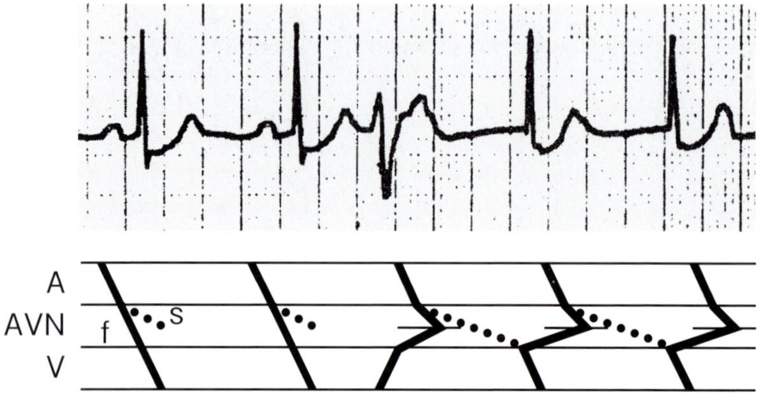

C

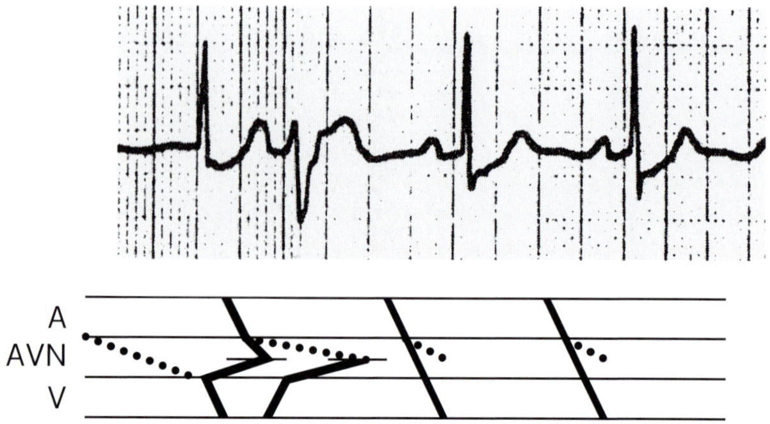

4 スピード・アップ

Speeding-up

A

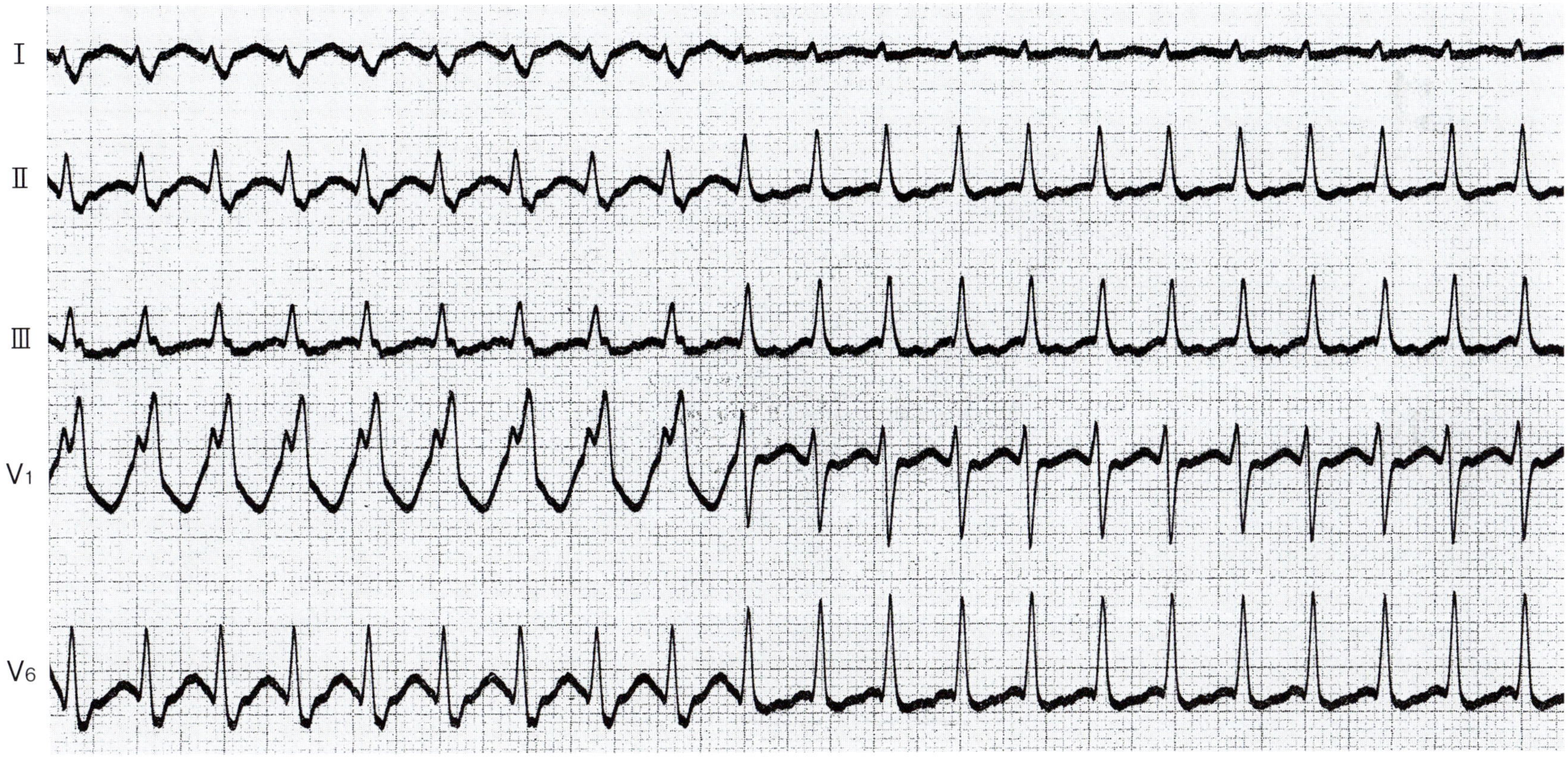

（Roberto García Civera に捧ぐ）

4 スピード・アップ

記録の左半分は周期 350 ms の規則的頻拍で，典型的な右脚ブロック型変行伝導を呈している（A）．この頻拍が変行伝導を伴った上室頻拍(SVT)であることは，途中から右脚ブロックが消失し，narrow QRS 頻拍になったことでわかる．右脚ブロックの消失とともに頻拍周期が 320 ms に短縮していることは興味深い．

右脚ブロックを伴った上室頻拍の最中に P 波を観察するのは非常に難しい．しかし，narrow QRS 頻拍に変わると，QRS onset の 140 ms 後に明らかに P 波を認めることができる（B の矢印）．この P 波は V_1 誘導で陰性を呈しており，右房から左房への伝導を示している．

この患者は右側副伝導路を逆行路とする房室回帰頻拍(AVRT)を有している．右脚ブロックが消失すると頻拍回路の短縮が生じ，頻拍は速くなる（C）．

診断 右側副伝導路を逆行路とする房室回帰頻拍

B

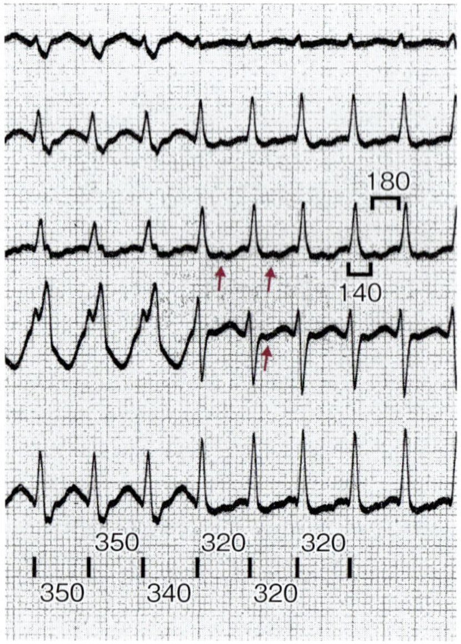

C

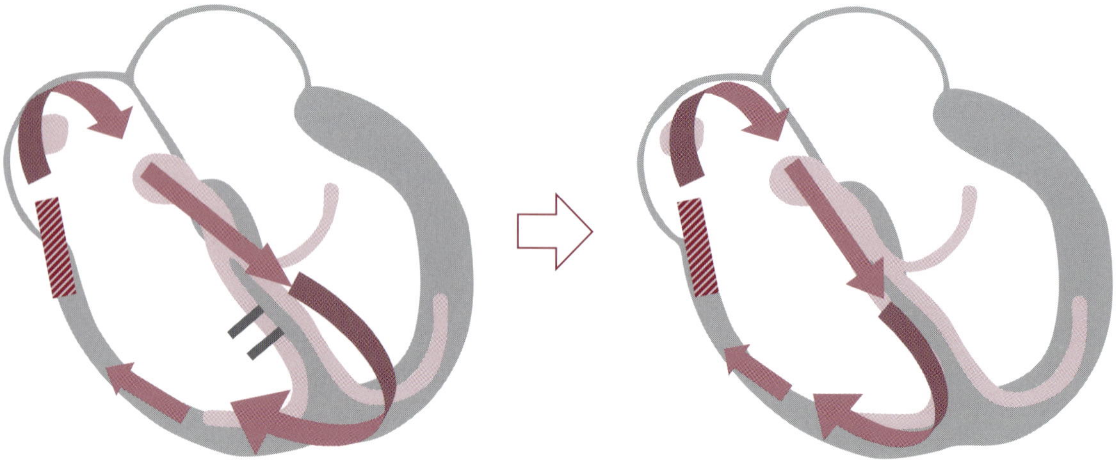

5

スピード・アップⅡ

Speeding-up II

A

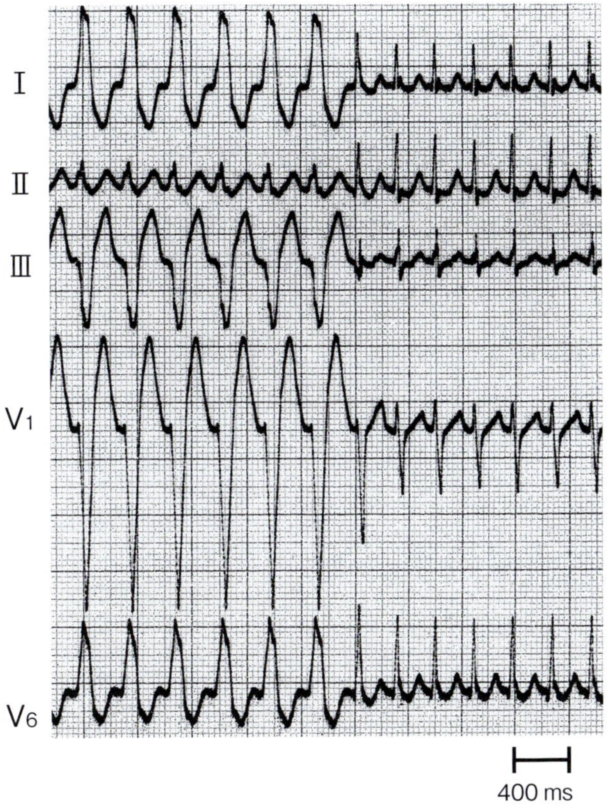

（Paul Levine に捧ぐ）

5 スピード・アップII

記録の左半分は周期 320 ms の規則的頻拍で左脚ブロック型の wide QRS を呈している(A). V_1 誘導と V_6 誘導は，典型的な変行伝導パターンである．左脚ブロックが消失し narrow QRS 頻拍となったことで，変行伝導を伴った上室頻拍(SVT)であることが明らかとなった．

左脚ブロックの消失とともに頻拍周期は 310 ms に短縮している(B). 左脚ブロックの頻拍中には P 波の確認が困難であるが，narrow QRS 中には I 誘導で陰性の P 波が認められ，それは QRS onset から 140 ms 遅れたところに位置している．これは，潜在性左側副伝導路を逆行路とする房室回帰頻拍(AVRT)である．左脚ブロック時には，中隔を介した大きな回路となるため頻拍は遅くなる(C).

診断 左側副伝送路を逆行路とする房室回帰頻拍

B

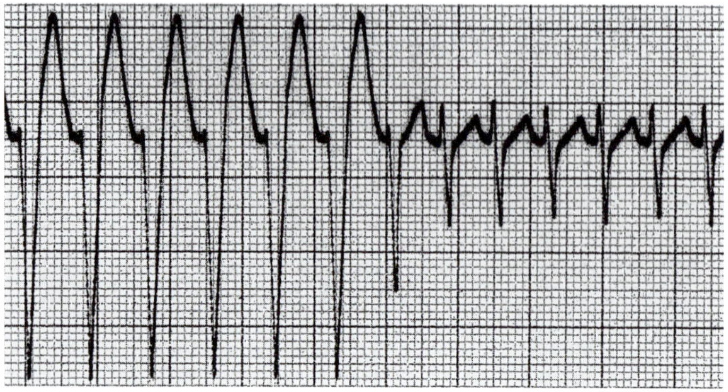

360 ms　　310 ms

C

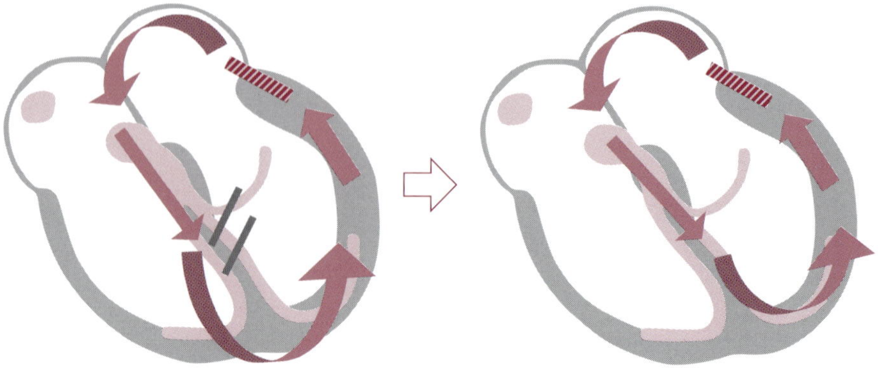

6

高く低く

Higher and lower

A

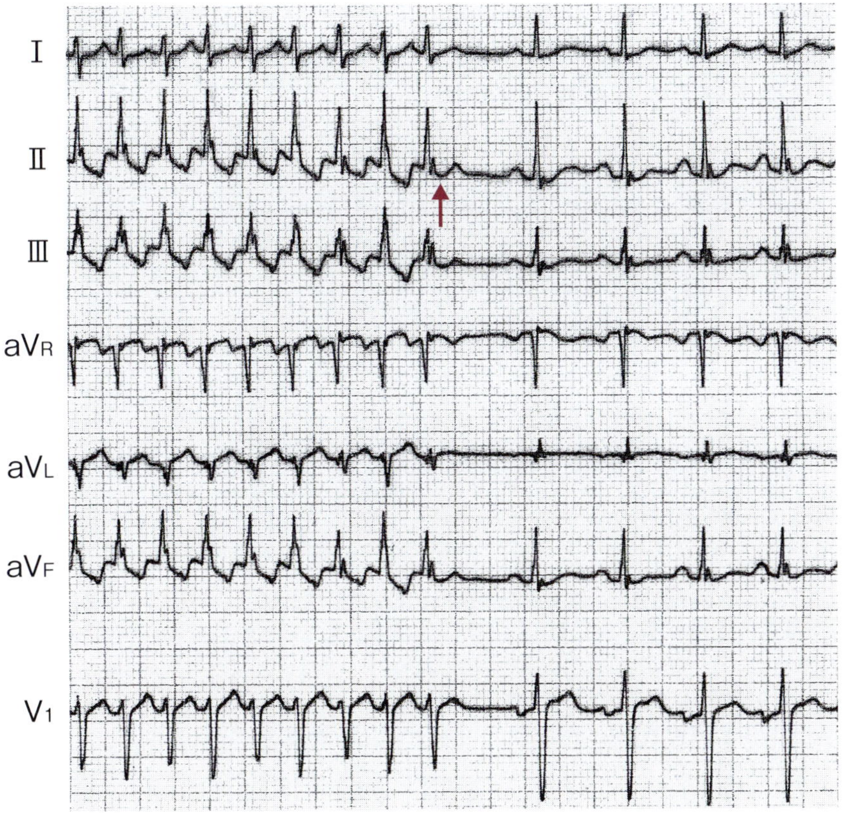

（Martin Green に捧ぐ）

6 高く低く

220 bpm の規則的な頻拍であるが，この頻拍は突然停止し，洞調律に復している(A).

V_1 誘導で QRS 波高の明らかな交互脈が認められ，これは副伝導路を逆行性伝導路とする房室回帰頻拍(AVRT)を示唆している．そのことは逆行性 P 波が QRS の後方 140 ms に認められることからも確認され，P 波の極性は I，aV_L，aV_R，V_1 誘導で陽性，II，III，aV_F 誘導で陰性である(B の矢印)．頻拍中の P 波形は，頻拍最後の QRS 再分極部分と比較することで推察できる．頻拍は逆行性伝導 P 波の欠落で停止している．

診断 潜在性中隔副伝導路を逆行路とする房室回帰頻拍

B

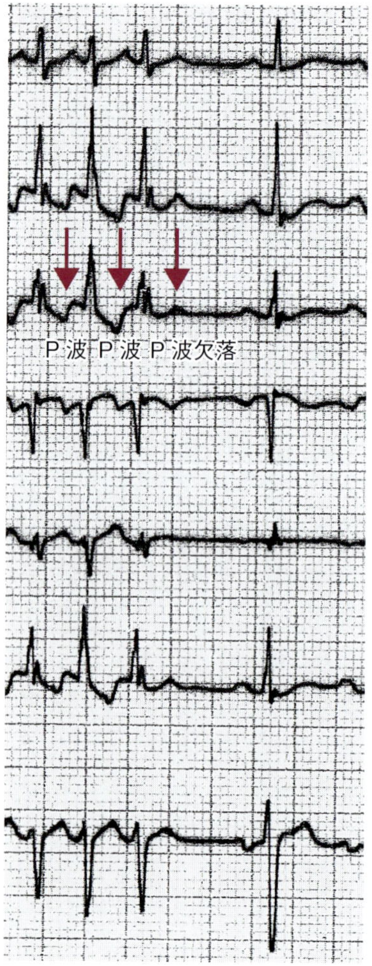

7

大当たり

Jack Pot

A

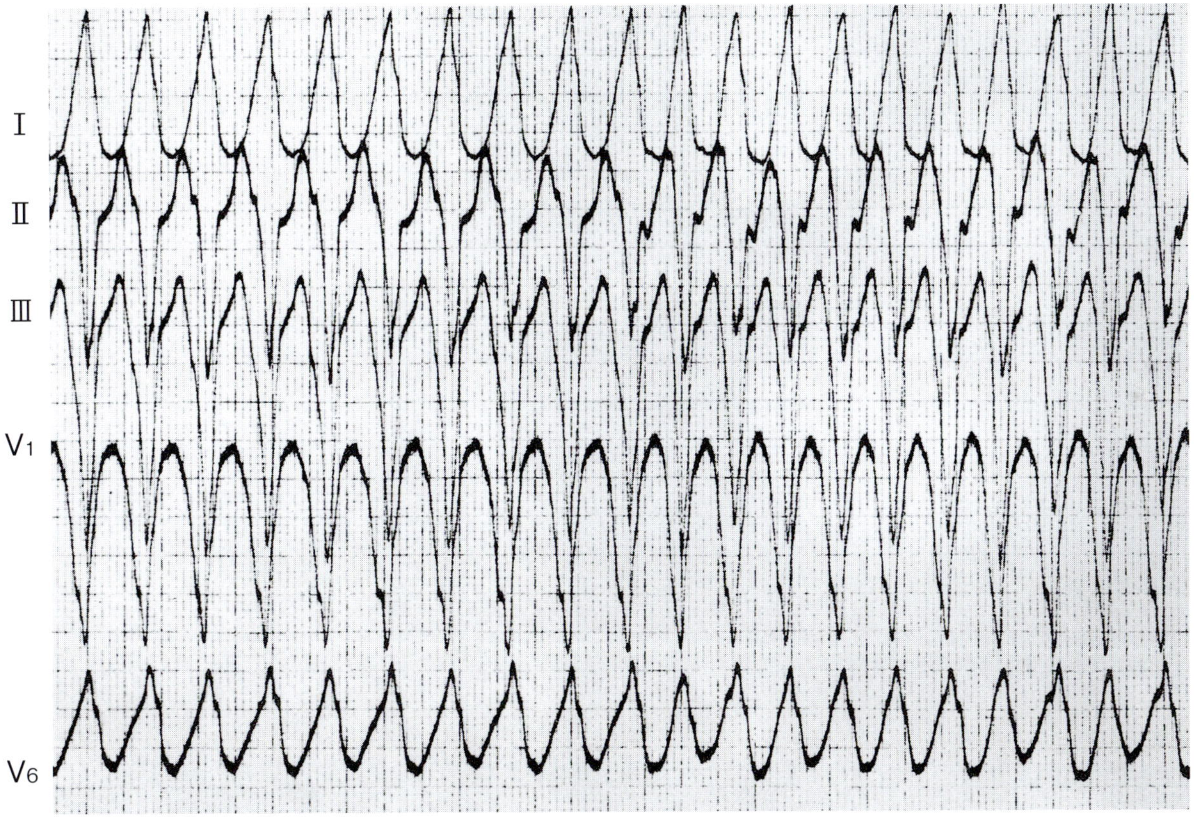

(Karl Heinz Kuck に捧ぐ)

7 大当たり

この心電図は左脚ブロック左軸偏位型の wide QRS 頻拍で，途中から頻拍は突然速くなっている(A).

波形から考えると，頻拍は心室起源と推察できる(V_1 誘導で下降脚にノッチが認められるため). 突然の促拍化はⅡ誘導の陰性波出現と同時に生じており，その陰性波は P 波であると考えられる. 陰性波が P 波であることは，B に示す心内心電図で確認できた.

この頻拍は右側副伝導路を順行する逆回転性房室回帰頻拍で，逆行性伝導路は逆行性右脚ブロックのため左脚を介している. 逆行性右脚伝導が突然回復すると，室房伝導時間が短縮し，頻拍は促拍化する(C).

診断 右側副伝導路を順行する逆回転性房室回帰頻拍. 逆行性右脚ブロックの消失による促拍化

B

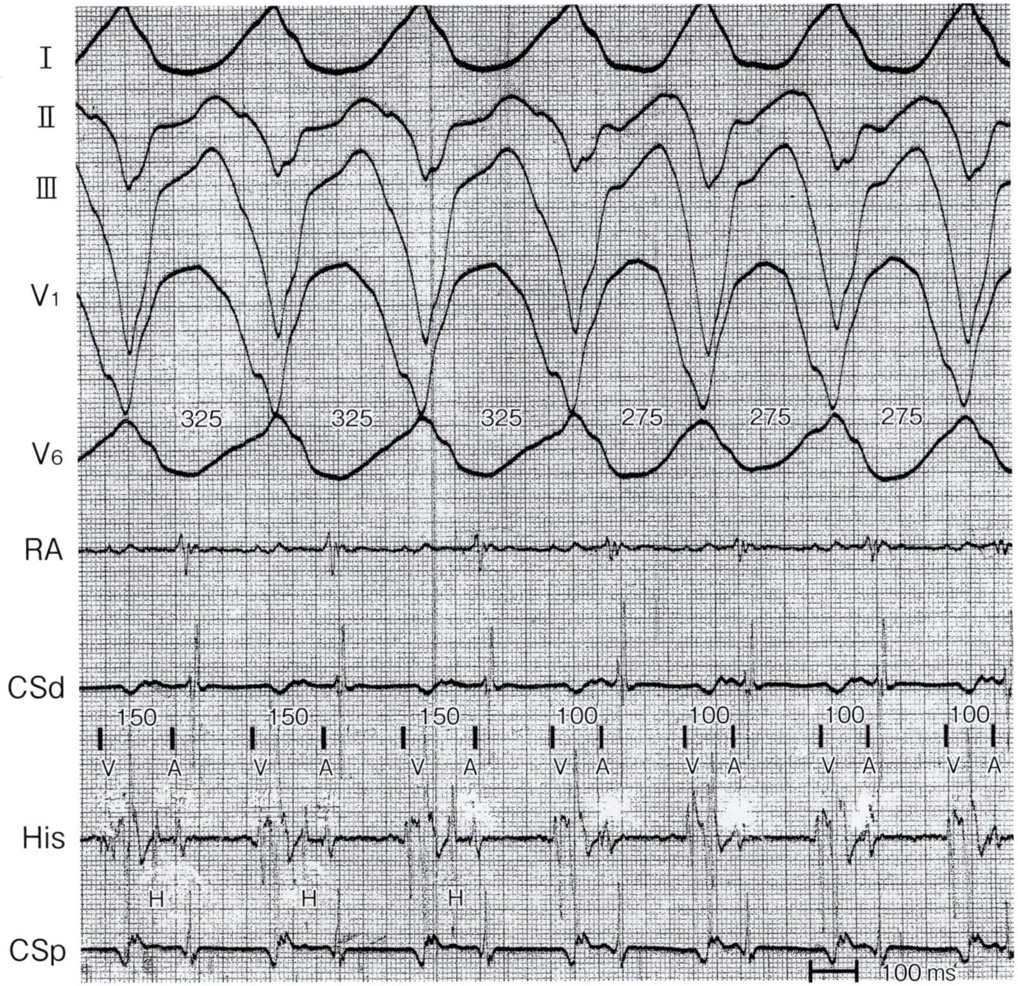
I
II
III
V1
V6
325
325
325
275
275
275
RA
CSd
150
150
150
100
100
100
100
V A
His
H
CSp
100 ms

C

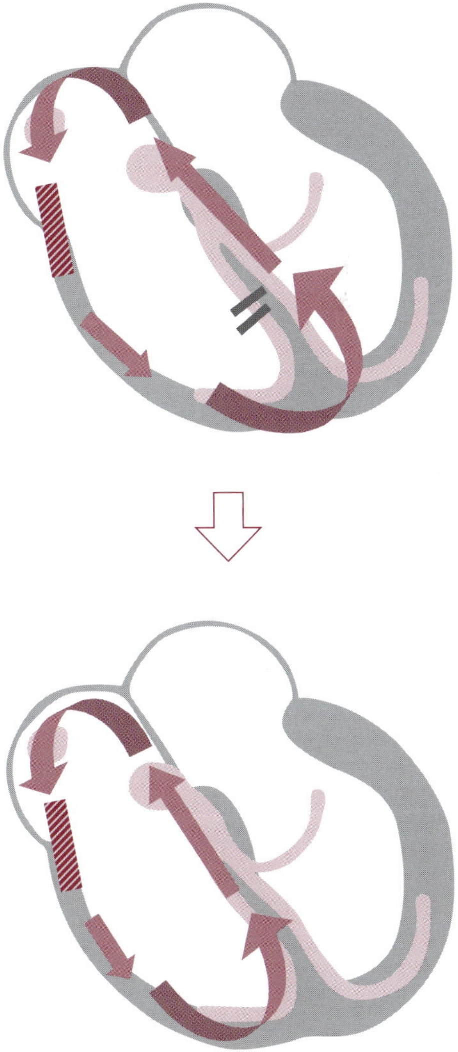

8

期外収縮で死んだり生き返ったり

The killing and saving extrasystole

A

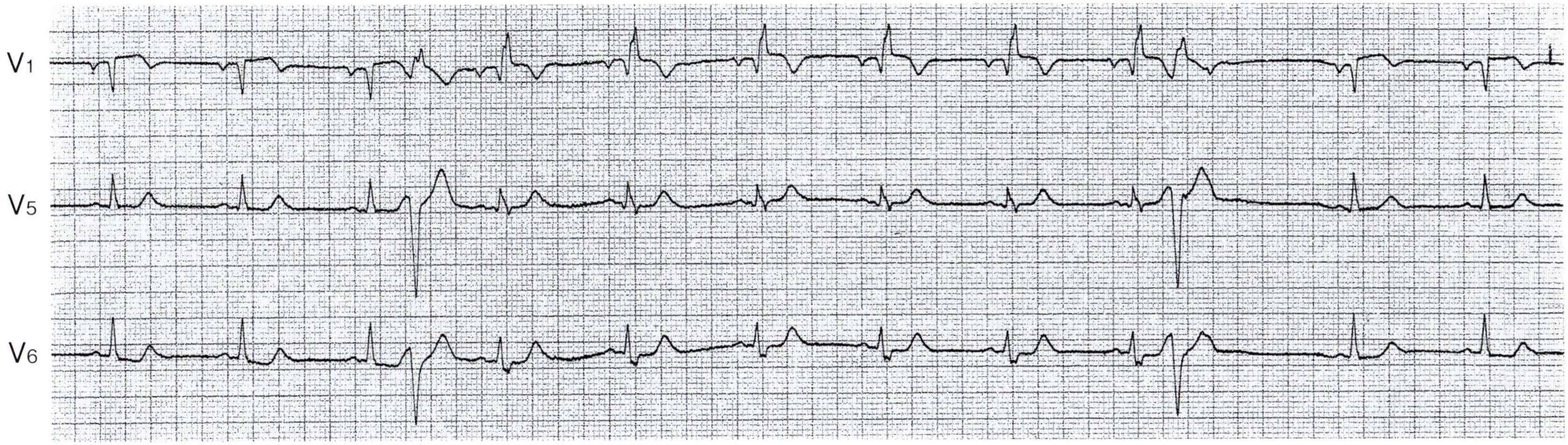

（Tom Bigger に捧ぐ）

8 期外収縮で死んだり生き返ったり

3つの洞調律の後の4拍目の幅の広い期外収縮は，心室起源である．心室期外収縮後の6拍の洞調律は，右脚ブロックを呈している．PR時間はわずかに延長しているが，1対1房室伝導である（A）．

右脚ブロックは陳旧性前壁梗塞の特徴も有している．2番目の心室期外収縮は逆行性室房伝導を伴っており，その後の洞調律では再び右脚ブロックは消失している．

右脚は生き残っているのであろうか，それとも完全に消滅してしまっているのであろうか？

記録のはじめと終わりの部分では，潜在性逆行性伝導はなく，右脚は順行性に伝導している．このとき起こっていることをBで示した．はじめの心室期外収縮による逆行性伝導は刺激伝導系に侵入し，PR時間をわずかに延長させ，そして右脚の順行性伝導をブロックさせた．この状態は，その後の洞調律中に刺激が左脚を順行し，右脚を潜在性逆行性伝導することによって持続化している．

2番目の心室期外収縮は心房への逆行性伝導を伴ったことから，心房はリセットされ，そのため休止期が生じた．このことにより再び両脚とも順行性に伝導できるようになった．

診断　右脚への潜在性逆行性伝導を有する心室期外収縮

B

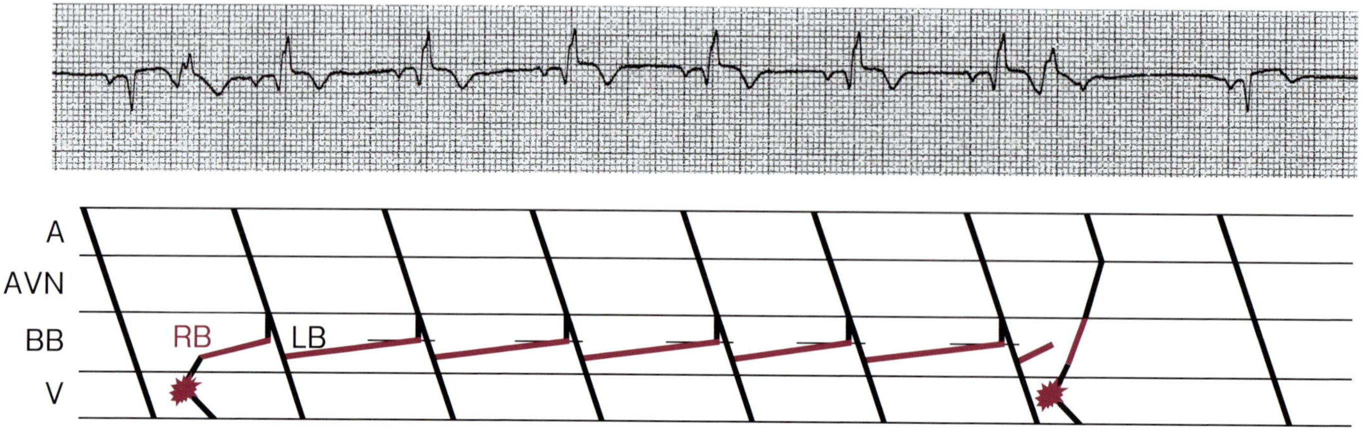

9

踊る P 波

Dancing P wave

A

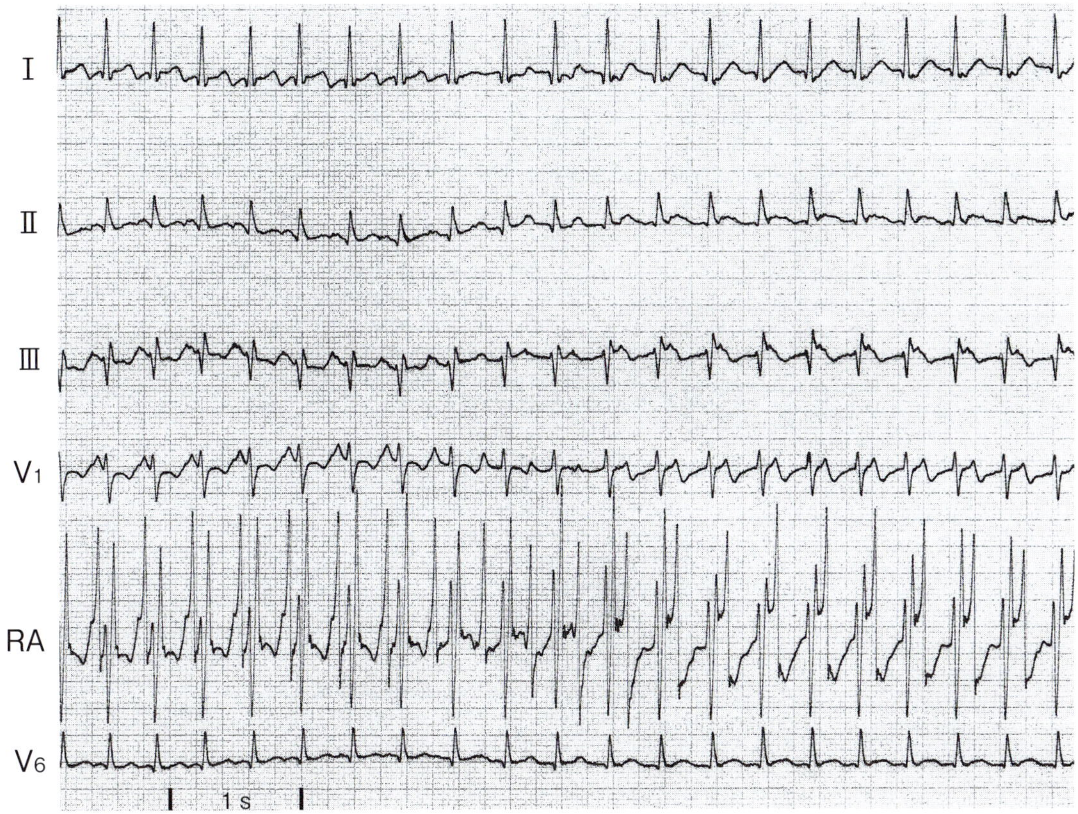

（Jerónimo Farré に捧ぐ）

9 踊る P 波

この心電図は，心拍数約 155 bpm の narrow QRS 頻拍(A)である．P 波は右房(RA)記録からもわかるように，QRS の後方 200 ms 以上のところに認められる．P 波の極性(Ⅰ誘導で陰性，Ⅲと V_1 誘導で陽性)からは，左房起源が疑われる．

しかし，記録の途中から P 波の出現位置が変化しはじめ，記録の右側では P 波の後方約 140 ms の部分に出現している．このことから，別のタイプの上室頻拍(前半は心房頻拍あるいは伝導時間の長い副伝導路，後半は短い逆行性伝導時間の副伝導路)の出現を考えた方がよいのかもしれない．

この心電図の診断の手がかりは，心房レベルにおいて P 波の出現位置が一定であることにある．一方，心室レベルでは，12 拍目の QRS 位置が期待される部位から 40 ms ほど遅れて出現している．すなわち，心房興奮は心室レベルから完全に独立していることになる．

P 波の出現部位変化のメカニズムを理解することにより，頻拍が左房起源の心房頻拍で房室結節二重伝導路があることで説明できる(B)．

記録の左半分では，頻拍が房室結節速伝導路を伝導している．中ほどで速伝導路の Wenckebach 型ブロックが生じ，ちょうど 12 拍目で突然，遅伝導路へジャンプしている(房室結節二重伝導路による非典型的 Wenckebach 型ブロック)．

診断 房室結節二重伝導路による非典型的 Wenckebach 型ブロックを伴う心房頻拍

B

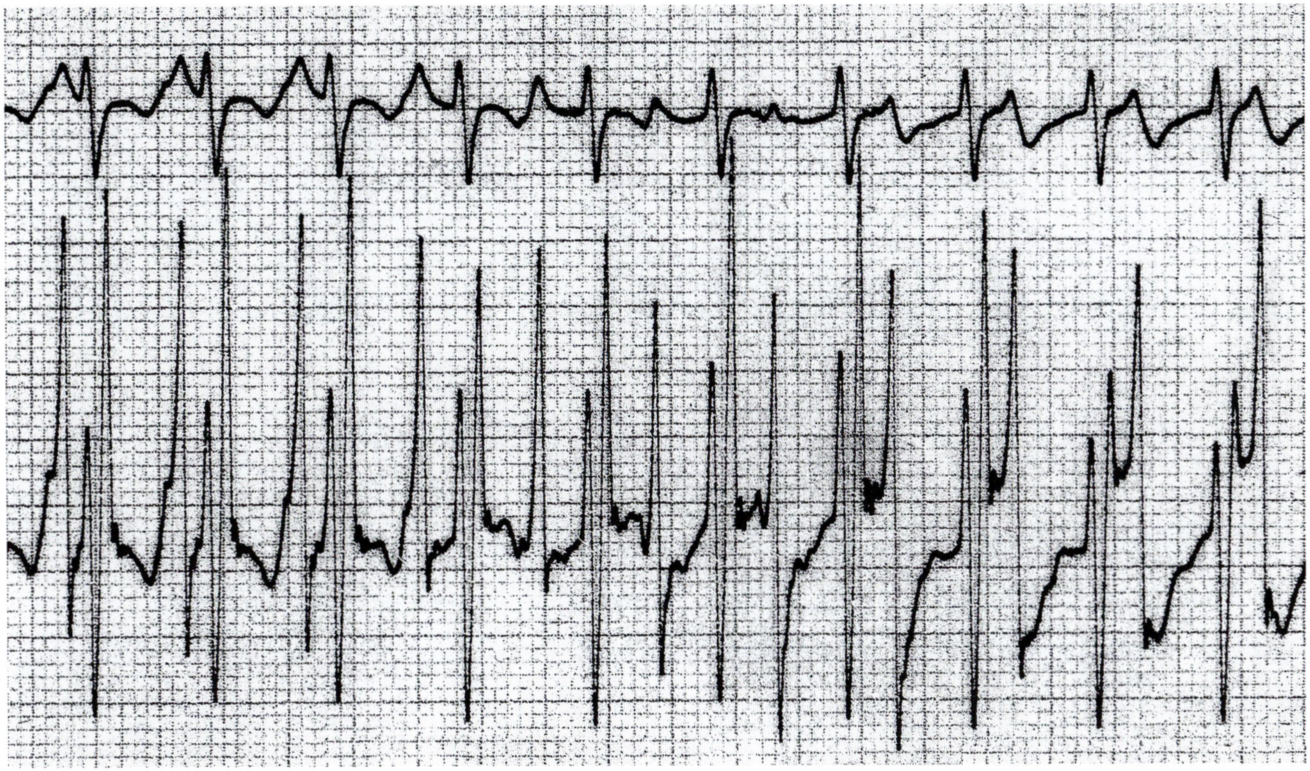

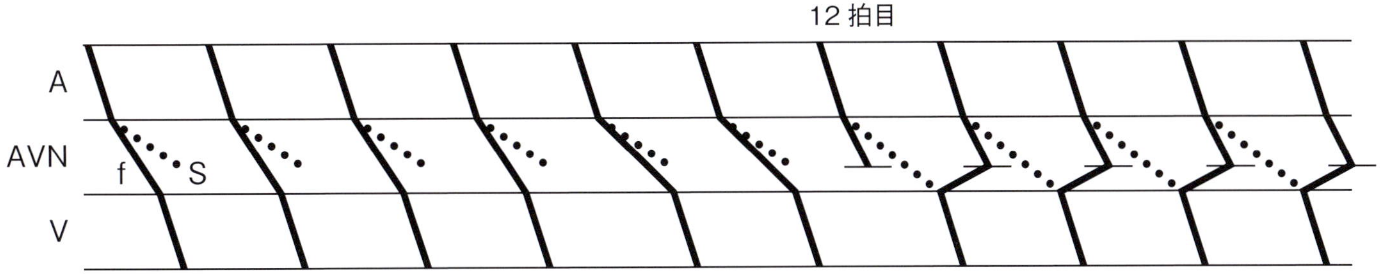

10

心房二段脈，それとも？

Atrial bigeminy or something else ?

A

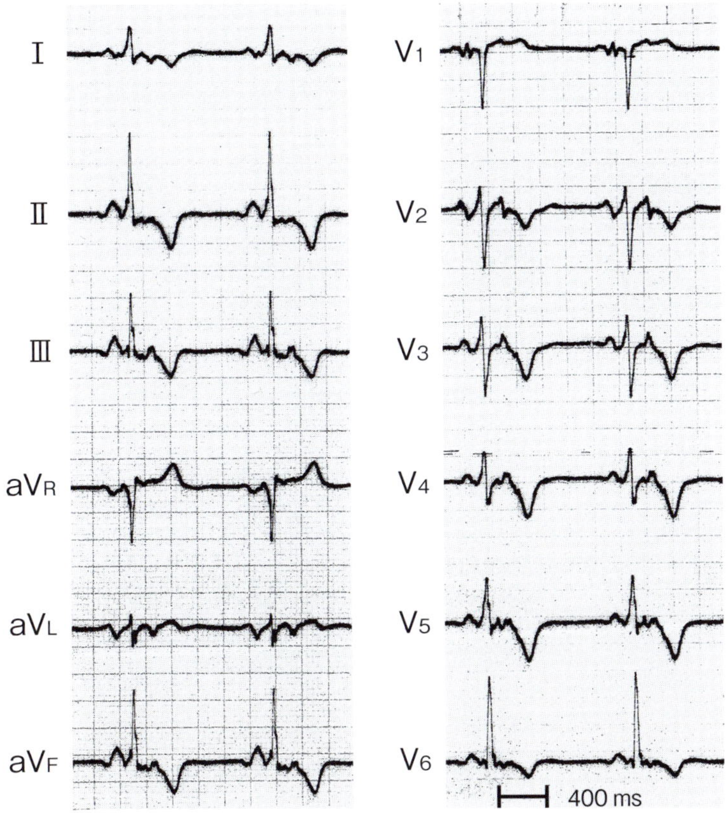

（Frank Marcus に捧ぐ）

10 心房二段脈，それとも？

心電図は2倍に感度を上げて記録してある（A）．

洞調律において PR 時間は短く，明らかな再分極異常を呈しており（Ⅰ，Ⅱ，Ⅲ，aVF，V_2からV_6誘導で陰性 T 波），これは副伝導路の存在を示唆する．また，各 QRS の後方 140 ms の ST 部分において，P 波のような異常波形が認められる．まず副伝導路を逆行性に伝導した P 波と考えるかもしれないが，順行性に副伝導路は伝導しており，それは不可能である．次の可能性としては，副伝導路や房室結節を介して心室には伝導しない心房期外収縮の二段脈が考えられる．

実は，この症例は WPW（Wolff-Parkinson-White）症候群と進行した催不整脈性右室心筋症の合併例であり，それによって再分極異常と ST 部分の波形が加わっている．この波形はイプシロン波（epsilon wave）と呼ばれ，右室内の一部の遅れた興奮を表している（B）．

診断　催不整脈性右室心筋症におけるイプシロン波

B イプシロン波（epsilon wave）

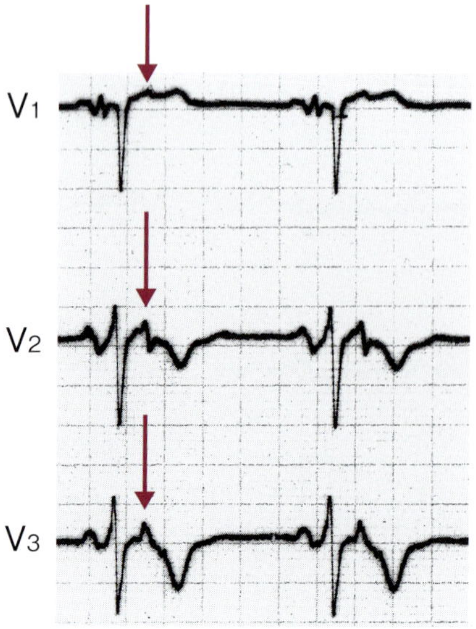

11

混乱しないで！

Do not get confused !

A

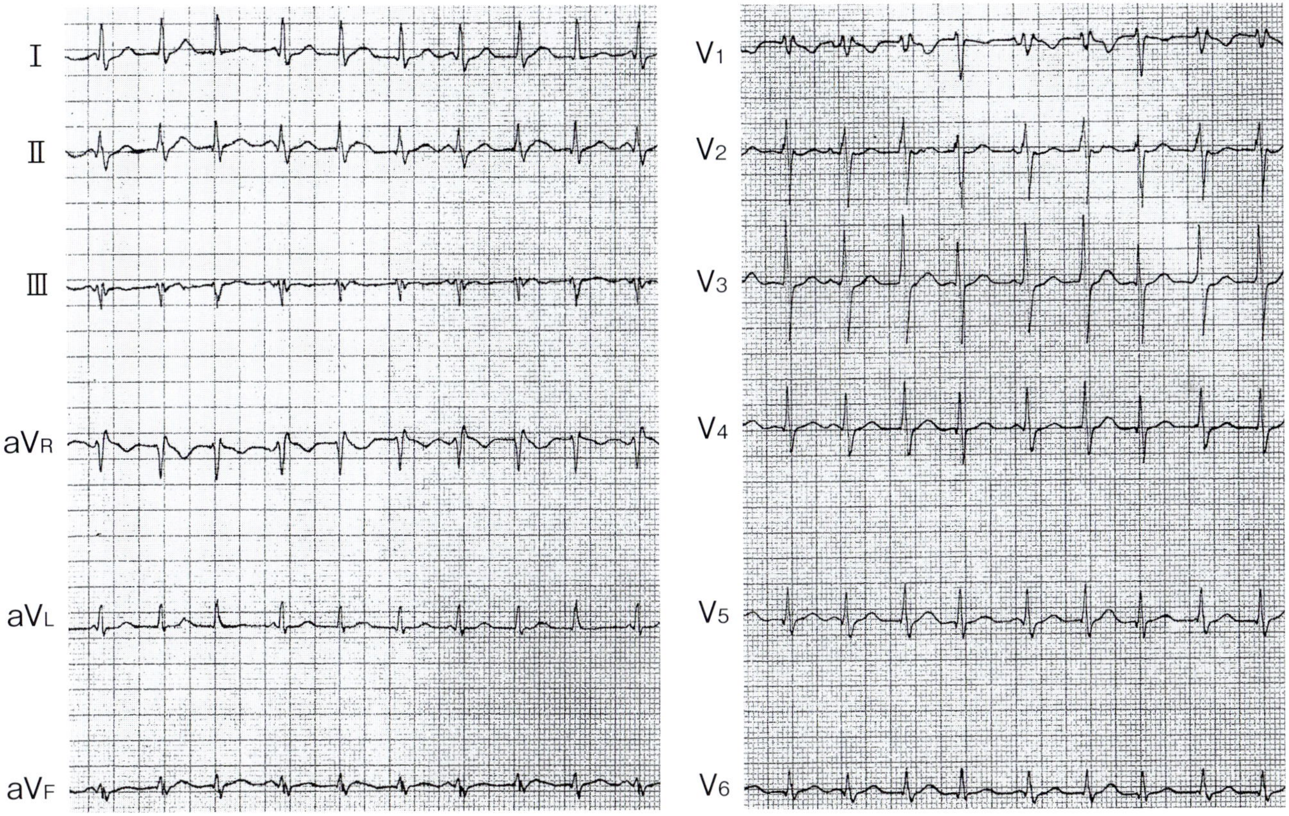

(Bernard Belhassen に捧ぐ)

11 混乱しないで！

心電図はほぼ規則的な narrow QRS 頻拍で，QRS 波は不完全右脚ブロック型である（A）．少し考えれば，この頻拍はわずかな右脚伝導障害を有する上室頻拍（SVT）が思い浮かぶ．この考えはBで示したように，頸動脈洞マッサージで頻拍が停止したことによっても明らかである．

しかし，心電図を注意深く観察すると，3 番目と 9 番目の QRS 波は I と aV_F 誘導で他の QRS 波形と異なっているし，4 番目と 7 番目の QRS 波は V_1 から V_6 誘導でわずかに形が異なり，また少し早期に出現している．P 波を探すとⅢ誘導で明らかなように房室解離を呈しており，80 bpm の洞調律であることがわかる．わずかに早期性を有した QRS 波は心室捕捉であり，この頻拍は上室性ではないこととなる．したがって，心室頻拍（VT）の可能性を考えなくてはならない．

心室頻拍の診断の根拠はBに示した．頸動脈洞マッサージによる頻拍の停止時にも洞調律は持続しており，80 bpm の洞調律は頻拍中も変化していない．頻拍が遅いため（約 120 bpm），洞調律による心室捕捉が生じており，頻拍の停止後も洞調律 QRS 波は心室捕捉時の QRS 波形と同じである．

このように，比較的 narrow QRS で，まるで上室頻拍のように頸動脈洞マッサージやカルシウム拮抗薬で停止する心室頻拍が存在し，脚枝起源の心室頻拍，いわゆる“脚枝頻拍”（fascicular tachycardia）と呼ばれている．

診断 脚枝頻拍

B

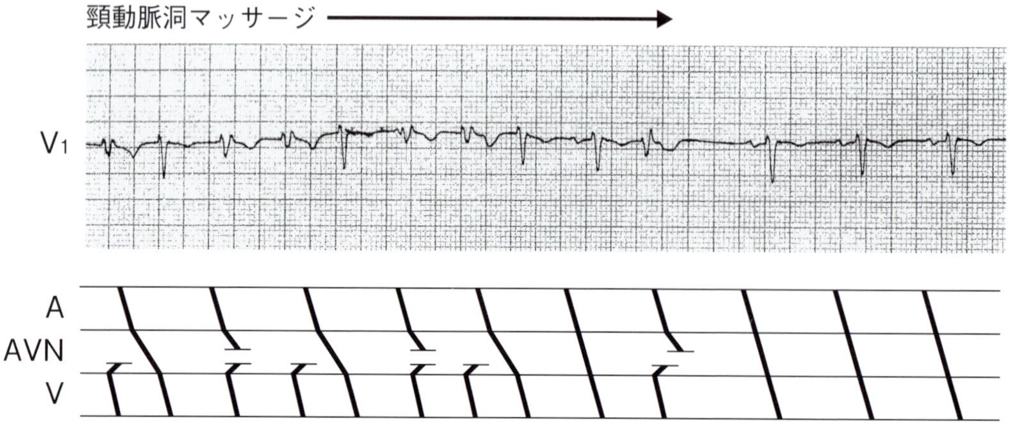

12

周期交互脈

Alternance in cycle length

A

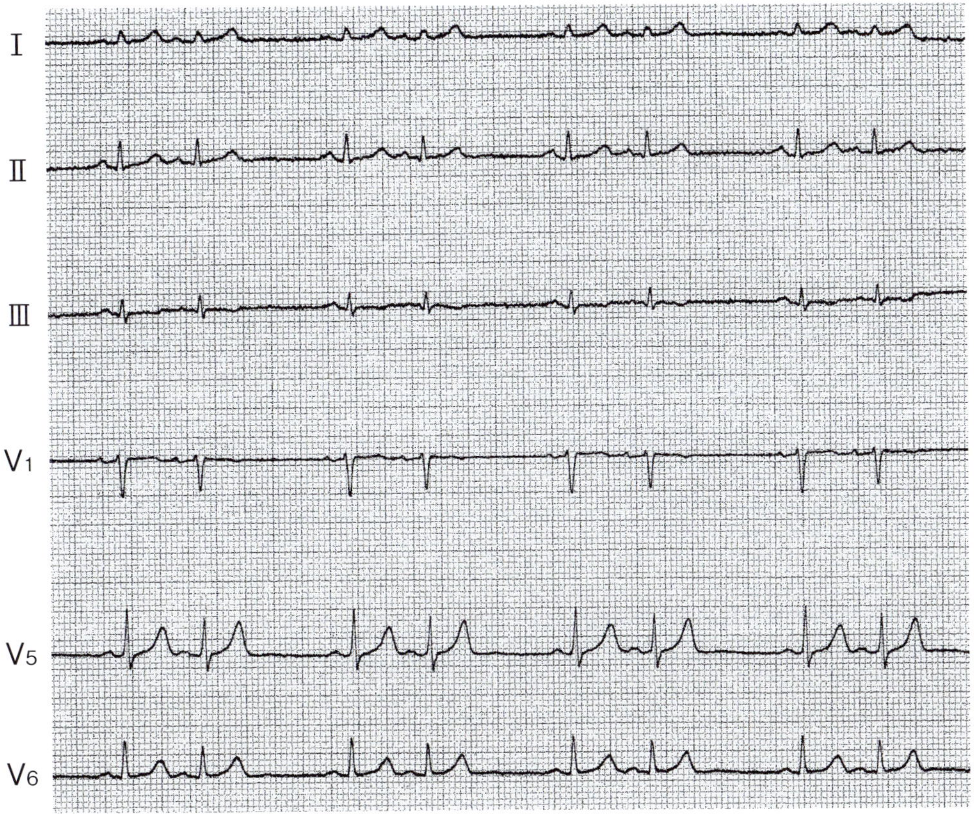

（Pim Dassen に捧ぐ）

12 周期交互脈

この心電図は洞調律中に周期の交互脈を呈しており，心拍数は約 110 bpm と 60 bpm で交代している（A）．それぞれの周期の P 波は，Ⅰ，Ⅱ，V_1，V_5，V_6 誘導では同じように見えるが，Ⅲ誘導では短い周期のときと長い周期のときで異なっている．

この心電図からは複数誘導同時記録の重要性を理解すべきである．正しい診断は心房性の二段脈であるが，間違いやすい診断は 3 対 2 の洞房ブロックである．

この診断は周期による P 波の形の違いが明らかとなっているⅢ誘導が記録されていたからこそ可能であった．おそらくこの期外収縮の起源は洞結節近傍であり，そのためほとんどの誘導で洞調律と P 波が似ていたと思われる（B）．

診断 洞結節近傍からの二段脈性上室期外収縮

B

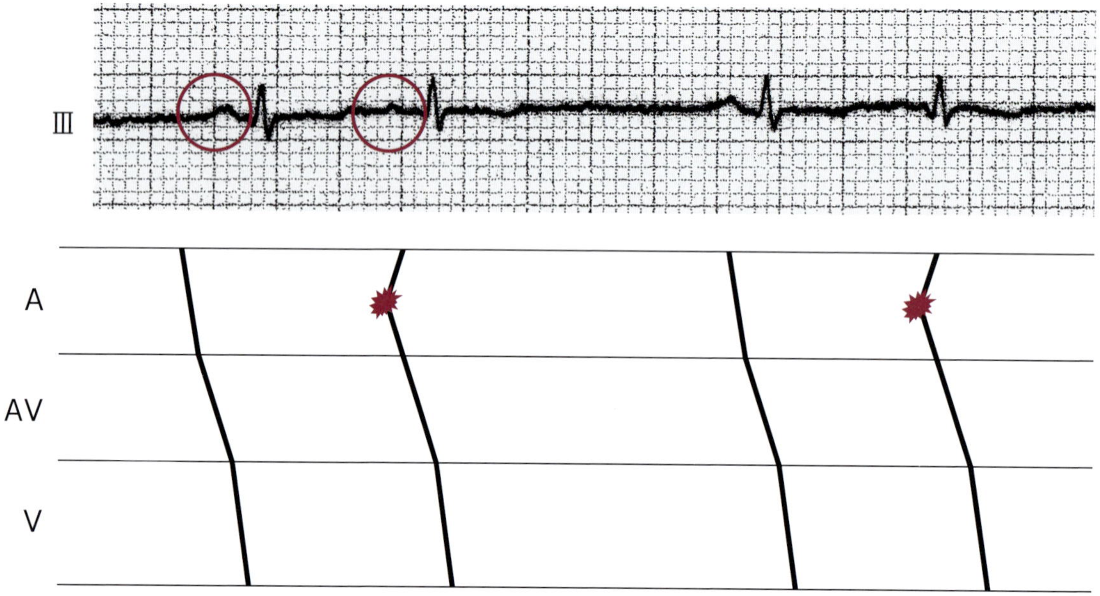

13 賢ければ EP は不要

No EP is needed when you are smart enough

A モニター心電図

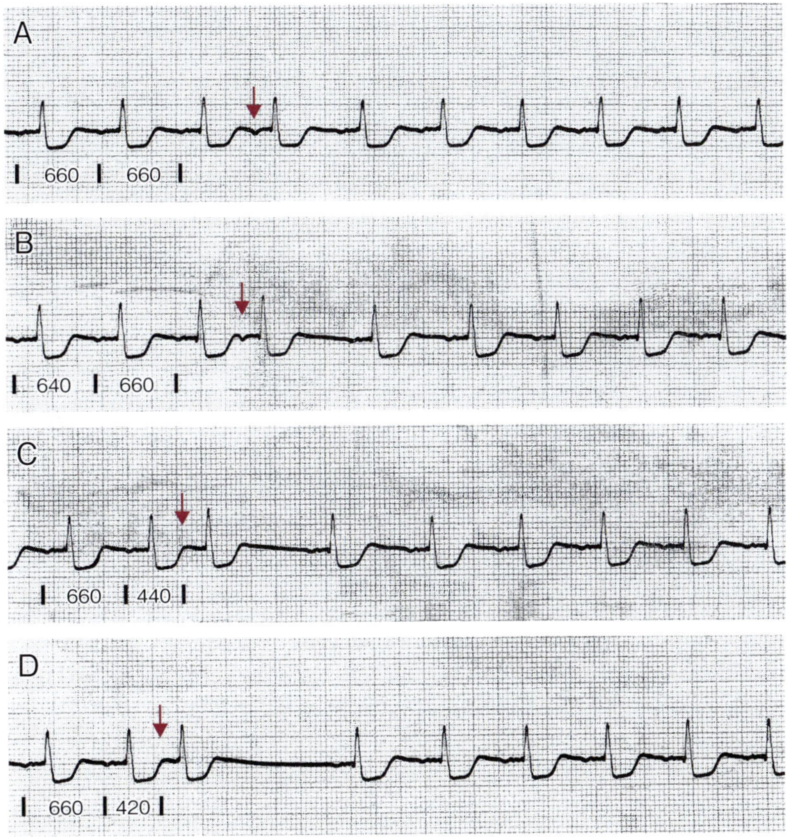

(Harold Strauss に捧ぐ)

13 賢ければ EP は不要

この 4 つのモニター心電図からは，侵襲的 EP 検査をしなくても重度の洞不全を診断する方法が見えてくる（A）．

それぞれの記録の調律は洞調律で，さまざまな連結期の心房期外収縮が生じている．矢印が心房期外収縮であるが，連結期が短いほど代償性休止期は長くなる（B）．

この患者は重度の洞機能不全を有しているが，それを診断するのに心房頻回刺激による洞結節抑制は無用であった．単発の心房期外収縮が約 1.5 秒の休止期を生じている．また，洞結節が抑制された後に，洞結節が徐々にウォーミング・アップしていることにも注目願いたい．

診断 重度の洞機能不全

B

モニター心電図

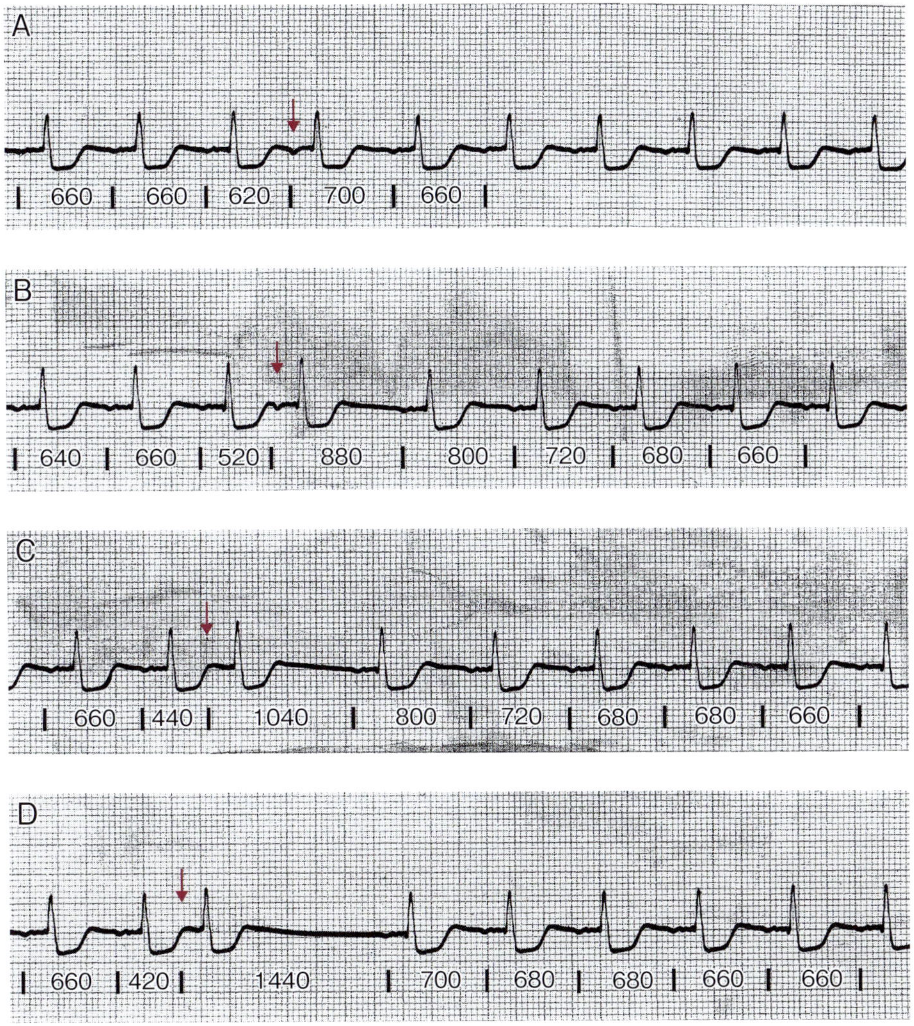
A
660
660
620
700
660
B
640
660
520
880
800
720
680
660
C
660
440
1040
800
720
680
680
660
D
660
420
1440
700
680
680
660
660

14 名作

A masterpiece

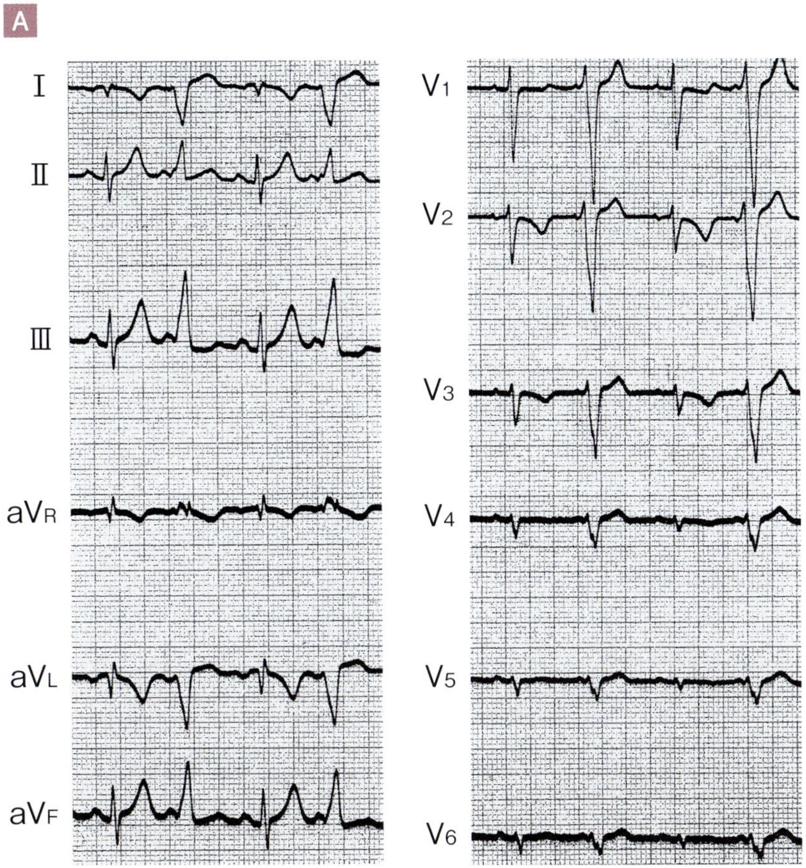

(Hein J. J. Wellens に捧ぐ)

14 名作

かつて，我々は Hein J. J. Wellens 先生とこの心電図に関してディスカッションしたことがあるが，これは洞調律中に QRS 波形が交互脈となっている症例である（A）．

P 波形は典型的な心房逆位の特徴を有しており，はじめと 3 番目の QRS 波形からは典型的な心室逆位も推察できる．このことから，本症例は右胸心と考えられる．2 番目の QRS 波形は PR 時間が短く，wide QRS 波形であり，Ⅱ，Ⅲ，aV_F 誘導で明らかなスラー（slur）を伴っている．

ここまで解読すれば，2 対 1 の副伝導路伝導があることは明らかであろう．Ⅱ，Ⅲ，aV_F 誘導では陽性 QRS で，Ⅰと aV_L 誘導では陰性 QRS であることは，左側の副伝導路を示唆するが，これは鏡像である．B C で示したように，V_2 から V_6R まで右側胸部誘導を記録すると，右側副伝導路であることがわかる．

診断 右胸心における右側副伝導路の 2 対 1 伝導

B

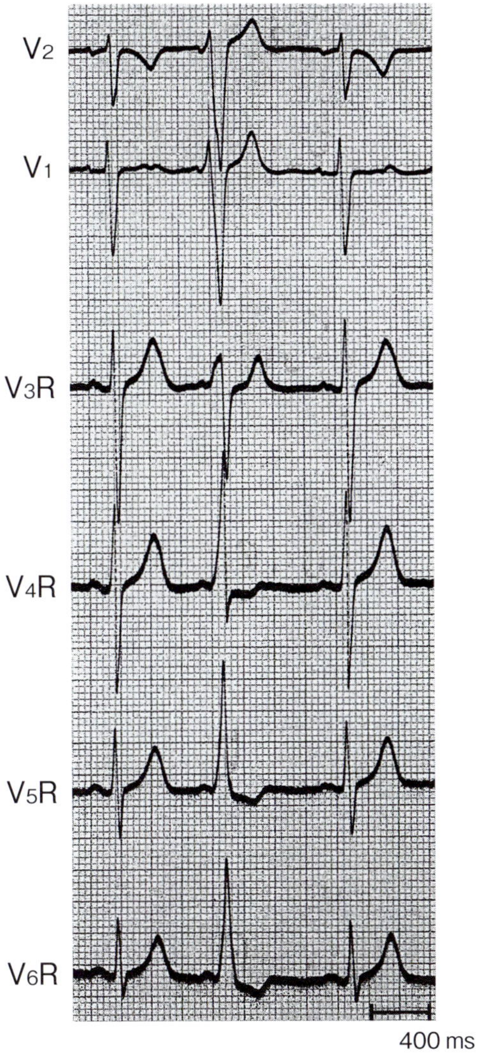

C

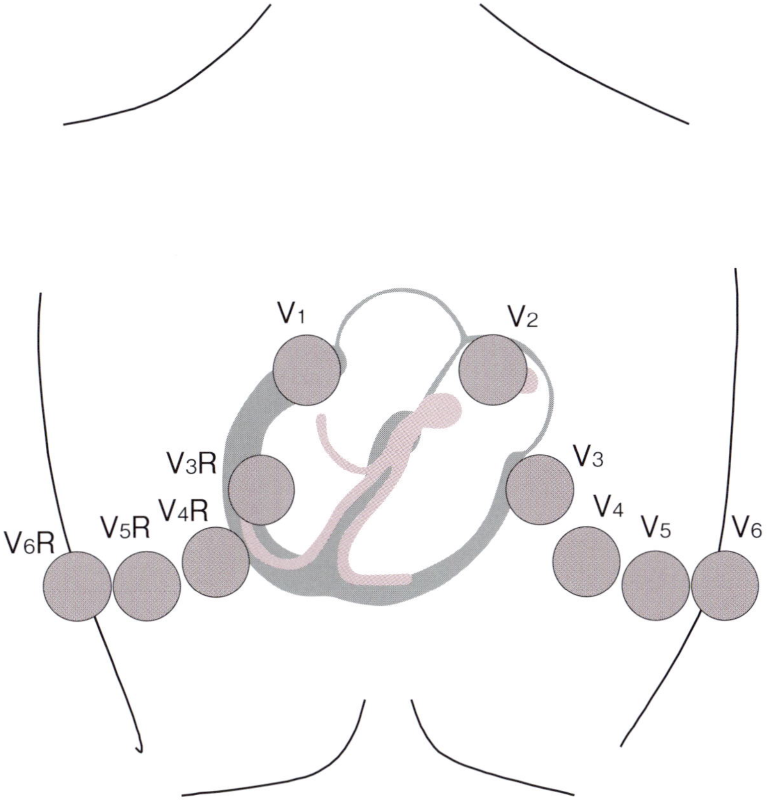

15

完全ブロックは完全に死んでいる訳ではない

Complete block does not equate complete death

A

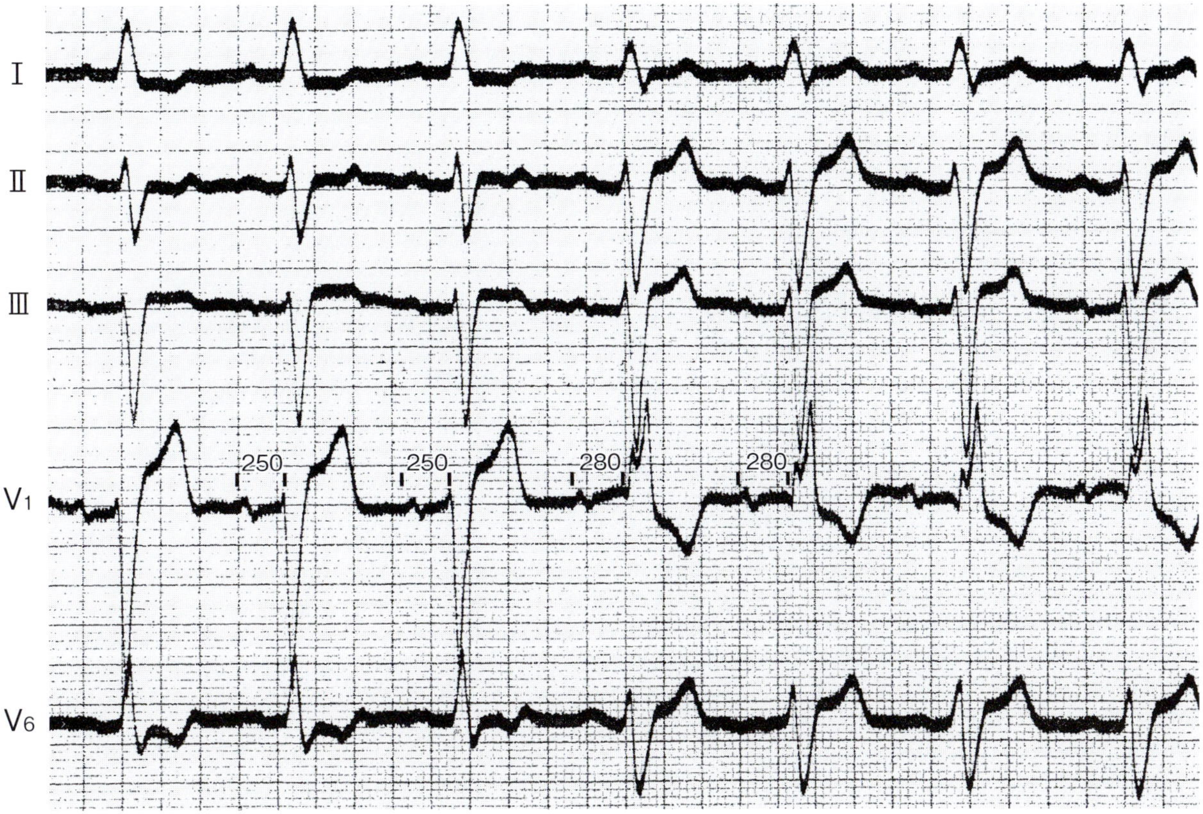

（Alfred Pick，Richard Langendorff に捧ぐ）

15 完全ブロックは完全に死んでいる訳ではない

記録の左側では洞調律時の PR 時間は延長しており(250 ms), QRS 波形は完全左脚ブロックである(A). さらに突然, PR 時間は 280 ms に延長し, QRS 波形は右脚ブロックで左軸偏位, すなわち左脚前枝へミブロックに変化した. QRS 幅は左脚ブロック時も右脚ブロック時も 120 ms 以上あり幅広い. すなわち, 記録の左側は完全左脚ブロック, 右側は完全右脚ブロックである.

この記録は, 心電図用語の「完全」が電気生理学的には完全機能停止を意味していないことを表している. 記録の左側では右脚を伝導しているし, 右側では左脚を伝導している(B). 完全な伝導途絶ではこの心電図は説明できず, 右脚および左脚の著明な伝導遅延を考えなくてはならない.

この症例のような交代性脚ブロックは, 重度の房室結節下伝導障害を意味しており, 恒久ペースメーカ植込みの適応である.

診断 交代性脚ブロック

B

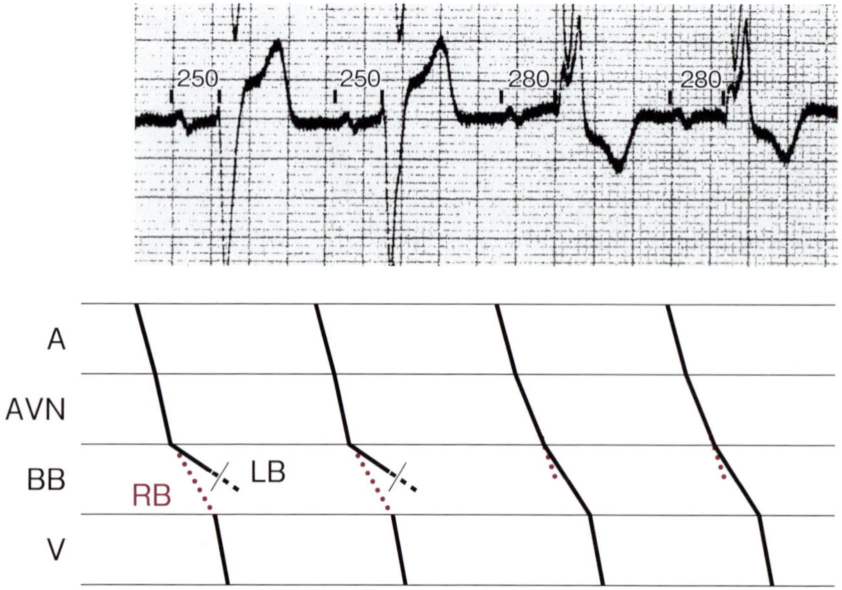

16

心室捕捉のまれな一例

An unusual case of ventricular capture

A

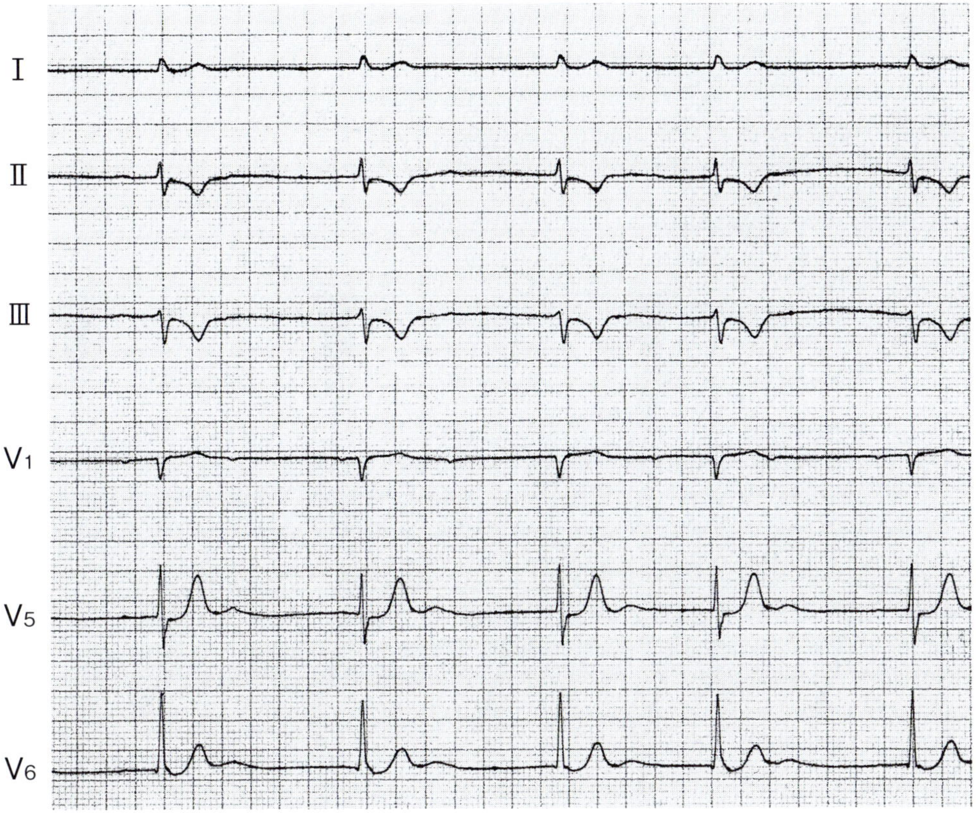

(Tom Gorgels に捧ぐ)

16 心室捕捉のまれな一例

5つのQRS波が認められるが，明らかな先行P波は見当たらない(A)．V_1誘導でようやくP波の存在が確認できるが，それは規則的ではなく，約80 bpmの心房調律である．

P波とQRS波との関連性はないようであるが，4番目のQRS波のR-R間隔は他のR-R間隔よりも明らかに短く，その際のPR時間は400 msである(B)．

このような記録はめったに認められるものではない．この患者はジギタリス中毒による完全房室ブロックと接合部調律であり，房室結節二重伝導路による非常に長いPR時間で伝導する心室捕捉が認められる(次項も参照のこと)．

診断 ジギタリス中毒による完全房室ブロック時の心室捕捉

B

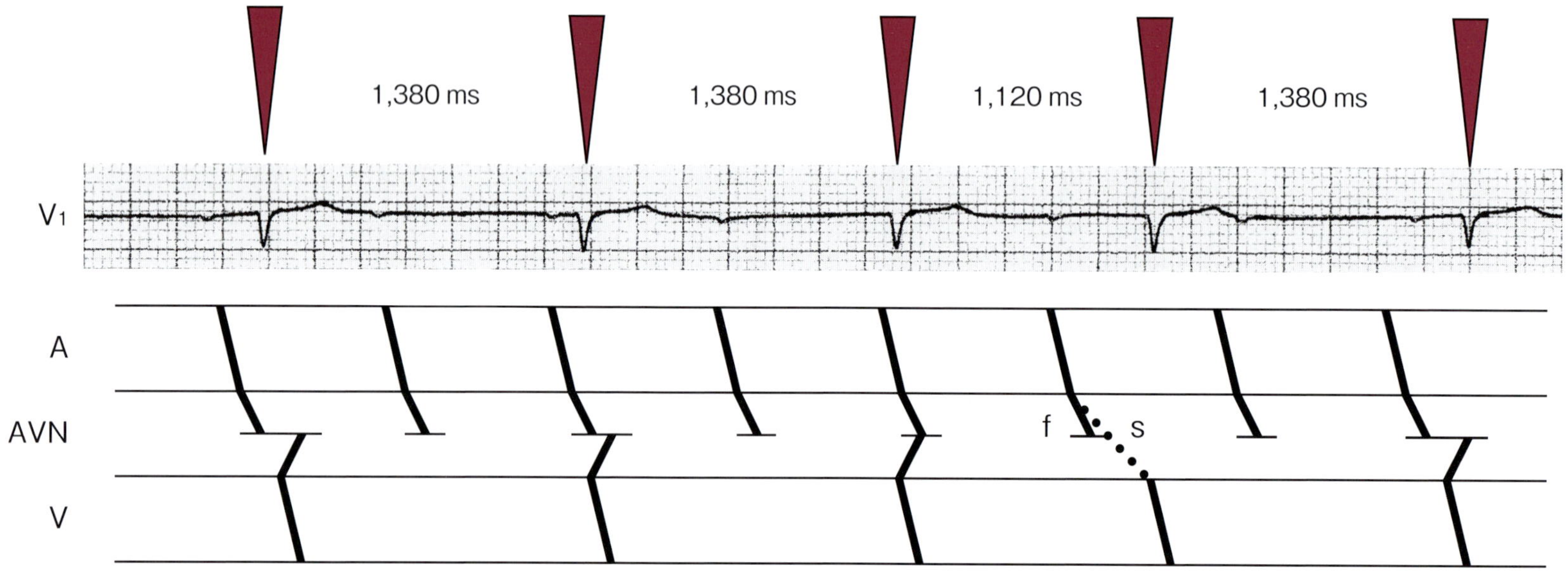

17

房室結節二重伝導路の確認～前項からの続き

Confirmation of dual AV nodal pathways (from the preceding tracing)

A

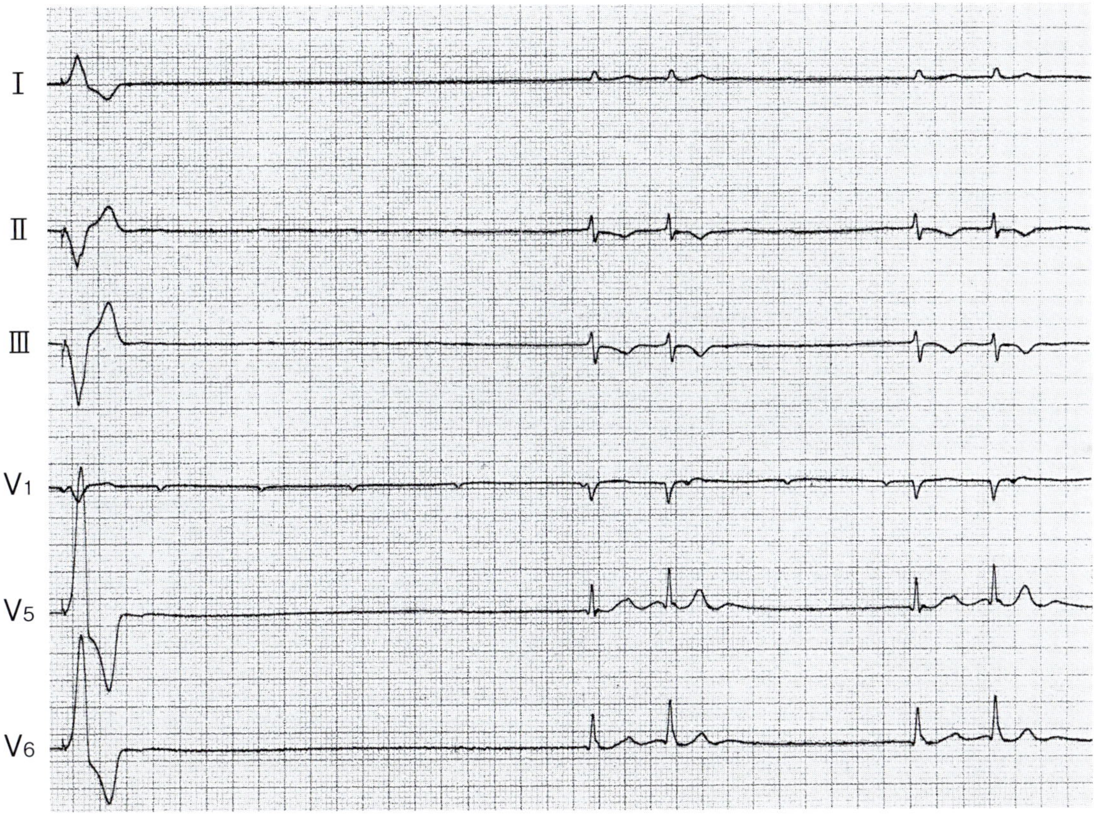

(Peter Friedman に捧ぐ)

17 房室結節二重伝導路の確認〜前項からの続き

徐脈のため一時的ペースメーカが装着されている(A). ジギタリス中止後20時間が経過したため, 病状を評価するためペースメーカを一時停止させた.

はじめの心拍は最後の心室ペーシング波形であり, その後の次のQRS波までの4秒間は心停止となっている. 若干不規則な約80 bpmの心房調律が認められる. 次のQRS波は接合部補充収縮である. P波の先行度はわずか40 msであるため, これが伝導しているとは考えられない. 3番目のQRS波は100 bpmで出現しているが先行P波はない. 同様の現象が4番目と5番目のQRS波でも繰り返されている.

この心電図の機序をBに示した. 心房までは逆行性伝導しない単一の房室結節リエントリーである.

診断　接合部補充収縮による単一房室結節リエントリー

B

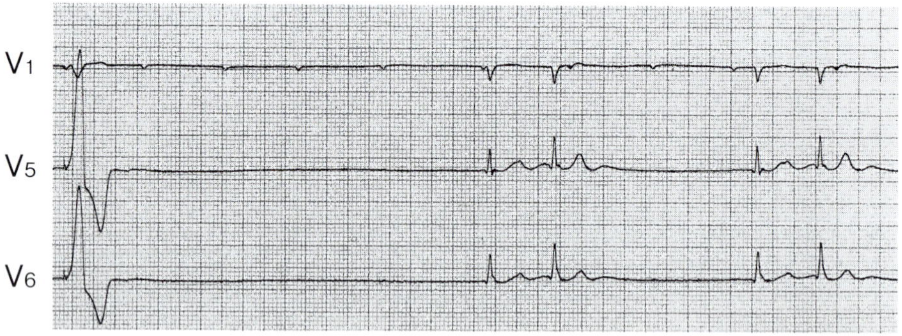

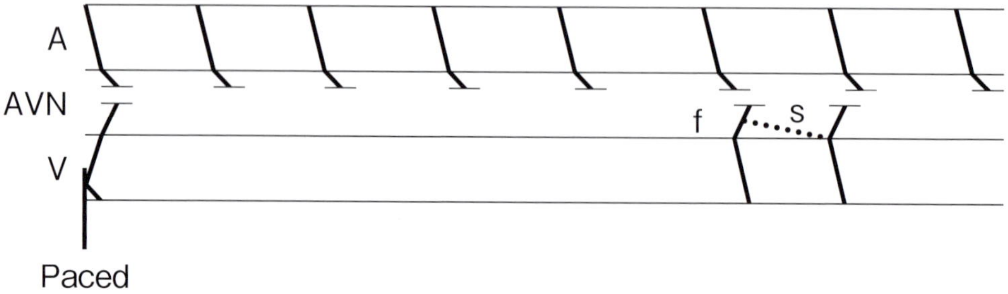

18

右室の心拍数は？

How much dose the right ventricle counts ?

A

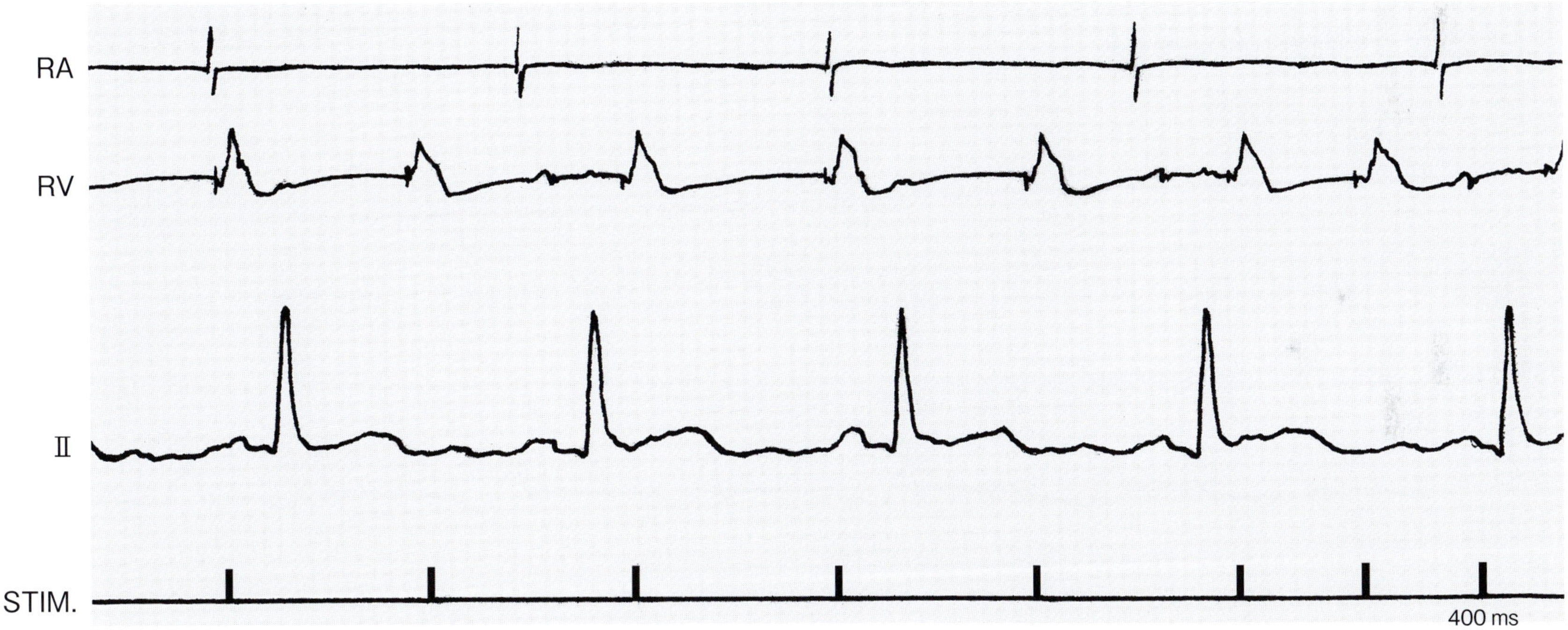

（Guy Fontaine に捧ぐ）

18 右室の心拍数は？

記録は右房(RA)，右室(RV)，Ⅱ誘導，刺激アーチファクトの同時記録である(A)．右室ペーシングで右室は捕捉されているが，室房解離が認められている．Ⅱ誘導では洞調律が認められるが，右室調律とは完全に解離している．

この心電図は，右室の完全隔離手術を施行した催不整脈性右室心筋症患者から得られたものである．右室自由壁のペーシングでは，右室興奮が体表面心電図にあまり反映されていないことも示唆している(B)．この現象は，正常右室で認められたものではないことを再度強調しておく．

診断 右室隔離術後の右室解離

B

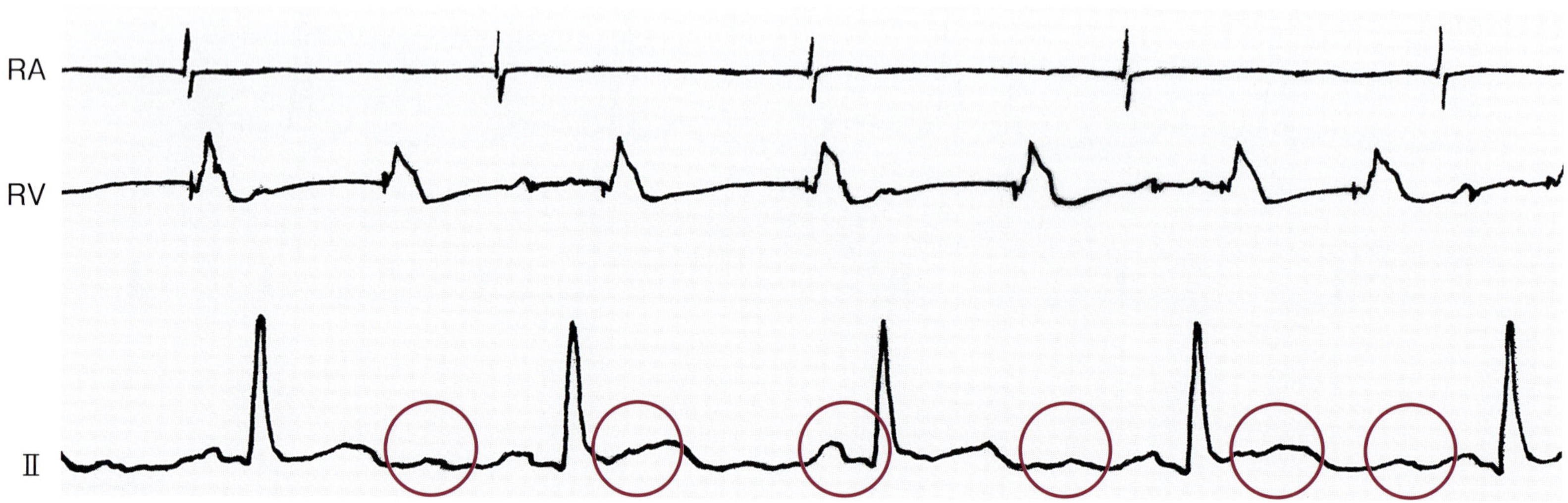

19 イパネマの娘のキス

The kiss of the girl from Ipanema

A

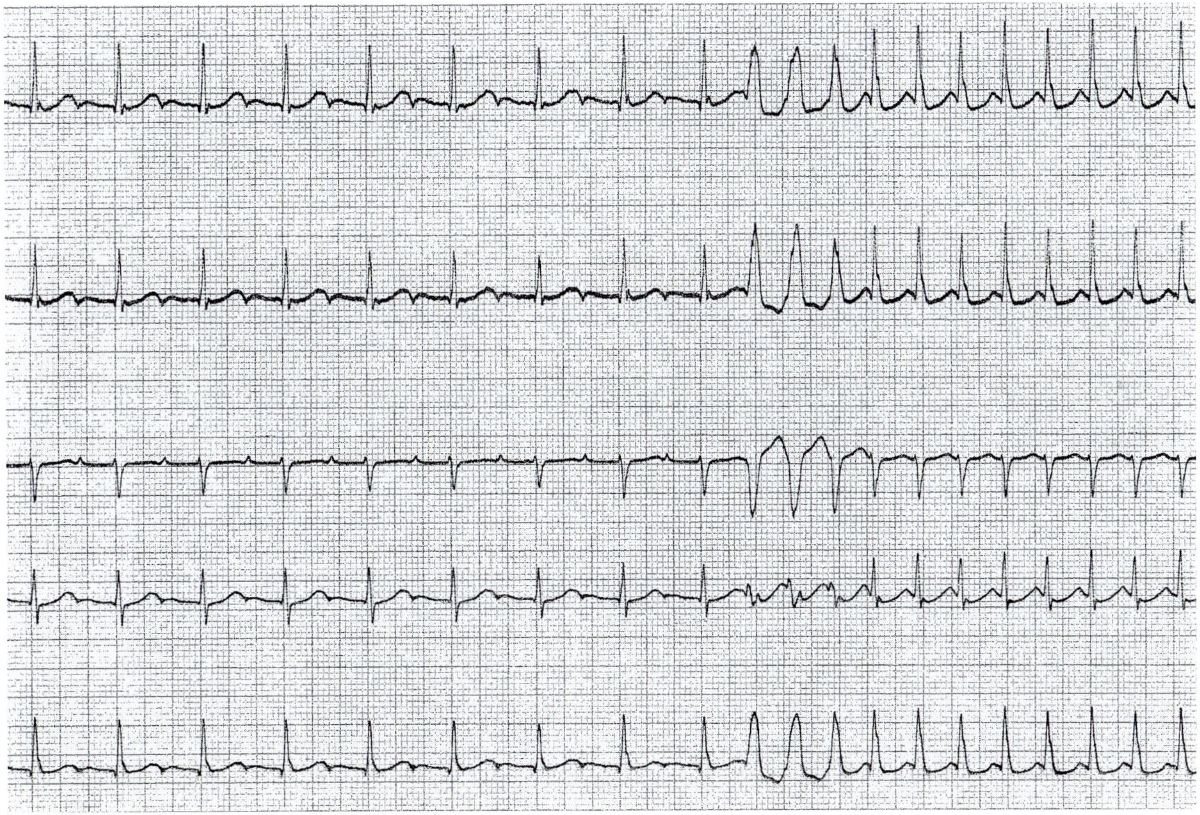

（Jacob Atié に捧ぐ）

19 イパネマの娘のキス

記録の左部分では 100 bpm の比較的遅い narrow QRS 頻拍が認められる(A).

おどろくべき所見は，Ⅱ，Ⅲ，V_4，V_6 誘導で再分極相に唇のような波形が認められることである(B).

記録の右部分で，突然頻拍はちょうど倍の速さに促拍化し，はじめの 3 拍は左脚ブロック型の変行伝導を呈している．これは，房室結節リエントリー頻拍(AVNRT)の最中に 2 対 1 房室伝導が 1 対 1 房室伝導に移行した場合の典型的心電図所見である(C)．房室結節リエントリー頻拍は，若い女性に多く認められるが，何もリオデジャネイロの女性に限ったことではない.

診断　**2 対 1 心室ブロックを呈する房室結節リエントリー頻拍**

B

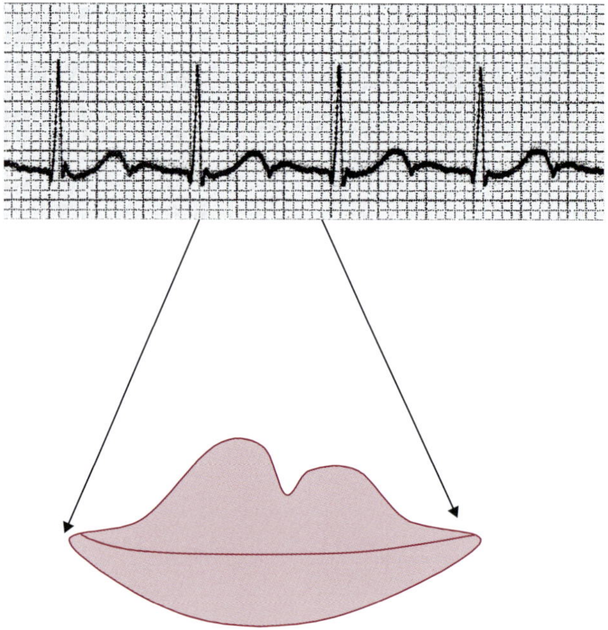

C

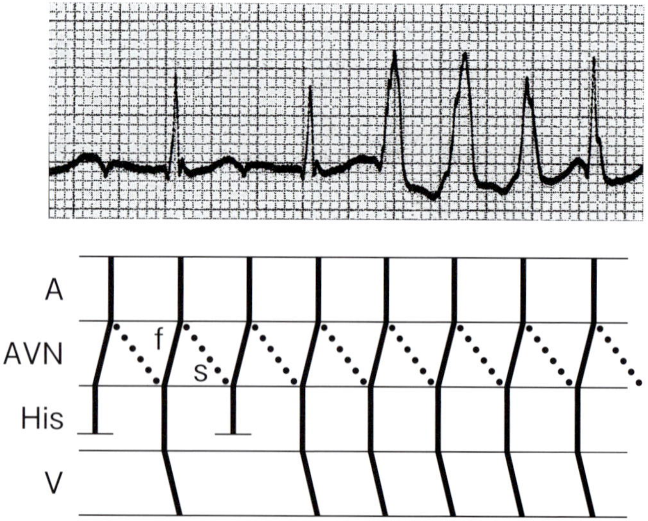

20 偽性不完全右脚ブロック

Pseudo incomplete right bundle branch block

A

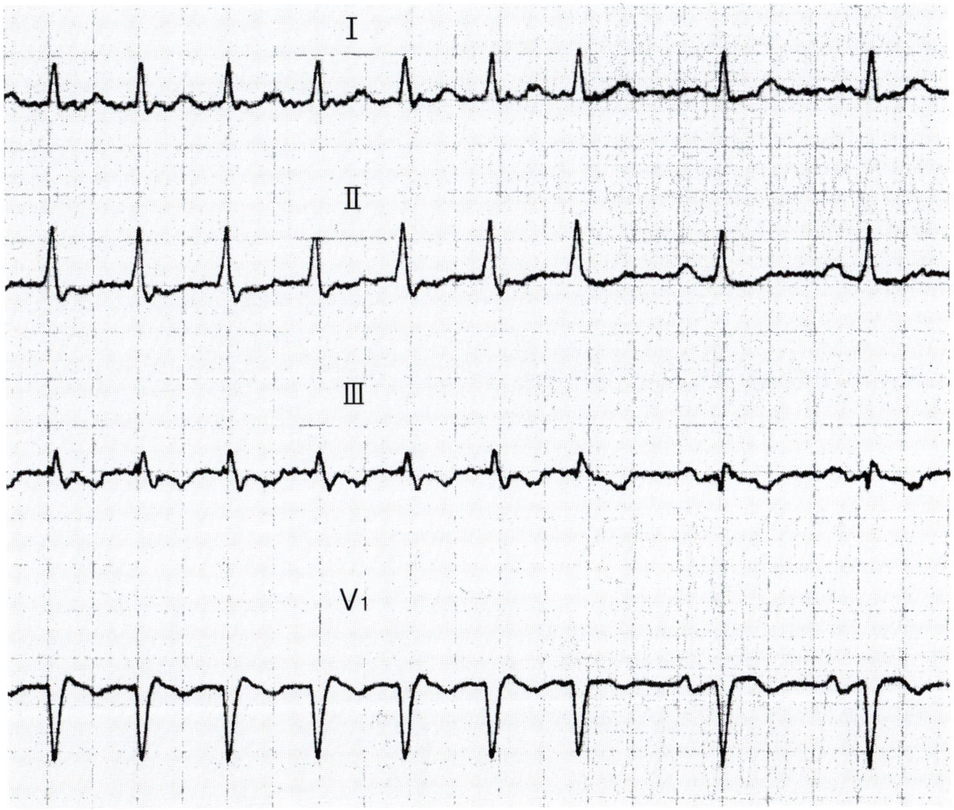

（Kenn Rosen に捧ぐ）

20 偽性不完全右脚ブロック

心拍数 160 bpm の narrow QRS 頻拍が突然停止している(A). 頻拍中の V_1 誘導で QRS 終末部に r' 波が認められ, 不完全右脚ブロックが示唆される. この終末部 r' 波は頻拍停止後の洞調律時には認められないが, 頻拍の最後の QRS にも存在していない. また, この r' 波はⅡ, Ⅲ誘導では陰性波として記録されているが, やはり洞調律中と頻拍の最終 QRS には認められない.

頻拍中の心拍数には変化がないため, 心拍数依存性の右脚ブロックとは考えられない. この偽性不完全ブロック波形の機序は何であろうか?

Bがその機序を説明している. この偽性 r' 波は, 房室結節リエントリー頻拍(AVNRT)における逆行性 P 波である. 逆行性 P 波はⅡ, Ⅲ誘導では陰性を呈し, V_1 誘導では不完全右脚ブロックと似たような陽性波となる.

この症例では心房波と心室波の解析が可能で, 洞調律時と頻拍時が比較できる. 逆行路のブロックにより頻拍は停止している(逆行性速伝導路).

診断 逆行性速伝導路ブロックにより停止した房室結節リエントリー頻拍

B

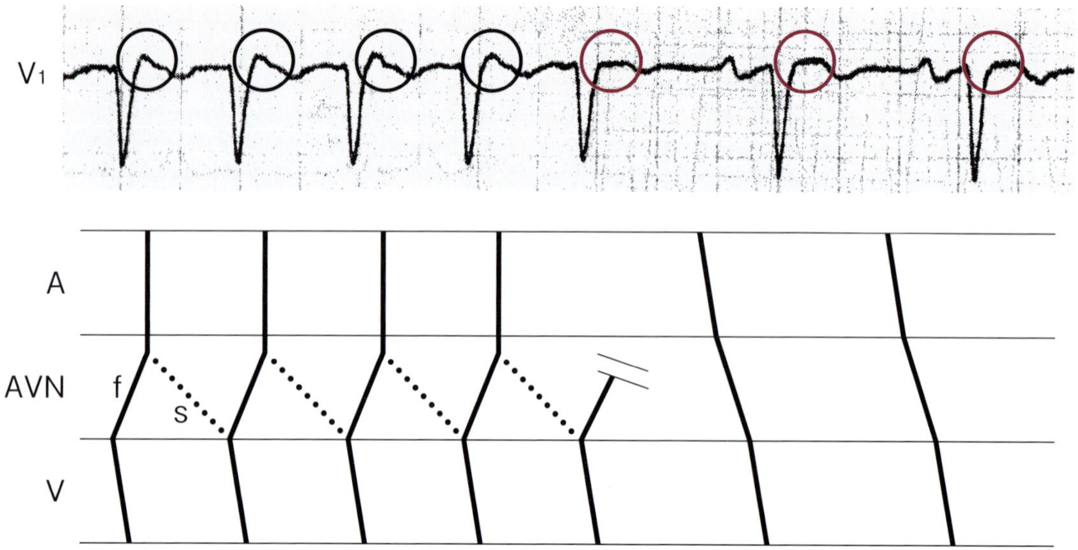

21 誤ってごみ箱に捨ててしまった心電図

Recovered from the trash

A

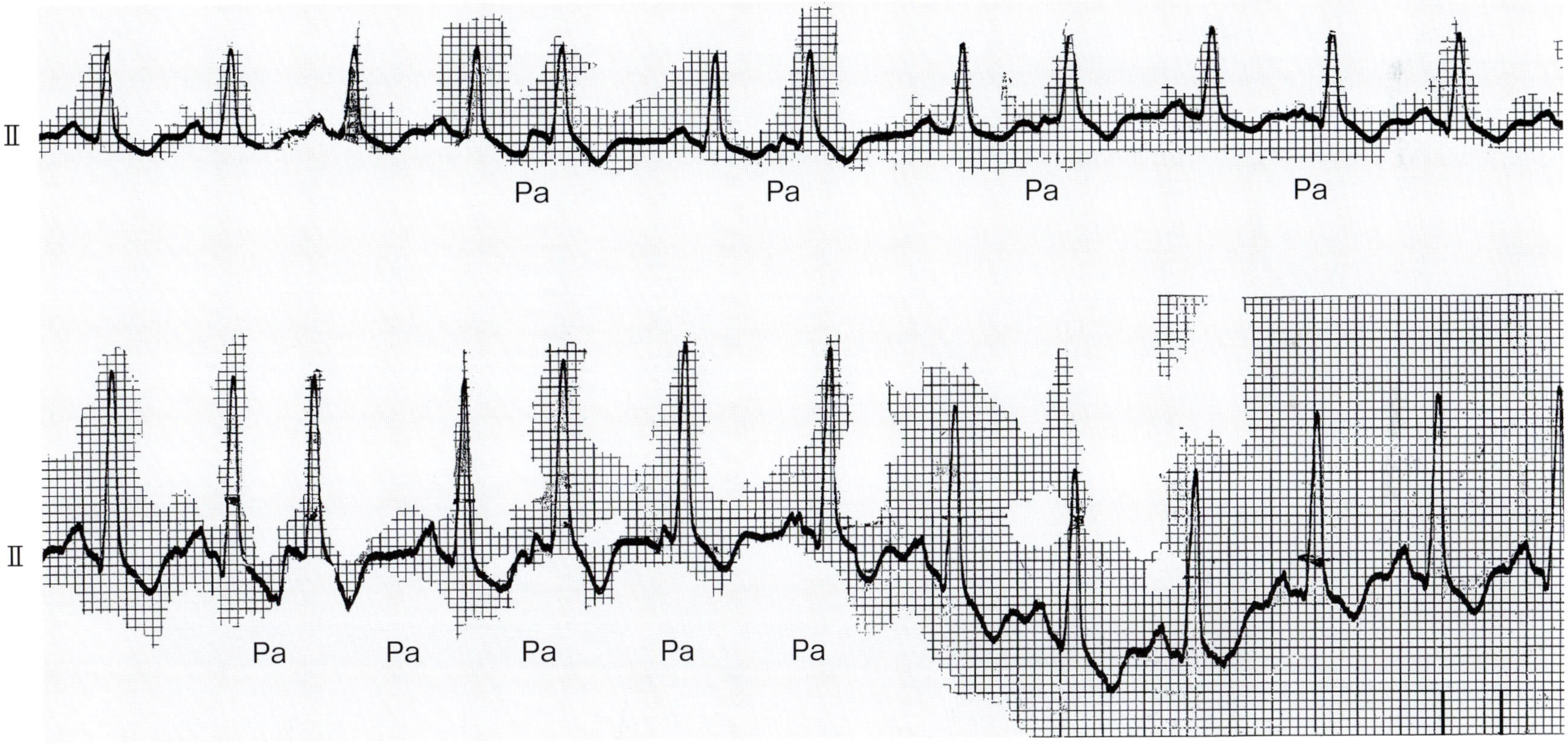

（Michel Mirowsky に捧ぐ）

21 誤ってごみ箱に捨ててしまった心電図

この珍しい心電図記録は，事実ごみ箱から拾い上げたものである．そこかしこにある貼りつけた跡がそれを物語っている．

洞調律中のⅡ誘導記録であるが，第 5 拍目に心房期外収縮に類似した心拍が認められる．その後に出現する心房のイベントは不規則であり，P 波の形態も異なっている(A)．

Aの下段は P 波の形態を大きく見るために，感度を倍にした心電図である．3 番目の心拍が期外収縮であり，その後 P 派の形態がビートごとに変化しているのがわかる．上段心電図の心房イベントを詳細に検討すると，心電図 P 波は 1 拍ごとに正常洞調律と心房副収縮との融合収縮(fusion beat)を示していることが理解できる．

通常，副収縮はその起源である心領域の自然自働能と同様の心拍数を有している．例えば，心房であれば 70～100 bpm，房室結節であれば 50 bpm，心室であれば 40 bpm といった具合である．このことからは，上段心電図に認められるイベントを副収縮と解釈することは大変困難である．その理由は，これを副収縮として捉えてしまうと，心房の自然のレートは 100 bpm であるが，副収縮のレートが 50 bpm となるからである．しかしながら，下段心電図があることで，融合 P 波は 100 bpm のレートで出現していることがわかった．したがって，上段心電図は 2 対 1 exit block を伴う心房副収縮であり，下段は exit block を伴わない副収縮と解釈できる．

この症例では心室期外収縮が同時に認められたので，キニジンの経口投与を行った．キニジン投与下の心電図(B)を見ると，この薬剤が心房副収縮に影響していることが一目瞭然である．V_2 誘導の心電図連続記録では，心房副収縮が依然として持続しているが，exit block の程度が強くなっている．副収縮の P 波連結期は常に変化しているが，副収縮起源の周期は同等に維持されていることがわかる．

診断 心房副収縮

B

V_2

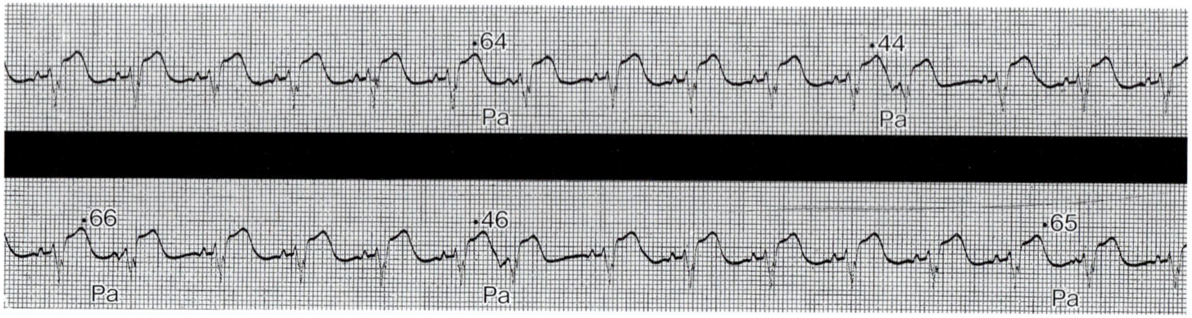

22 自己ペーシングにより心室頻拍が停止

Pacing yourself out of VT

A

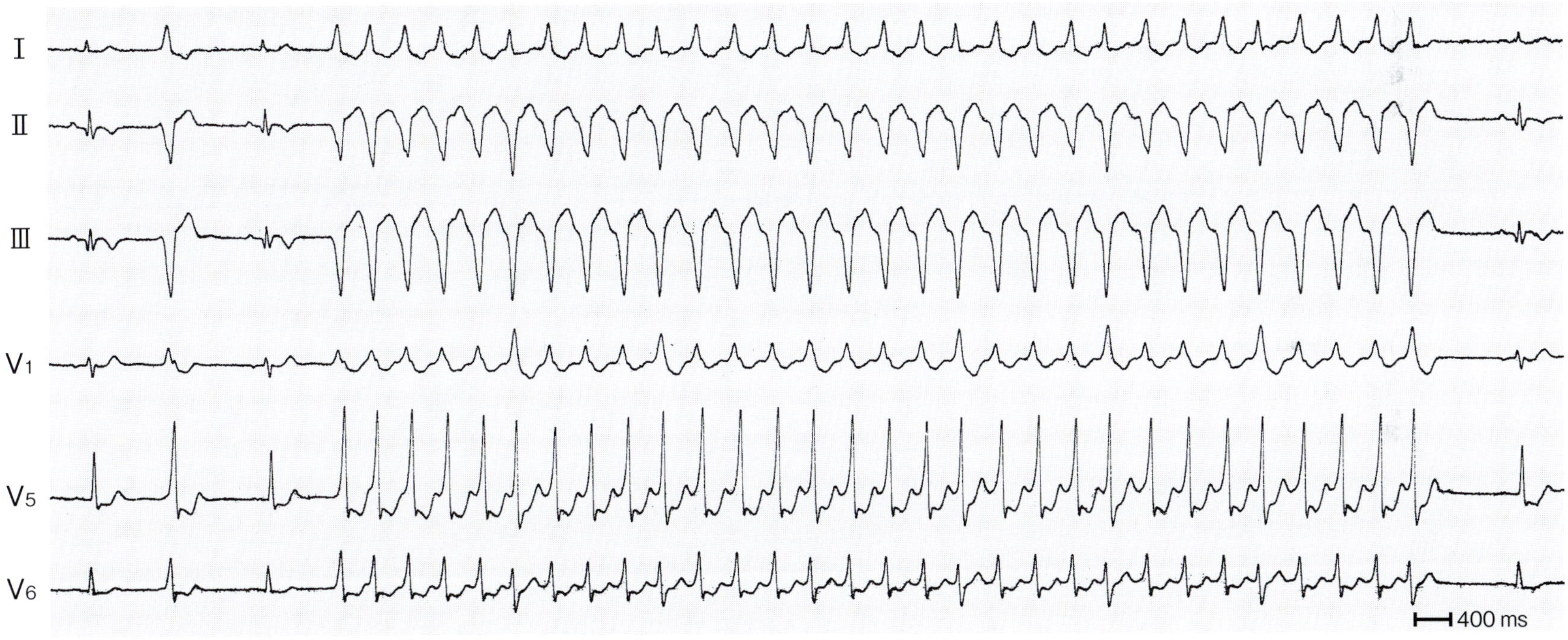

（John Fisher に捧ぐ）

22 自己ペーシングにより心室頻拍が停止

まず洞調律の記録を見ると，下方誘導で異常Q波と再分極(T波)の異常を認めることから，下壁心筋梗塞と診断できる(A)．非常に長い連結期をもった心室期外収縮がshort-long sequenceを引き起し，これに引き続きwide QRS頻拍が誘発されている．頻拍中の心電図をよく観察すると，V_5誘導でRS波形となっており，RS間隔が100 msを超えているので，この頻拍が心室頻拍(VT)と診断できる．

この心電図記録の最も興味深い所見は，ほぼ規則的な頻拍の中で，特にV_1誘導にてQRS形態の変化を認めることである．これらの心拍は頻拍中に早期興奮を示しており，実際に頻拍を停止させた最後の心拍を例外として，ほぼ固定した連結期を有している．最後の心拍は他の早期興奮と比較して，その連結期がやや短い(C)．

この心電図は自然に発生した心室期外収縮により，心室頻拍が停止する瞬間が記録されている．Bでは同じ症例で同じ心室頻拍中に，同様の現象を観察することができる．しかし，頻拍を停止させた心室期外収縮の起源は異なっていることは明らかである．

診断 自然に発生した心室期外収縮により停止した心室頻拍

B

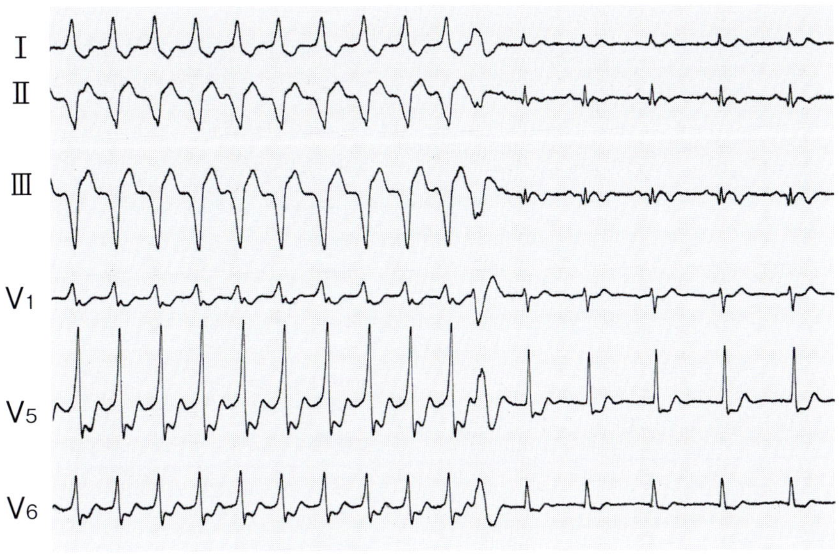

C

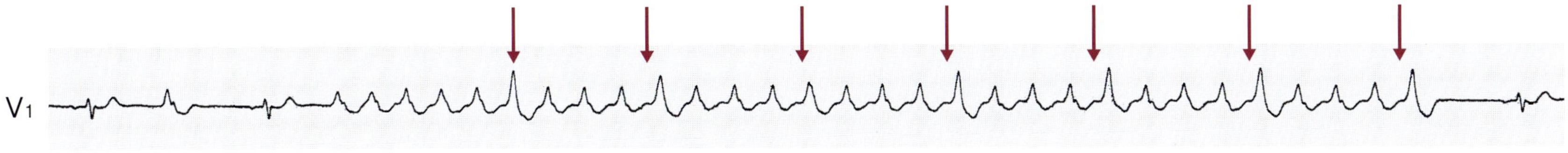

23

細かく分析することにより違いがわかる

The details make the difference

A

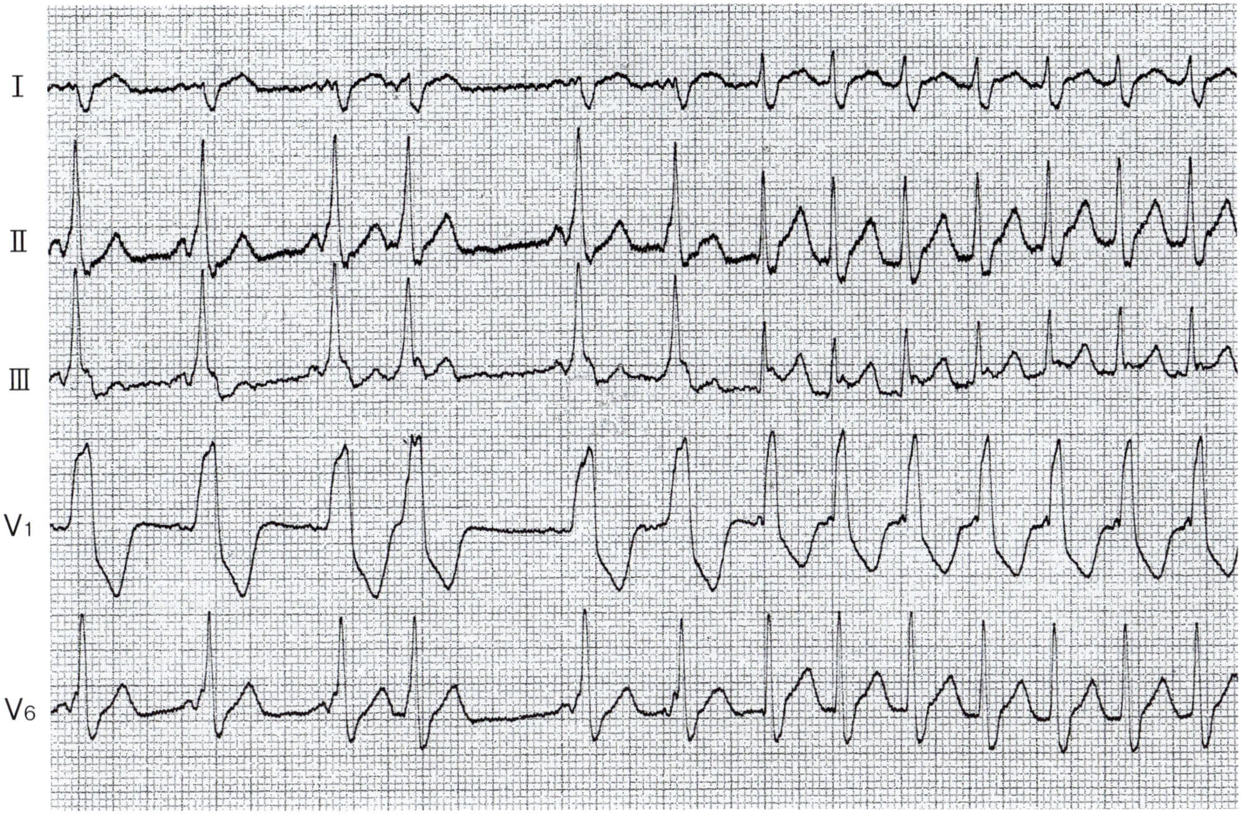

（Gerard Nacarelli に捧ぐ）

23 細かく分析することにより違いがわかる

この心電図は軽い不規則性を認めるものの，注意深くR-R間隔を計測するか，QRS形態を観察しない限り，突然始まる頻拍を見て取ることは難しい(A).

しかしながら，QRS形態の違いを認識することができる．この心電図記録のはじまりの方は心室早期興奮を示唆するwide QRS形態を伴った洞調律であるが，4番目の心房期外収縮によって心室早期興奮が増強している．

その後，さらに2個の心房期外収縮が出現している．最初の期外収縮(6番目の心拍)は心室早期興奮波形を示している．2番目の期外収縮(7番目の心拍)は長いPR間隔を示し，もはや早期興奮の特徴的な波形は認められない．すなわち，期外収縮による電気興奮は副伝導路でブロックされ，房室結節を経由して心室に伝導している．これに引き続き，規則的なwide QRS頻拍が始まっている．

興味深いことに，両者は完全に房室結節のみを通って伝導しているが，それに引き続く頻拍中のQRS波形も同一である．したがって，これは完全右脚ブロックと診断できる．

この症例は右脚ブロックと，左側副伝導路を合併している．本例で洞調律時のQRS波形と頻拍時のQRS波形との差を実感するには，注意深い観察が必要である(B).

診断 左側副伝導路と右脚ブロック型の変行伝導を伴う房室回帰頻拍(AVRT)

B

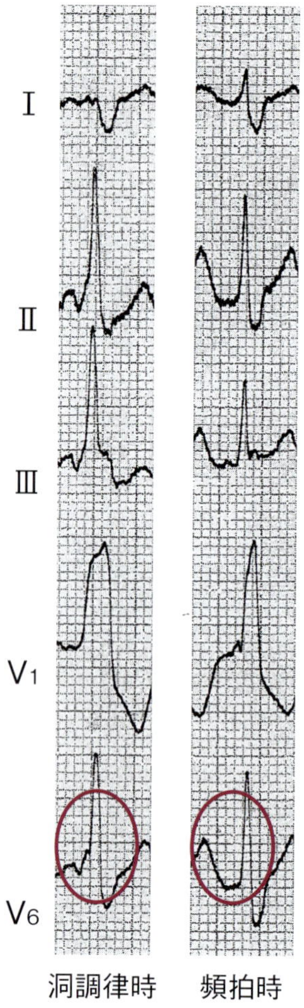

24 “P”を探せ

Chercher la P

A

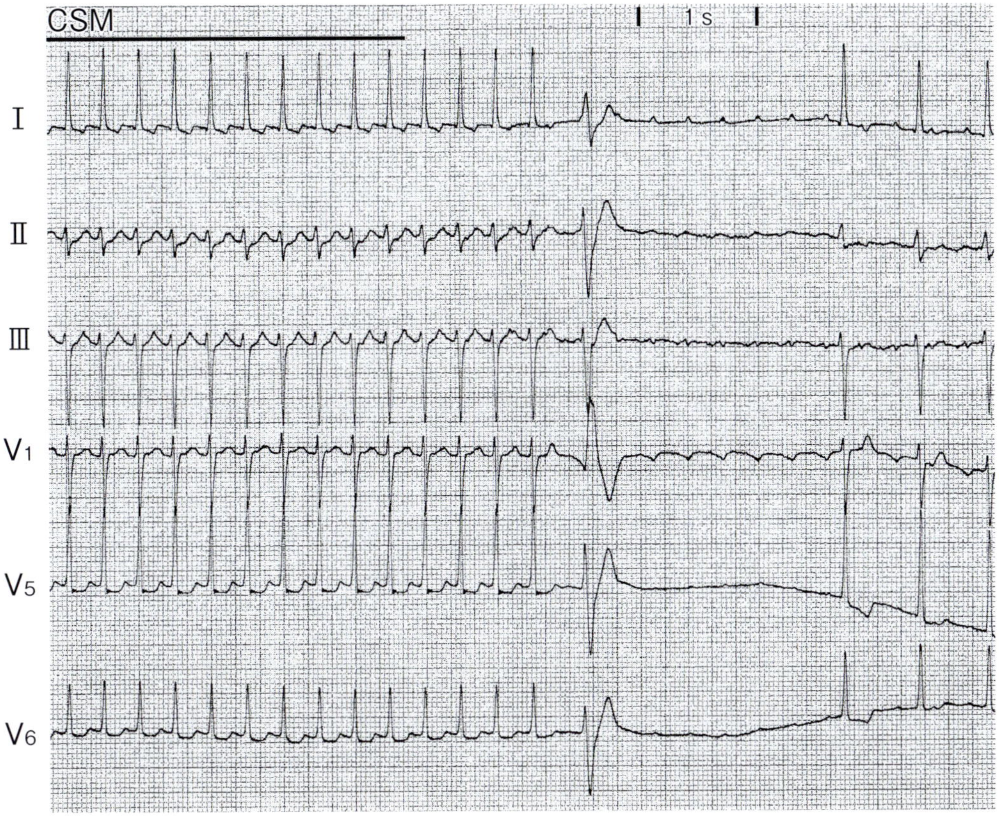

(Robert Slama に捧ぐ)

24 “P” を探せ

P 波の位置と極性の認識は，時に大変難しいことがある．この心電図記録では，記録の前半は narrow QRS 形態を示す規則正しい頻拍が認められる(A)．これを見ると，通常はその P 波が各 QRS complex の 140 ms 後に認められるノッチであろうと思いがちである．すなわち，これは副伝導路を介した逆行性伝導を示唆している．さらに，I 誘導に陰性 P 波が認められることから，左側の副伝導路とさえ考えてしまうだろう．

しかしながら，この症例は，頸動脈洞マッサージ(CSM)により，一過性の房室ブロックを誘発することによって，診断が明らかとなった．頸動脈洞マッサージの間は，QRS complex や再分極の干渉を受けることなく，心房興奮を観察することが可能である．実際の P 波は I 誘導で陽性，V_1 誘導で陰性である．心房興奮は，頸動脈洞マッサージや房室ブロックによって影響を受けずに持続し，P 波の極性は右房起源の頻拍を示唆している．この P 波の極性と房室ブロック時にも頻拍が持続していることから，房室結節リエントリー頻拍(AVNRT)と房室副伝導路はこの不整脈の機序から除外される．記録の最後の部分では，2 対 1 房室伝導が再開している(B)．

診断 右側心房頻拍

B

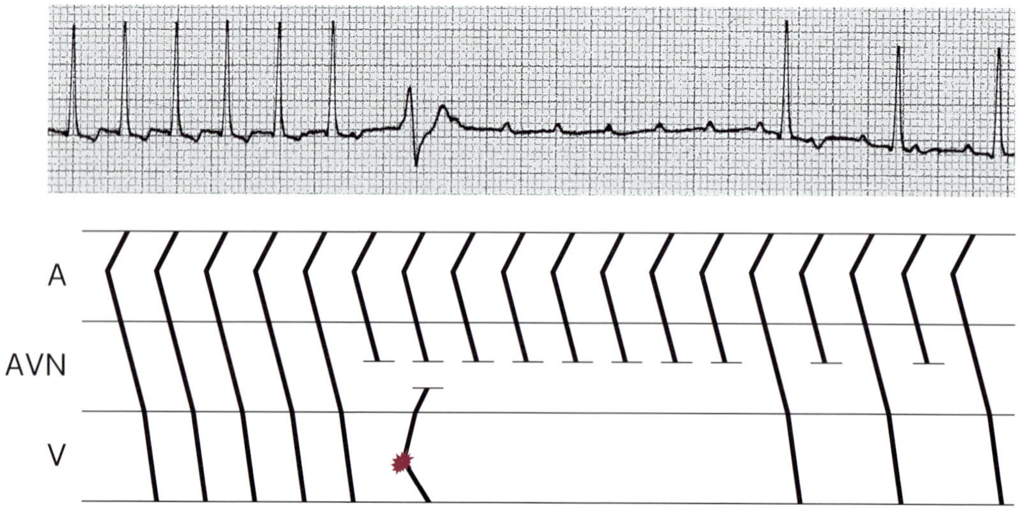

25

偽性 torsade de pointes

Pseudo torsade de pointes

A

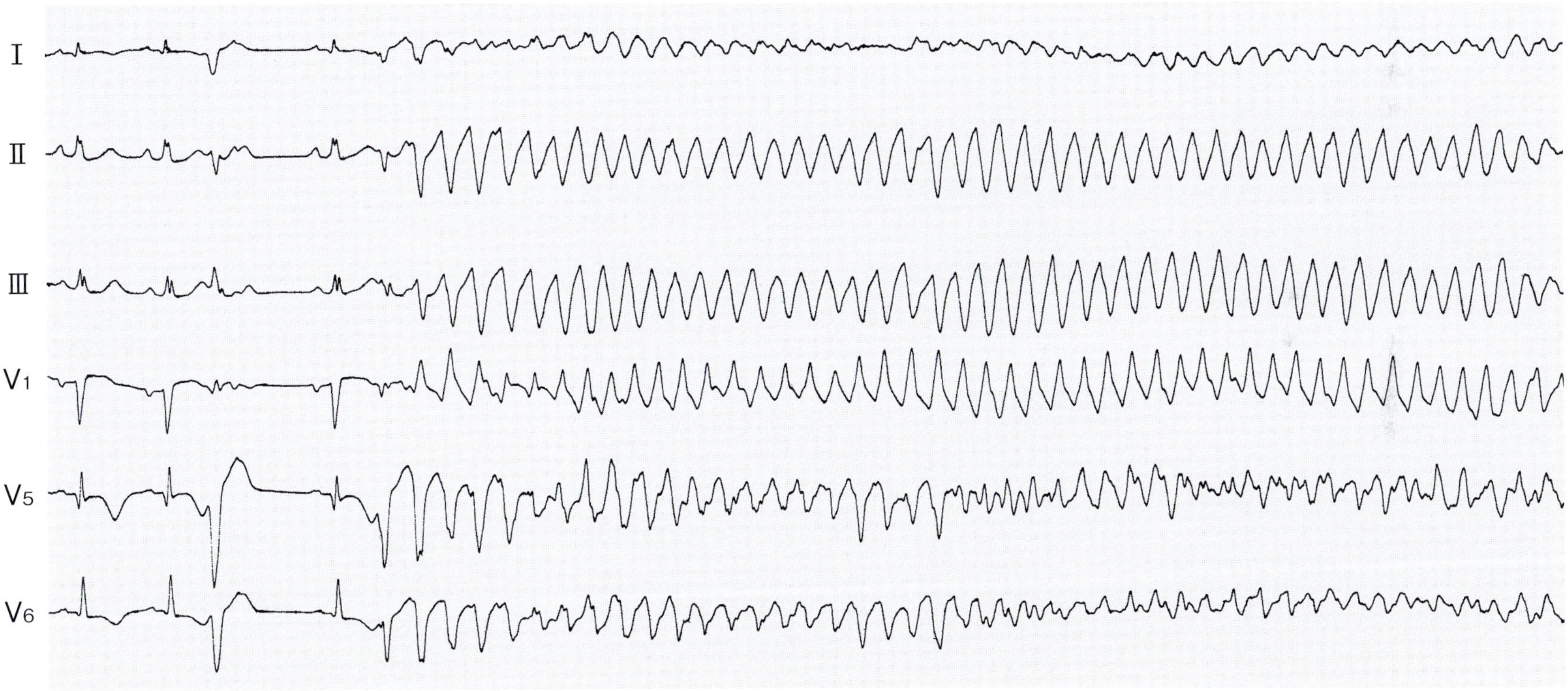

(Peter Schwartz に捧ぐ)

25 偽性 torsade de pointes

心電図記録のはじまりは洞調律が認められる．最初の心室期外収縮(3 番目の心拍)の後に代償期として少し間隔があいている．同様な QRS 形態を持つ 2 番目の心室期外収縮(5 番目の心拍)に引き続き，QRS 形態が常に変化する速くて不規則な心室頻拍(VT)が始まっている．記録の終わりの部分では，頻拍が心室細動(VF)に移行しているのがわかる(A)．

この記録には torsade de points(Tdp)の特徴がいくつか含まれている．まず最初に，頻拍は心室期外収縮(3 番目の心拍)によって形成された short-long sequence の後に始まっている．そして心室頻拍中の QRS 波形は軸が捻じ曲がっていくような動きを示している．しかしながら，本不整脈が発生した臨床背景は，Tdp 頻拍が発生する病態，すなわち後天性あるいは先天性 QT 延長症候群とは異なっている．

本例は洞調律の心電図を見て，V_1 と V_5 誘導で異常 Q 波を認めること，V_5，V_6 誘導で陰性 T 波を認めることから，前壁心筋梗塞と診断できる．そして不整脈は虚血急性期に出現していることがわかる．V_5 誘導では再分極異常(QT 延長)を示しているが，修正 QT 間隔は正常範囲である．

鑑別診断で非常に重要な点は，本例の場合には短い連結期の期外収縮により誘発されていることである．QT 延長症候群では，比較的長い連結期の期外収縮に引き続き起こることが多い．また，本例では多形性心室頻拍のレートは極端に速い．QT 延長症候群では多形性心室頻拍のレートはより遅い(B に先天性 QT 延長症候群で観察された典型的な Tdp 頻拍を呈示する)．

この記録はまた，心室頻拍と心室細動を鑑別することの難しさを表している．我々がもしこれを多形性心室頻拍とするならば，同様に心室細動の定義にも考慮しておきたい．

診断 急性虚血における多形性心室頻拍

B

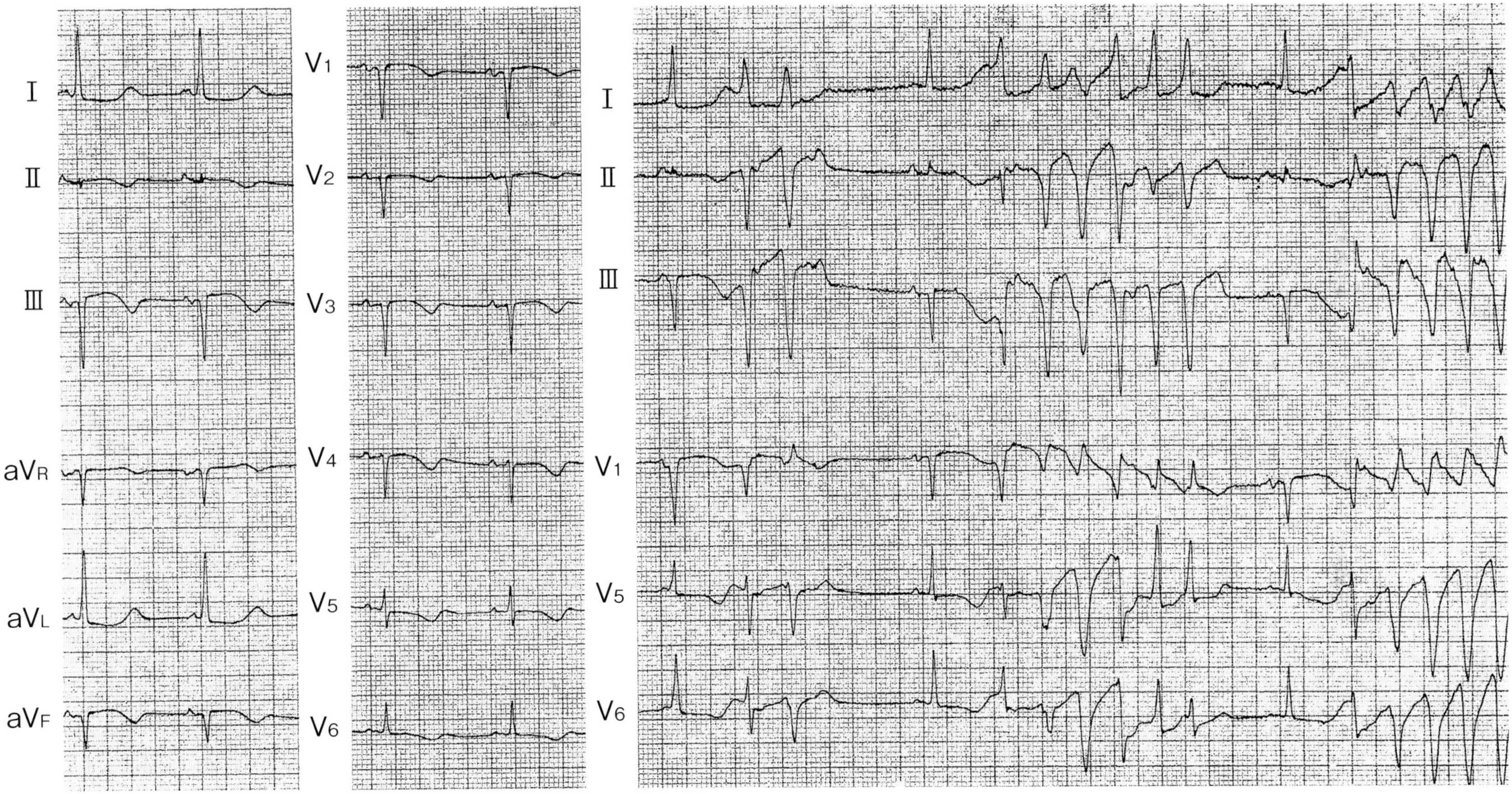

26 なまけものの副伝導路

The lazy accessory pathway

A

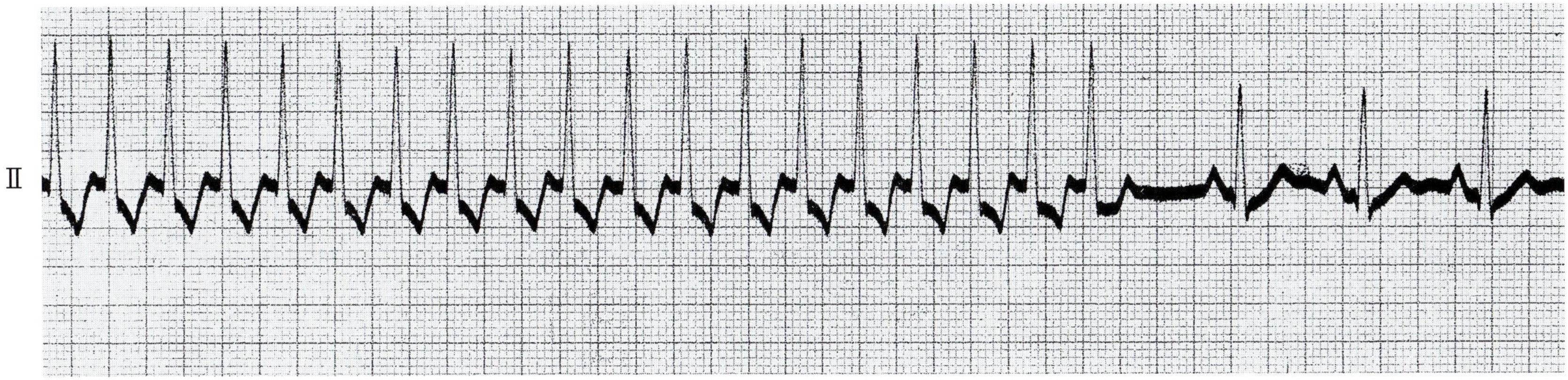

（George Klein に捧ぐ）

26 なまけものの副伝導路

このII誘導の心電図記録は，非常に珍しい現象を捉えており，頻拍が副伝導路内での逆行性伝導ブロックにより停止していることがわかる（A）．頻拍中は，QRSの立ち上がりから140 ms後方に深い陰性P波を認められる．これは頻拍の逆行性伝導が速伝導型の房室副伝導路を介していることを示唆している．頻拍の最終拍のQRS後にはこの陰性P波が消失していることから，頻拍は回路内の逆行性伝導路内で停止していることがわかる（B C）．本例では頻拍回路の中で副伝導路が最も伝導性の弱い領域である．

記録をよく見ると，頻拍が停止する直前はRP間隔が140 msから200 msに延長していることがわかる．これは副伝導路を介した逆行性伝導が，Wenckebach周期であることを意味する．Wenckebach周期は通常は結節様組織で認められる現象であり，これが副伝導路内で観察されるのは大変珍しい．

診断 副伝導路内でのWenckebach周期と伝導途絶による房室回帰頻拍（AVRT）の停止

B

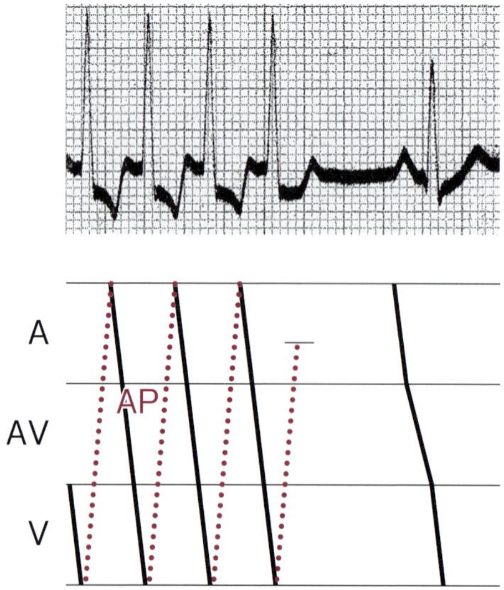

C

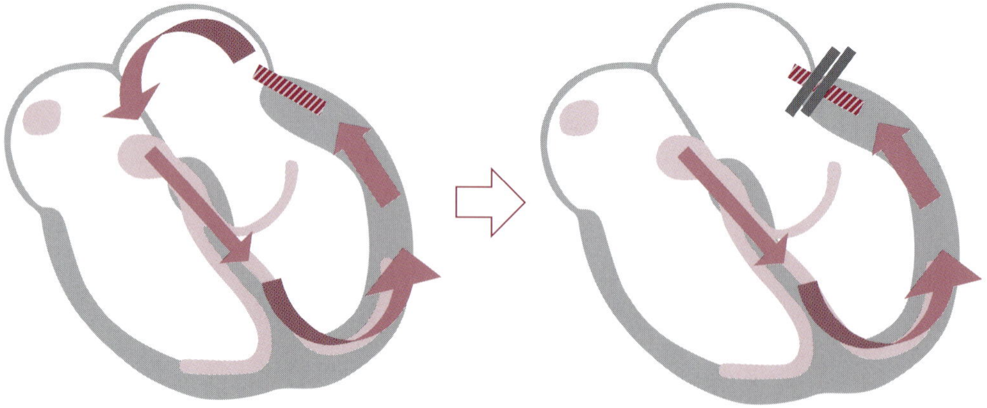

27 終わりのない物語

The never-ending story

A

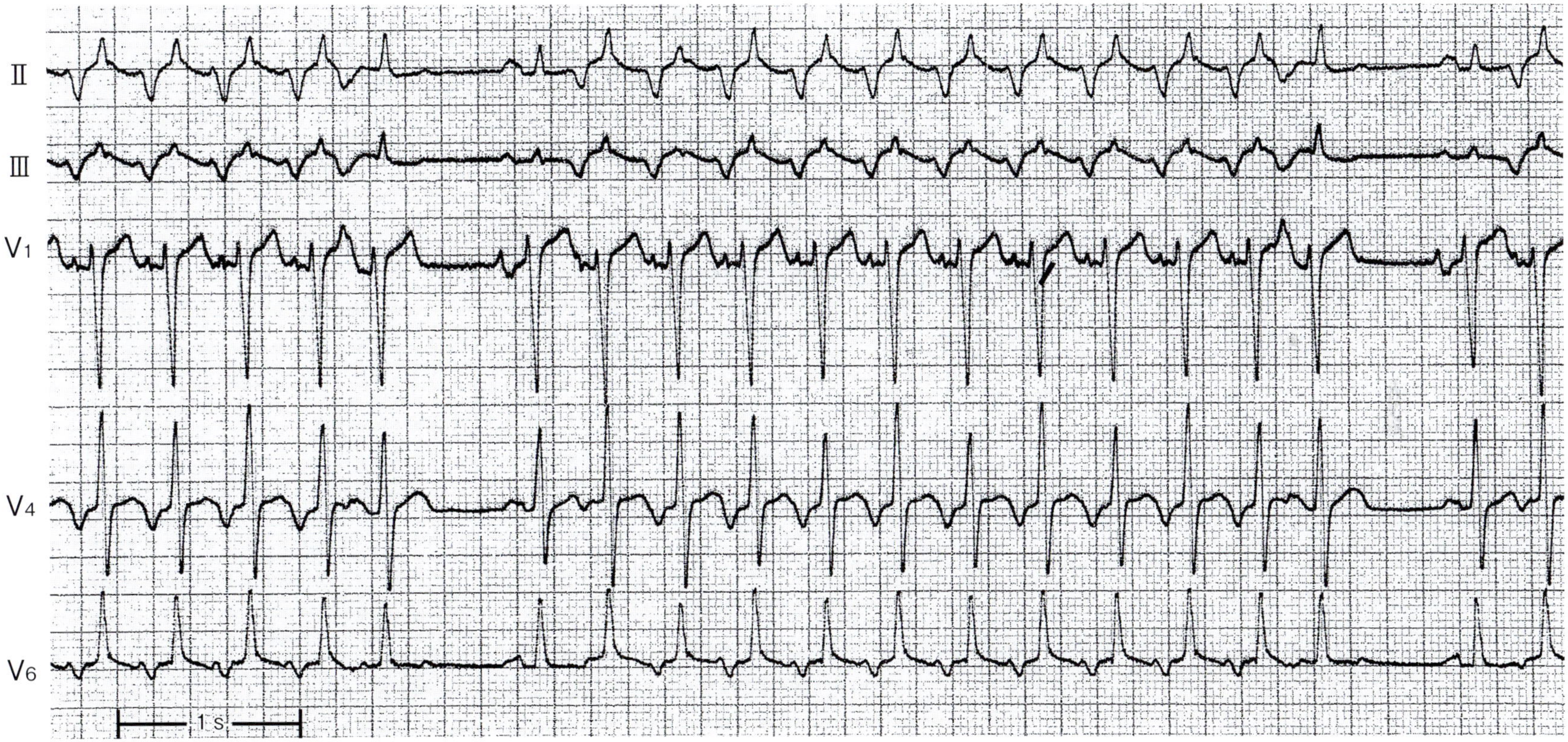

（Philipe Coumel に捧ぐ）

27 終わりのない物語

この心電図記録は，非持続性で反復性の narrow QRS 頻拍を示している（A）．記録の最初の部分では心房期外収縮（心室に伝導）により頻拍が停止しているが，その後 1 個の洞調律の後に頻拍が再開している．

この頻拍にはいくつかの興味深い特徴が存在する．第一に，頻拍中の P 波の極性がⅡ，Ⅲ誘導，V_4，V_5 誘導で深い陰性を呈しており，またこの P 波の振幅は非常に大きくなっている．洞調律時の P 波も正常ではなく，心房内腔の拡張を示唆するものである．また，標準誘導での QRS 波の振幅は，重度に心室が拡大した患者に認められるように異常に小さくなっている．最後に本頻拍中の P 波は QRS 波の立ち上がりよりも 200 ms 以上後方に位置している．

これは長い伝導時間を示し，間断なく持続する（incessant）房室回帰頻拍の原因となる房室副伝導路の典型的例である（B C）．この症例では，頻拍は時々心房期外収縮により停止する．

間断なく持続する頻拍の最も重要な合併症の 1 つに，心拡大と心不全がある（いわゆる頻拍依存性心筋症のこと）．例えば副伝導路に対するカテーテル・アブレーションで頻拍がコントロールされれば，その後数か月以内で心筋症は完全に消退する．

診断 いわゆる slow Kent を介した反復性上室頻拍と頻拍依存性心筋症

B

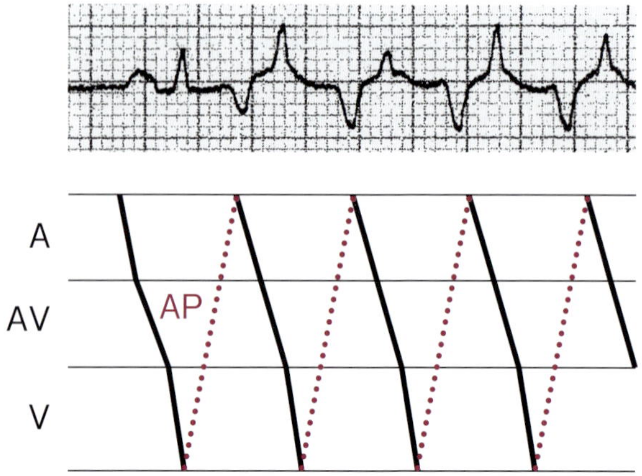

C

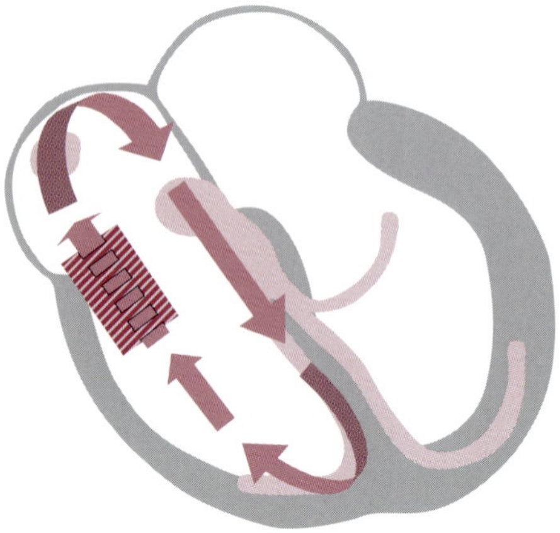

28 そこにあるすべての情報を活用せよ

Use all available information

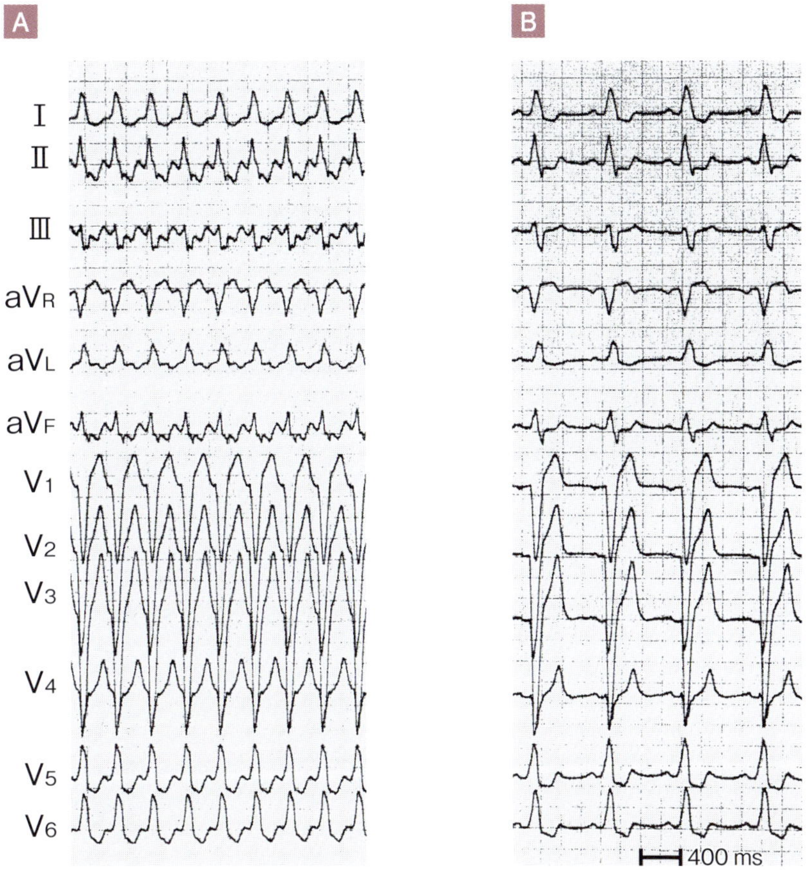

（Al Buxton に捧ぐ）

28 そこにあるすべての情報を活用せよ

A は，心拍数 165 bpm の規則正しい wide QRS 頻拍を示している．QRS 波は左脚ブロック形態を示し，変行伝導に見られる古典的な特徴を兼ね備えている．また，QRS 波は頻拍中も洞調律時（B）も同じ波形を呈している．

したがって，A は，左脚ブロック型の変行伝導を伴った上室頻拍（SVT）と診断される．頻拍のメカニズムは，洞調律時あるいは頻拍時の再分極時相の心電図を比較することで解明できる．Ⅱ，Ⅲ，aVF 誘導における，QRS 波の立ち上がりから 200 ms 後方に認められる陰性の振れに注目してほしい．この陰性 P 波はⅢ誘導よりもⅡ誘導でより深く，この時相に一致して aVL 誘導で陽性 P 波が認められる（C）．

診断 左側傍中隔副伝導路を介した房室回帰頻拍（AVRT）

C

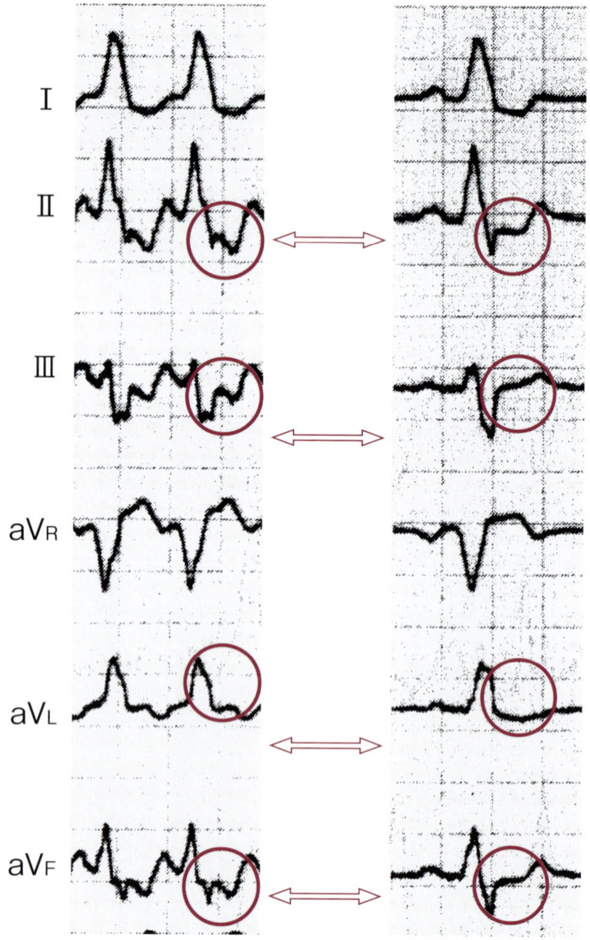

29

似合いの相手

Making the match

A

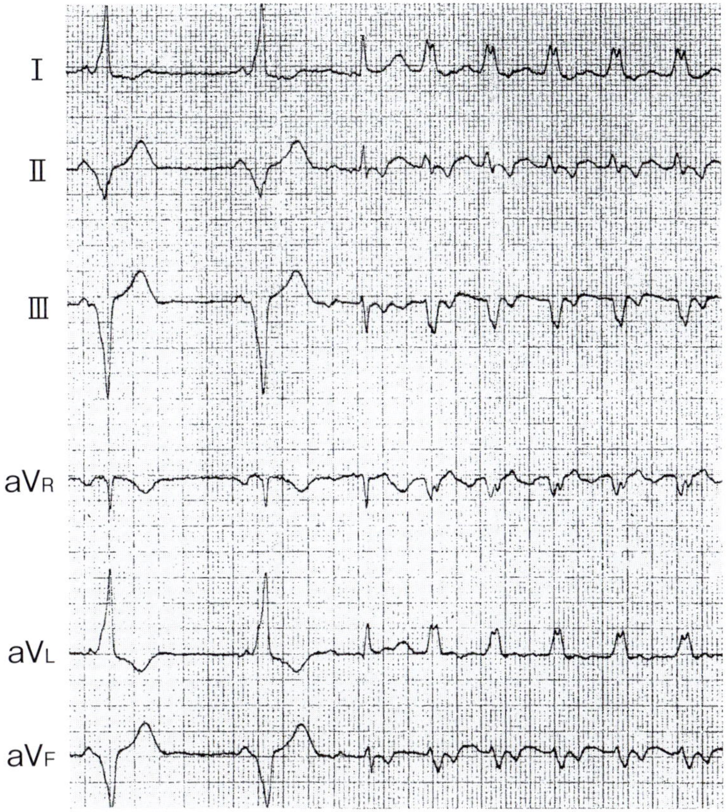

（Gerard Guiraudon に捧ぐ）

29 似合いの相手

心電図記録最初の2心拍は洞調律のもので，PR間隔の短縮，初期にスラーを認めるwide QRS波形を呈しており，副伝導を介した典型的な心室早期興奮波形を示している(A)．副伝導路の局在部位を正確に把握するには，他の誘導の心電図記録が必要であるが，肢誘導記録では左軸偏位を示していることから副伝導路は中隔付近に存在する可能性が高い．実際にⅢ誘導では極端な陰性QRS波形を示しており，通常これは後壁の冠状静脈に局在する副伝導路に認められる所見である．

1拍の心房期外収縮(3番目の心拍)は心室に伝導し，narrow QRS波形を形成している．そしてその後，心拍数120 bpmの持続性頻拍が誘発されている(B)．頻拍の2拍目以降の心拍は，左脚ブロック型の変行伝導を示している．興味深いことに，左脚ブロックに変化しても頻拍中のRP間隔が変化しないことが挙げられる．これにより左側副伝導路を除外することができる．

ここで，早期興奮QRS complexと逆行性P波の極性が一致することに注目してほしい．Ⅱ，Ⅲ，aVF誘導ではP波は陰性であるが，洞調律時のQRS波も陰性である．一方，Ⅰ，aVL誘導ではP波，QRS波ともに陽性波を呈している．これは副伝導路を介した順行性伝導と逆行性伝導がマッチしていることを示している(C)．

診断　真の下壁中隔副伝導路

B

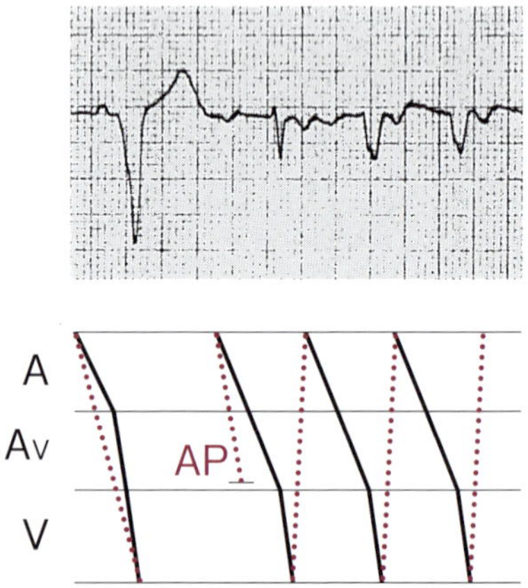

C

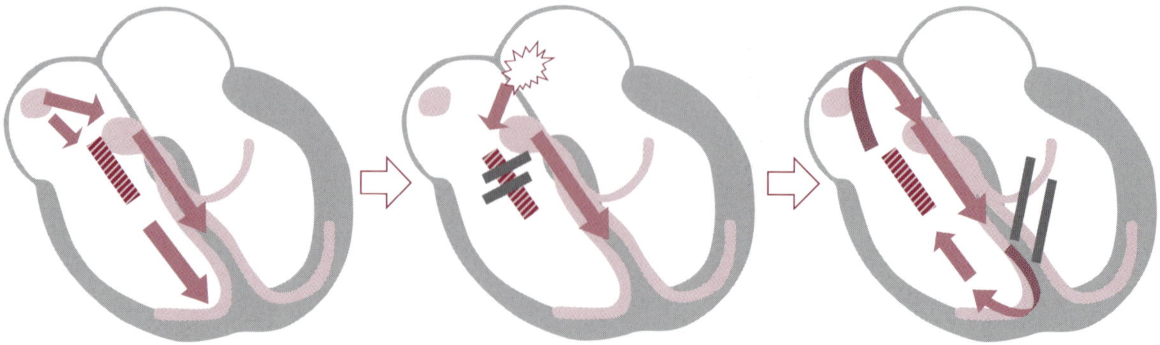

30

手がかりはアクセサリーにあり

The clue is in the accessories

A

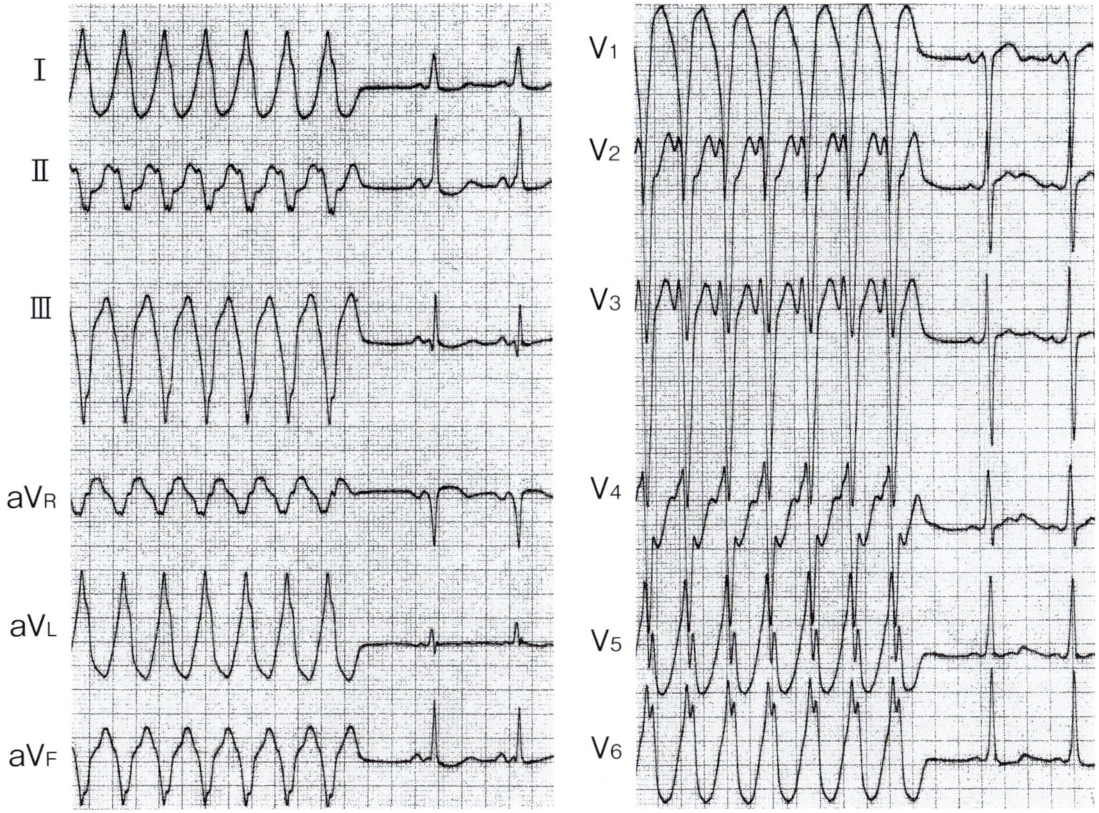

（Robert Myerburg に捧ぐ）

30 手がかりはアクセサリーにあり

この心電図は，構造的心疾患を持たない21歳の男性から記録したものである．心拍数170 bpmの規則正しいwide QRS頻拍を示しているが，これが突然停止している(A)．

頻拍中のQRS波幅は240 msであり，左脚ブロック形態で左軸偏位を呈している．V_4誘導でR波とS波の間隔が120 msであることを含めて，これら心電図特徴のすべてが心室頻拍(VT)の診断を明確にしている．さらに，頻拍中には明らかなP波が認められない．

洞調律が再開した後に，心室早期興奮の心電図パターン(PR間隔短縮，wide QRS波，QRS初期のスラー)が明らかとなった(B)．

心電図学的に，この頻拍は心室起源であることが疑われるが，患者が若年者であること，構造的心疾患を認めないこと，洞調律時には明らかに心室早期興奮を認めることから，この頻拍のメカニズムは右側の後中隔副伝導路を順行性に伝導する逆方向性房室回帰頻拍が考えられる．

右室後中隔領域を起源とする心室頻拍も，同様のQRS波形を示すことが考えられる(C)．本例により，心電図解析には限界があることのみならず，機序診断のためには洞調律時の心電図を含めてあらゆる臨床情報を活用することの重要性が強調される．

診断 右側後中隔副伝導を介した逆方向性房室回帰頻拍

B

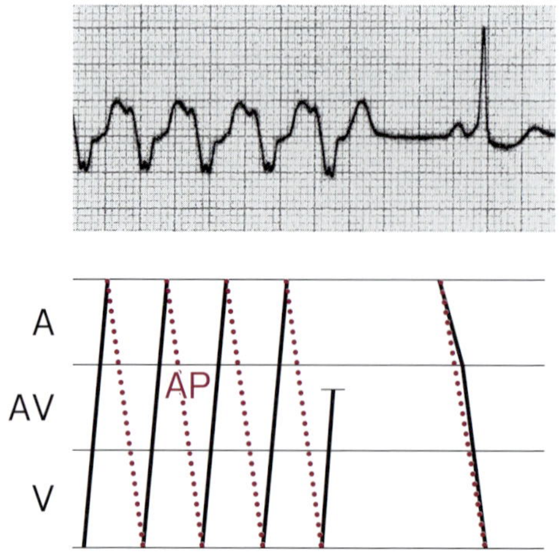

C

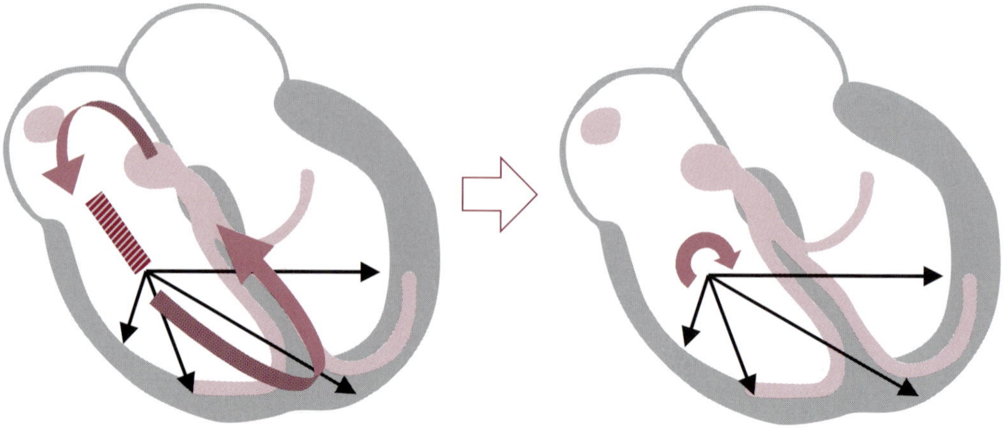

31 降参の準備を

Ready to give-up

A

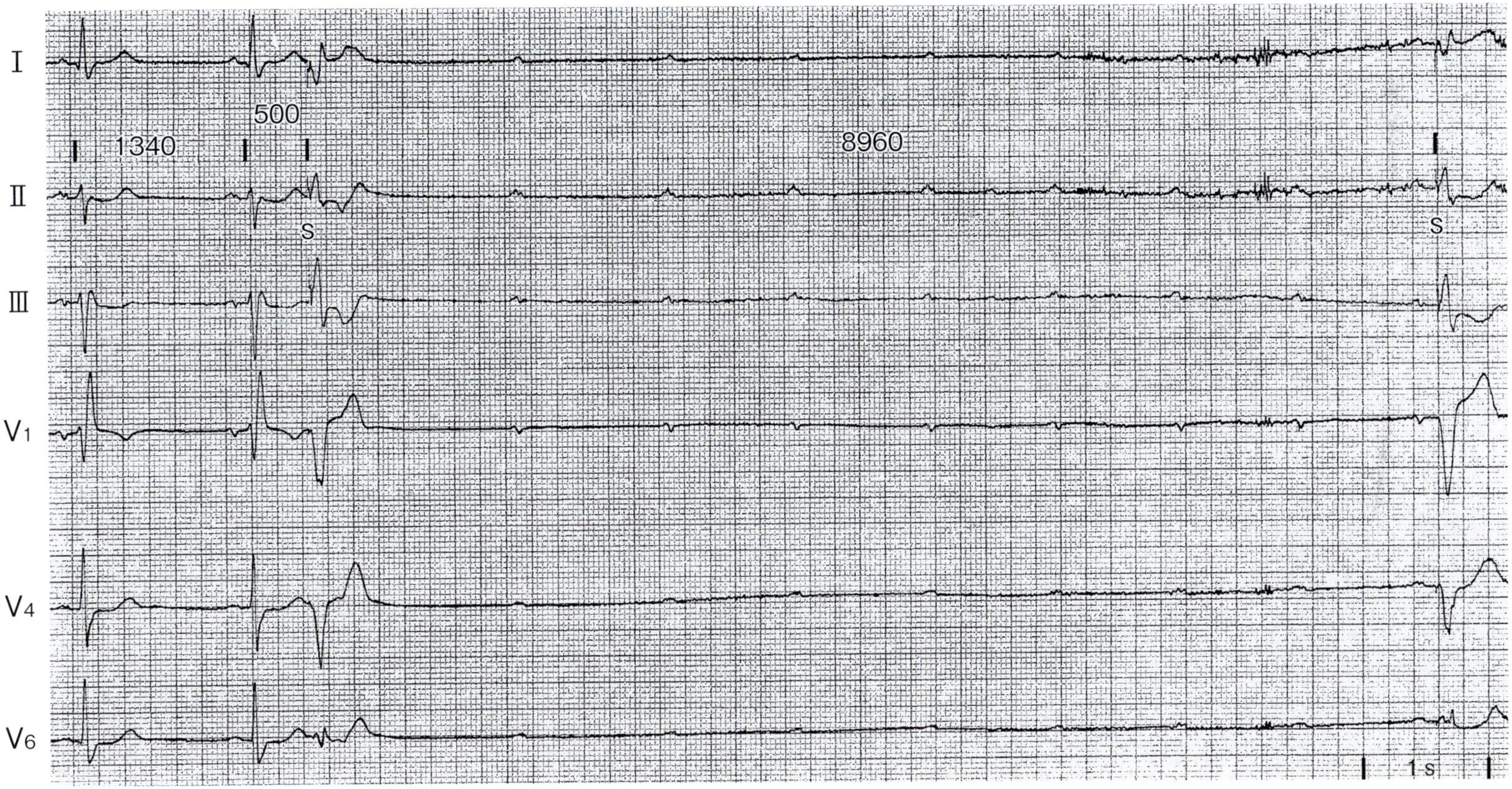

(Seymour Furman に捧ぐ)

31 降参の準備を

心臓刺激伝導系は，生物学的にユニークな電気生理学的特性を持っている．1日に約10万回の興奮を心房から心室に伝達するが，およそ80年間の一生に換算すると約30億回にも及ぶ．このように刺激伝導系組織は高い伝導能力を持っているが，時々疲れが出るようである．

本例の洞調律時の心電図記録では，右脚ブロック型で左軸偏位を示すQRS波形が観察される（A）．すなわち，房室結節以下の伝導障害の可能性を示唆している．この記録は，デマンド・ペースメーカ（センシング不全あり）により惹起された心室期外収縮による伝導系への疲弊効果を明確に示している．この心室期外収縮が刺激伝導系へ逆行性に侵入することにより，順行性伝導における刺激伝導系の伝導特性が変化することが考えられる．その結果，順行性の完全ブロックが出現している．

この記録からは，多くの患者で予防的なペースメーカの適応にもかかわらず最初のペーシングの後にペースメーカ依存性になる理由がわかる．記録の最後では，9秒間の心停止の後に，失神を回避するために次のペーシングを作動させる必要があった．

本例で観察されたことは，心臓刺激伝導系のfatigue現象として知られている．この現象は，後日，EP検査室で自然に発生した心室期外収縮によっても再現されることが確かめられた（B）．

診断 重症の房室結節下伝導障害

B

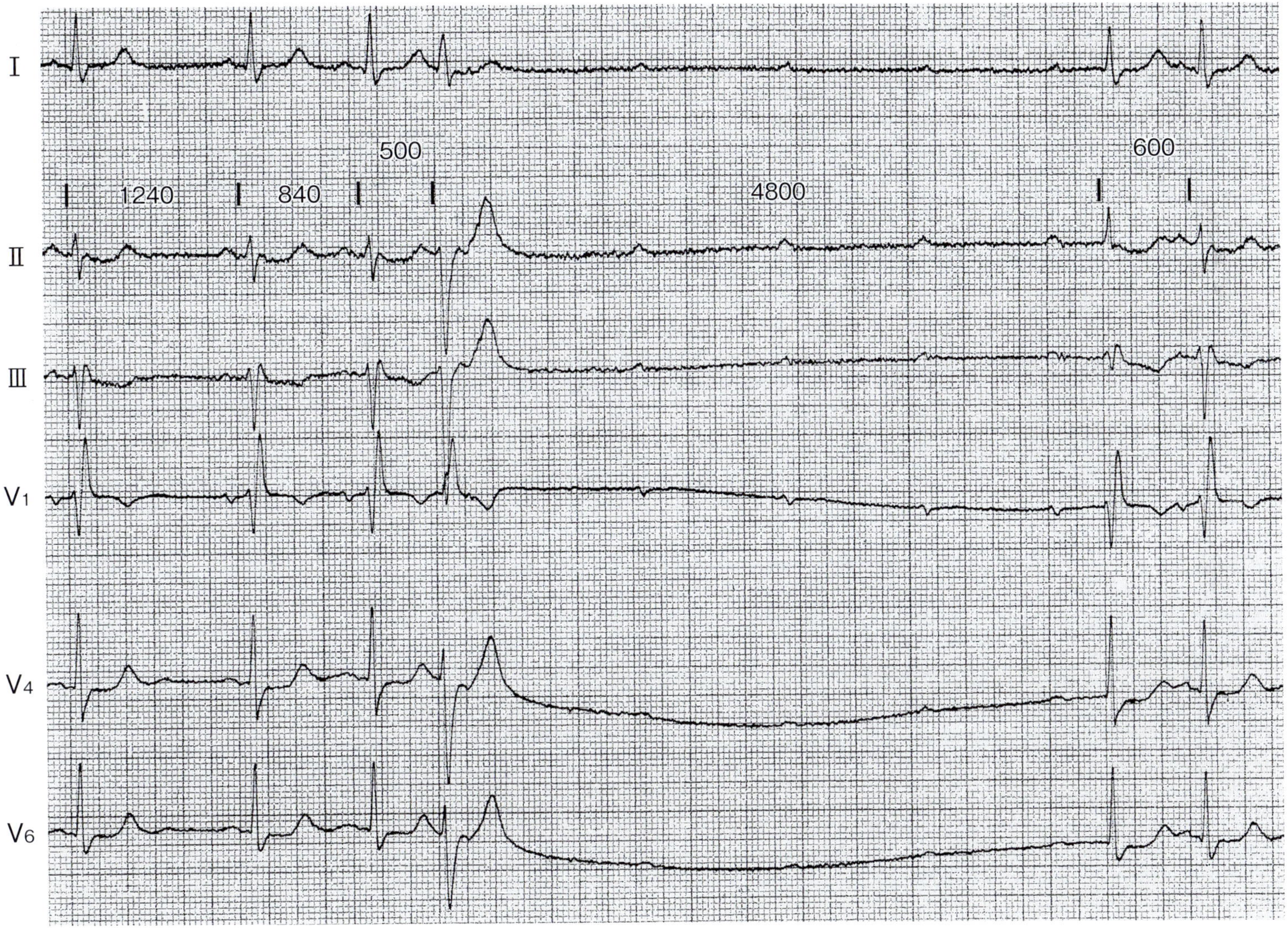

32

心房は回路の必須領域か

Is the atrium a necessary link ?

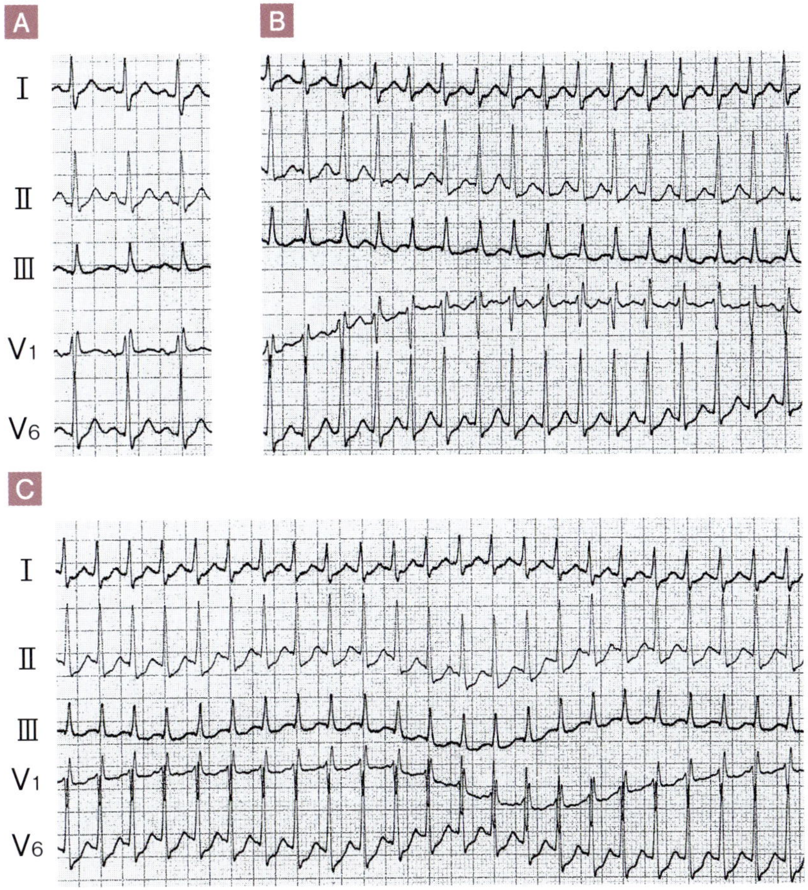

（Mark Josephson に捧ぐ）

32 心房は回路の必須領域か

房室結節リエントリーの回路は，これまで長い間，論争の的であった．リエントリー回路は真に房室結節内に限局しているのか，あるいは心房筋の一部が必須回路となっているのかという命題である．これまでの論争では，この両方の仮説を支持するデータが複数認められる．しかしながら，この心電図記録では前者を支持する興味ある現象を観察することができる．

A は洞調律時の記録で，不完全右脚ブロックが認められる．C は narrow QRS 形態の規則正しい頻拍であるが，やはり不完全右脚ブロックを伴っている．この記録では P 波を認識することができないが，これは通常の房室結節リエントリー頻拍(AVNRT)で認められるように，おそらく P 波が QRS 波の中に隠されているからであろう．

B で認められる頻拍は，C のものと正確に同じ心拍数と同じ QRS 形態を持った，まったく同一の頻拍である．ただ，際立った特色として C とは異なり，再分極時相の波形が持続して変化していることである．これはⅡ誘導と V_1 誘導ではっきりと認識できる．

C の頻拍は，房室結節リエントリー頻拍を示している(E G)．一方 B は，電気生理学的検査(EPS)時に確認されているが，心房細動と房室結節リエントリーが同時に持続している記録である(D F 参照)．

したがって，少なくとも本例においては，房室結節リエントリー頻拍は真に結節内に限局したリエントリーであり，すべての症例で心房筋が関与するわけではないことを示している．

診断 房室結節リエントリー頻拍と心房細動

D

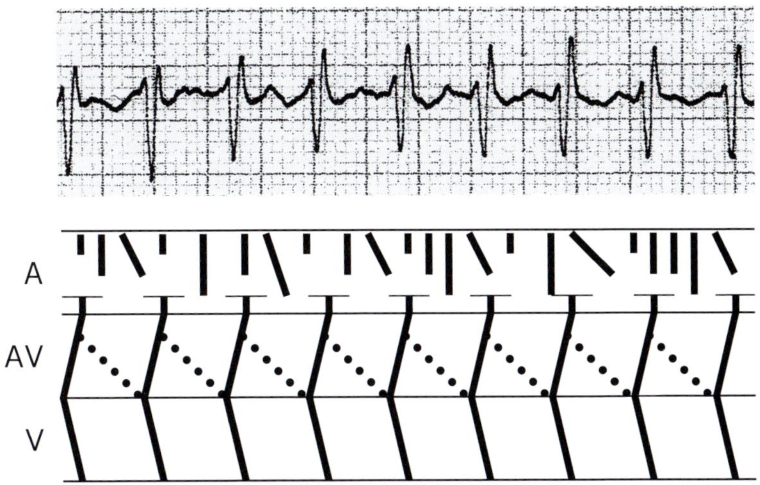

F

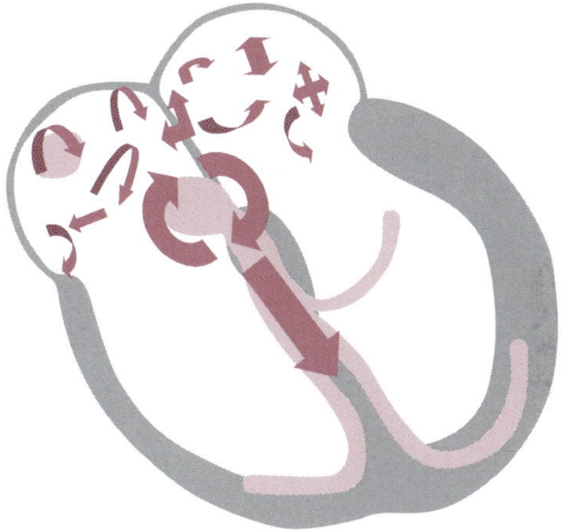

E

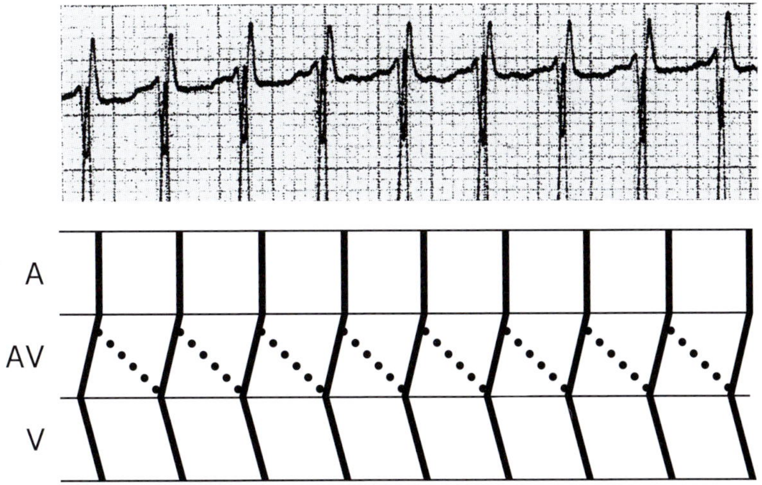

G

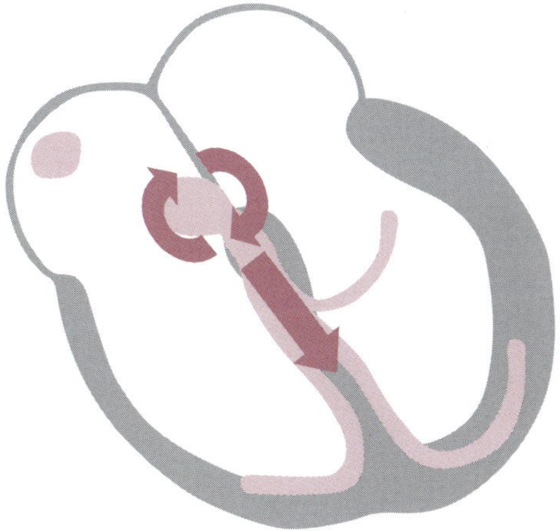

33

発作性房室伝導

Paroxysmal AV conduction

A

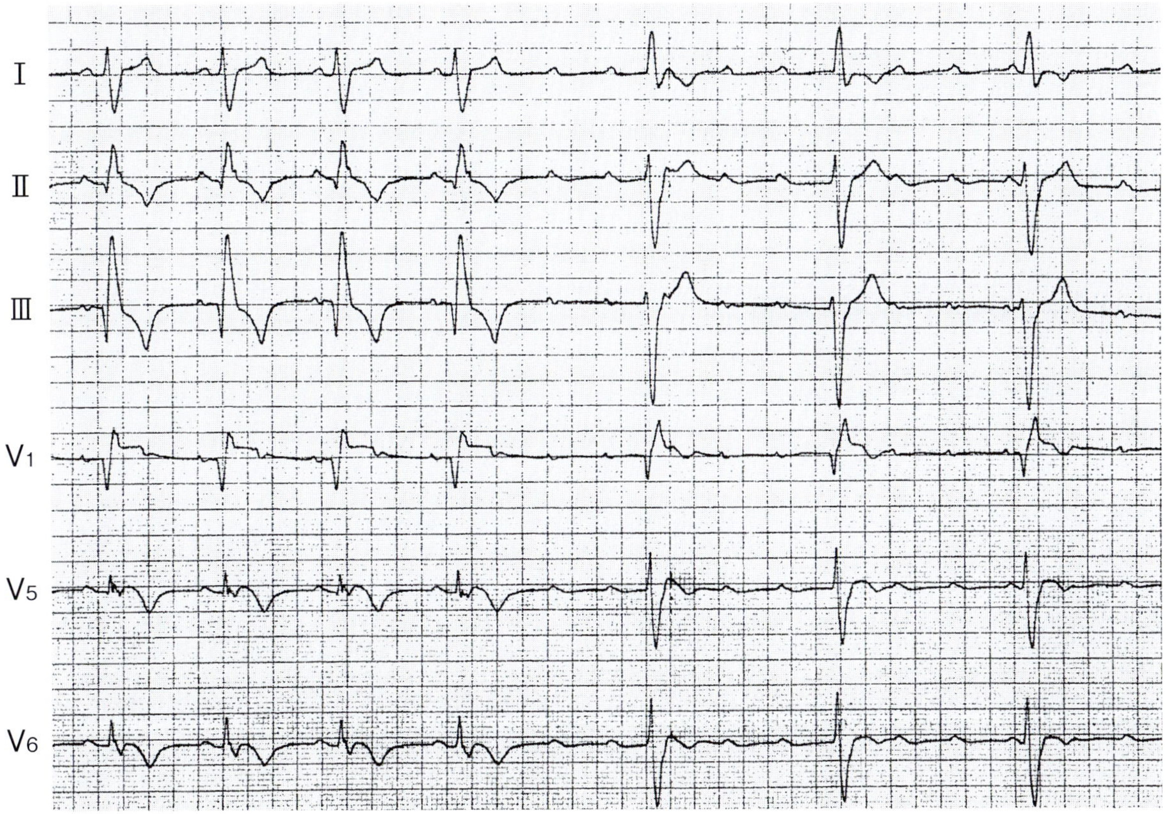

(Mauricio Rosembaum に捧ぐ)

33 発作性房室伝導

この心電図記録の最初の部分では，洞調律の興奮が心室に伝播しているが，QRS 波形は右脚ブロック型で，右軸偏位を呈している(A)．すなわち左脚後枝のブロックを示唆している．また，V_1 誘導で Q 波を認めることから前壁心筋梗塞を示唆する．

しかしながら，その後の心停止時の心電図を注意深く観察すると，洞調律のレートは 125 bpm であり，その前のリズムは実は 2 対 1 房室伝導であることがわかる．

この心室に伝導した心拍の PR 間隔が正常であることが，重要なポイントである．その後の心電図では，P 波と QRS 波がそれぞれ独自のリズムを形成している(完全房室解離)．この間の QRS 波は幅広く，右脚ブロック形態で，左軸偏位を示している．すなわち，これは左脚後枝を起源とする心拍数 35 bpm の補充調律であることを示唆する．

この記録のように脚枝の伝導障害と，その障害された脚枝からの自働能が同時に認められることはこれまでにも多数報告されている．

Bには 1 対 1 の発作性房室伝導が出現した，完全房室ブロックの記録をもう 1 つ供覧する．この症例では，房室伝導した QRS 波形は右脚ブロック型で正常軸であるが，補充調律のそれは右脚ブロック型で右軸偏位を呈している．

診断 結節下伝導障害と脚枝からの補充調律

B

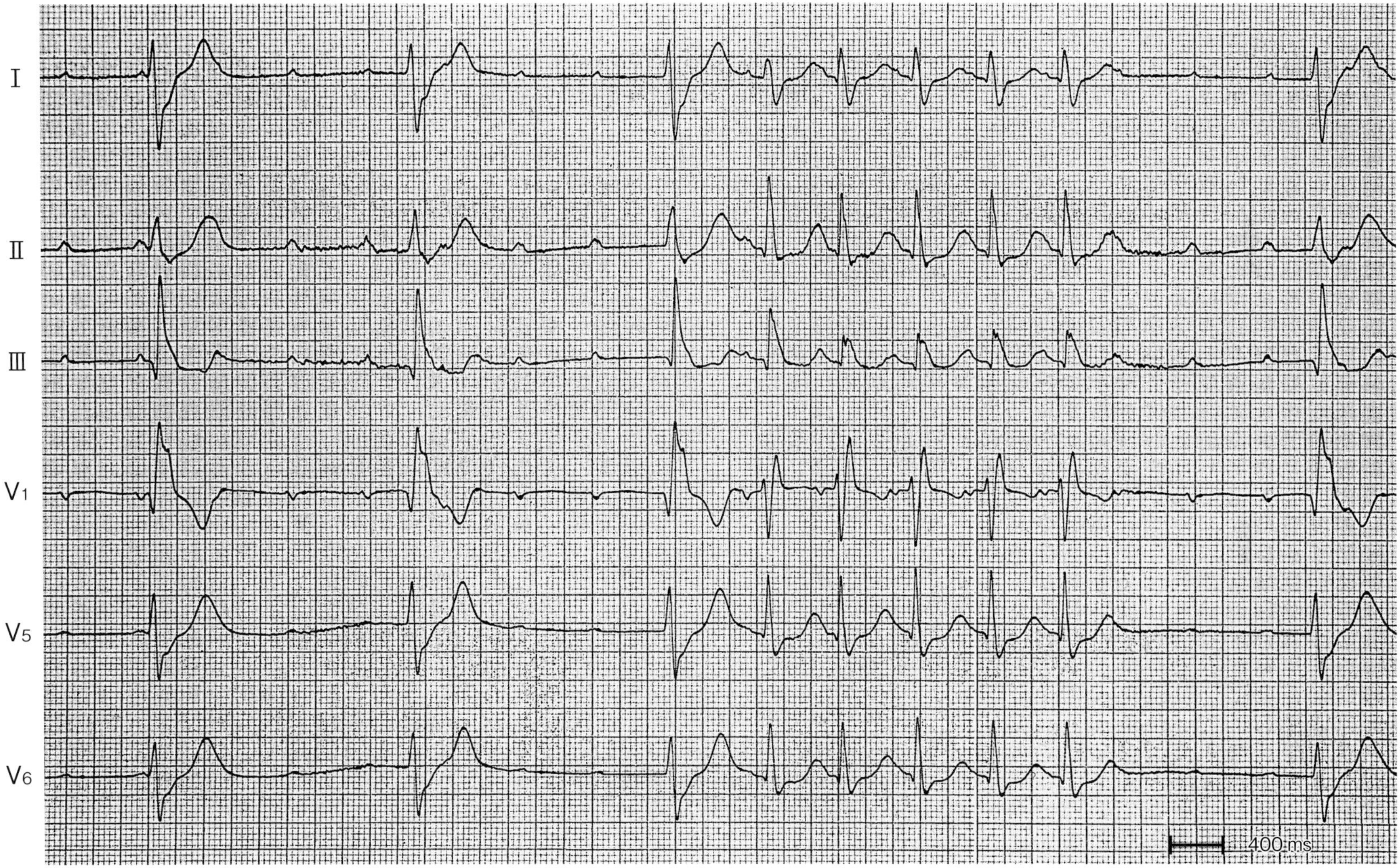

34

誰が誰？

Who is who ?

A

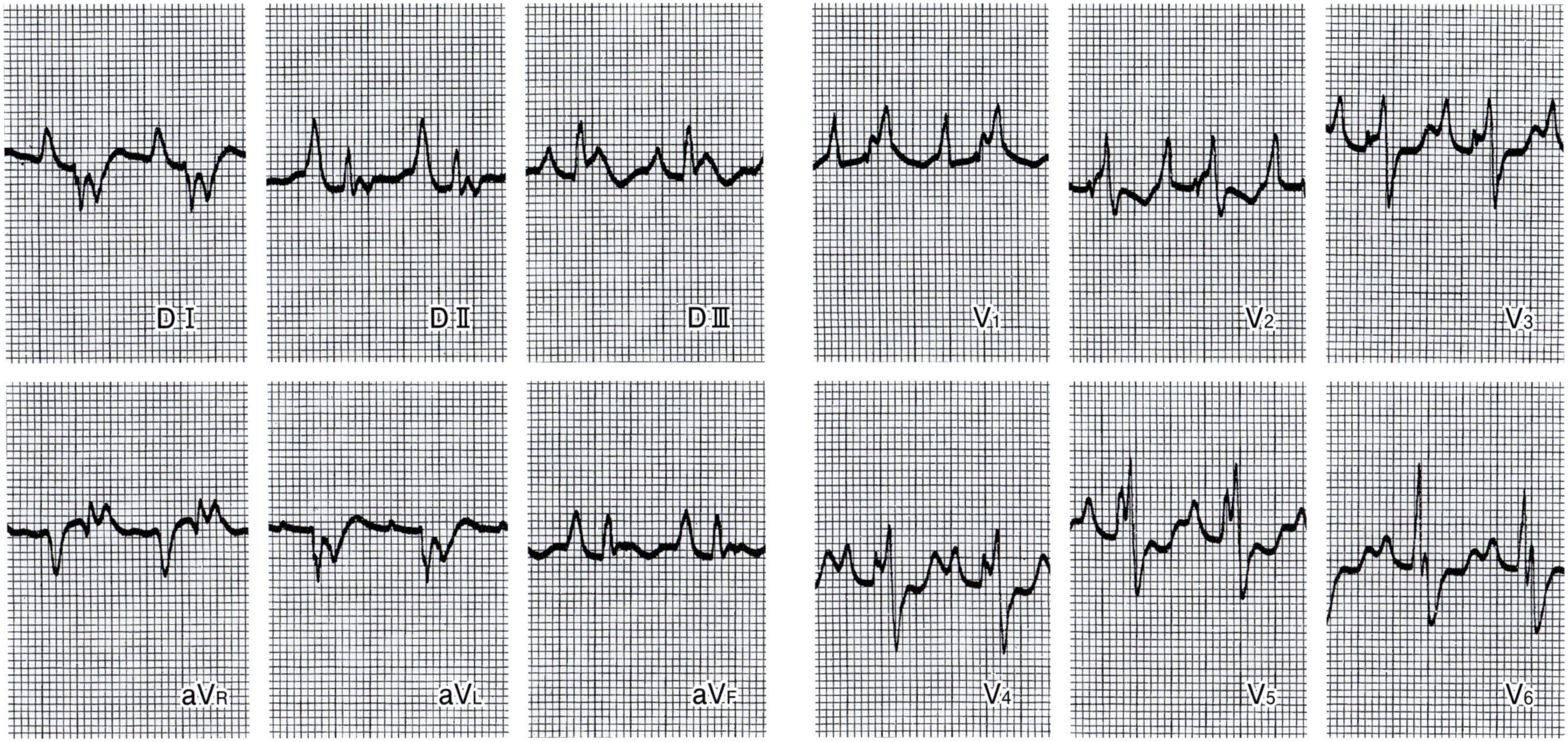

（Willis Hurst に捧ぐ）

34 誰が誰？

この非常に珍しい心電図記録は，30 年以上も前に記録されたものである（A）．どの振れが P 波で，どの振れが QRS 波であるかを認識することができれば，それが洞調律であることが理解できる．

まず最初に，P 波と QRS 波の形態に際立った特色が眼にとまる．まず P 波は電気軸が正常であることから，このリズムは洞調律であることを示唆しているが，形態的には P 波高が非常に大きく，幅が広い．いくつかの誘導では QRS 波よりも高く，幅が広い．これらはいわゆるヒマラヤン P 波と呼ばれるものである．PR 間隔は 240 ms と軽度延長しており，QRS 波は右脚ブロック型で右軸偏位を呈している．

これらはすべて重度の Ebstein 奇形に認められる特有の徴候である．Ebstein 奇形では三尖弁の右室側に変位した付着異常を認める（B）．その結果，右室心筋の一部が右房を形成する（右房化右室），また重度の三尖弁逆流のために右室，右房ともに拡張する．

診断　Ebstein 奇形患者の洞調律時心電図

B Ebstein 奇形（Ebstein's anomaly）

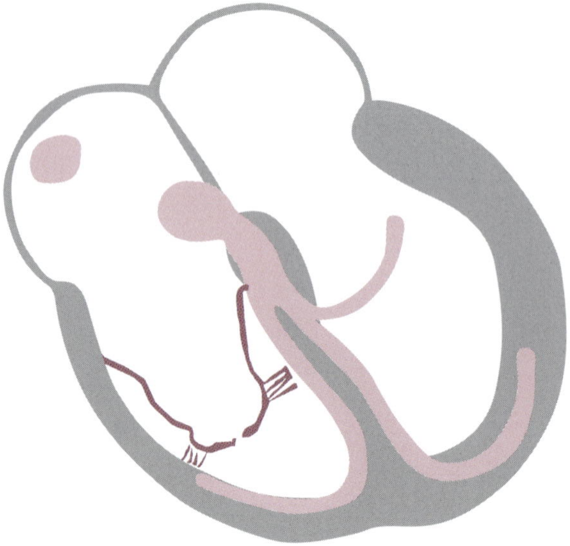

35 自己をエントレインせよ

Try to entrain yourself

A

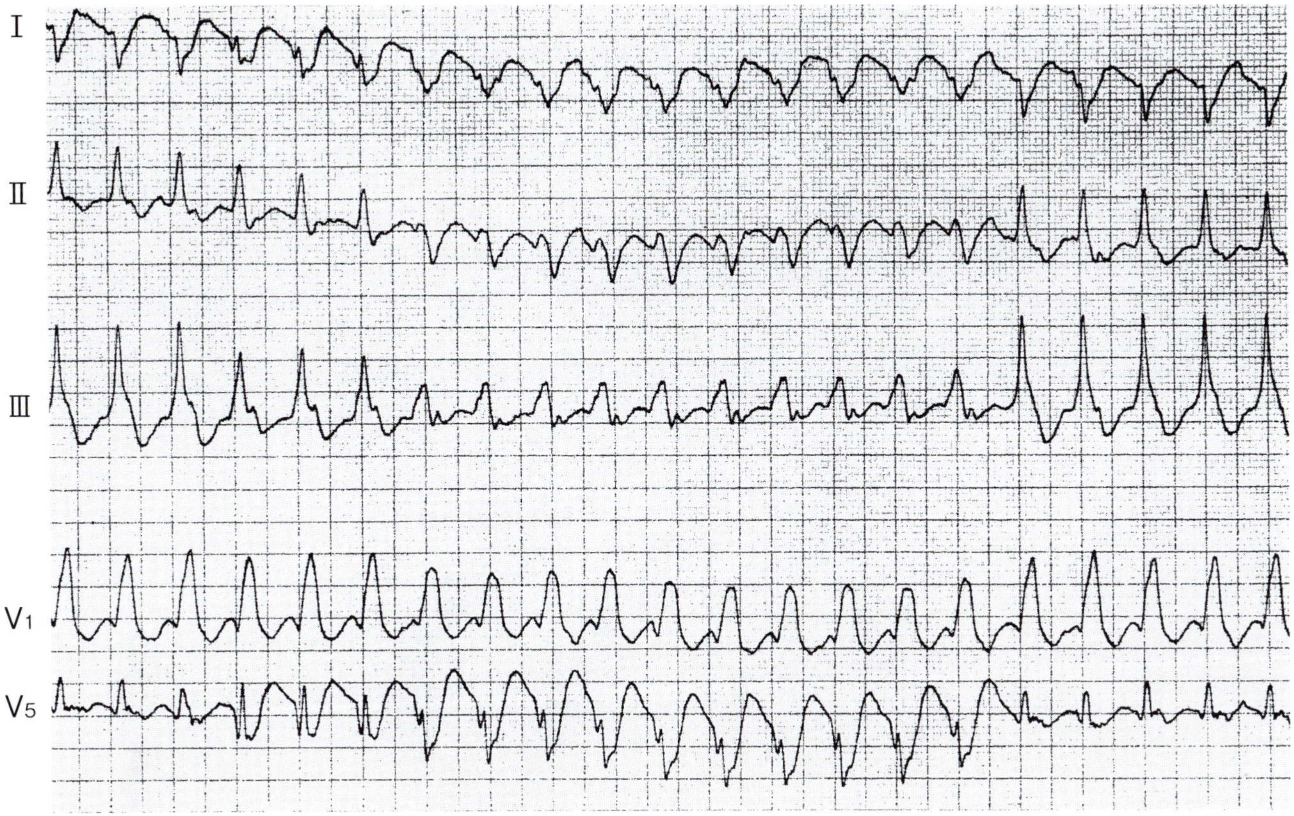

（William Stevenson に捧ぐ）

35 自己をエントレインせよ

この心電図は心拍数 150 bpm の規則正しい wide QRS 頻拍であるが，その QRS 形態は刻々と変化している（A）．実際にⅠ誘導や V_1 誘導などいくつかの誘導では，その変化がそれほど顕著ではない．しかしながら，Ⅱ誘導やⅢ誘導ではその変化が明らかである．V_1 誘導での QRS 形態の特色や房室解離の存在が，本頻拍の特徴である．

頻拍の QRS 形態が変化するとともに，頻拍レートがかすかに上昇している．これは特に V_5 誘導においてはじめから 4 拍目の心拍で観察され，これが前心拍よりも早期に出現している．

初期の頻拍と，第 13 拍目で停止している新たな心室頻拍（VT）との間の progressive fusion 現象が観察される．その後再度 QRS 形態が突然変化し，この記録の最初に認められた当初の頻拍が再開している．

この新たな心室頻拍が前から存在する頻拍をエントレイン（乗っ取り）しようと頑張っているが，この頻拍を捕捉することにも，また停止することにも成功していない．

心室頻拍出現時に 2 番目の心室頻拍が出現することがありうるのだろうか？　これは心房細動や心房頻拍の患者に心室頻拍が出現するような，いわゆる二重頻拍と呼ばれる現象である（B）．本例で認められるように心筋梗塞巣では複数のリエントリー回路を形成することがあり，これが二重頻拍を引き起こす可能性がある．本例では心電図記録のように二重心室頻拍であるが，それぞれがお互いに干渉できないこともある．

診断 二重心室頻拍

B

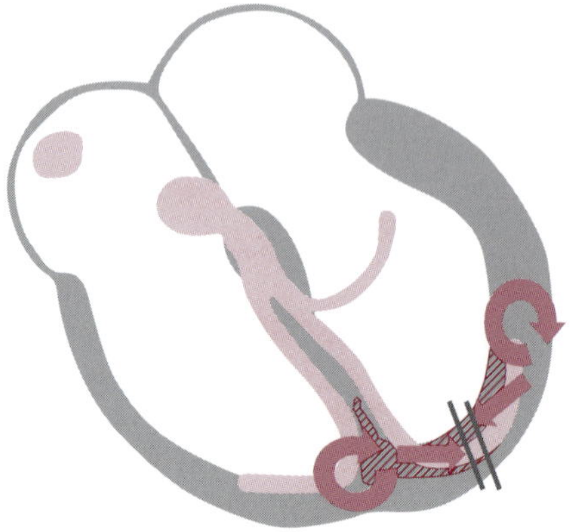

36 法則に従わない

Not following the rules

A

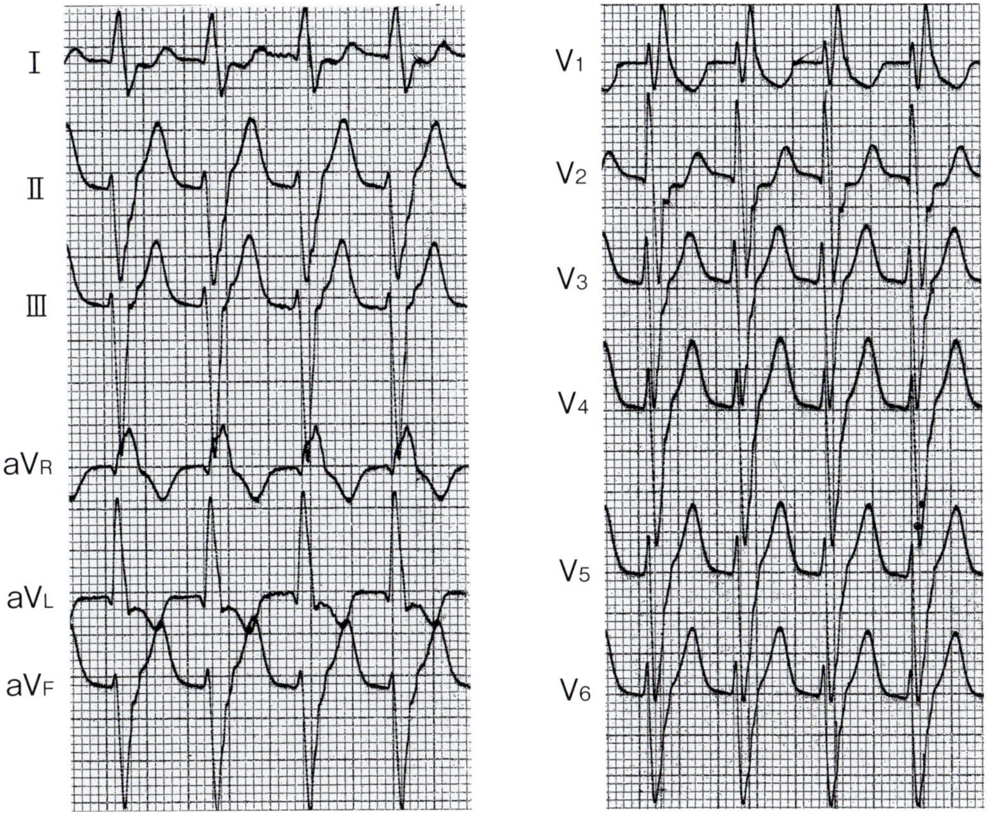

(Paco Navarro に捧ぐ)

36 法則に従わない

この心電図は，頻拍メカニズムを鑑別するための診断基準に当てはまらない頻拍の実例を示している（A）．心拍数 135 bpm の規則正しい wide QRS 頻拍であるが，右脚ブロック形態で左軸偏位を示している．

古典的あるいは新しい診断基準が，心室頻拍（VT）と変行伝導を伴った上室頻拍（SVT）を鑑別診断する際に役に立たないことがある．V_2 から V_6 誘導では R 波から S 波までの間隔が 100 ms 未満であり，また房室解離も認めず，さらに V_1 誘導の QRS complex は 3 相性構造を示している．これらはすべて，変行伝導を伴う上室頻拍を示唆する所見である．一方，V_6 誘導では R/S 振幅比が 1 未満であること，さらに左軸偏位を示すことは心室頻拍を示唆する．

しかし本例では，法則に基づいてもこの難題を解決することはできない．なぜなら，この頻拍は変行伝導を伴う上室頻拍でもなく，心室頻拍でもないからである．この頻拍は束枝を起源とする頻拍，すなわち束枝頻拍（fascicular tachycardia）の典型例であり，変行伝導を伴う上室頻拍と心室頻拍両頻拍の電気生理学的特徴を共有している．

診断 束枝頻拍

■法則に従わない実例 II

B では，右脚ブロック，右軸偏位形態を示す規則正しい wide QRS 頻拍が認められる．本頻拍の機序鑑別においても，古典的あるいは新しい診断基準がやはり役に立たないようである．

V_4 から V_6 誘導の R 波から S 波までの間隔が 100 ms 未満であること，房室解離が認められないことは，変行伝導を伴う上室頻拍を示唆する．また V_1 から V_3 誘導の QRS 3 相性構造も上室頻拍を示唆するが，V_6 誘導では R/S 振幅比が 1 未満であることは心室頻拍を示唆しており，診断基準を用いると心室頻拍と診断すべきである．

しかし実際は，この頻拍は変行伝導を伴った房室結節内リエントリー頻拍（AVNRT）であった．診断基準を用いる場合，この手の誤りが起こる確率は 1% 未満であるが，注意が必要である．

B

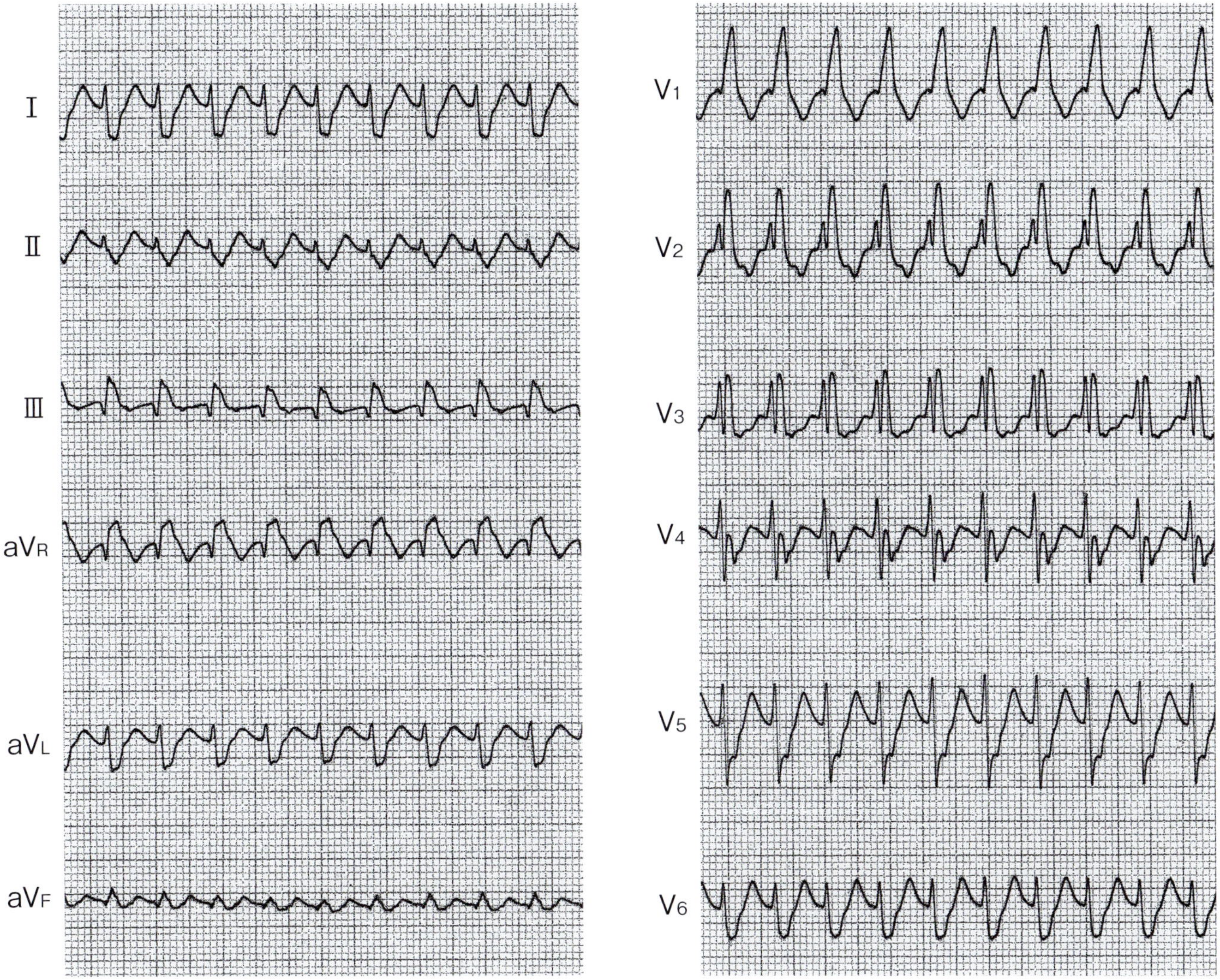

37 もう見るべきでない心電図記録

The tracing we should not see anymore

A

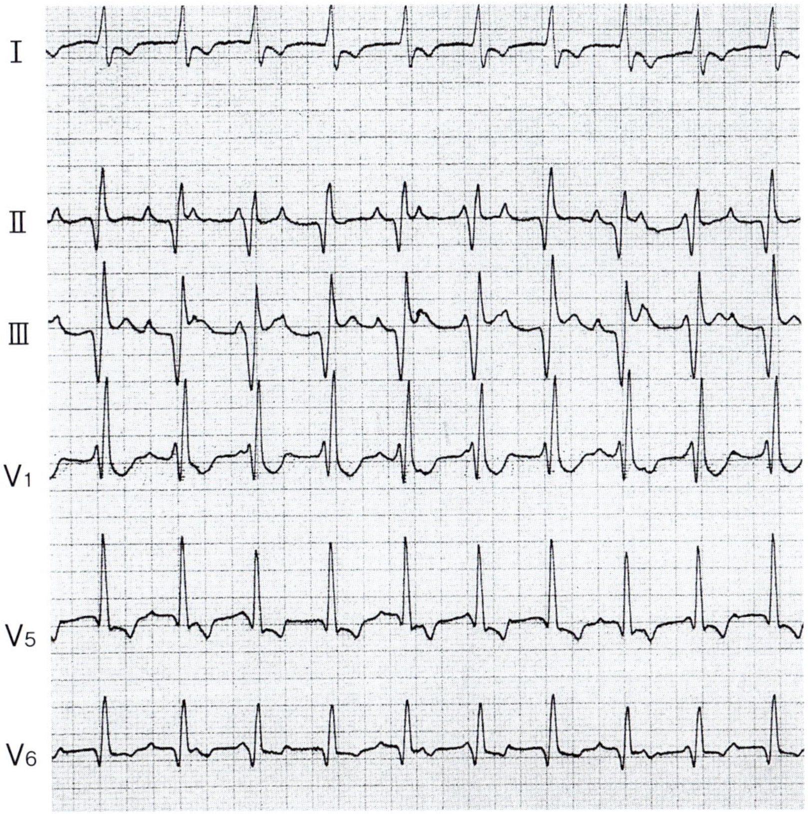

（Michael Rosen に捧ぐ）

37 もう見るべきでない心電図記録

かつては長い間，心不全の治療のために使用できる薬物はジギタリスと利尿薬のみであった．近年，薬物療法が大きく変化したため，心不全治療におけるジギタリスの役割は縮小してきた．すでに数世紀前から警告されているように，ジギタリスの過量投与により重大な副作用を起こす可能性がある．

この心電図は心拍数 105 bpm の規則正しい頻拍を示しているが，V_1 誘導で右脚ブロック型を示す，風変わりな波形を呈している（A）．心室に起こっている現象とは別に，レート 160 bpm の心房頻拍も観察される．Ⅱ，Ⅲ，V_1，V_5，V_6 誘導で陽性 P 波がはっきりと認められるが，Ⅰ誘導ではまったく認めない．心房レベルでは高位心房中隔起源の心房頻拍と明確に診断できるが，これはジギタリス中毒で観察される心房頻拍の好発部位である．

ジギタリス中毒のために房室伝導がブロックされていることにより，心房頻拍の興奮は一切心室に伝導していない（B）．

心室レベルのリズムはこの症例の場合，左脚後枝を起源とする撃発活動による補充調律と考えられる．

診断 ジギタリス中毒による心房頻拍と完全房室ブロックを伴った束枝調律

B

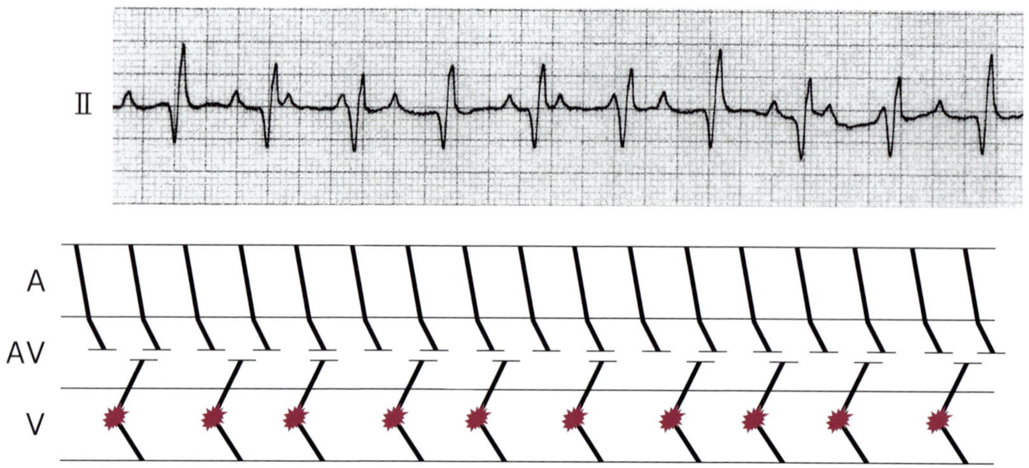

38 奇妙な形をした右脚ブロック

A bizarre form of right bundle branch block

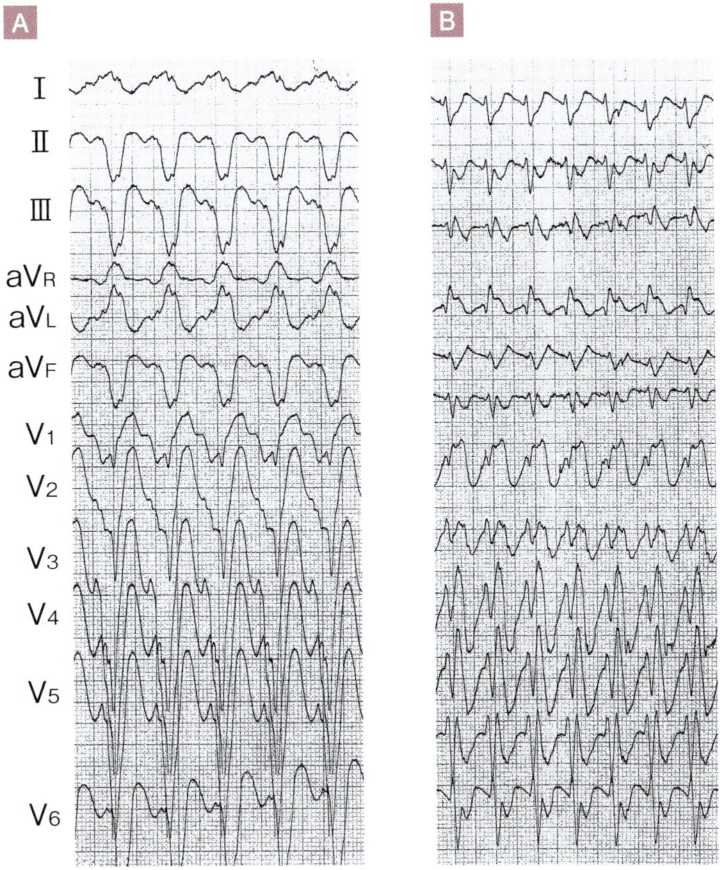

（Maurice Lev に捧ぐ）

38 奇妙な形をした右脚ブロック

A B ともに Fallot 四徴症術後の同一患者に出現した 2 種の異なる wide QRS 頻拍の心電図である．A は左脚ブロック波形を呈する規則正しい wide QRS 頻拍であるが，これは心室頻拍（VT）の基準をすべて満たしている．特に V_3 から V_6 誘導で R 波から S 波の間隔が 100 ms を超えている．実際，これは心室頻拍である．

B は右脚ブロック型の wide QRS 頻拍であるが，非常に幅の広い QRS complex で風変わりな右脚ブロック形態を示している．同一患者で他の心室頻拍（左脚ブロック型）が存在していることから，これが 2 つ目の心室頻拍である可能性を指摘できる．しかしながら，V_6 誘導での R 波から S 波の間隔が 100 ms 未満であることと，V_1 誘導で QRS 波形が 3 相性を示すことは変行伝導を伴った上室頻拍（SVT）を示唆している．

鑑別診断のための手がかりは C に存在する．これは洞調律時の心電図であるが，QRS 波形は B に示されている頻拍時のものと同一である．洞調律時の房室伝導は維持されており PR 間隔は正常であるが，とても奇妙な右脚ブロック波形を示している．V_1 誘導では QRS complex が 3 つの異なる成分で構成されているように見える．これは Fallot 四徴症の肺動脈弁下部狭窄に対する修復術中に起こる障害性右脚ブロックと，右室切開に伴う右室自由壁の伝導遅延の両者の結果として現れる．

風変わりな心電図ではあるが，洞調律時の心電図のおかげで B の頻拍は変行伝導を伴った上室頻拍と診断することができる．実際にこれは房室結節リエントリー頻拍（AVNRT）であった．

診断	Fallot 四徴症修復術後に出現した心室頻拍と 変行伝導を伴う房室結節リエントリー頻拍

C

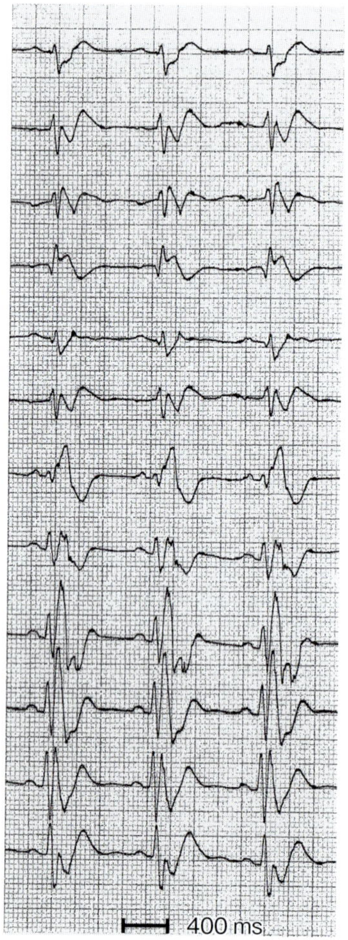

39 どうかアブレーションすることなきように！ こいつはいい奴だ

Do not ablate her, please ! She is《good》

A

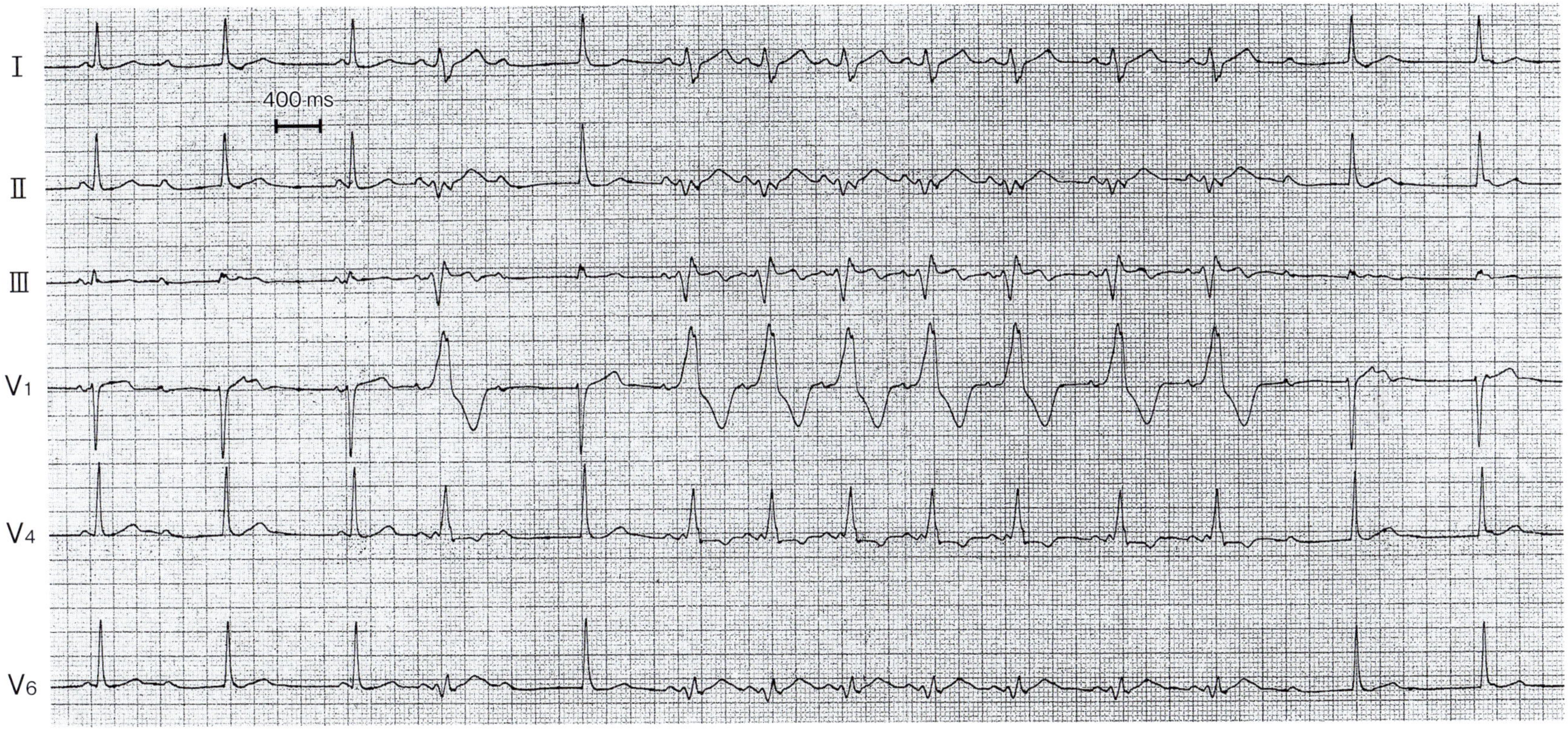

（Martin Borgreffe に捧ぐ）

39 どうかアブレーションすることなきように！ こいつはいい奴だ

副伝導路が存在するからといって，必ずしもアブレーションすべきであるということにはならない．

この心電図記録の最初の部分では，完全房室ブロックと心拍数 55 bpm の接合部補充調律が認められる（A）．その後間欠的に短い PR 間隔の後に，wide QRS 波形と QRS 初期に著明なスラーを認める心室興奮を伴った心拍が観察される．これは V_1 誘導で陽性の QRS complex を示していることから，左側の副伝導路を介した心室の興奮であることを示唆している．

正常の房室伝導を持つ患者では，この種の副伝導路は間欠的な心室早期興奮として現われるであろう．本例では，房室結節における完全ブロックのために，副伝導路を介した間欠的な伝導ブロックは発作性房室ブロックとして現れる（B）．

接合部補充調律は心房への逆行性伝導を認めないが，これは副伝導路や正常伝導系を介した室房伝導を認めないことを意味している．したがって，順方向性，逆方向性ともに房室回帰頻拍（AVRT）は起こりえない状況である．すなわち，これは害を及ぼす副伝導路ではなく，“いい奴”ということになる．徐脈によるめまい，失神などの症状を防いでくれているのである．

診断 左側副伝導路の間欠性伝導と完全房室ブロック

B

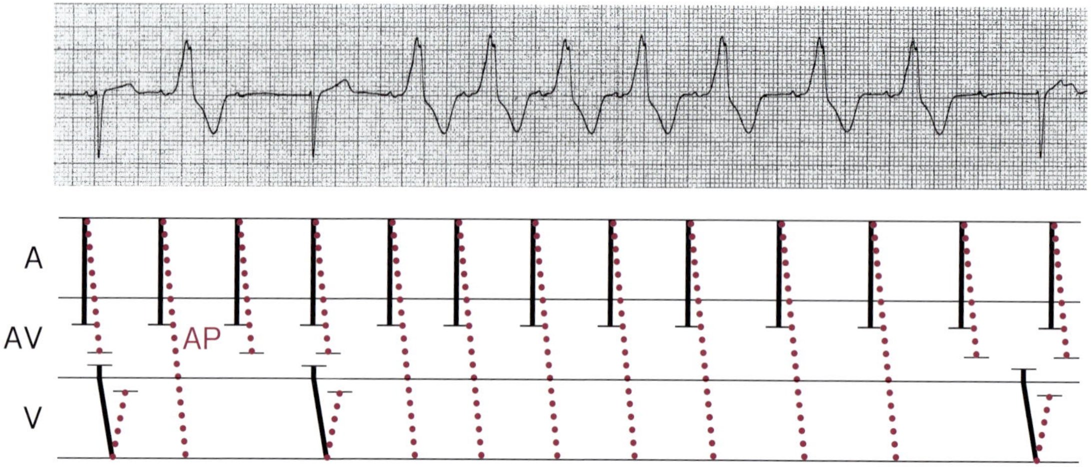

40

止まれ，そして行け

Stop and go

A

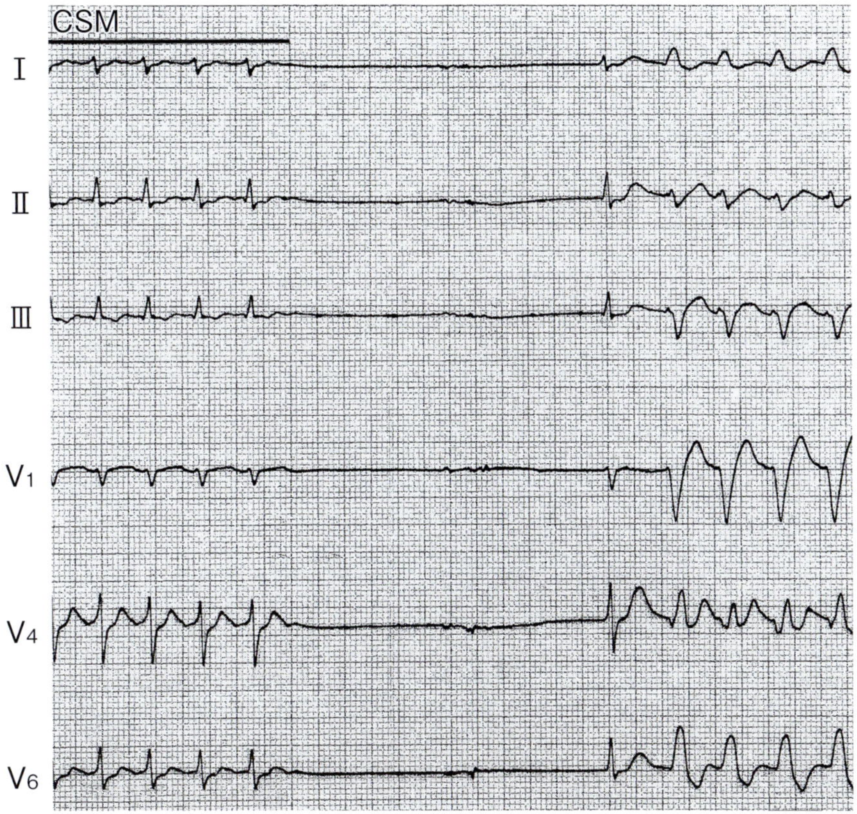

（Arthur Garson に捧ぐ）

40 止まれ，そして行け

房室副伝導路を持つ小児における上室頻拍発生のメカニズムの1つとして，睡眠中の迷走神経過緊張に伴う接合部調律がある．接合部収縮は房室結節を介する逆行性伝導でブロックされるが，副伝導路を逆行性伝導し頻拍を誘発する．

ここでは，そのメカニズムが頸動脈洞マッサージ(CSM)により再現されている．記録のはじめの部分では，心拍数155 bpmの規則正しいnarrow QRS頻拍が認められる．頻拍中はI誘導でQRSの立ち上がりから160 ms後に陰性P波を認めることから，左側副伝導路を逆行性伝導路とする房室回帰頻拍(AVRT)を示唆している(A)．

頸動脈洞マッサージにより，頻拍がかすかに徐拍化し，最終的には停止している．その後2.5秒間のポーズがあり，1拍のnarrow QRS波が，先行するP波を伴わずに出現している(接合部補充収縮)．その直後に，左脚ブロック波形を呈するwide QRS頻拍が始まっている．

接合部補充収縮は，副伝導路を介して心房へ逆行性伝導している(I誘導で陰性P波が観察できる)が，房室結節ではブロックされている(頸動脈洞マッサージの影響)．その後，心房興奮は房室結節へ順行性伝導し，さらに心室へ伝導し頻拍が始まっている(B C)．

左脚ブロックを伴う頻拍は，narrow QRS頻拍よりも40 ms遅い(頻拍周期が40ms長い)．これもまた，逆行性伝導路として左側側壁の副伝導路の診断に役立つ所見である．

診断 左側側壁副伝導路

B

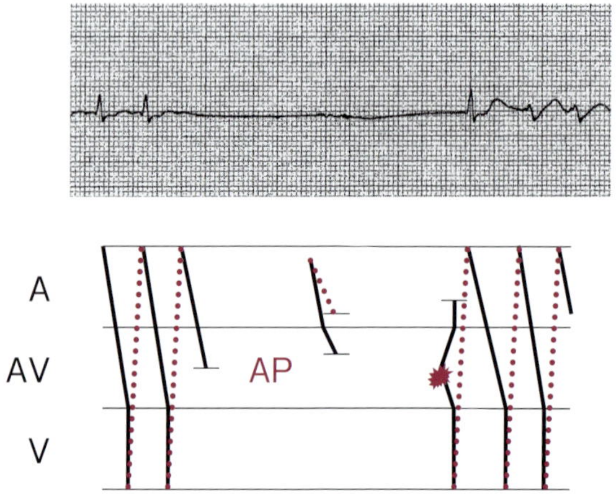

C

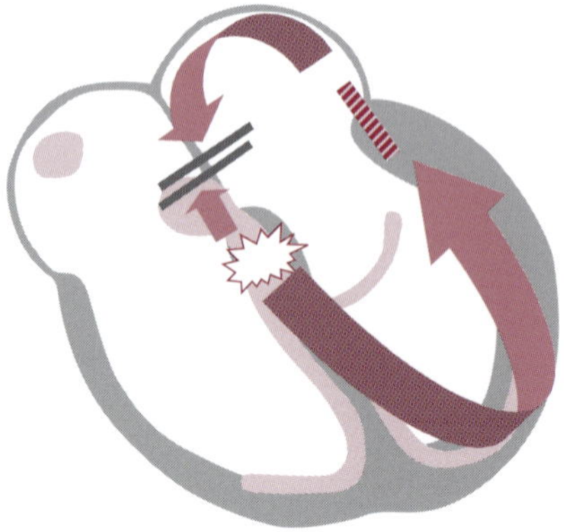

41

頸動脈洞マッサージによる頻拍の奇異性誘発

Paradoxical induction of tachycardia by carotid sinus massage

A

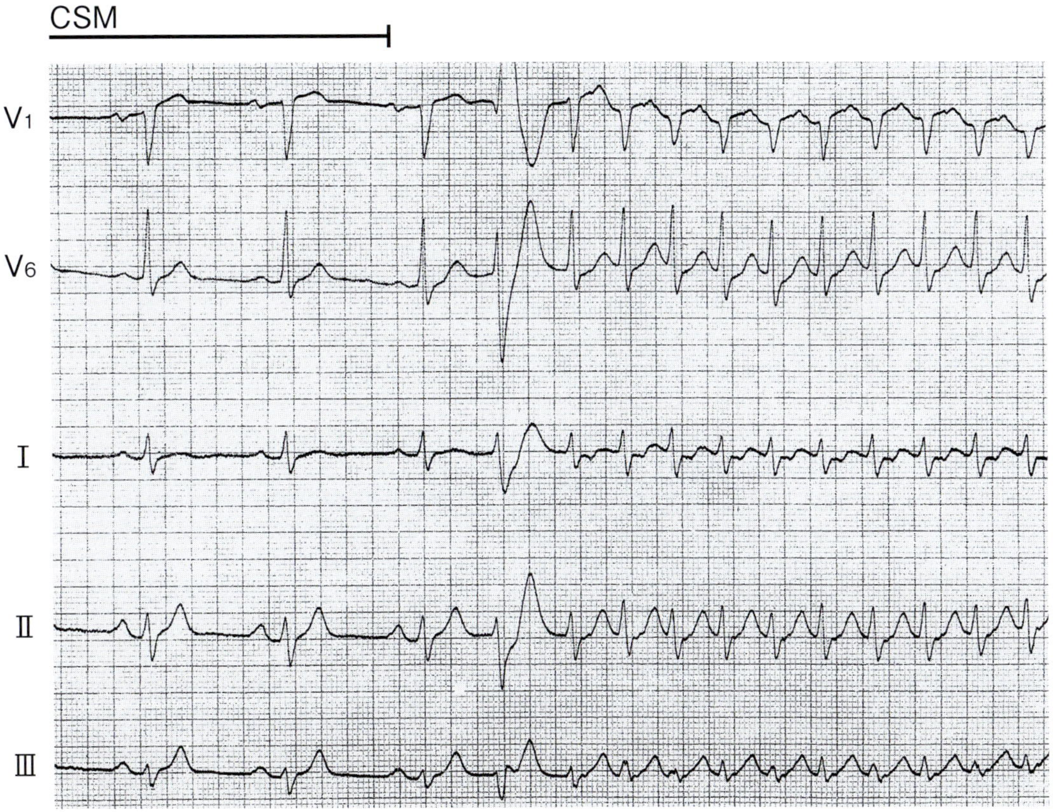

(Charles Fisch に捧ぐ)

41 頸動脈洞マッサージによる頻拍の奇異性誘発

洞調律時に頸動脈洞マッサージ(carotid sinus massage: CSM)をすることにより，心電図記録の左部分のストリップ(A：CSM)にあるようにⅠ度の房室ブロックと洞性徐脈が誘起される．心拍が十分に遅くなると，心室期外収縮が誘起される(第4拍目)．この期外収縮は逆行性に心房に伝導している(B)．これにより心拍数150 bpmのnarrow QRS頻拍が誘発された．

逆行性P波はQRS波の160 ms後ろに認められる．このP波形はⅠ誘導で陰性，V_1誘導で陽性で左房から右房への心房興奮を示しており，左側副伝導路を介する室房伝導が示唆される．この頻拍の奇異性誘発促進現象は，頸動脈洞マッサージが，①速い伝導速度を有する副伝導路を介する室房伝導には(本症例のように)作用しないこと，②房室結節を介する房室伝導を延長させること，により説明できる．

頻拍を誘発したP-P'間隔は，頻拍に先行する洞調律時のP-P間隔よりやや短いことに注目したい．この頻拍の出現によってリエントリーの成立条件がすべて満たされている．すなわち，①2つの伝導路があること，②一方向性ブロックの出現，③一方の伝導路の伝導遅延の出現，④頻拍回路内での興奮の連続性，である．

診断　左側壁に局在する潜在性副伝導路

B

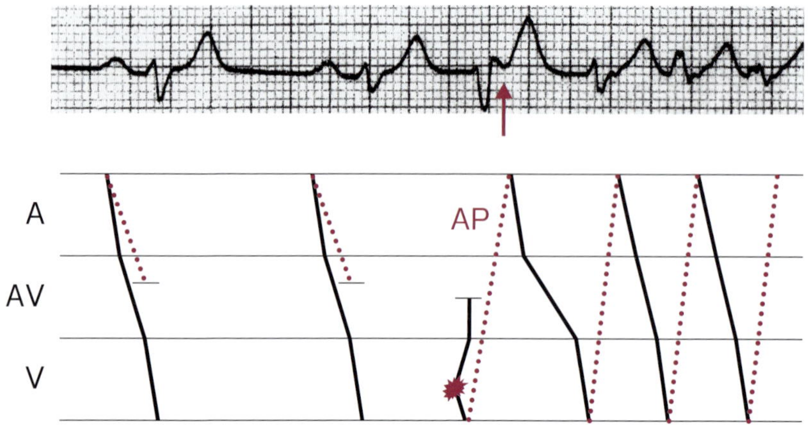

42

R’

A

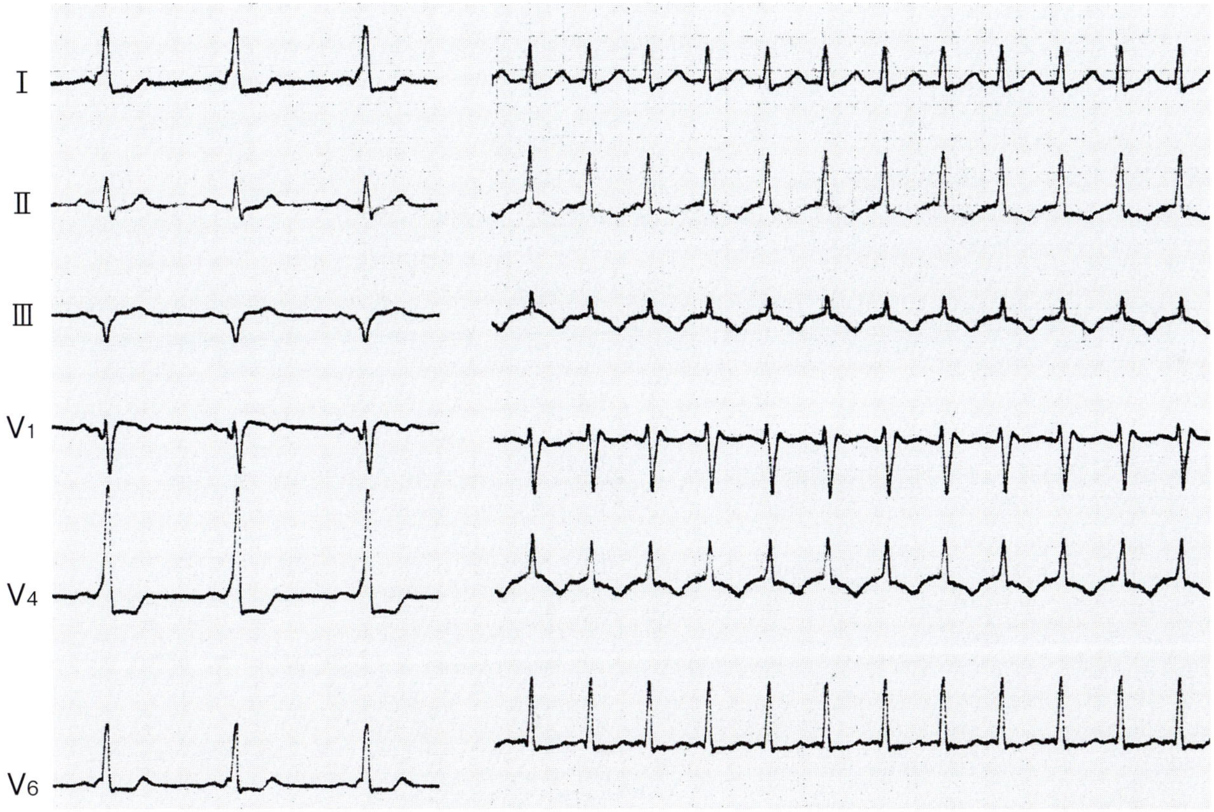

（Lluís Mont に捧ぐ）

42 R'

左側の洞調律時の心電図記録(A)は，右側傍中隔副伝導路を有する〔PR 短縮，スラーを有する wide QRS，Ⅲ誘導と V_1 誘導の陰性デルタ波〕典型的な心電図である．右側の心電図記録は，心拍数 160 bpm の narrow QRS 頻拍を示す．頻拍中の QRS 波を見ると，特に V_1 誘導の QRS 終末部に terminal r' が見られるが，心拍依存性の不完全右脚ブロックを呈するためである．しかしながら，房室結節リエントリー頻拍(AVNRT)の心電図の典型的所見の 1 つとして，V_1 誘導において QRS 内に陽性 P 波を認め，いわゆる偽性不完全右脚ブロックパターンといわれる不完全右脚ブロック型を呈する．

この患者の頻拍の成立機序は何であろうか？　副伝導路を逆行しながら心室に伝導し，心拍数依存性に不完全右脚ブロック型を呈するマクロリエントリー性頻拍か？　それとも房室結節リエントリー頻拍か？

もちろん左側の心電図上で洞調律時に心室早期興奮が確認されており，副伝導路の逆行性伝導を有する房室間リエントリー方法による頻拍(CMT)であることが容易に想定できよう．QRS の終末成分にある P 波が明白にあれば(リエントリー性頻拍に典型的であるが)逆行性 P 波の極性は，Ⅱ，Ⅲ，V_1 誘導の QRS 波の 200 ms 後ろに陰性波として認められる(B)．本症例では，V_1 誘導に認められる r' 波は頻脈による心拍数依存性の真の不完全右脚ブロック(IRBBB)によって生じたものである．

実際に本症例では，逆行性 P 波が QRS の 200 ms 後ろにあり，通常の副伝導路のような 140 ms 後ろではない．これは本症例が Ebstein 奇形のためである．心房化した右室により見かけ上の房室弁輪の心室側に偏位しているため，副伝導路を介した室房伝導による逆行性 P 波が予想以上に遅れることによる(C)．

診断　Ebstein 奇形に合併した右側傍中隔副伝導路と，頻拍による心拍数依存性不完全右脚ブロック

B

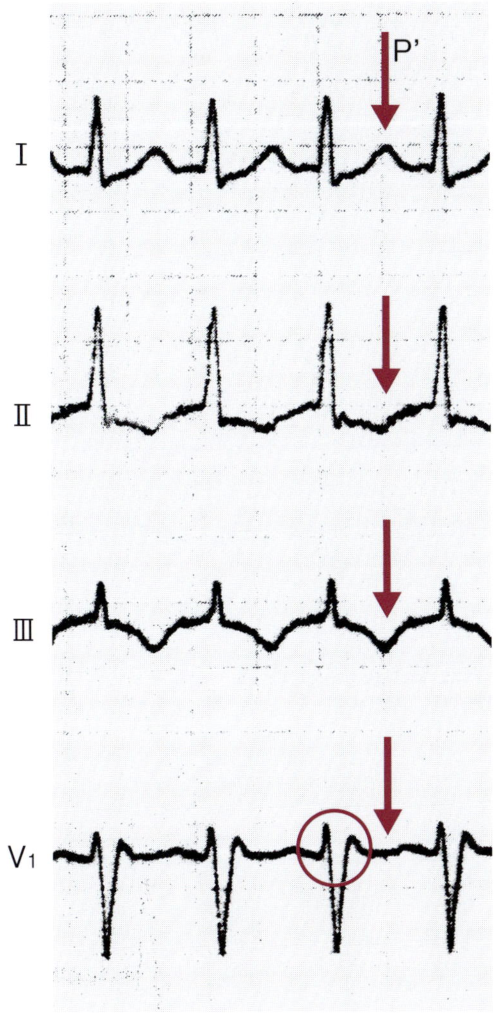
P'
I
II
III
V1

C

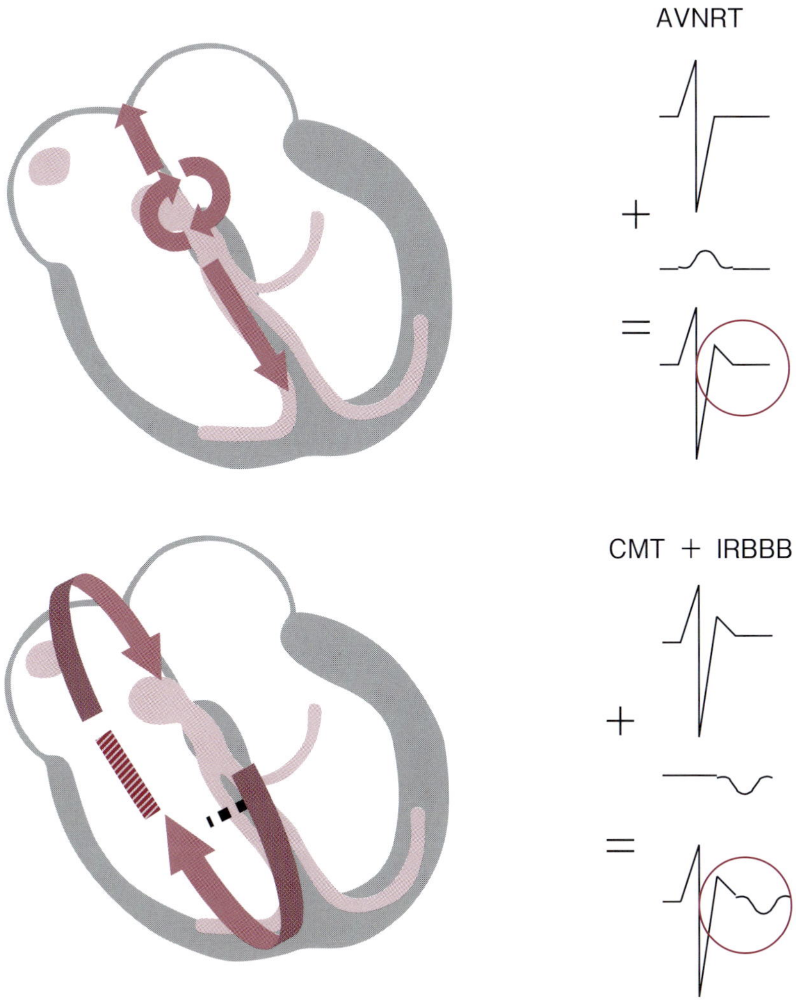
AVNRT
+
=
CMT + IRBBB
+
=

43 普通ではない心房粗動

Flutter non-vulgaris

A

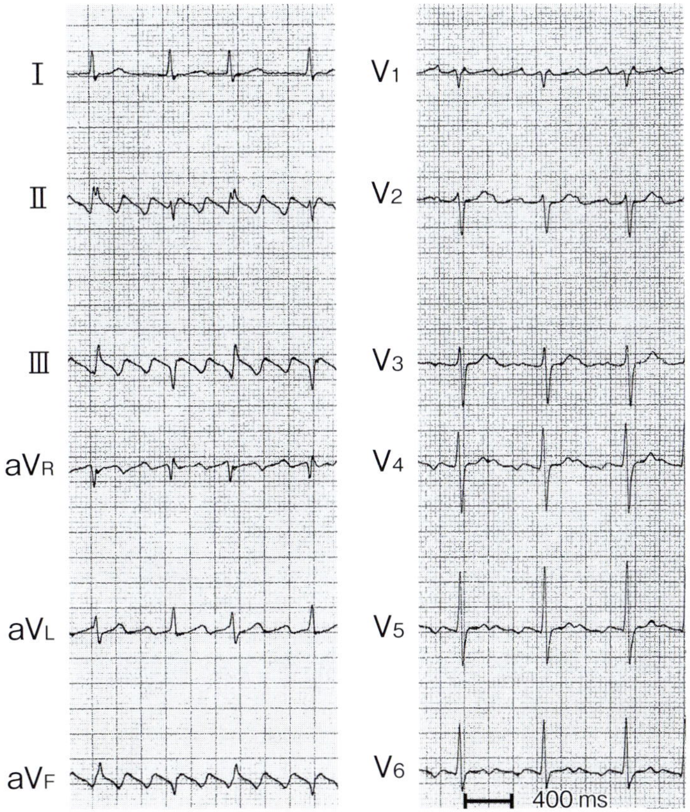

（Al Waldo に捧ぐ）

43 普通ではない心房粗動

通常型心房粗動の心電図所見が容易に認識される（A）．未治療の心房粗動患者では，心電図下壁誘導に陰性の鋸歯状波形を呈し約 300 ms 前後の粗動周期を有する．しかしながら，発作性心房細動患者に対して Class Ⅰc 抗不整脈薬を投与すると心房細動波は心房粗動波に変移して，いわゆる Class IC 型心房粗動となる．

この心電図記録は，心房細動に対してフレカイニドが内服投与されていた患者に認められたものである．心電図上の粗動波は波形状，典型的な心房粗動であるが，その粗動周期は通常より延長している（230 bpm）．また心電図記録の最初の部分には，2 対 1 から 3 対 1 へと交互に変化する房室伝導が観察される（B）．

この心房粗動のメカニズムは，右房を反時計方向に旋回するリエントリー（典型的な心房粗動と同様）であるが，抗不整脈薬による遅延伝導特性によりリエントリー回路の旋回周期は延長している（C）．

もう 1 つの興味深い心電図の特徴は，房室伝導が 2 対 1 から 3 対 1 へ交互性に変化するとき QRS 波形の極性が変化することである．この所見はおそらく，His-Purkinje 系の側枝に変行伝導が心拍依存性に生じたもので，これも抗不整脈薬に修飾されていると考えられる．本症例では，Class Ⅰc 抗不整脈薬の投与と心房粗動回路に対するカテーテルアブレーションによって心房細動と心房粗動の両方がコントロール可能であった．

診断 IC 型心房粗動

B

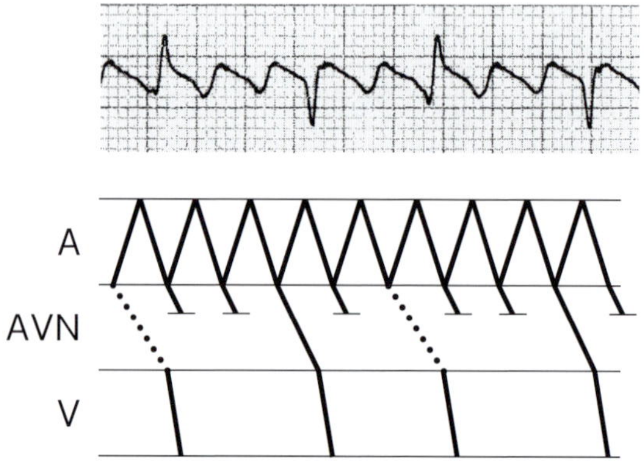

C

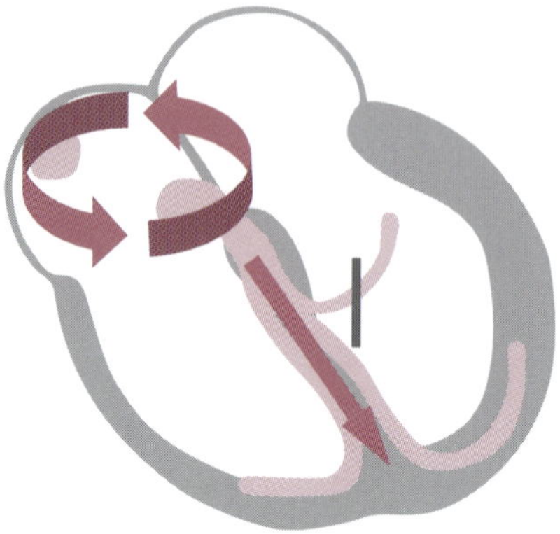

44

2つの所見があるときは

When you have two

A

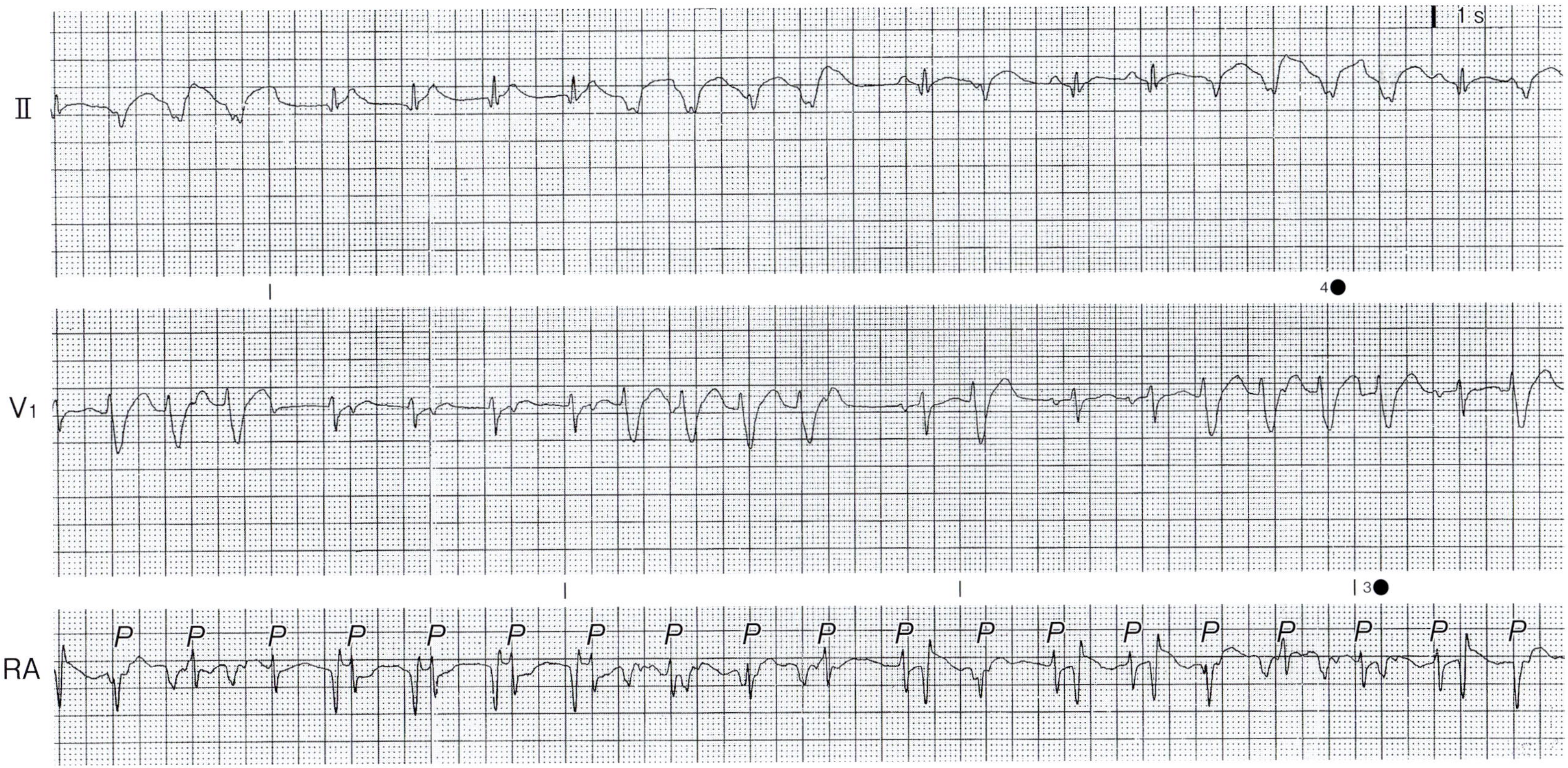

(Erik Andries に捧ぐ)

44 2つの所見があるときは

これら心電図記録はいずれも同時記録であり，上段と中段の2つは体表面心電図，下段は右房内 unipolar(単極)心電図記録である(A)．右房内記録上，P波は⟨*P*⟩と表記している．心房・心室の興奮がいかに関連しているか，一見しただけでは明らかな所見を見出しがたい．

1拍目の narrow QRS 波形の次の3連の，wide QRS 波形は心房興奮とは無関係であり明らかに心室起源である．右房内心電図記録に記録されているが，第3番目のP波は PR 時間 400 ms で順行性に心房から心室に伝導しており，narrow QRS 波形を形成している．この現象は，順行性伝導する第5番目のP波の心室への伝導が，新たに生じた4連の非持続性心室頻拍によって途絶し心房興奮と解離するまで，第3番目のP波の房室伝導に引き続く3つのP波は，同様に順行性房室伝導を示している．

次のP波(右房内心電図上の第10番目の⟨*P*⟩)は伝導途絶している．それに引き続いて，短い PR 時間を伴って1対1の房室伝導が回復しているが，これはたまたま生じた一発の心室期外収縮によりP波の伝導が途絶している．この期外収縮とその後に生じている心室頻拍の連発と心電図記録の最後の期外収縮はいずれも，房室間の心室への伝導修飾を障害している．

本症例は，二重伝導特性を有している．洞調律時や非持続性心室頻拍のタイミングや持続時間などにより，潜在性室房伝導が引き金となって心房から心室への順行性伝導が速伝導路から遅伝導路へ乗り換えが起こった後に，速伝導路を介した房室伝導に戻ることによる(B C)．

診断 房室二重伝導路を介した，心室頻拍による潜在性室房伝導

B

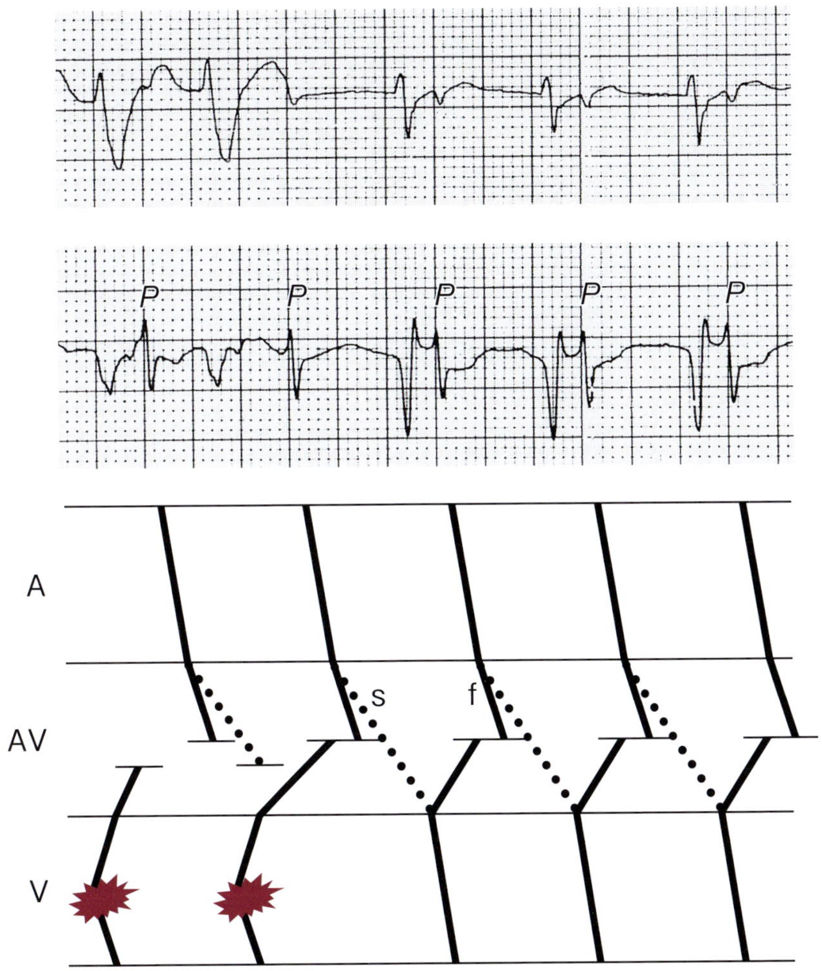

C

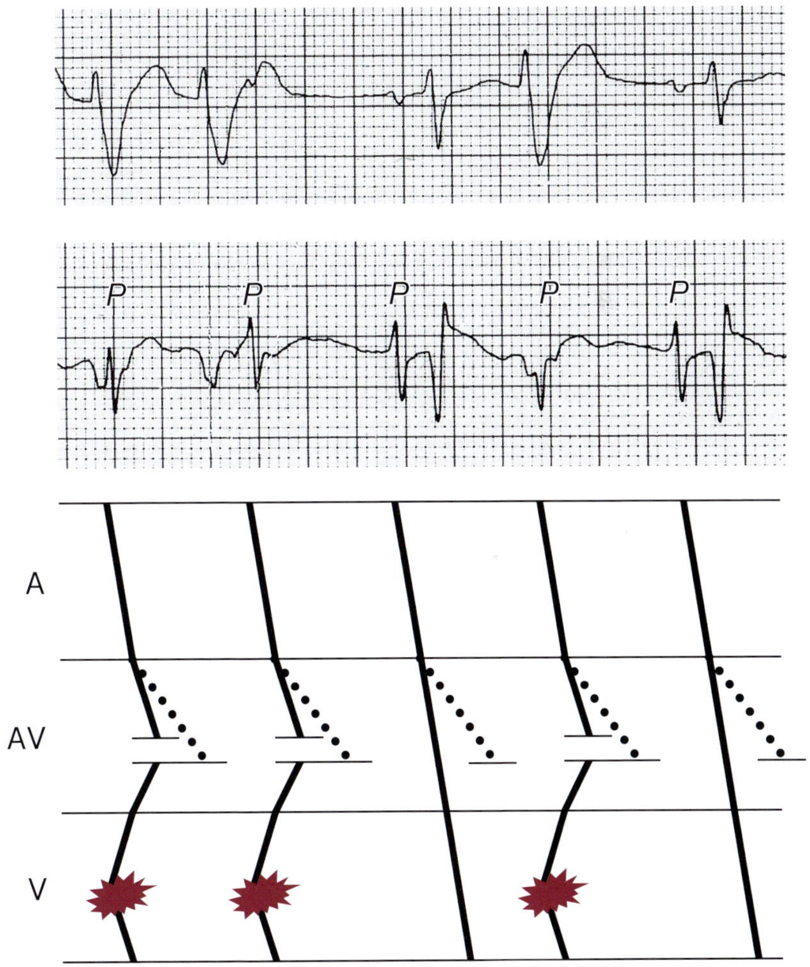

45 注意深くよく見て

Look at it very carefully

A

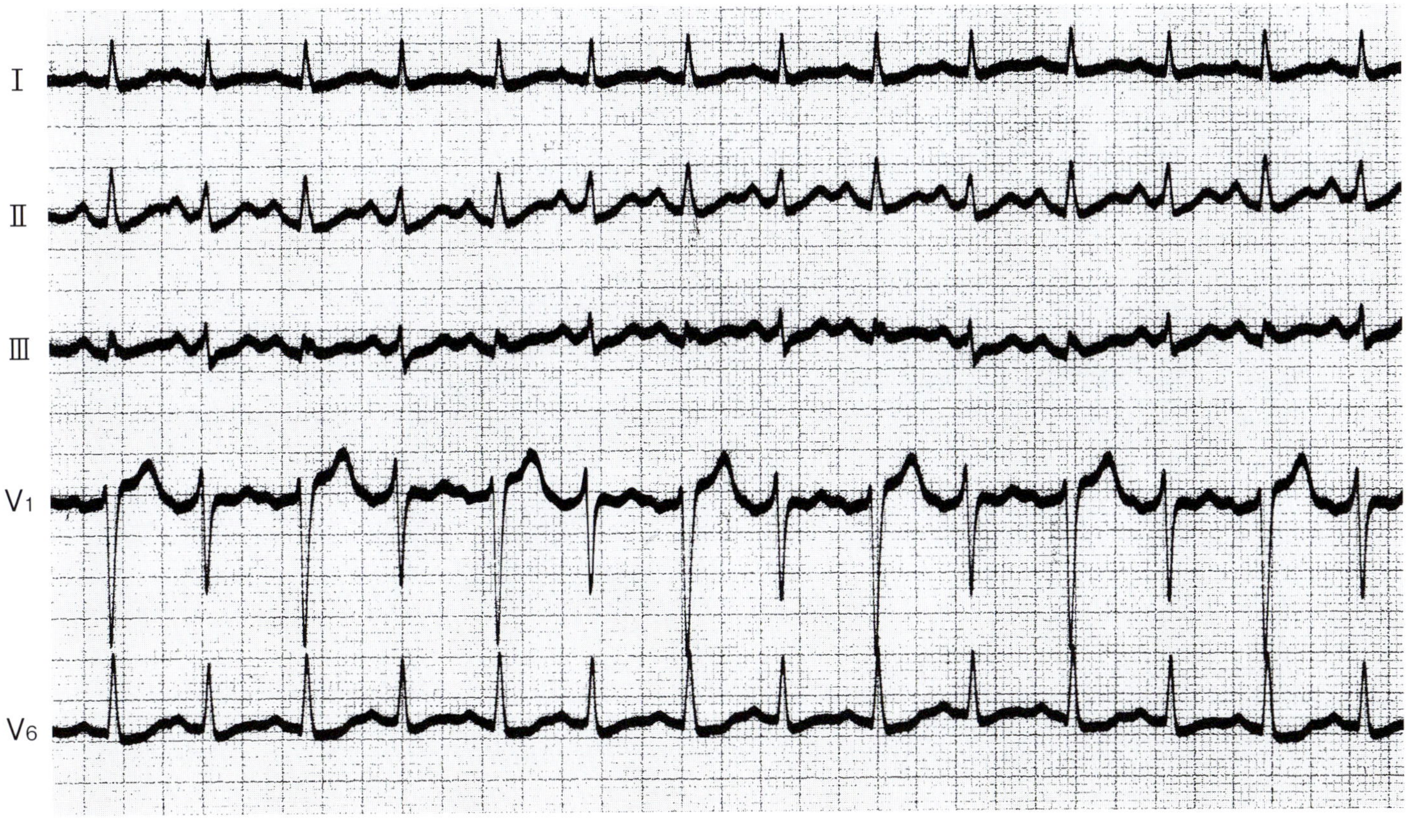

（John Gallagher に捧ぐ）

45 注意深くよく見て

洞調律時に見られる電気的交互脈(electrical alternance)は，心タンポナーデなどの重篤な病態下なども含めて，いろいろな原因で起こる．この心電図記録(A)は，器質的心疾患のない患者に見られた心拍数 125 bpm の洞性頻脈であり，QRS 波形にはっきりとした電気的交互脈を認める．

さらに注意深く心電図記録を見ると，QRS 波形と T 波の alternance だけではなく，PR 間隔にも alternance を認める．特にⅡ誘導とⅢ誘導に顕著であるが，長い PR 間隔と短い PR 間隔が交互に出現しており，さらに短い PR 間隔に伴い 1 拍ごとにスラーを QRS 波に認める．

この患者は 2 対 1 の房室間伝導を伴う左側副伝導路を有しており，PR 短縮と QRS 波に先行するスラーを認めるが，これは心室興奮パターンの変化や QRS 波形・再分極相の alternance によるものである(B C)．

診断 房室間副伝導路の 2 対 1 伝導を介する QRS 波形の電気的交互脈

B

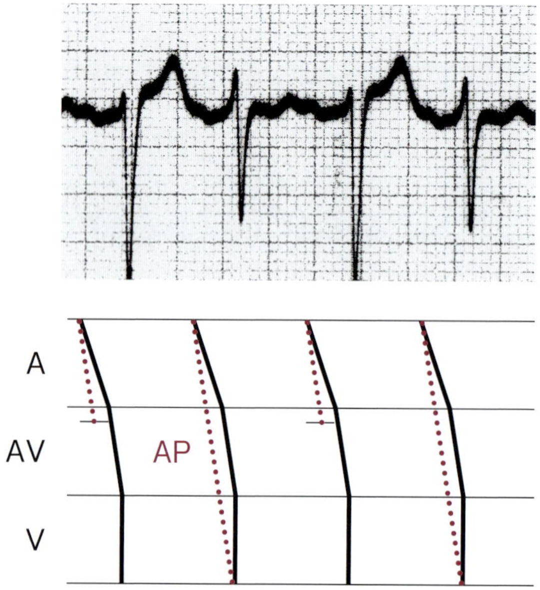

C

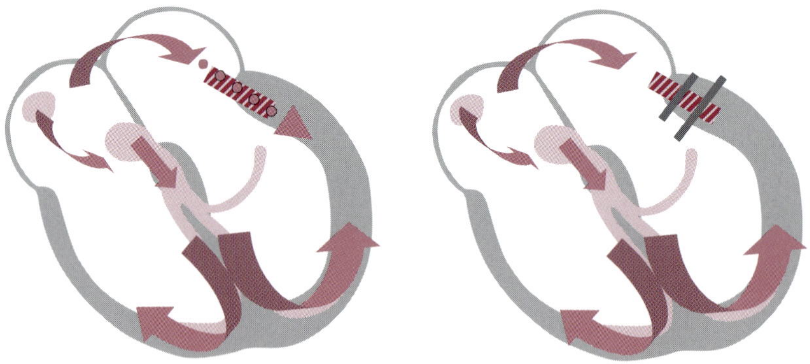

46 心電図を理解すること

Understanding the ECG

A

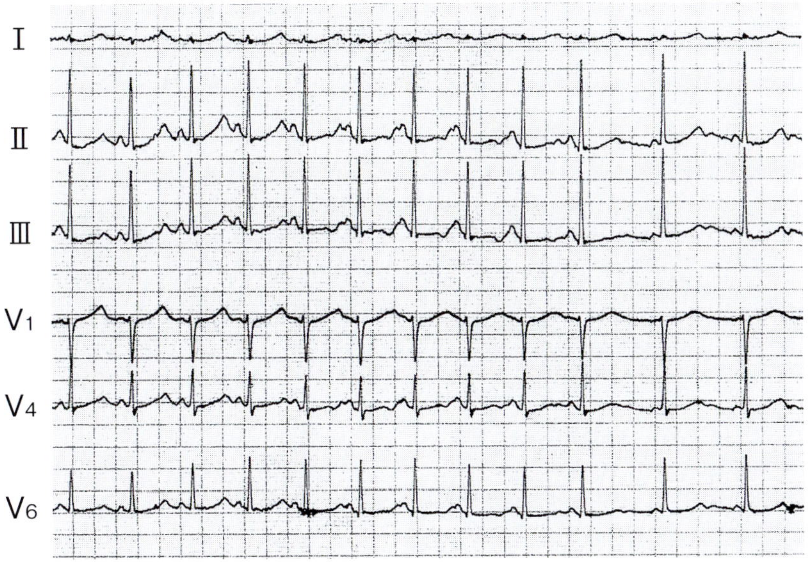

B

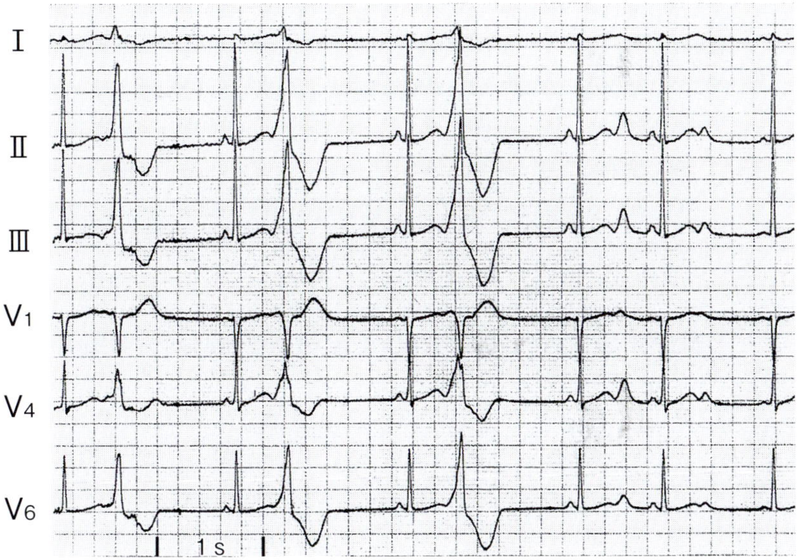

（Subramanian Krishnan に捧ぐ）

46 心電図を理解すること

この2枚の心電図記録は，器質的心疾患を有する同一の患者のものである．

Aは，洞調律時にバルサルバ手技を施行したときの心電図である．バルサルバ手技により劇的な心電図変化を示しており，心拍数が減少し明らかなU波の出現と増高を認める(最後の2心拍)．

Bは，洞調律時の記録で3発の心室期外収縮の二段脈を認める．この心電図を詳細に解析すると，心室期外収縮はU波の立ち上がりと同時に出現している．このU波は，心室期外収縮を伴わない最初の洞調律のQRS波(第7拍目のQRS波)に明らかに観察される．その次のQRS波にも，前のU波より顕著でないもののはっきりと記録されている．

このU波は，遅延した後脱分極の心電図学上の証拠なのか？　いいかえれば，基礎電気生理学研究で明らかに証明されている脱分極後電位は，体表面心電図で記録可能なのか？　この疑問に対する科学的根拠に基づく答えはいまだ得られていない．しかしながら，このような遅延後脱分極が生じ，十分な容量を有する心室筋が興奮することにより，1つあるいは2つの心電図波形が体表面心電図で記録されることは論理的に正しいことであろう．

本症例に記録された顕著なU波が心室期外収縮の発生とどのような関連があるのかは不明であるが，本症例ではCの仮説に示すように心電図学的関連がある．

診断　巨大なU波を生じる心室期外収縮(遅延後脱分極による？)

C

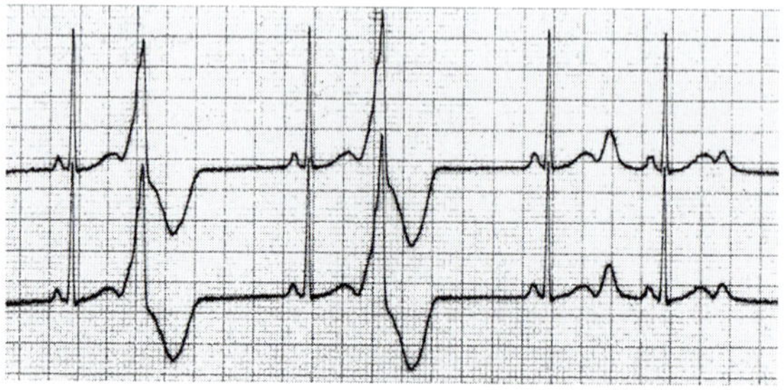

47 特発性でかつ 2 種類も

Twice idiopathic

A

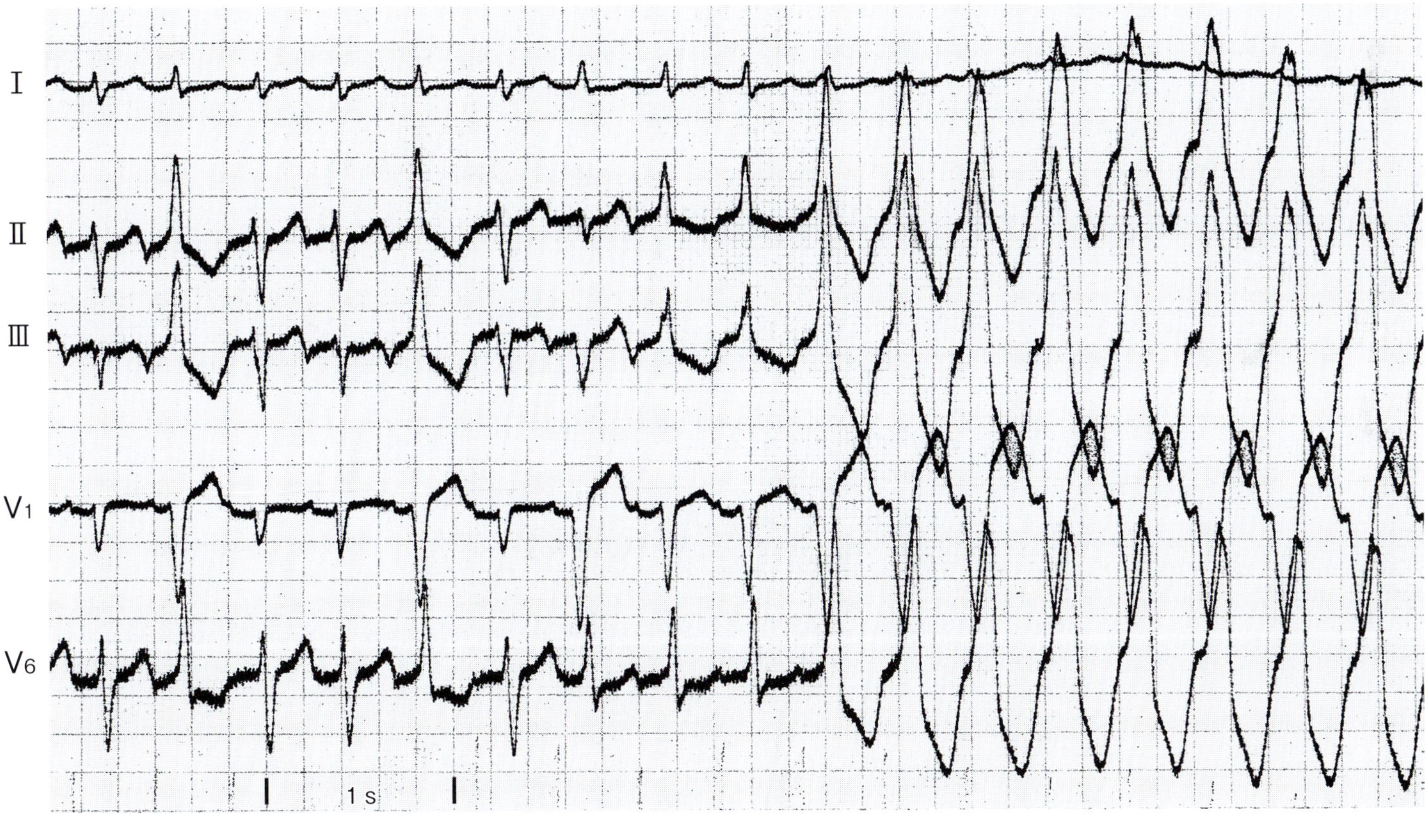

（Michael Lehman に捧ぐ）

47 特発性でかつ2種類も

この心電図記録には，2種類の頻拍が観察できる(A)．まず心房レベルで解析すると，Ⅱ誘導とⅢ誘導に陰性P波，V_1誘導に陽性P波を伴う心拍数140 bpmの頻拍を認める．心電図記録の右側に見られる，右軸偏位・左脚ブロック型の単形性のwide QRS頻拍に移行するまで，QRS波形は多型性に変化している．心電図右側の単形性頻拍は明らかに右室流出路起源の心室頻拍と考えられる．

この心室頻拍(VT)のR-R間隔を計測して心電図記録の最初の部分の解析をすると，心電図上中間型を示すQRS波形は，実際にはnarrow QRS波形と心電図左側のwide QRS波形の種々の融合波形であることがわかる(B)．

この心電図は，器質的心疾患のない6歳の男児に記録されたもので，特発性心室頻拍と同時に特発性心房頻拍を有していた．重複頻拍(dual tachycardia)は，相互維持する性質がある．電気生理学的機序はいまだ不明であるが，心拍数の促進は特発性心室頻拍に先行して通常認められる．すなわち，心房頻拍は心室頻拍の誘発性を促進することになる．

診断 右室流出路起源特発性心室頻拍を誘発する心房頻拍

B

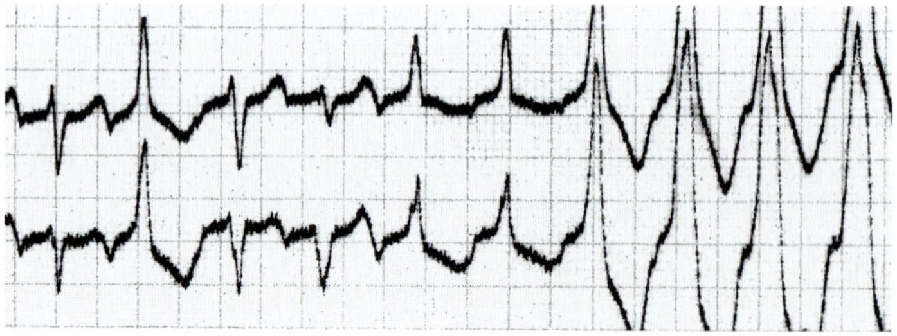

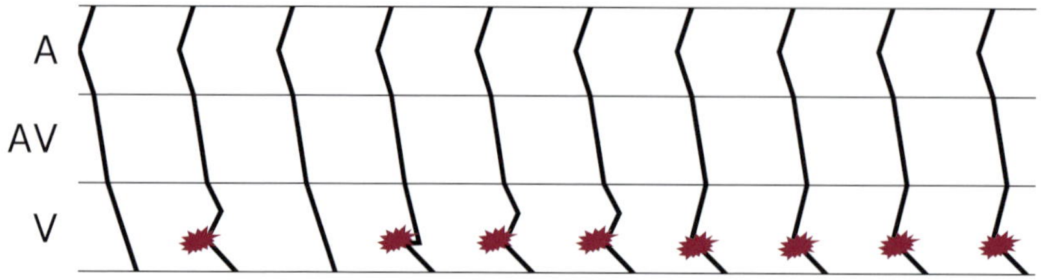

48 恐ろしい頻脈の停止

Frightening relieve of a tachycardia

A

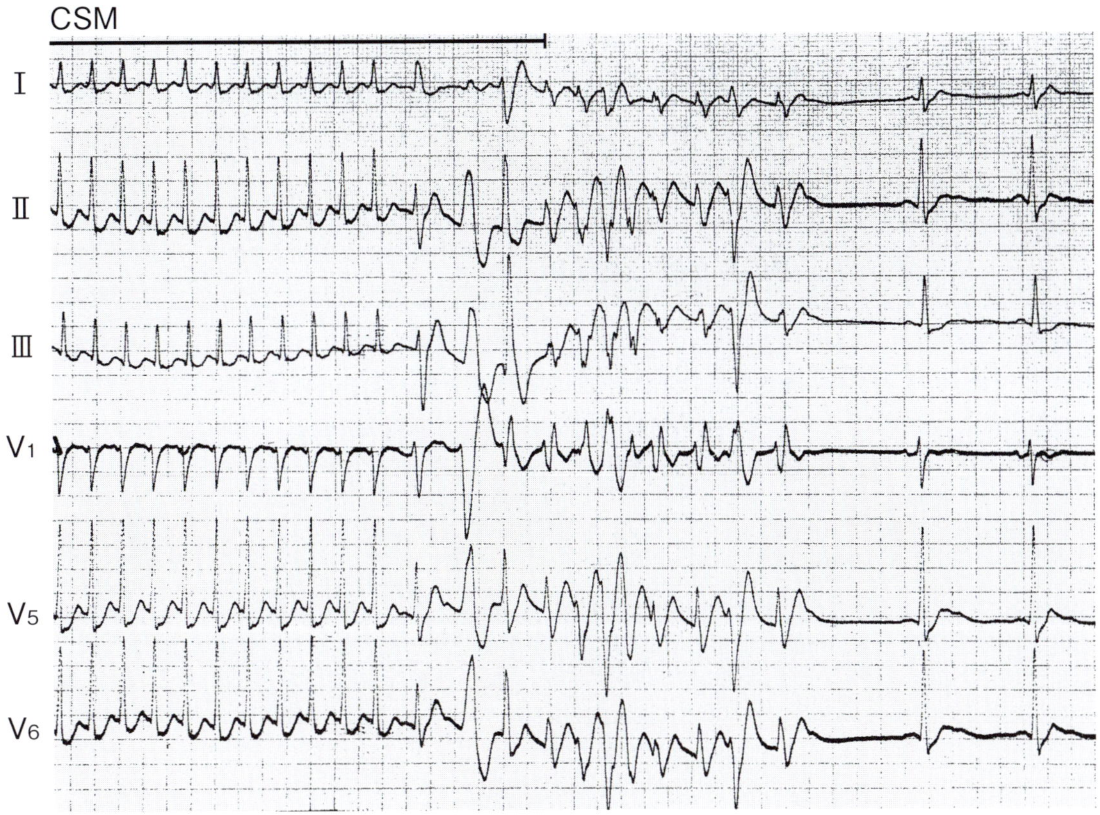

（Menage Waxman に捧ぐ）

48 恐ろしい頻脈の停止

この心電図は，上室頻拍中に認められた自律神経バランスの著明な変化によるものである(A)．若い女性に認められた 240 bpm の非常に速い narrow QRS 頻拍であるが，頸動脈洞マッサージ(CSM)によって停止した．頻拍中には P 波の鑑別は困難であるが，おそらく QRS 波内に局在していると考えられ，この頻拍は房室結節リエントリー頻拍(AVNRT)であることが示唆される．

この心電図では，2 つの所見が明らかである．① 頻拍中の ST 部分が変化すること，② 頻拍の停止時に恐ろしい頻脈が起こっていること，である．

通常，非常に速い頻拍中には再分極相の変化が，特に若年で器質的心疾患を有さない例にも生じることがある．そうした変化はまったく心筋虚血とは無関係であり，速い頻拍による交感神経活性の亢進によるものである．

頻拍の停止時に 11 連発の多形性心室頻拍が認められている．この多形性心室頻拍の停止に引き続いて，QRS 波は正常であるが T 波は平坦でなだらかな降下型を示す洞調律が観察される．多形性心室不整脈は，こうした速い頻拍に起因する交感神経の過緊張によって誘起される．この現象は，本症例のように頸動脈洞マッサージによって速い頻拍が停止したときに著しい．

診断　房室結節リエントリー頻拍停止後の多形性心室頻拍

B の心電図記録では，A で見られた多形性心室頻拍と同様であるが洞調律で突然生じている．頻拍の QRS 波形からは，QT 間隔の延長により生じた torsade de pointes と誤認識されやすい．しかしこの洞調律時の心電図では，下壁梗塞を示し，かつ QT 間隔は正常であることに注目したい．すなわち，この多形性心室頻拍は下壁心筋梗塞の急性期に見られた非持続性多形性心室頻拍であり，急性虚血により生じたものである．

B

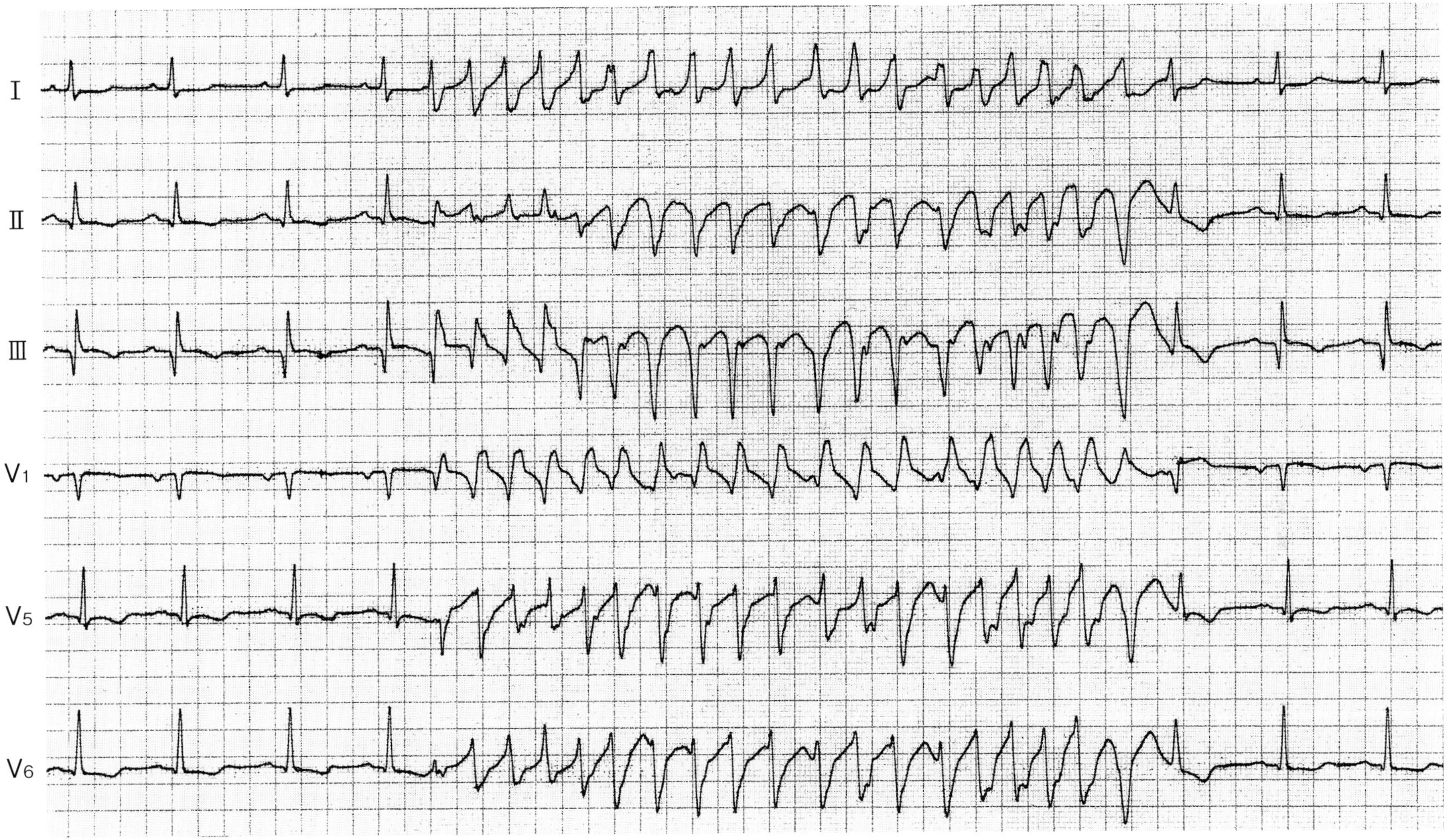

49 二度死ぬ(止まる)とき

When you die twice

A

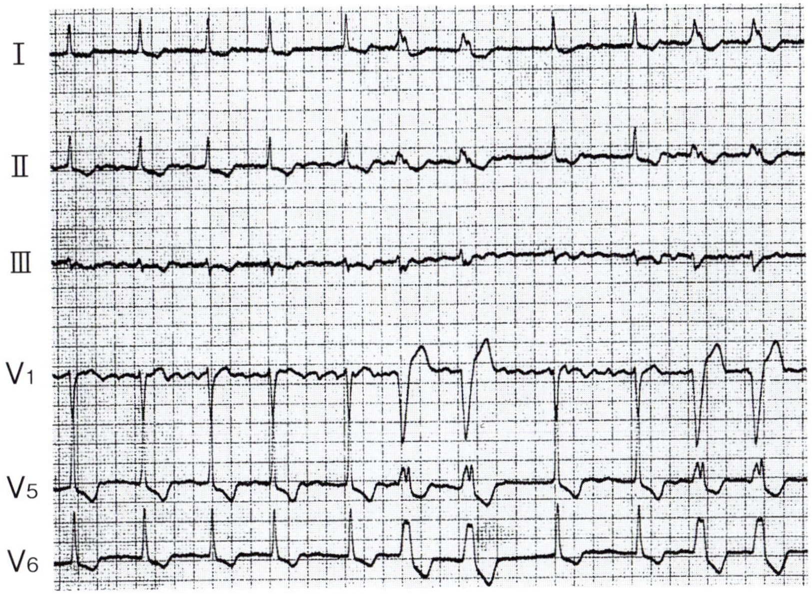

B

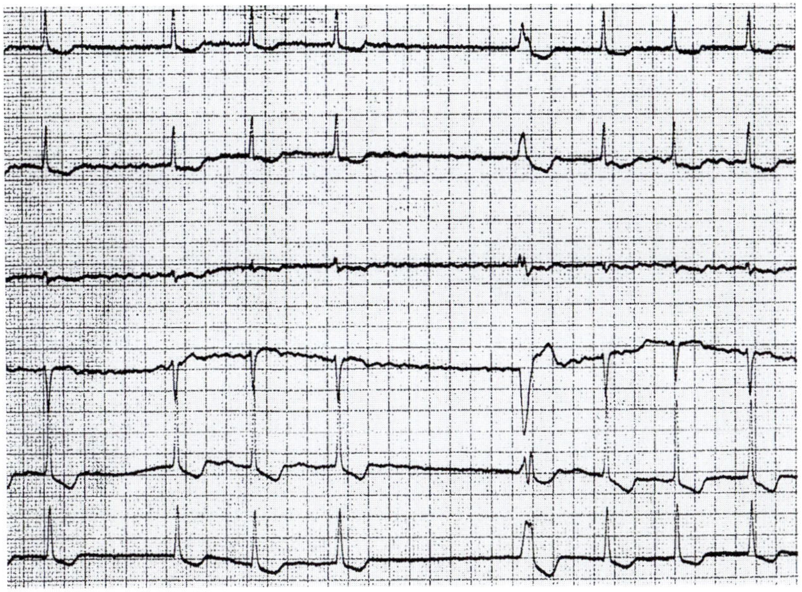

(Agustín Castellanos に捧ぐ)

49 二度死ぬ(止まる)とき

心房細動は最も頻度の高い不整脈である．これらの2つの心電図は同一の患者で異なる時間に記録されたもので，His-Purkinje 系の伝導特性の心拍数による変化の様子が説明できる．

A では，突然心拍数が速くなるときに QRS 波形が連続する2心拍で左脚ブロックに変化している．興味深いことに，同じ現象が左側の心電図(B)でも見られるが，1心拍のみで観察されるが，この場合は突然心拍数が遅くなるときに起こっていることである．

これらの心電図所見は，第3相ブロックと第4相ブロックによるものである．第3相ブロックは頻脈依存性に生じる．心拍数が上昇し，かつ活動電位時間が十分に長いとき，脚が不応期をまだ脱していないために左脚の興奮が起こらないことによる．2拍目では脚への潜在性逆行性伝導が起こるため，再度左脚内でブロックが生じている．その後の心拍は，たとえ潜在性の逆行性伝導が再度起こったとしても，不応期を脱するに足るだけの十分な伝導遅延の後にあるため，第3相ブロックから解放される(C)．

それに反して第4相ブロックは徐脈依存性に生じる．徐脈により病的左脚内に第4相の興奮が生じるものの，左脚全体を興奮伝播するに足るだけの正常な活動電位が形成できないために第4相ブロックは生じる(D)．

診断 心房細動中に左脚に生じた第3相・第4相ブロック

C

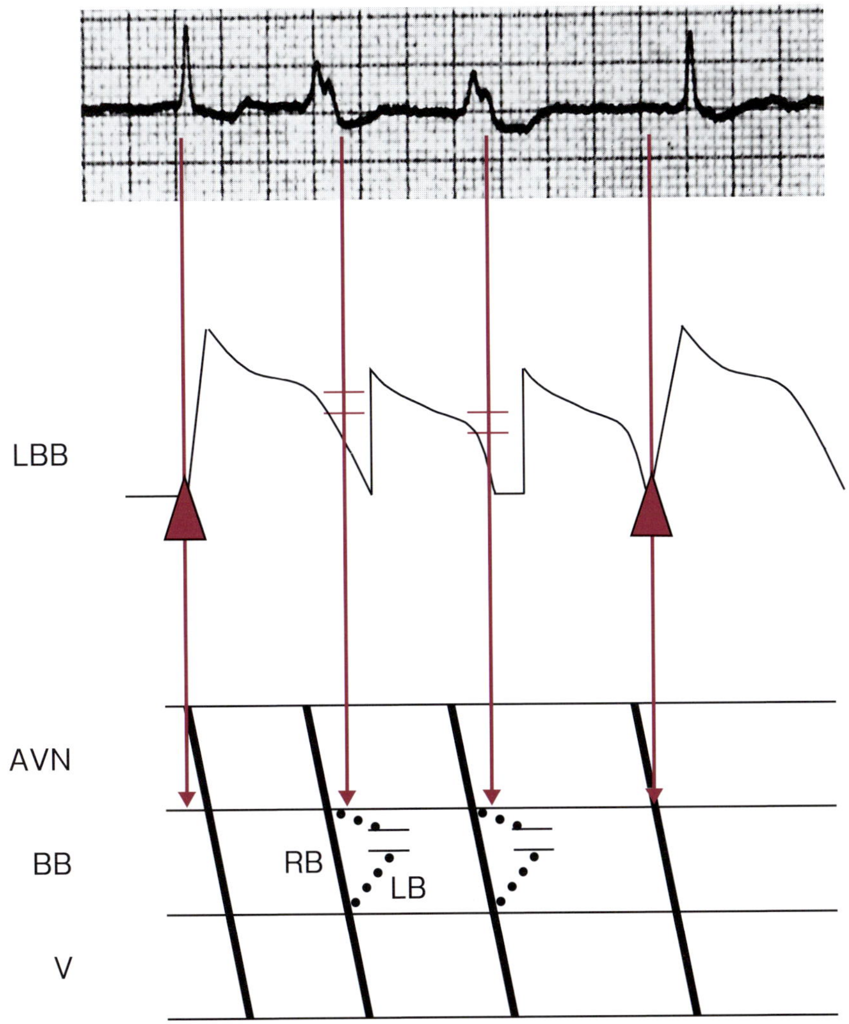

D

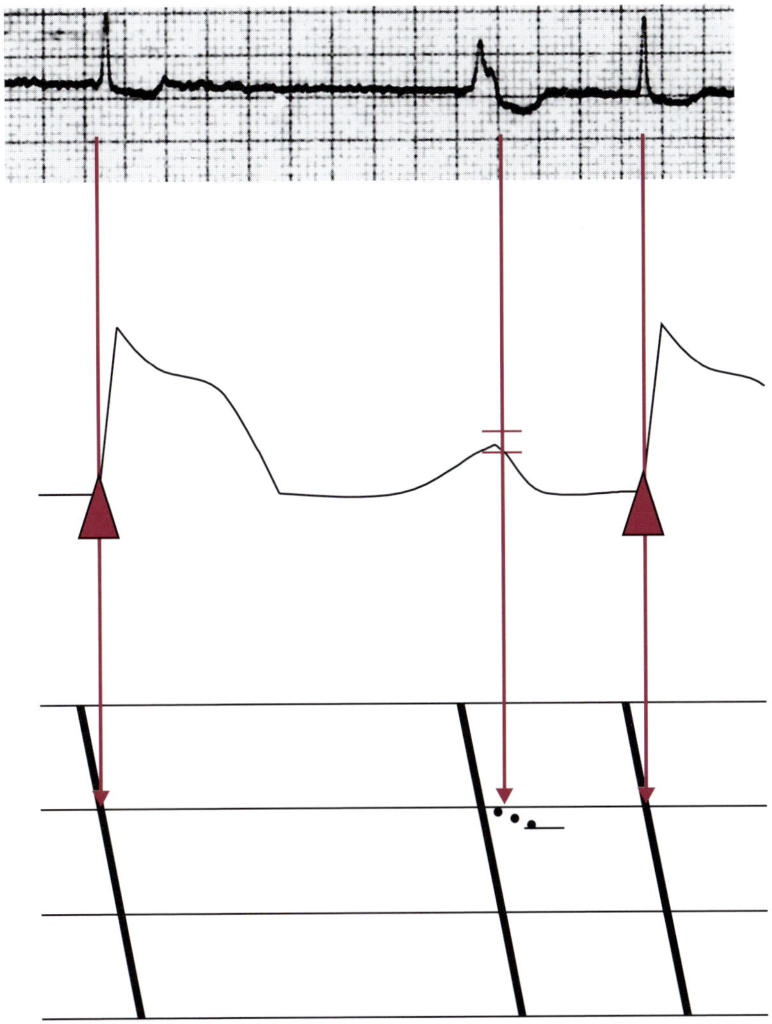

50 ほんの数ミリセカンドが大きな違い

Some milliseconds make the difference

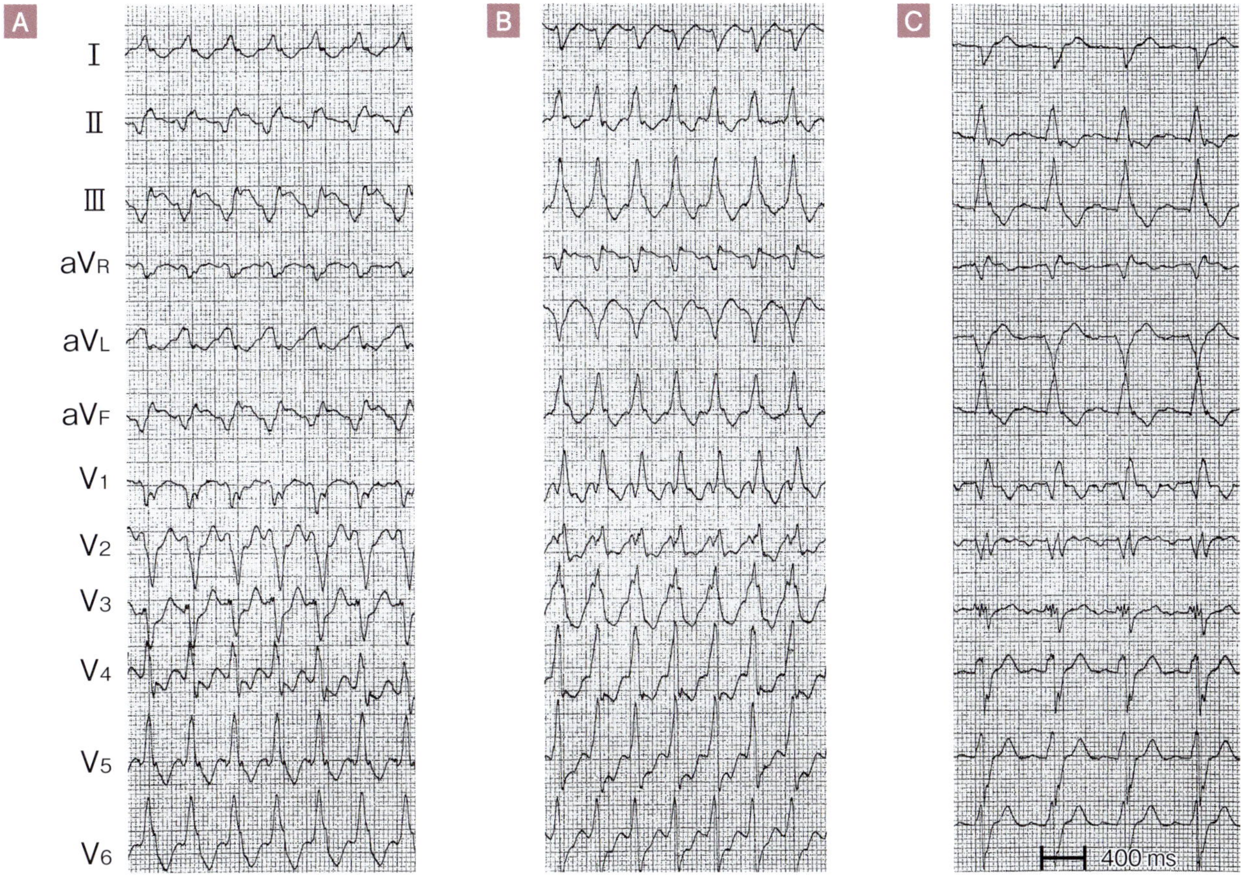

（H. J. L. Marriot に捧ぐ）

50 ほんの数ミリセカンドが大きな違い

心電図記録(C)は広範前壁心筋梗塞患者の洞調律の心電図で，右脚ブロック，左前枝ヘミブロックと280 msに延長したPR間隔を示す．

心電図記録(A)の頻拍は左脚ブロック型を呈する．V_2とV_4誘導におけるR波からS波までの間隔は，100 ms以上と延長している．さらに再分極波形，特にV_1誘導のSTの変化から房室解離が推定されるため，この頻拍は心室頻拍(VT)であると診断される．

心電図記録(B)のwide QRS頻拍は，Aの左脚ブロック型とは異なり右脚ブロック型を呈している．心室頻拍の診断は，RS間隔がV_4，V_5，V_6で100 ms以上であることからすぐにできる．

ここでは2つの心室頻拍の形態学的特徴に注目してもらいたい．AではV_1とV_2誘導の最初のR波が幅広く，V_2誘導のRS波の下降部分に切痕(ノッチ)を認める．BではV_1誘導にqRパターンとV_6誘導にRSパターンを同じ時相で認めている．QRS波の電気軸はAで不定軸であるが，Bは右軸偏位を呈する．

Bの心室頻拍において重要なポイントは，標準四肢誘導のQRS波形は洞調律時とほぼ同一の波形を示していることである．V_1とV_6誘導でも類似したQRS波形であるため，Bの頻拍中の前胸部誘導におけるRS間隔が鑑別の重要な鍵となる．洞調律時の左側胸部誘導V_4からV_6誘導でのRS間隔が100 ms以下であることを確認してほしい(D)．

診断	前壁心筋梗塞患者に見られた2種類の心室頻拍

D

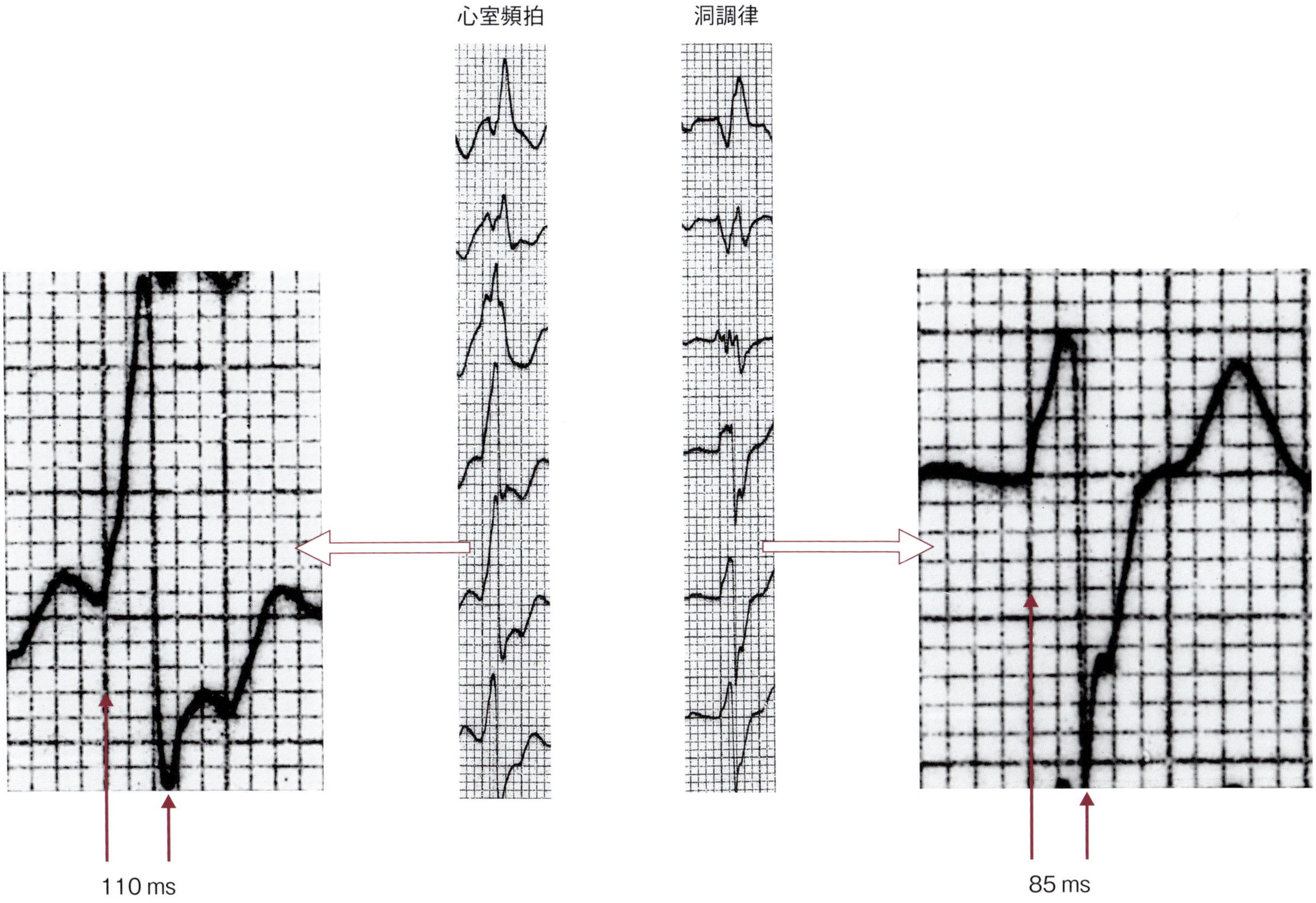

51 栄養失調の P 波

Anorexic P wave

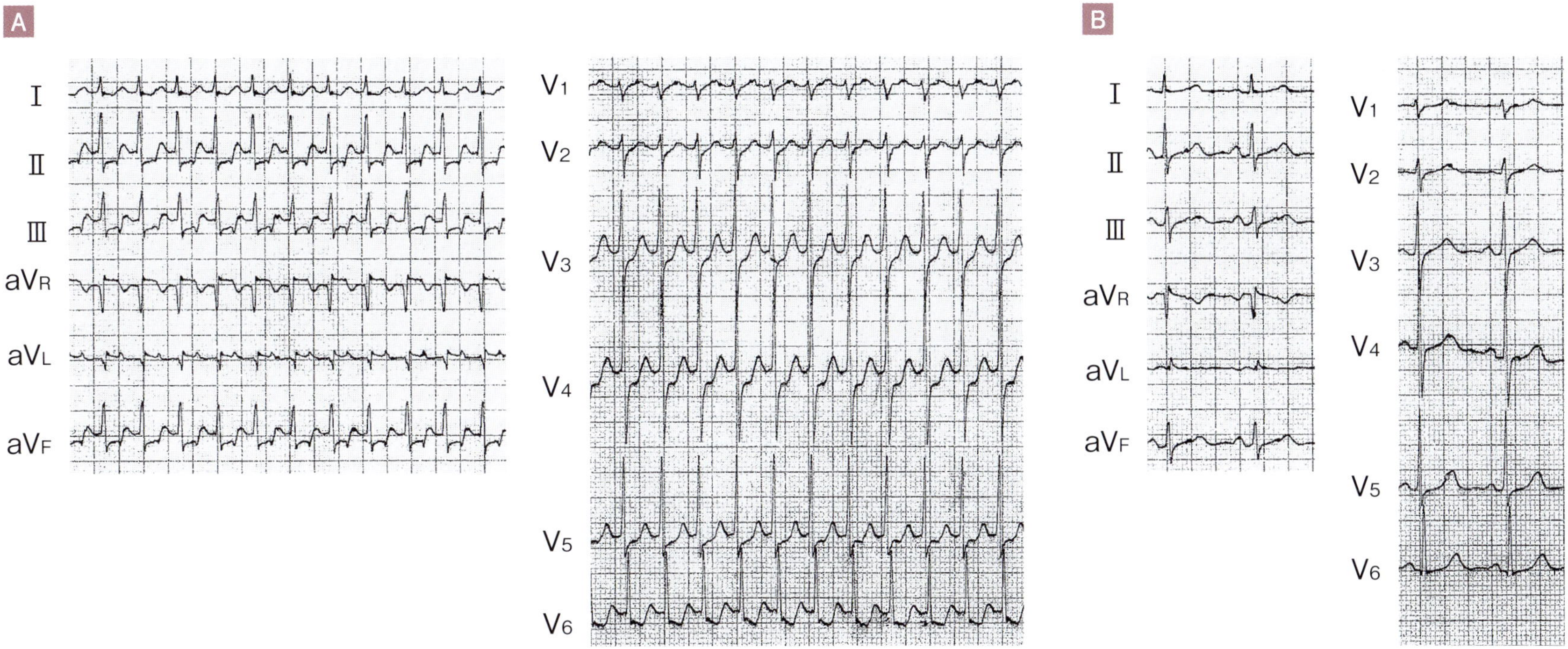

（Erik Pristowsky に捧ぐ）

51 栄養失調の P 波

これらの心電図は心拍数 200 bpm の規則的な narrow QRS 頻拍(A)と同一患者の洞調律(B)である．頻拍中の QRS 波形は，洞調律時のそれと同一波形である．しかし，頻拍中の再分極相の波形は，洞調律のそれとは明らかに異なっている．QRS の立ち上がりから 160 ms 後ろには切痕様の波形を認め，それはⅡ，Ⅲ，aVF 誘導では陰性波形でありＰ波に相当するものと考えられる．

Narrow QRS 頻拍の診断をするうえで，QRS 波の後ろ 160 ms にＰ波を有する場合には，逆行性副伝導路を介するリエントリー性頻拍を考えるべきである．Ｐ波の形状から，この症例の副伝導路は中隔領域に局在すると通常は考える．しかしながら，この頻拍では当てはまらないようだ．

副伝導路を介して心房が逆行性に興奮する場合には，電気興奮は一方の心房から他方の心房へと伝播してＰ波は一般に幅広くなる．本症例のＰ波を再度評価してみると，Ｐ波形状はかなり細く尖っており，Ｐ波間隔は 30 ms に満たない．そのようなＰ波のまれな形態をどう説明できるのか？

房室回帰頻拍(AVRT)では両心房が同時に興奮する．それは心房興奮が房室速伝導路から心房中隔に進み，中隔部分から右房と左房を同時に興奮させるからである(C D)．Ｐ波の位置が(QRS 波から 160 ms 後ろの)まれな位置にあることは，本症例が slow-slow 型房室結節リエントリー頻拍(AVNRT)を有することから説明できる．

診断 slow-slow 型房室結節リエントリー頻拍

C

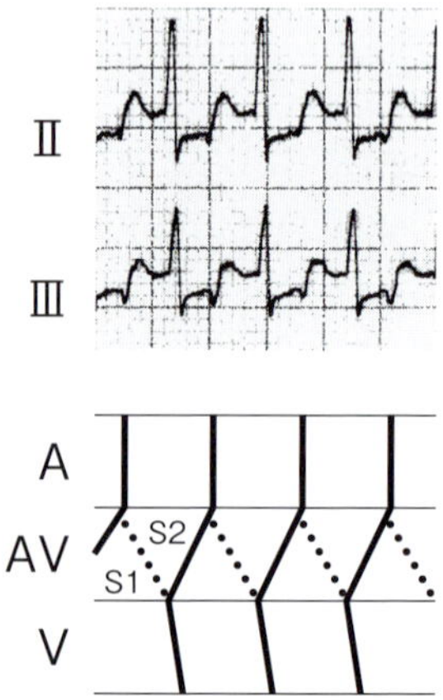

D

52 心電図の奏でる音楽

Music in the ECG

A

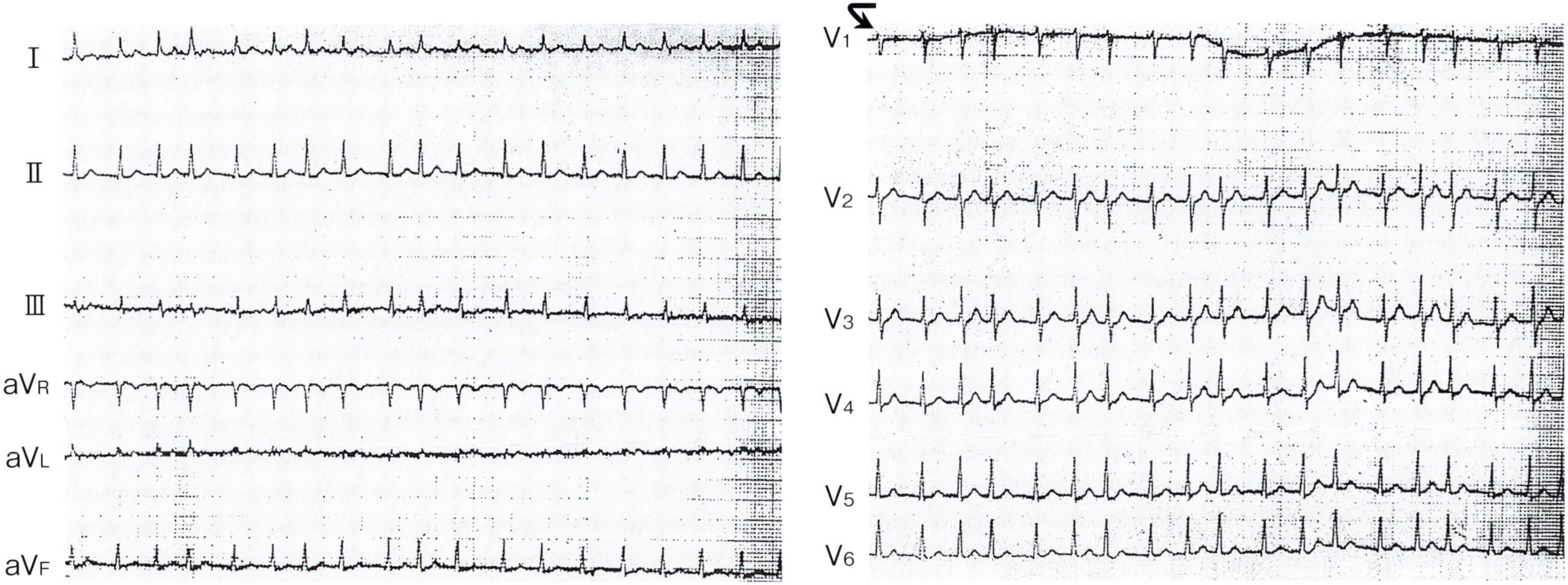

(Jim Weiss に捧ぐ)

52 心電図の奏でる音楽

46歳女性の心電図(A)で，心電図の実波形をペン先で記録しそれぞれの心電図の振れに合わせて音が出る仕組みの装置を備えたERの心電計で記録したものである．頻拍は不規則で narrow QRS 波形を示す．明らかなP波は認めない．こうした所見で，最も考えやすいのが心房細動である．

しかし，心電図の記録中は驚くべきことに，QRS波に合わせて発する心電図の音は不規則であったが，持続的に繰り返される音楽的な律動があった．R-R間隔を特に前胸部誘導で解析すると，頻拍は規則的に不規則であった．QRS波間隔に一定のリズムがある．

これらについてR-R間隔を計測したBに示している．3つの異なる周期が同じ時相で繰り返される，一連の頻脈であると考えられる．アデノシンの単回静注によってこの頻脈は停止した(C)．

本症例は，3つの異なる順行性遅伝導路を介した房室結節リエントリー頻拍(AVNRT)であった．本症例では，心電図記録計の奏でる音楽によって診断への道筋がついたのである．

診断 多重房室遅伝導路を介する房室結節リエントリー頻拍

B
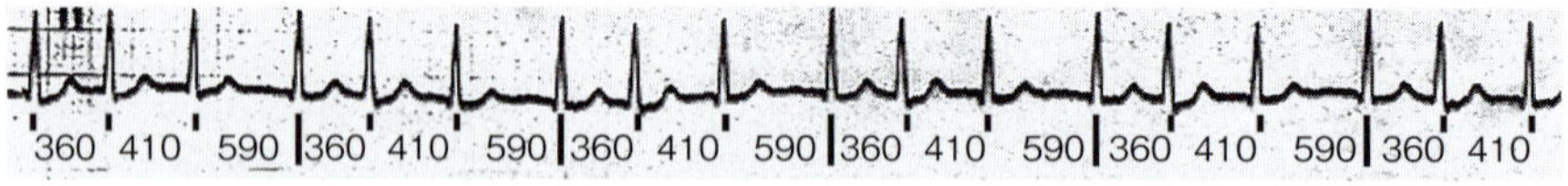

C
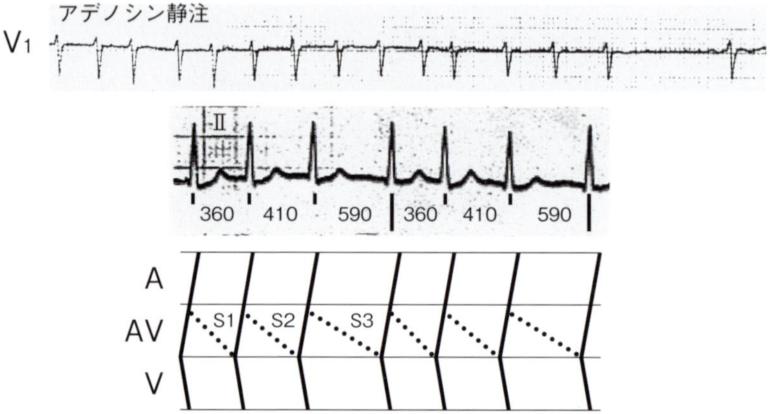

53

心臓から遠く離れたところで

Faraway from the heart

A

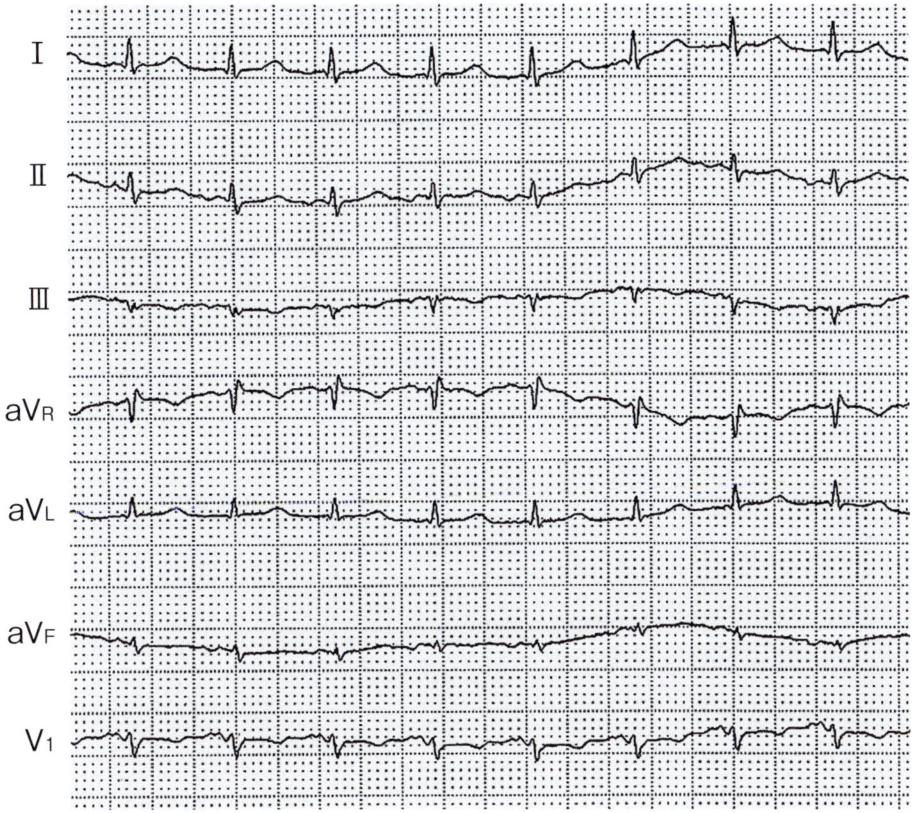

(Sanjeev Saksena に捧ぐ)

53 心臓から遠く離れたところで

A の心電図記録はやや遅い(120 bpm)narrow QRS 頻拍である．1 対 1 の房室伝導であり，それぞれの QRS 波には，正常 PR 間隔を有する P 波が先行している．

最も興味深いことは P 波の極性で，Ⅰ誘導・aV_L 誘導では平坦，Ⅱ・Ⅲ・aV_F 誘導では＋/−，aV_R・V_1 誘導では陽性を示している．

これらの P 波の極性からは左房起源と考えられる．事実，ある種の頻拍では心房組織から離れた，肺静脈内の筋鞘起源のものが見られる．

本症例では，B に示すように，頻拍は左上肺静脈起源であった．これはやや遅い頻拍で，頻拍起源の自動能が洞結節自動能に競合して生じている．

診断 左上肺静脈起源の心房頻拍

B

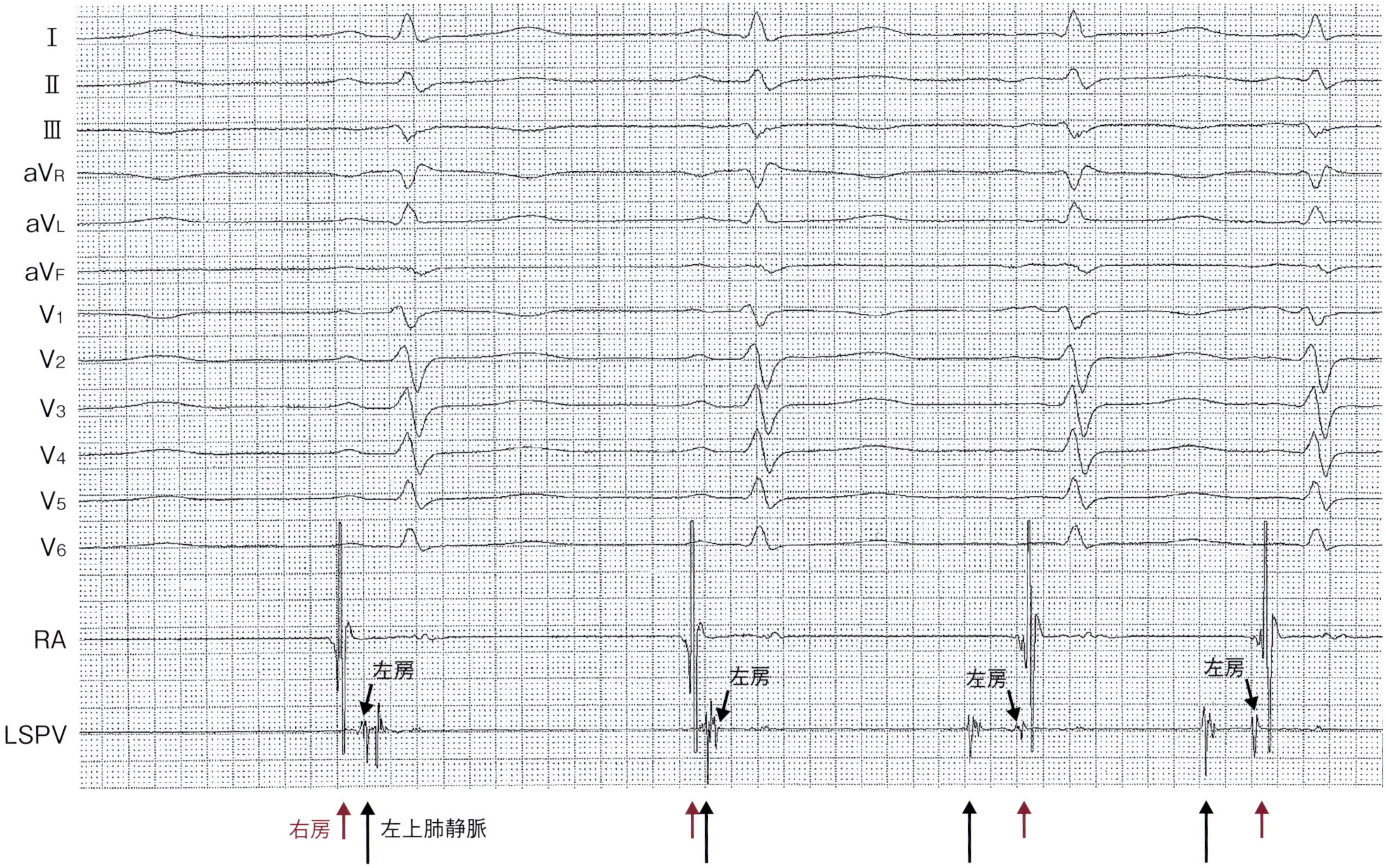

I
II
III
aVR
aVL
aVF
V1
V2
V3
V4
V5
V6
RA
LSPV
左房
左房
左房
左房
右房
左上肺静脈

54 捻れ回り

Twisting around

A

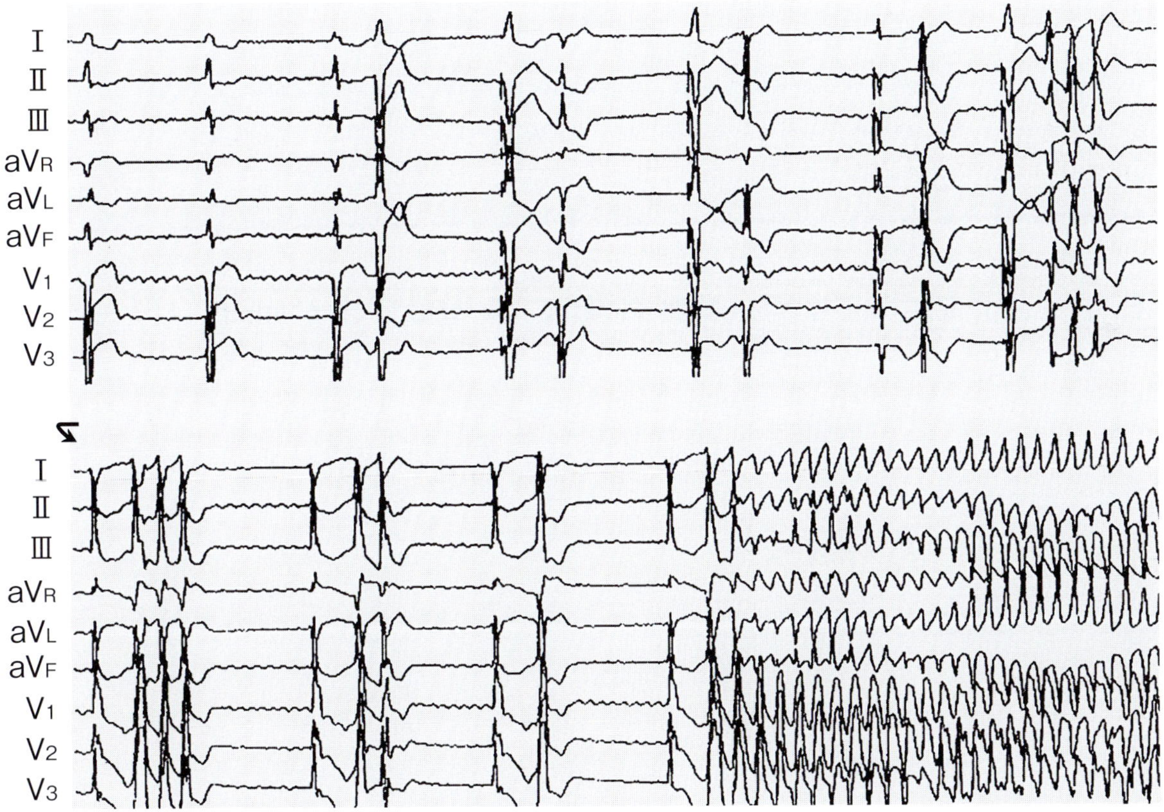

（Arthur Moss に捧ぐ）

54 捻れ回り

Aの心電図記録は56歳女性に見られたものである．彼女は慢性に経過する頻脈性心房細動であったため，房室伝導に対する高周波カテーテルアブレーションが施行され，事前に一時的ペースメーカが挿入されていた．心電図記録の基本調律は心房細動で，完全房室ブロックと心拍数45 bpmの心室性補充調律を伴っている．

著明なQT間隔の延長を伴い自然発生したwide QRS頻拍が，多形性心室頻拍を誘発しているのが観察され，ついにはこの多形性心室頻拍から，(心電図は示さないが)心室細動へと進展するtorsade de pointesへの移行が見られた．

これは，房室結節アブレーションに引き続き生じた心室不整脈によって誘発された多形性心室頻拍である．速い心室応答を有する心房細動から，アブレーションによって作成した遅い心室応答への突然の変化が，心室各所の不応期のばらつき(dispersion)と遅延した後脱分極を生じさせることにより，torsade de pointesが誘発されたものと考えられる．本症例は電気的除細動の後にペースメーカ心拍数を上げることにより，心室不整脈は消失しQT間隔は正常化した．

Bには，先天性QT延長症候群の患者に見られたtorsade de pointesを示す．右側に洞調律時心電図を示す．

診断 完全房室ブロック(作成)による徐脈性心室興奮に起因するtorsade de pointes

B

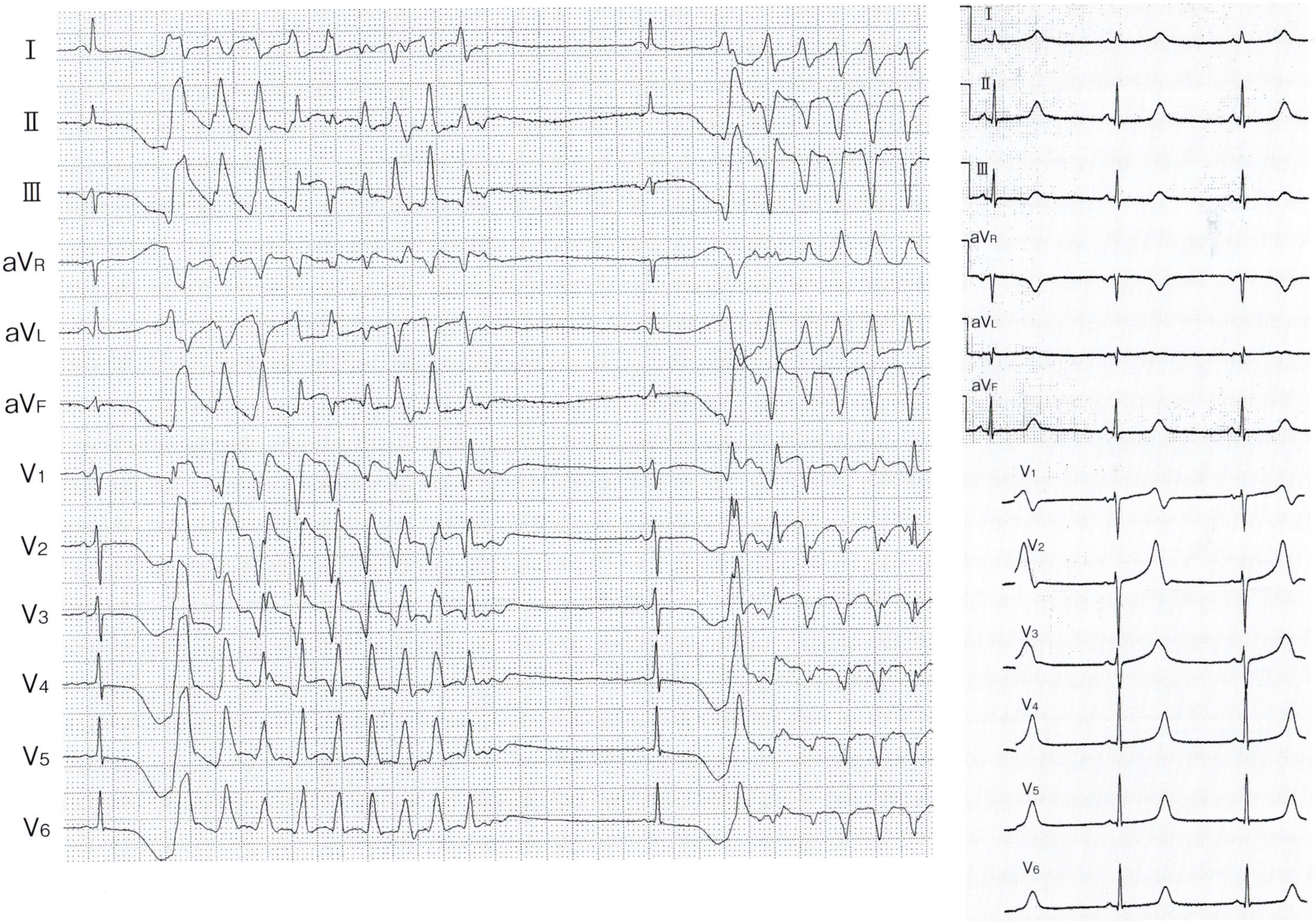

55

私たち兄弟の一番大切な宝

Our most precious jewel

A

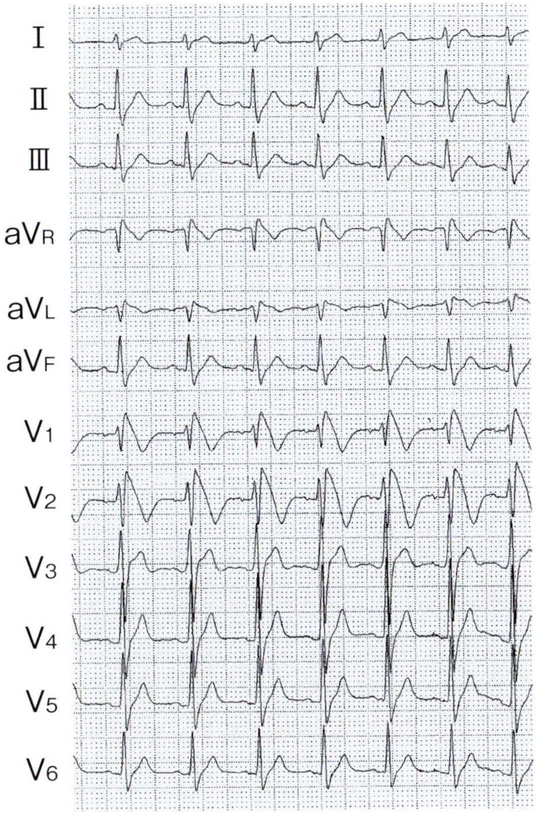

（Charles Antzelevitch に捧ぐ）

55 私たち兄弟の一番大切な宝

A の心電図は，心室細動(VF)による突然死を免れた，明らかな器質的心疾患を有さない 35 歳男性に記録されたものである．心電図上は，洞調律で正常 PR 間隔を示している．QRS 波形は右脚ブロック型を示し，Ⅱ・Ⅲ誘導に深い S 波を認める．

しかしながら，最も印象的な所見は，右側胸部誘導(V_1〜V_3)に認められる著明な ST 成分の上昇所見である．はじめてこの心電図を見たときの印象は，急性前壁心筋梗塞によるものと思われた．しかし，冠動脈は形態的に完全に正常で心筋虚血による症状は皆無であり，心電図の ST 成分の異常は依然として変化を認めなかった．

実はこの心電図が Brugada 症候群を発見するに至った症例である．

この病態はナトリウムチャネルの異常に起因することが，遺伝子解析によって解明されている．この疾患は悪性度が高く，多形性心室不整脈の出現により心臓突然死を引き起こす．遺伝子異常を有する患者の見かけ上の正常心電図に対し，アジマリン，フレカイニド，プロカインアミドなどのナトリウムチャネル遮断薬の投与により，心電図異常を顕在化させることができる．また，遺伝子異常を有さない場合でも，十分量の薬剤を投与することにより同様の心電図異常所見を作成することができる．

B は，4,000 mg のフレカイニドを服用した 20 歳男性の，V_1〜V_3 誘導の心電図記録である．2 対 1 で右脚ブロックと ST 成分の上昇が観察される．心室不整脈の発生は見られず，20 時間後に心電図は正常化した．

診断 Brugada 症候群

B

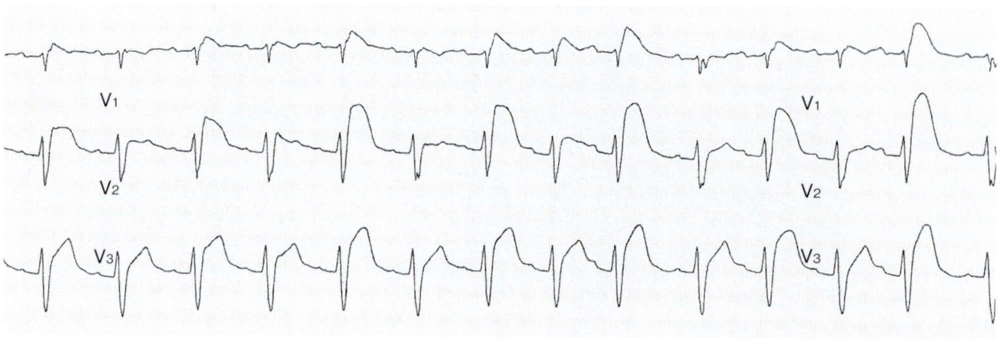

56 ちょうど真ん中に

Just in the middle

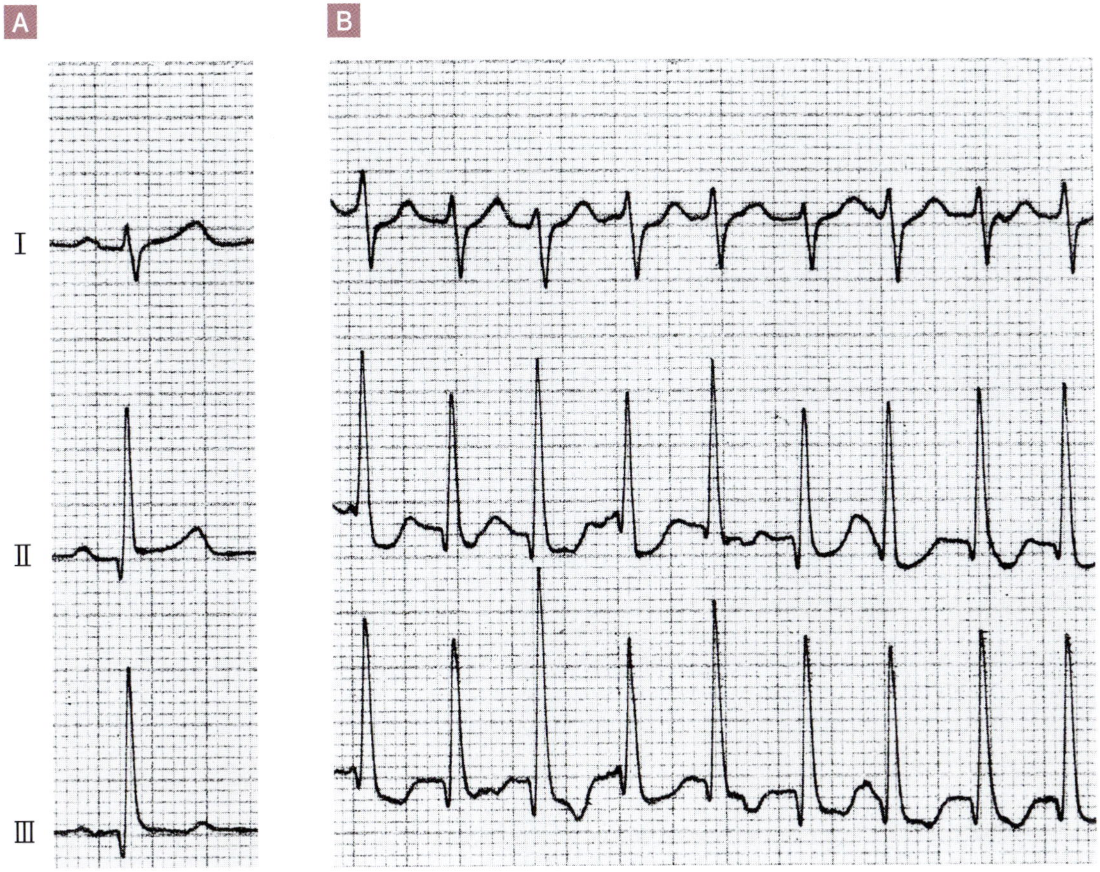

（Jesús Almendral に捧ぐ）

56 ちょうど真ん中に

この心電図記録は，先天性心疾患修復術後の男児に見られたものである．A は洞調律時のⅠ・Ⅱ・Ⅲ誘導の心電図である．B は心拍数 180 bpm の narrow QRS 頻拍の心電図である．

頻拍中の QRS 波は，洞調律時のそれと同一である．しかしながら，注意深く心電図を解析すると，1 拍ごとに再分極相の心電図波形に変化が見られ房室解離があると考えられる．

房室解離の所見は，C に食道誘導記録により示されており，心房波は QRS 波とは無関係に持続している（D）．このタイプの頻拍は，異所性接合部頻拍（junctional ectopic tachycardia: JET）と呼ばれ，小児の先天性心筋症の外科的修復術後にしばしば見られる．その予後は手術による外科的予後に依存して不良である．

診断 異所性接合部頻拍

C

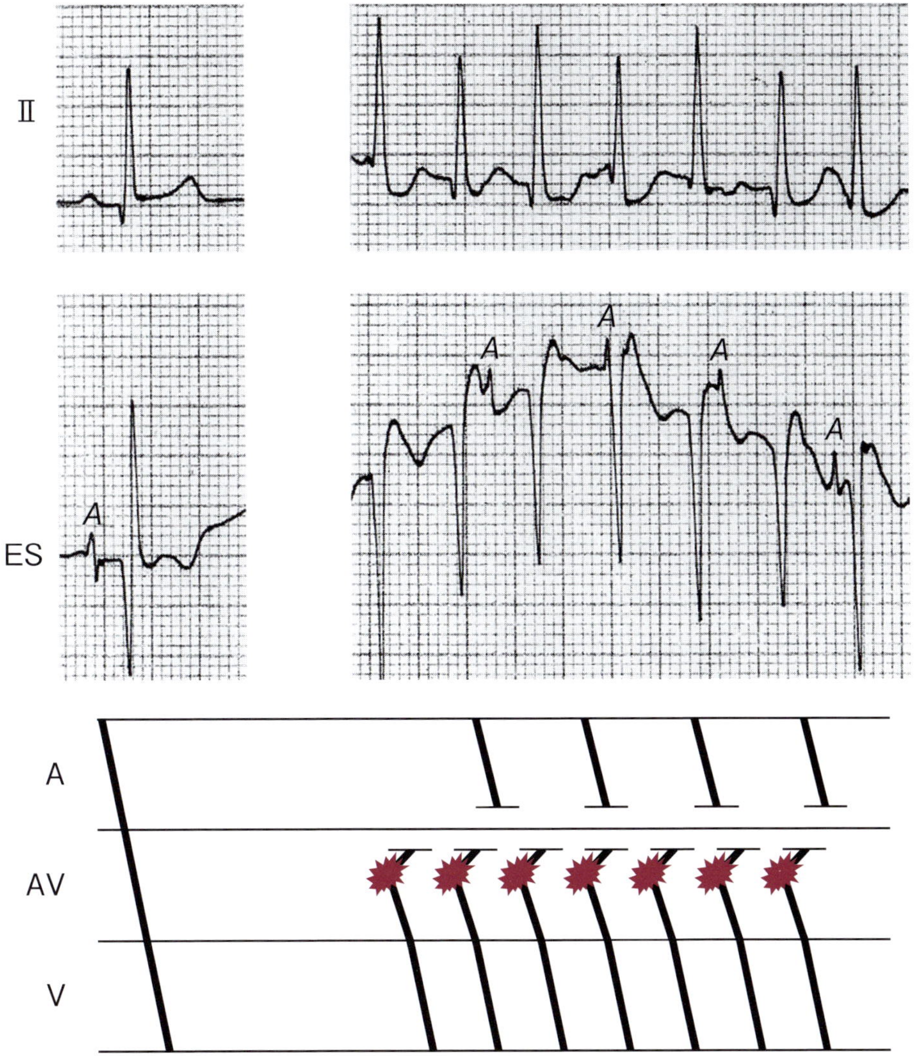

D

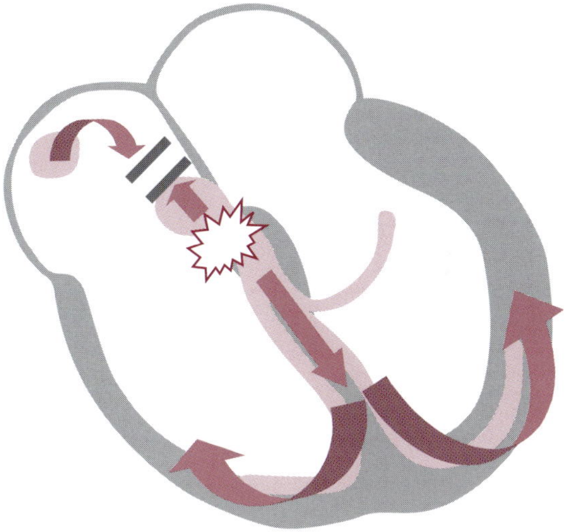

57

コンセプトは変化している

Concepts are changing

A

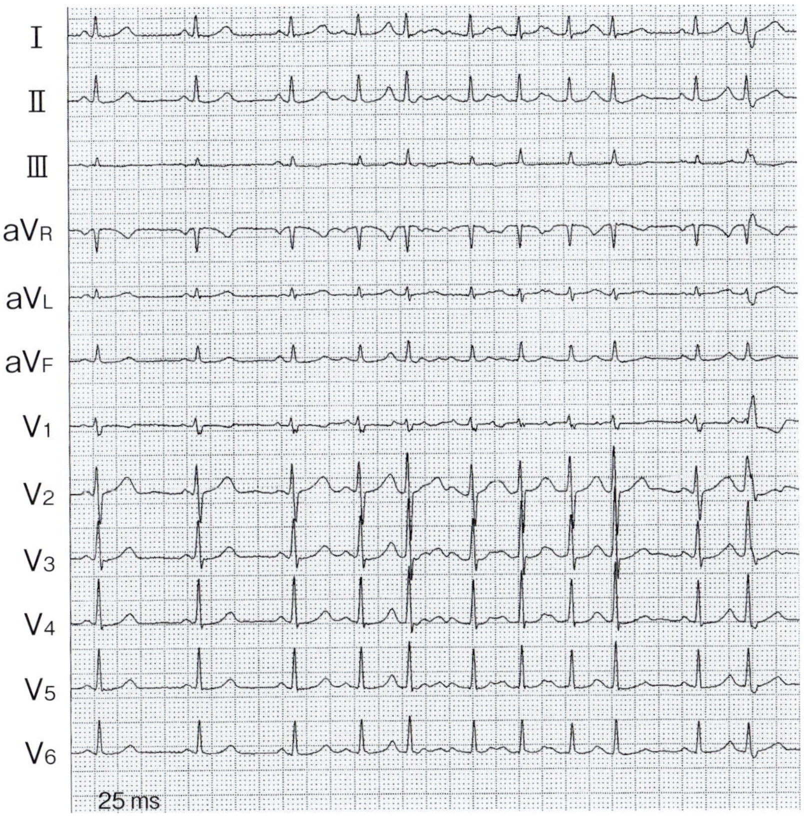

（Michel Haissaguerre に捧ぐ）

57 コンセプトは変化している

発作性心房細動は，治療するうえで最も困難な問題がある不整脈の1つである．患者が若く，しかも健康で日常的にスポーツをするのならば，その治療はさらに複雑で難しくなる．

心電図記録Aでは，正常のPR間隔・QRS波形・再分極相を有する洞調律が観察される．一発の心房期外収縮が数拍の心房細動を誘発している．器質的心疾患のない患者の多くの心房細動エピソードは，心房期外収縮から心房細動が誘発されている．こうした心房細動エピソードを誘発するような心房期外収縮は通常肺静脈に起因し，心電図上では典型的なP on T型を呈する．

この心電図記録では，最初の心房期外収縮(第4番目の波形)は，P on T型を示さず(明らかにP波の後ろにある)，洞調律時のP波とV_1誘導でより陽性であること以外(B)はほぼ同一の波形を示している．これは，右上肺静脈を起源とする心房期外収縮である．なぜ，この期外収縮はP on T型を示さないのか？

この答えは，Cに示されている．肺静脈から出現した最初の心房期外収縮は，実際に短い連結期であるが，肺静脈を越えて心房内に伝導していない．これは，肺静脈性期外収縮がブロックされたために，体表面心電図のP波を形成できないことによる．その次の肺静脈の興奮が肺静脈を越えて左房へ伝導することにより，遅い心房期外収縮を形成する．

診断 心房細動を誘発する右上肺静脈からの心房期外収縮

B

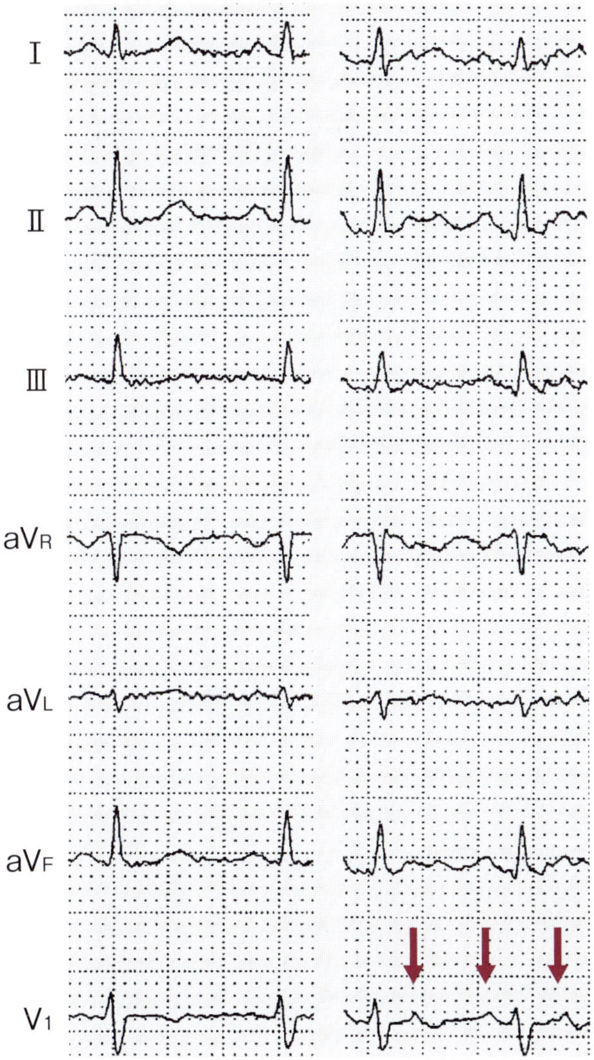
I
II
III
aVR
aVL
aVF
V1

C

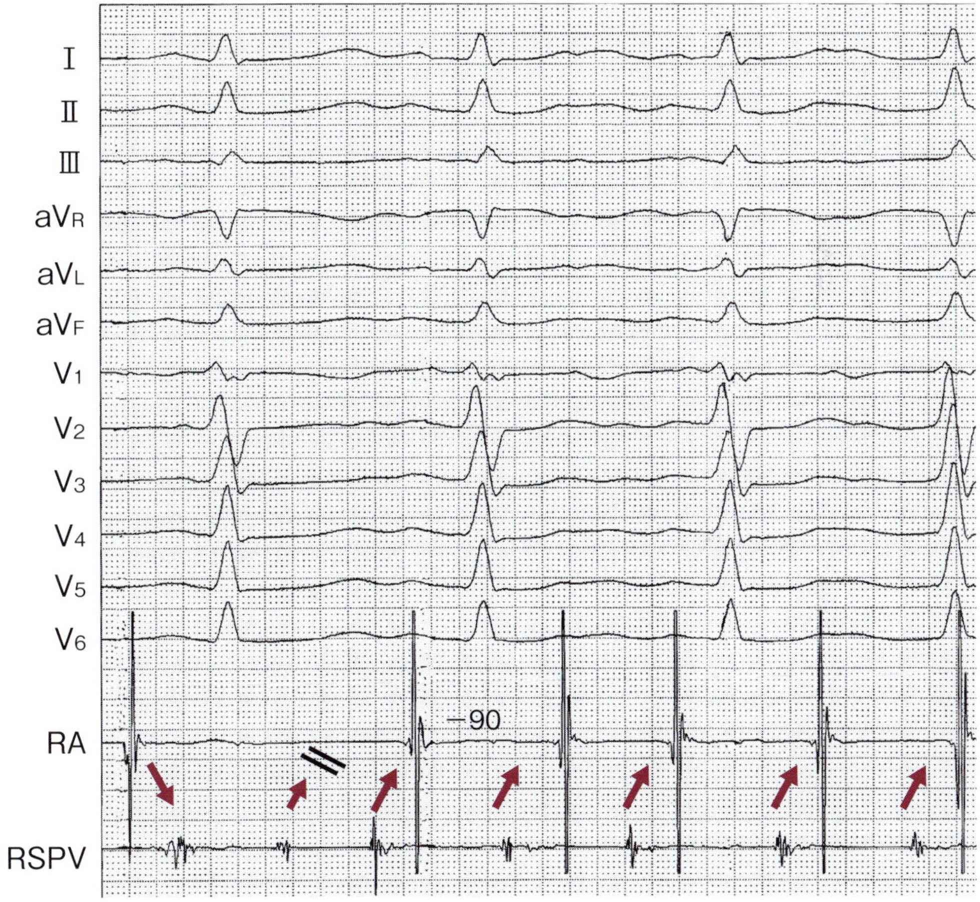
I
II
III
aVR
aVL
aVF
V1
V2
V3
V4
V5
V6
RA
RSPV
−90

58

P 波に乗る

Riding P wave

A

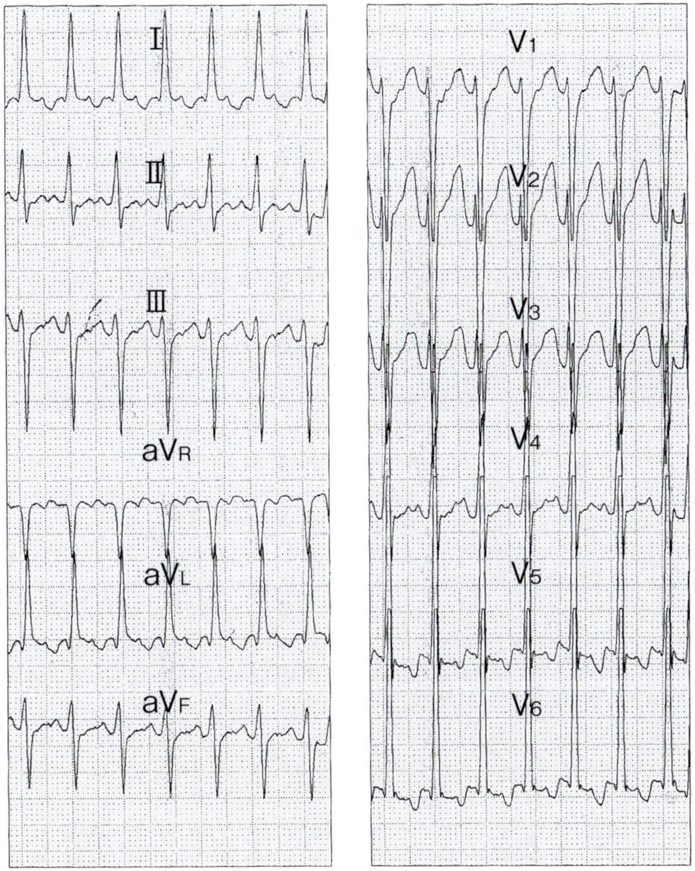

(Paul Puech に捧ぐ)

58 P 波に乗る

Aの心電図記録は，動悸症状はないが心不全徴候のある 15 歳の男子に認められたものである．心電図は，心拍数 160 bpm の規則的な narrow QRS 頻拍である．P 波は，Ⅰ誘導では QRS 波の立ち上がりから 140 ms 後ろに認める．しかし，Ⅱ誘導をみると P 波は陽性を示し正常 PR 間隔を有している．

どちらの波形が P 波に合致しているのか？

答えをBに示すが，この心電図は頸動脈洞マッサージ中に生じた一過性房室解離である．2 つの連続した P 波が観察されるが，2 つ目の P 波の極性は，Ⅰ・Ⅱ・Ⅲ誘導で陽性で，V_1 誘導では 2 つのコンポーネントを呈し陰性波となる．この診断は，1 対 1 房室伝導を伴う右房前壁起源の心房頻拍である．次の P 波形は 1 対 1 伝導が回復してくることにより，P 波が T 波に先行して乗っており，次第に QRS 波のちょうど後の位置に安定していくようになる．

頻拍の起源に対する高周波カテーテルアブレーションによりこの頻拍は消失し（C），洞調律（V_1 誘導の P 波形の変化に注目）となり，心不全から回復した．

診断 右房前壁起源の心房頻拍

B

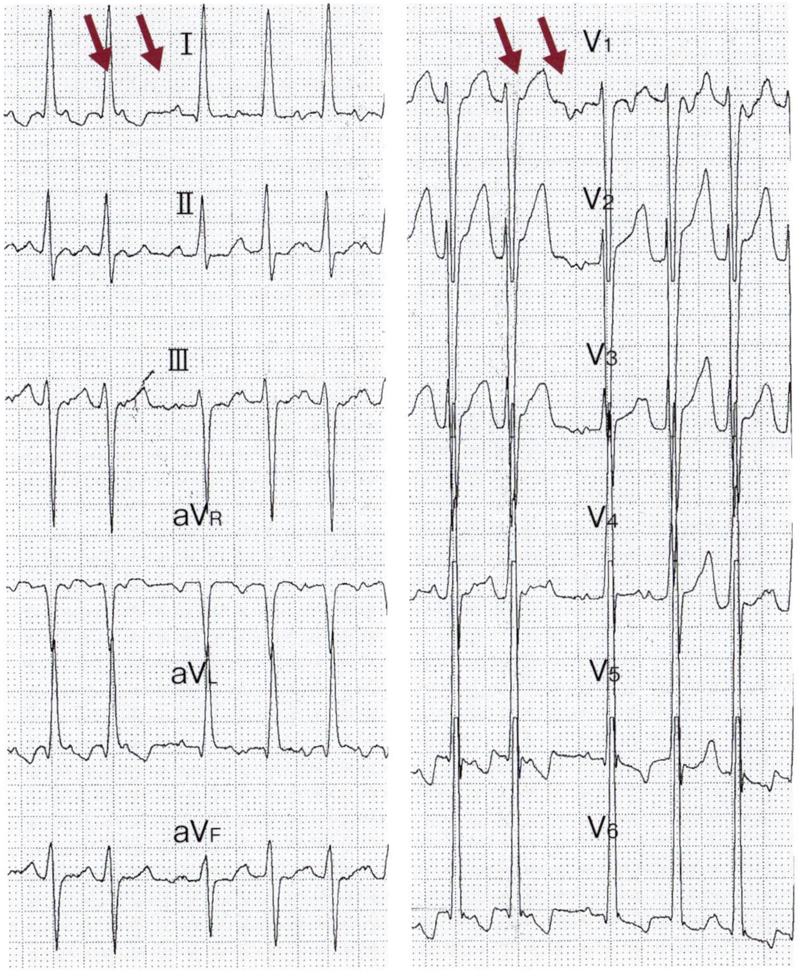
I
II
III
aVR
aVL
aVF
V1
V2
V3
V4
V5
V6

C

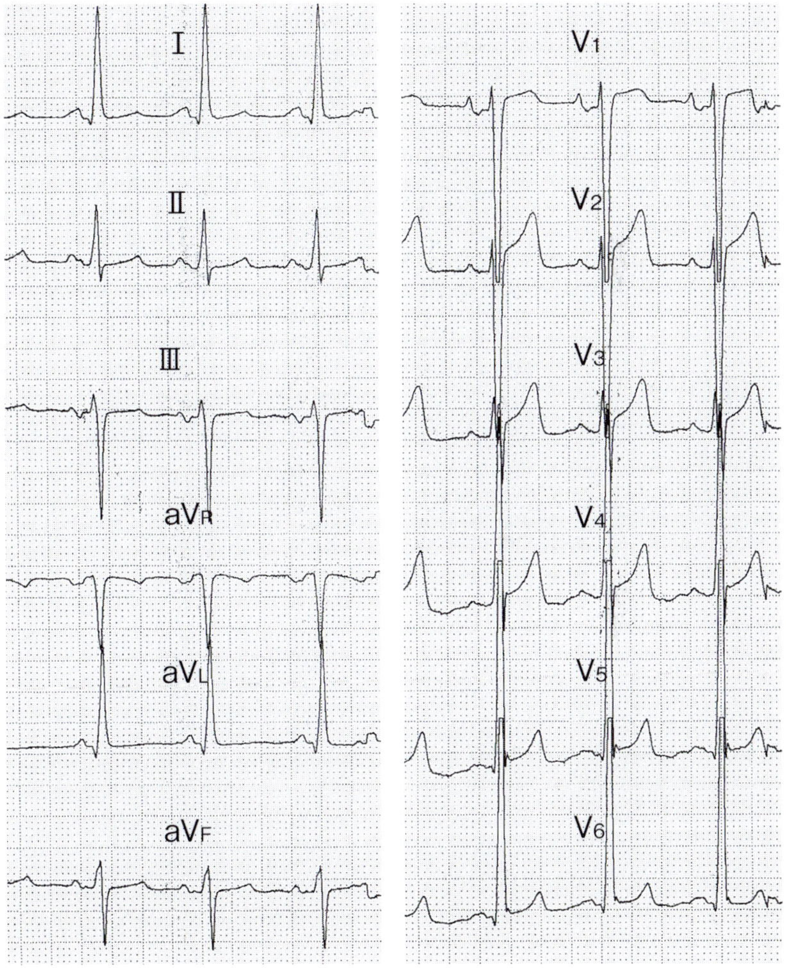
I
II
III
aVR
aVL
aVF
V1
V2
V3
V4
V5
V6

59 ブロックし続けよう

Let's keep blocking

A

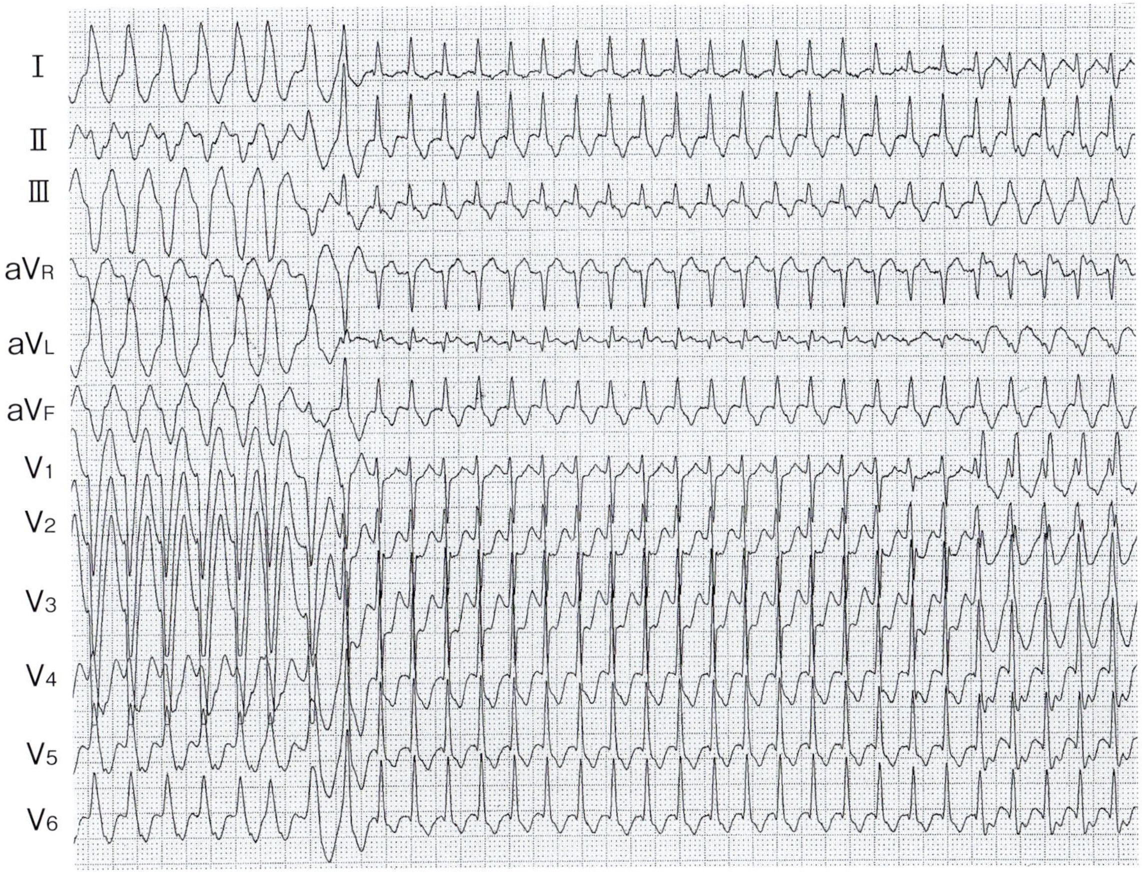

(Jeremy Ruskin に捧ぐ)

59 ブロックし続けよう

Aは，27 歳男性の電気生理学的検査中に記録された，やや例外的な心電図である．患者は，過去 10 年間，発作性の動悸症状を訴えていた．

最初の方の心電図記録は，左脚ブロック(LBBB)型を呈する wide QRS 頻拍である．心電図記録の中程では，頻拍は規則的な narrow QRS 頻拍に移行している．心電図記録の右側，記録の終わりころには，頻拍は再び規則的な narrow QRS 頻拍に移行しているが右脚ブロック(RBBB)型を呈している．

この頻拍の診断に至る糸口は，頻拍の周期長である(B)．左脚ブロック型 wide QRS 頻拍の周期長は，narrow QRS 頻拍や右脚ブロック型 wide QRS 頻拍の周期長と比べて 30 ms 長い．こうした所見は，脚ブロックを有さない場合(no BBB)も，右脚ブロックの場合も同一であることを意味しており，右脚は頻拍回路に関与しないことを示している．しかしながら，左脚は最短の周期を規定する頻拍回路の一部であるために，左脚ブロックにより回路周期が延長する．このタイプの心電図変化を示すものは，逆行性の左側副伝導路を介するマクロリエントリー性頻拍である(C)．

診断 左側副伝導路を介したマクロリエントリー性頻拍

B

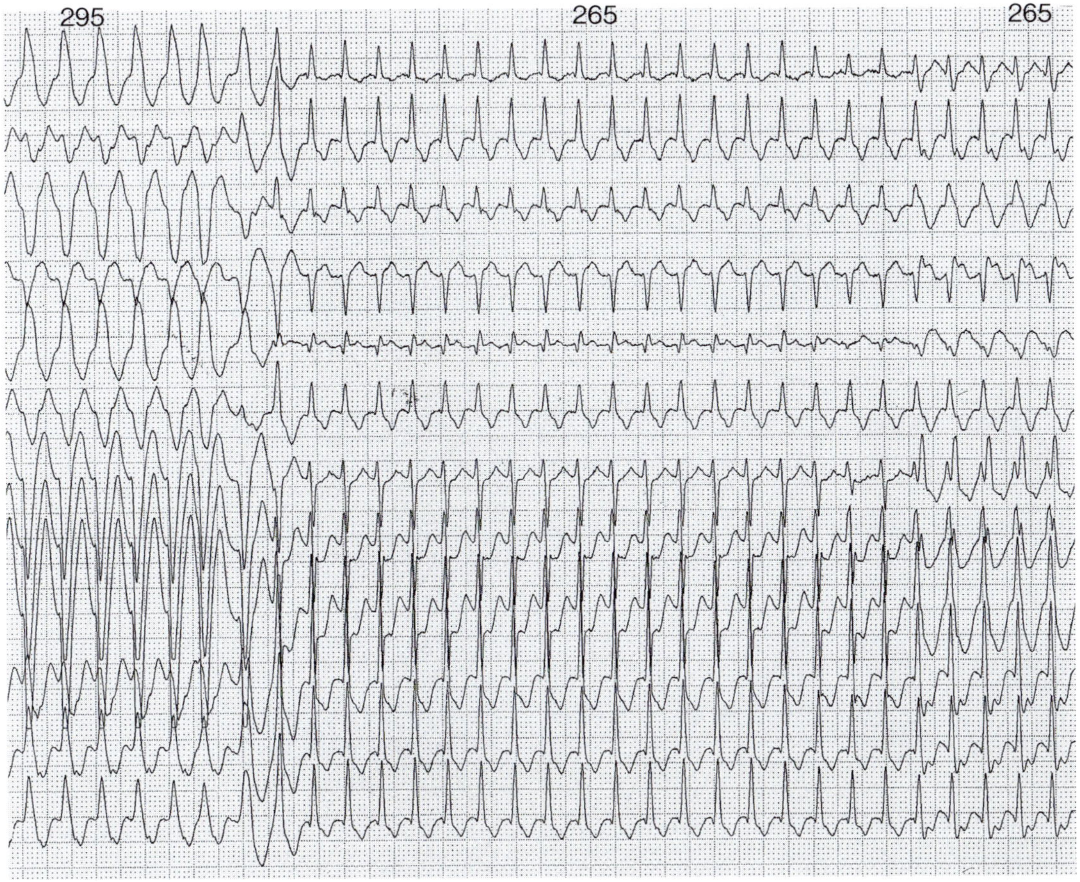

LBBB no BBB RBBB

C

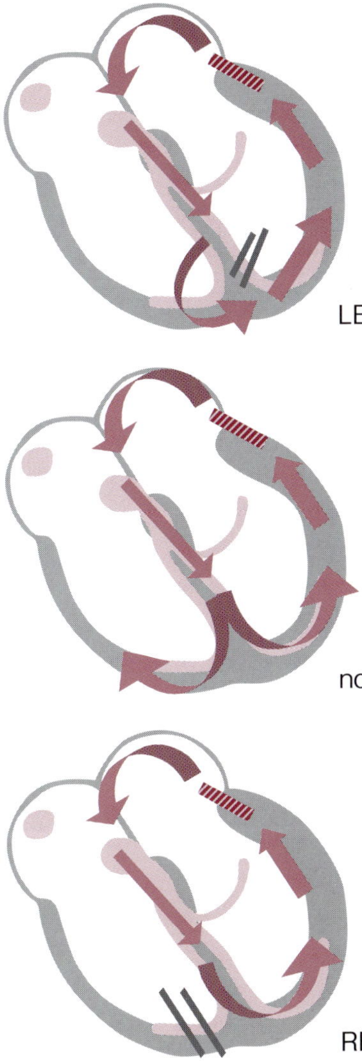

60 小さいけれど素晴らしい詳細解析

Small wonderful details

A

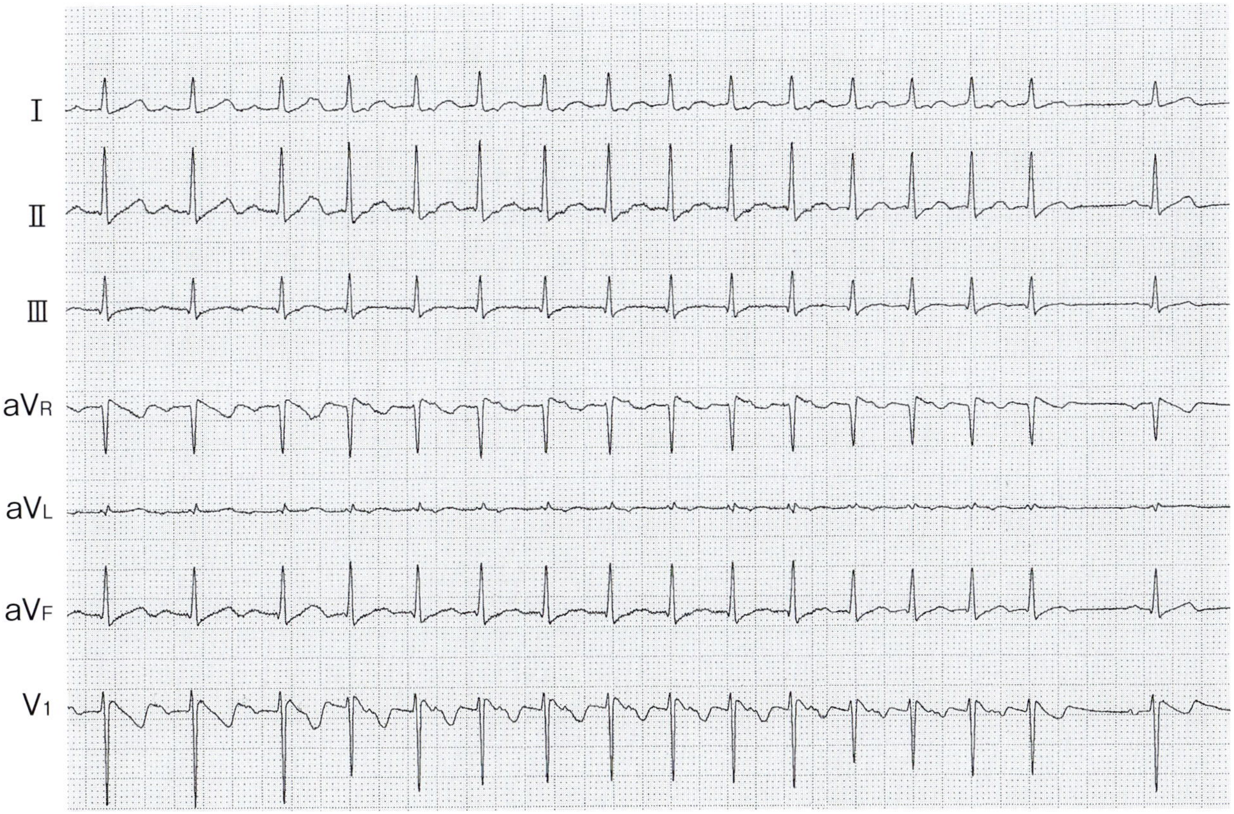

(Denis Roy に捧ぐ)

60 小さいけれど素晴らしい詳細解析

不整脈の心電図診断では，非常に小さな所見が重要であることが多々ある．Aの心電図記録では，P 波形・極性を解析することによりどのようにして詳細な診断へ至るか，が解説されている．

この心電図は，持続しない短時間の動悸を主訴とする患者に記録されたものである．最初の 3 心拍は，正常の PR 間隔と，正常の QRS 波を呈する正常洞調律波形（Ⅰ・Ⅱ・Ⅲ誘導で陽性，aV$_R$ 誘導で陰性）を示す．第 4 心拍は期外収縮であり，洞調律の P 波とは電気軸はほぼ同一であるが，波形は異なっている P 波が先行している．この所見から P 波の起源は，洞結節からはそう遠くない右房内であることが推察される．この心房期外収縮は，正常の PR 間隔と QRS 波形で心室に興奮伝播し，規則的な非持続性の narrow QRS 頻拍を誘発している．QRS 波の立ち上がりから 140 ms のところ，QRS 波のすぐ後ろに P 波が，1 対 1 の心室応答を伴って観察される．この P 波は明らかに今まで認められた P 波形とは異なり，Ⅰ・aV$_L$ 誘導は陰性であり，V$_1$ 誘導では陽性である．これは，心房興奮が左房から右房であることを示す．

頻拍が停止した瞬間には逆行性 P 波は見えなくなってしまう．そのため，P 波形状は，P 波を伴う QRS 波形と P 波形を伴わない QRS 波形を詳細に比べることが重要である．最後の心拍は洞調律に復帰している．この現象は頻拍回路の逆行性伝導路で頻拍の停止が生じたことを示している（B）．

本症例の不整脈は，左側側壁に局在する副伝導路を逆行性に伝導するマクロリエントリー性頻拍によるものであった．P 波形・極性の詳細な解析により，頻拍の機序や誘発・停止様式も推定し認識することができる．

診断 潜在性左側側壁副伝導路を介するマクロリエントリー性頻拍

B

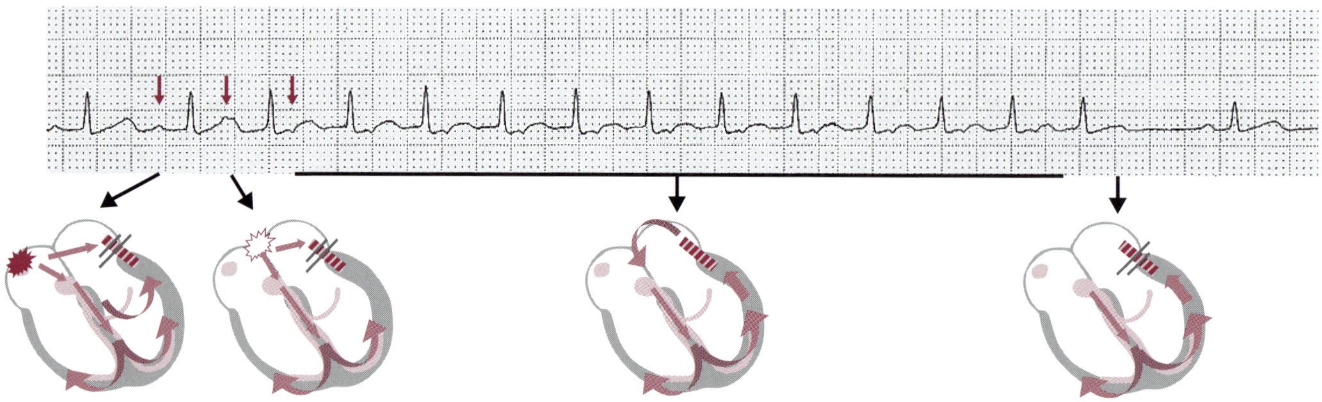

61

喜ばしき例外

Exceptionally gratifying

A

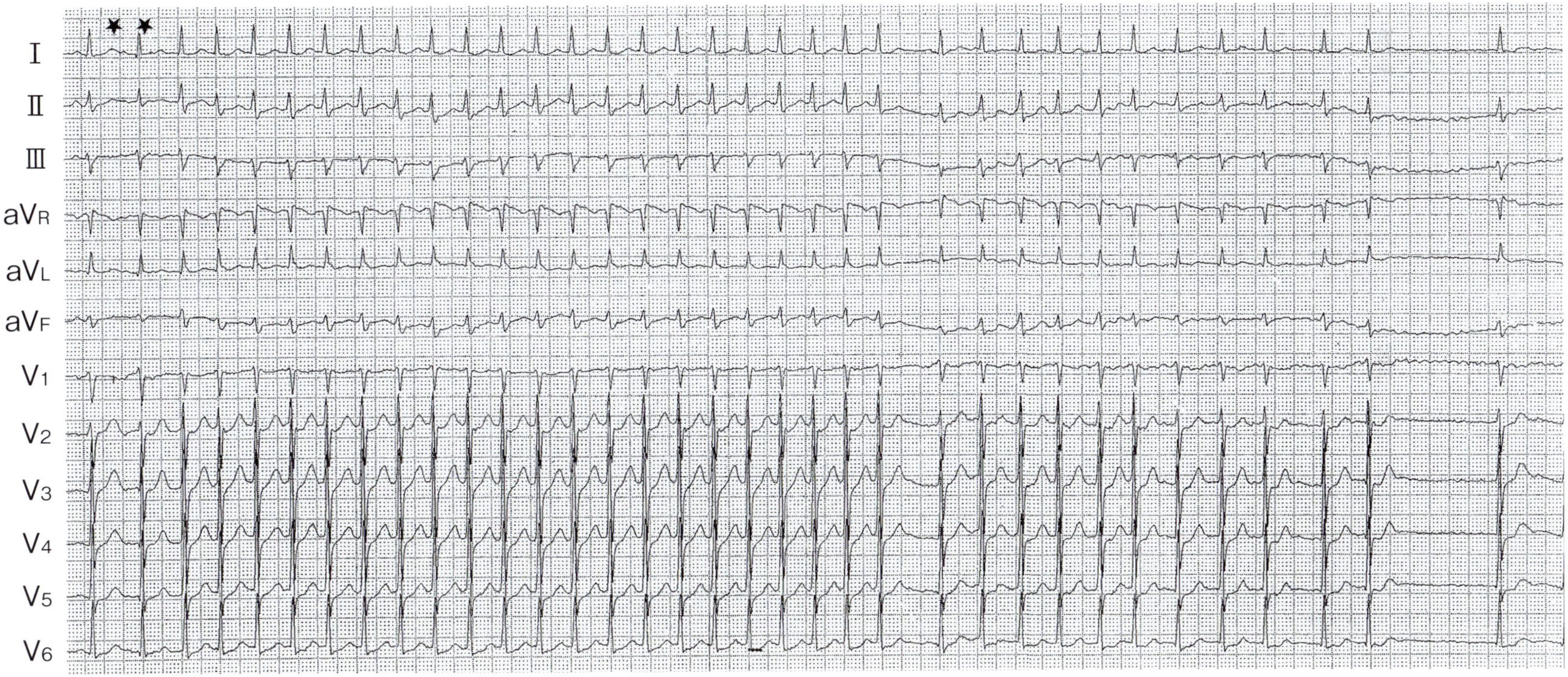

（Fred Morady に捧ぐ）

61 喜ばしき例外

たとえごく少数の患者であったとしても，心房細動原因がわかり，“治療可能な”機序が明らかになることはとても喜ばしい．

繰り返し心房細動と診断されてきた患者の心電図を示す(A)．患者は25回も救急病棟に搬送されているが，常に診断は“心房細動”であった．しかし詳細に見ると医師たちが見逃していた重要なポイントがあった．患者は発作開始時に，必ずリズム“整”の動悸を自覚していたのである．

Aの心電図は電気生理学的検査中に記録されたものである．洞調律(SR)に続く心房期外収縮後に心拍数170 bpmのR-R間隔整のnarrow QRS頻拍が誘発されている．頻拍中V_1誘導のr'から本頻拍は房室結節リエントリー頻拍(AVNRT)と考えられた．

頻拍開始7秒後にR-R間隔整のnarrow QRS頻拍は突然不規則となり，やがて心房細動となっている．

実はB Cのように，R-R間隔不整の心房頻拍(AT)となりすぐに心房細動(AF)と変化する，房室結節リエントリー頻拍患者であった．本現象は再現性をもって繰り返し認められた．房室結節遅伝導路への高周波アブレーションにより頻拍発作，および実際に記録されてきた心房細動までも消失するに至った．ある種のR-R間隔整の頻拍が心房細動を引き起こす原因となる可能性があると気づいたことにより診断に至ることができた．

診断 心房細動開始のトリガーとなった房室結節リエントリー頻拍

B

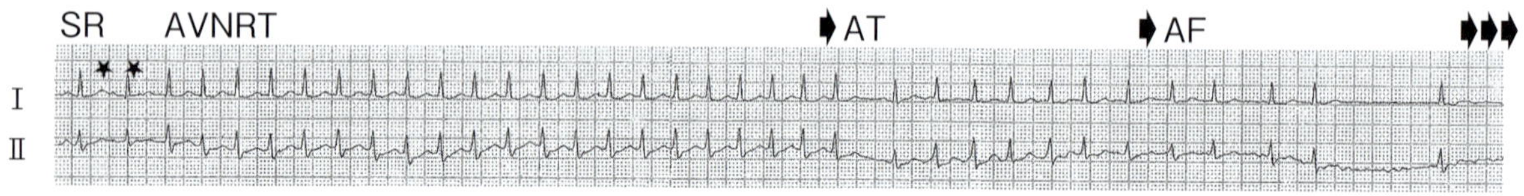

C

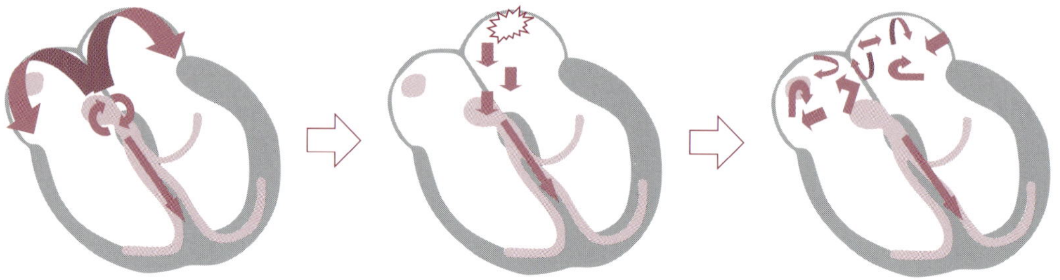

62

難しい局在診断

Difficult to locate

A

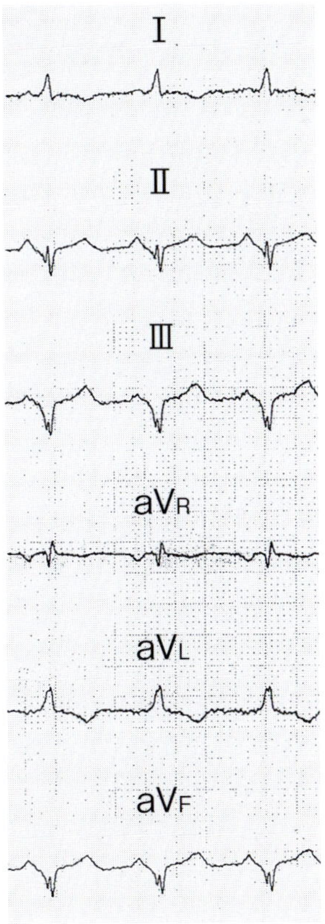

B

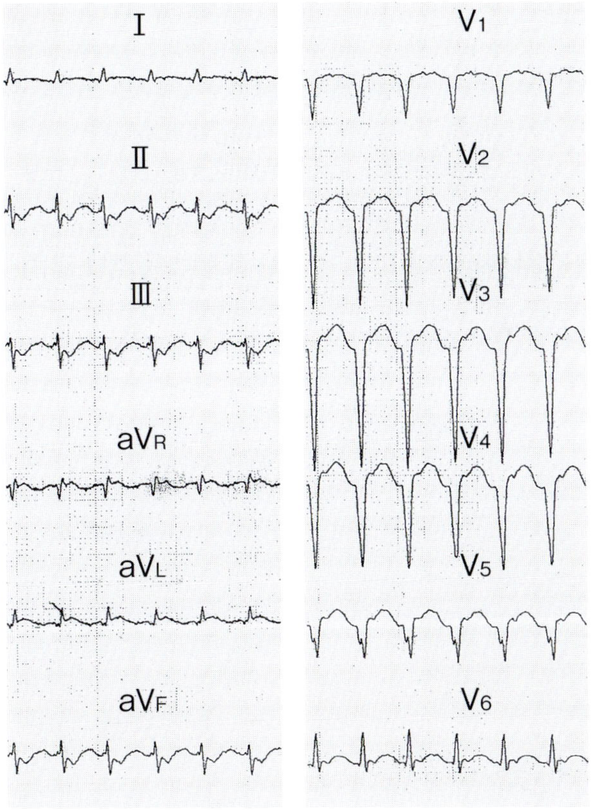

（Francis Marchlinsky に捧ぐ）

62 難しい局在診断

3 年前に心筋梗塞を患った 53 歳男性の心電図である．A は洞調律，下壁誘導に Q 波を認め陳旧性下壁心筋梗塞が疑われた．

患者は 2 年前から動悸を自覚，そのときの心電図を B に示す．心拍数 170bpm の R-R 間隔整の narrow QRS 頻拍である．頻拍中の QRS 波形は洞調律時と明らかに異なっている．下壁誘導の Q 波は認められず，かわりに V_1～V_5 誘導の QS 様の形態が認められる．下壁誘導で QRS 波後方 140 ms に陰性 P 波が確認できる．

右側後中隔副伝導路への高周波アブレーション後の洞調律時心電図を C に示す．QRS 波はまさに頻拍中心電図の QRS と同一であるのがわかる．下壁誘導で Q 波はなくなったが，前壁誘導で QS 形態となっている．本患者は下壁心筋梗塞でなく前壁心筋梗塞であった（D）．

C の心電図により右側後中隔副伝導路による心電図が，どのように下壁心筋梗塞心電図であるかのように見えたのか，そして前壁心筋梗塞の存在がわからなかったのかは明らかである．最初の A の心電図を見直してみると，PR 間隔は短縮しており QRS の最初の部分にスラーを認めることから後中隔副伝導路の存在が疑われた．また，前胸壁誘導における R 波の減高，陰性 T 波は前壁心筋梗塞を示唆する．

診断 前壁心筋梗塞患者における右側後中隔副伝導路

C

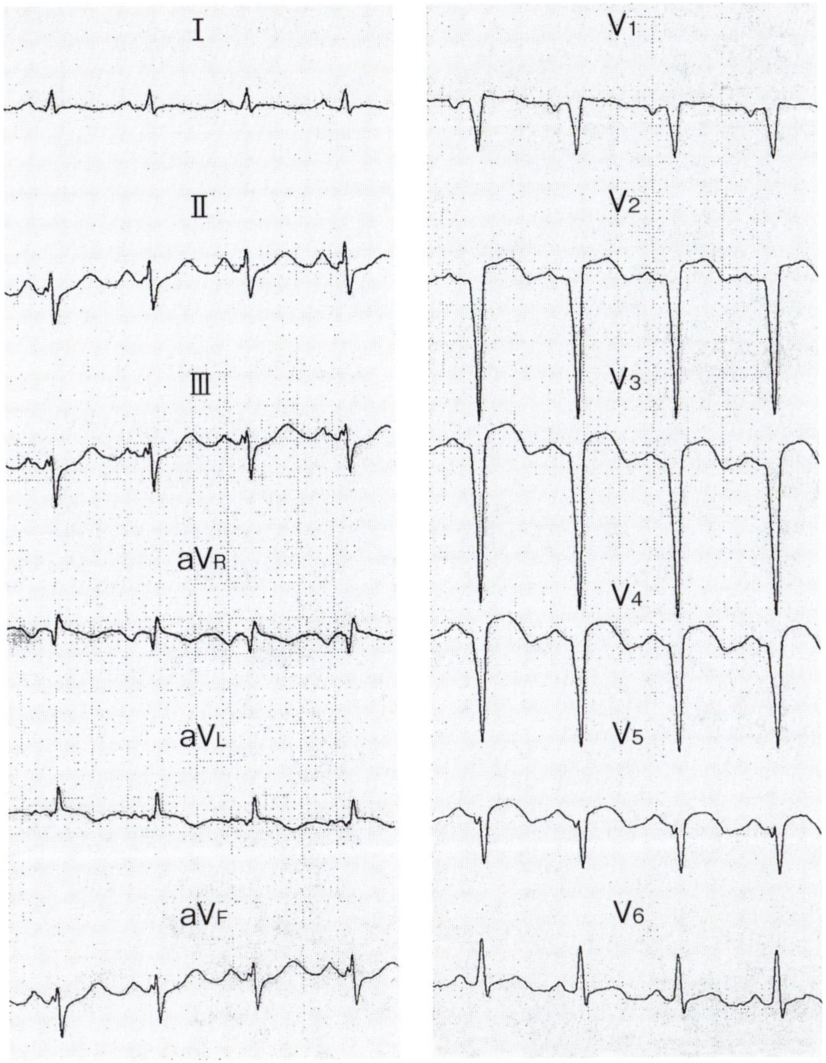

D

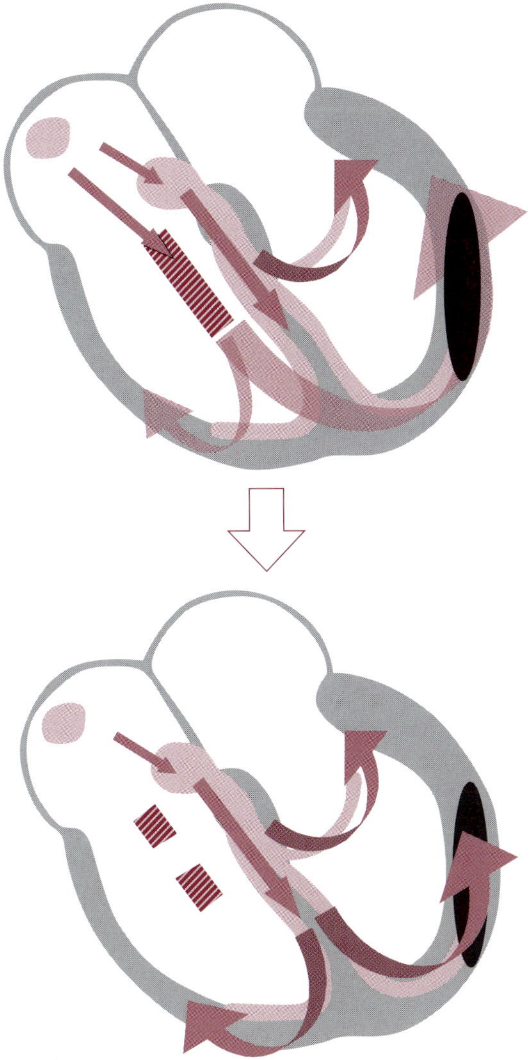

63

非常に遅い……

Very slow

A

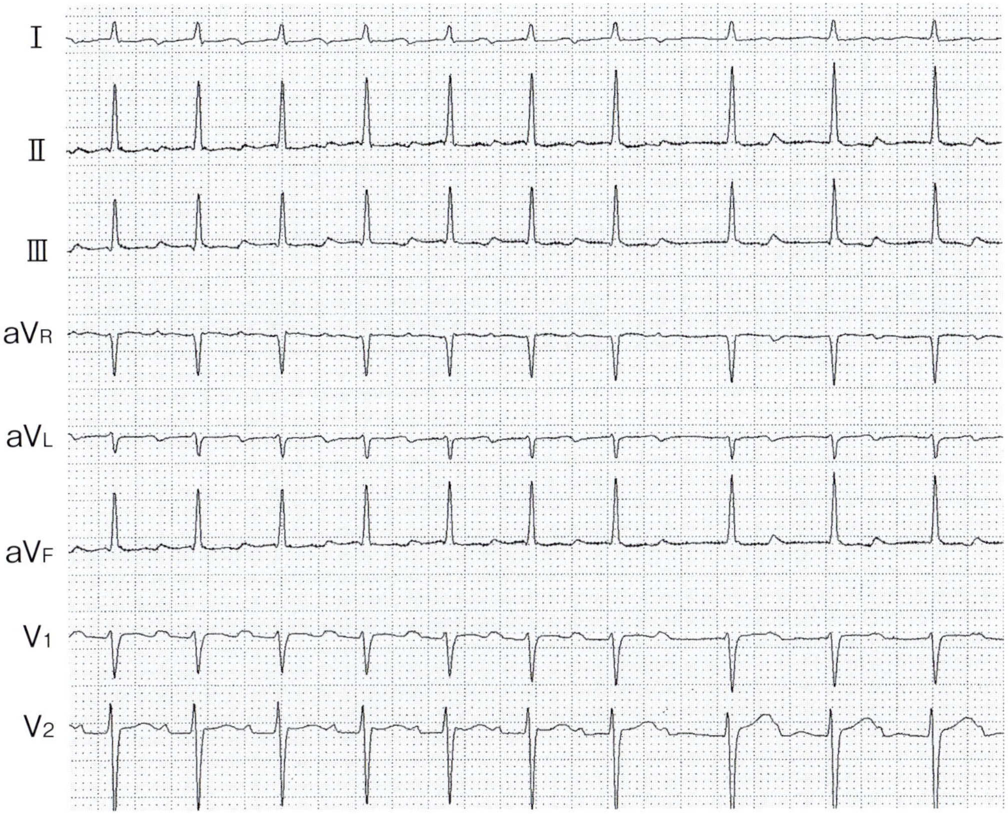

(Douglas Zipes に捧ぐ)

63 非常に遅い……

心電図上規則的な narrow QRS 頻拍である(A). 頻拍心電図の最初の部分は, 130 bpm とやや遅い頻拍である. 中間部分ではさらに遅く 110 bpm となっている. 注意深く観察すると, 左側 7 拍で QRS 開始点から 280 ms 後ろの部分に P 波が認められる. そのため, 頻拍診断は心房頻拍, もしくは slow Kent 束による房室リエントリー頻拍であると考えられる.

この心電図は, P 波形が slow Kent 束で通常見られるものと異なっていることが興味深い(通常, 副伝導路が冠静脈洞入口部付近後中隔に存在することを示す, 下壁誘導と前胸部誘導における陰性 P 波が認められる). 本例の場合, P 波は I, aV_L 誘導で陰性, V_1 誘導で陽性となっており, 心房興奮は左房から右房へ向かうパターンとなっている.

心電図の 8 拍目以降頻拍が遅くなるものの, 逆行性 P 波は 7 拍目までと同じタイミングで QRS 後方に認められるものの, P'-R 間隔は明らかに延長しているのがわかる. これは, 順行性伝導が房室結節遅伝導路からより遅い遅伝導路へ乗り換えが起こったためと考えられる.

本患者には 3 本の“遅い伝導路”が存在する(B). すなわち, 比較的まれな左側房室間溝に存在する slow Kent 束(C)と, 2 本の房室結節遅伝導路である(D).

診断 左側 slow Kent 束による房室リエントリー頻拍と 2 本の順行性房室結節遅伝導路

B

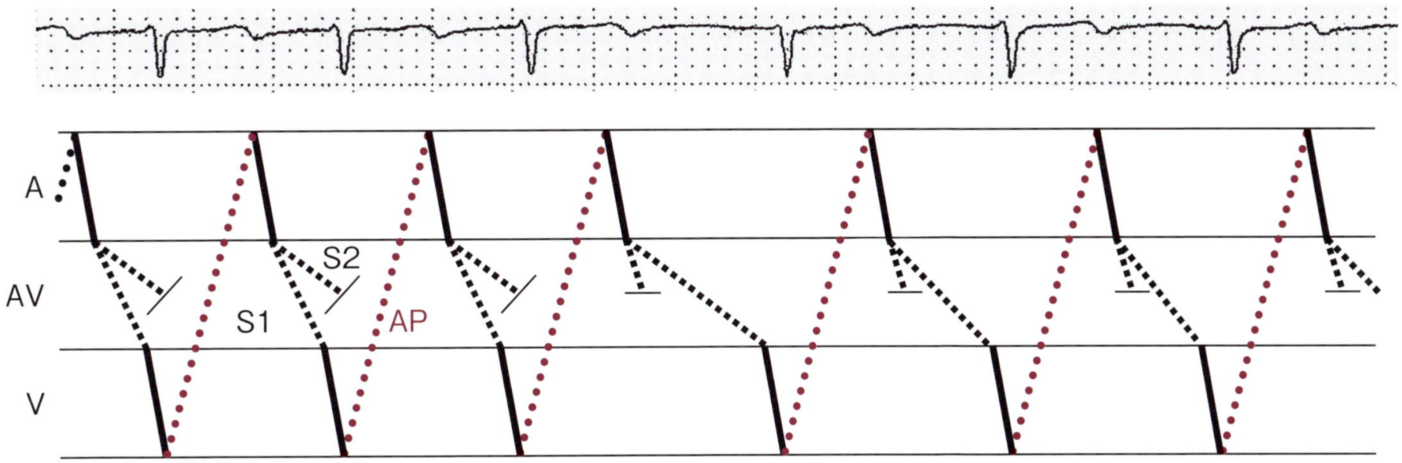

C

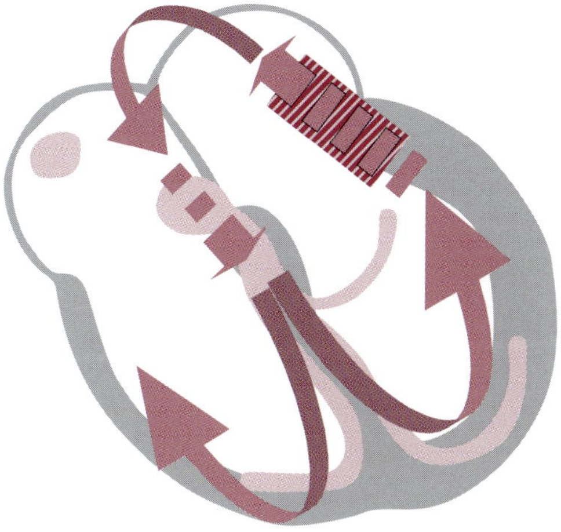

Slow 1

D

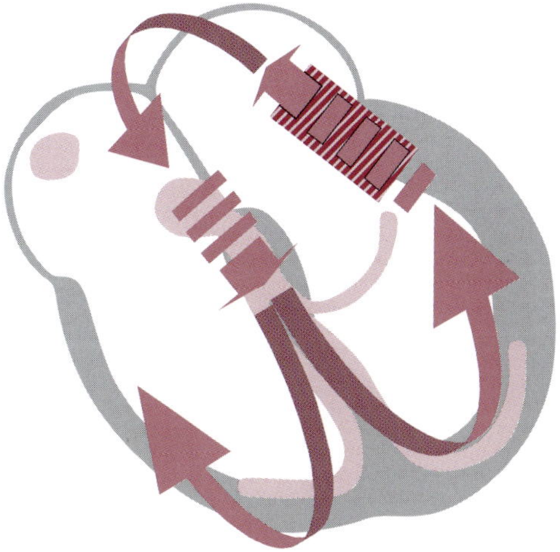

Slow 2

64 両方向旋回

Turning around

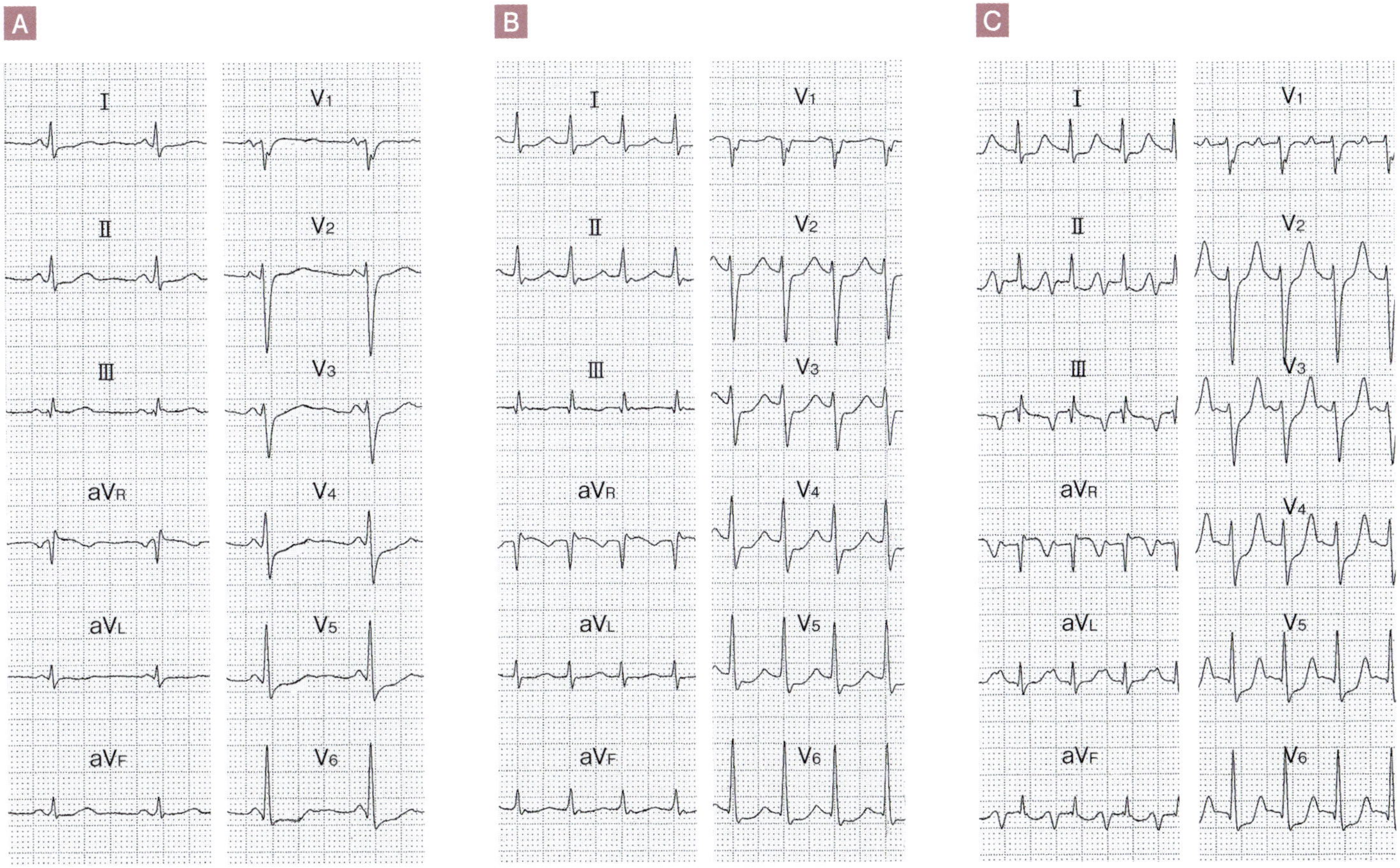

（Mashood Akthar に捧ぐ）

64 両方向旋回

PR短縮が著明な洞調律心電図をAに示す．QRSの開始時スラーやwide QRS，デルタ波も認めない．動悸発作を認める患者のこのような心電図は，Lown-Ganong-Levine(LGL)症候群として知られる．

Bは心拍数150 bpmの規則的なnarrow QRS頻拍である．QRS波形は洞調律時と変わらない．P波はQRS波の終末部(QRS開始点から約80 msの部分)がわずかに変化していることから，その存在が疑われ，頻拍は通常型(slow-fast)房室結節リエントリー頻拍(AVNRT)と考えられる．

Cも，同じく心拍数150 bpmの規則的なnarrow QRS頻拍である．QRS波形もまた洞調律時と変わらない．しかし，P波はQRS開始点から280 ms後方に見られ，下壁誘導でやや幅が狭い陰性P波となっている．P波の形状およびQRS波とのタイミング，同一患者における同じ心拍数の通常型房室結節リエントリー頻拍の存在から，Cの頻拍は通常型房室結節リエントリー頻拍の逆旋回型(非通常型：fast-slow)と考えられる．

LGL症候群患者における動悸発作の原因は房室結節リエントリー頻拍が多い．本患者では，通常型slow-fast(D)と非通常型fast-slow(E)房室結節リエントリー頻拍の両方が確認された．

診断 slow-fast型とfast-slow型房室結節リエントリー頻拍

D "Slow-fast" AVNRT

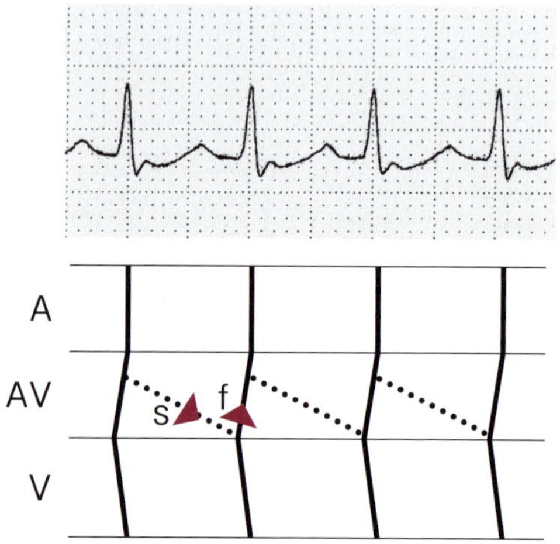

E "Fast-slow" AVNRT

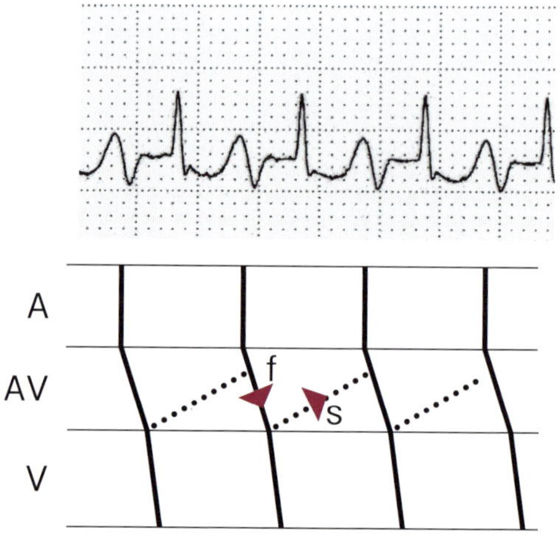

65

異形成でなく……

Not dysplasia

A

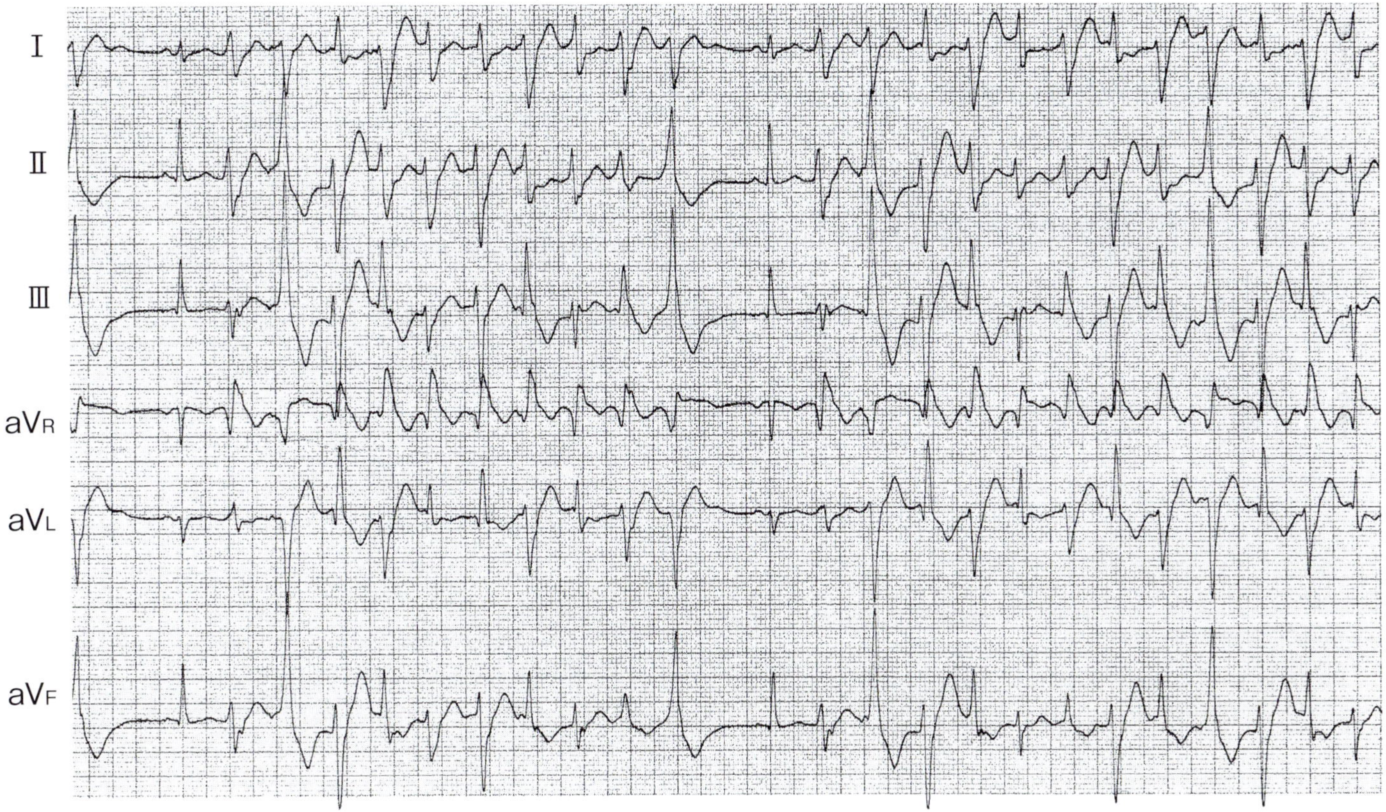

（Silvia Priori に捧ぐ）

65 異形成でなく……

反復性多形性 wide QRS 頻拍の 14 歳女性の心電図を示す(A).

aVR 誘導ではほとんどの QRS が右脚ブロックであるが，前額面誘導では QRS 電気軸が交互に変化している．本例は典型的なカテコラミン誘発性多形性心室頻拍である．

近年，RyR2 における変異と家族性に起こる本不整脈との関連が指摘された——.

同じ遺伝子変異が家族性不整脈源性右室異形成症と関連があることは大変興味深い．

右室異形成症における心電図では，イプシロン波を伴う右脚ブロックの異常 QRS 波形(Bの矢印部分)，右側胸部誘導の T 波陰転(C)，そして左脚ブロック型(右室起源を意味する)の単形性不整脈が認められる．D Eには，不整脈源性右室異形成症患者における 2 種の規則的単形性 wide QRS 頻拍を示す．Dの心室頻拍は上方軸であるが，Eは下方軸となっている．双方とも左脚ブロックを呈している．

診断 カテコラミン誘発性多形性心室頻拍

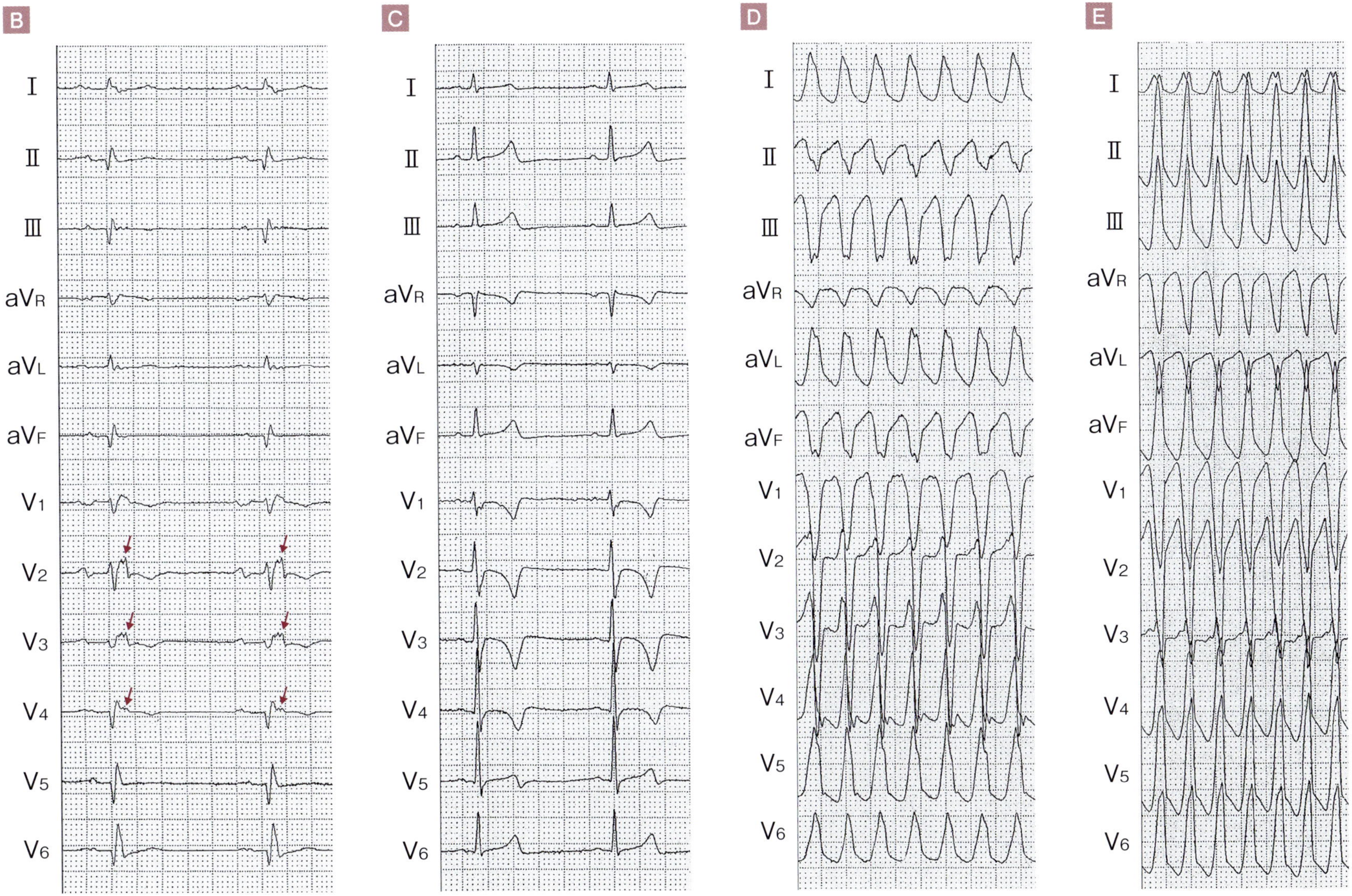
B
I
II
III
aVR
aVL
aVF
V1
V2
V3
V4
V5
V6
C
I
II
III
aVR
aVL
aVF
V1
V2
V3
V4
V5
V6
D
I
II
III
aVR
aVL
aVF
V1
V2
V3
V4
V5
V6
E
I
II
III
aVR
aVL
aVF
V1
V2
V3
V4
V5
V6

66

自然の助け

Spontaneous help

A

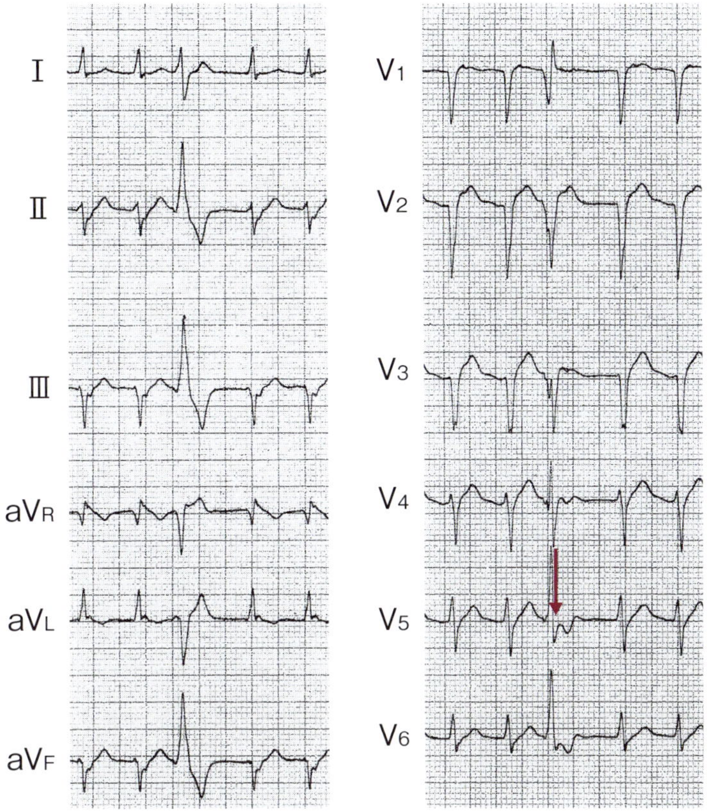

(Mel Scheinman に捧ぐ)

66 自然の助け

心電図は心拍数 140 bpm の規則的な narrow QRS 頻拍である(A). 頻拍中 QRS 終末部にノッチを認める. Ⅱ, Ⅲ, aVF 誘導で陰性のノッチ, 終末部 r' 波および不完全右脚ブロックを思わせる V1 誘導で陽性のノッチとなっており, これらの所見は房室結節リエントリー頻拍(AVNRT)に合致する.

頻拍中に異なる QRS 波形(3 拍目)の期外収縮が見られる. QRS 幅は広く, V1 誘導で QR パターンであることから心室期外収縮が示唆される. この心室期外収縮は頻拍に影響を与えず, narrow QRS 頻拍は同一心拍数で続いている.

詳細に観察すると, 頻拍が持続しているなら見えるべき部分, すなわち心室期外収縮の直後に P 波が存在する(V1 誘導で明らかである)のがわかる. V1 誘導の P 波は陽性でまさに幅の狭い, 房室結節リエントリー頻拍を思わせる所見であった(C).

Bに頻拍停止時心電図を示す. 頻拍中と停止後の QRS 終末部を比較すると, 頻拍中はノッチと一致して逆行性 P 波を認めるが, 頻拍停止後洞調律時には認めない.

診断 房室結節リエントリー頻拍中の心室期外収縮

B

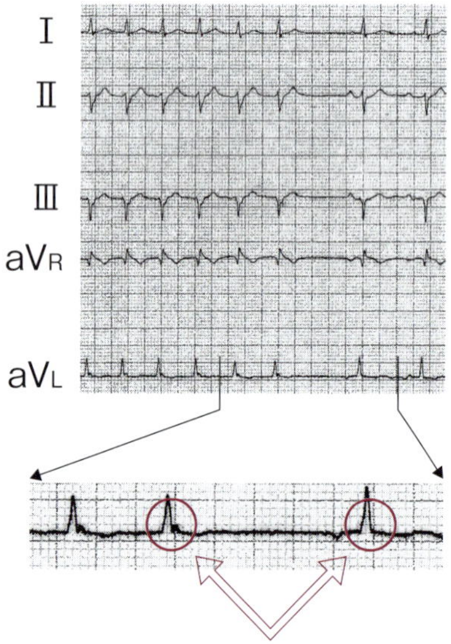

C

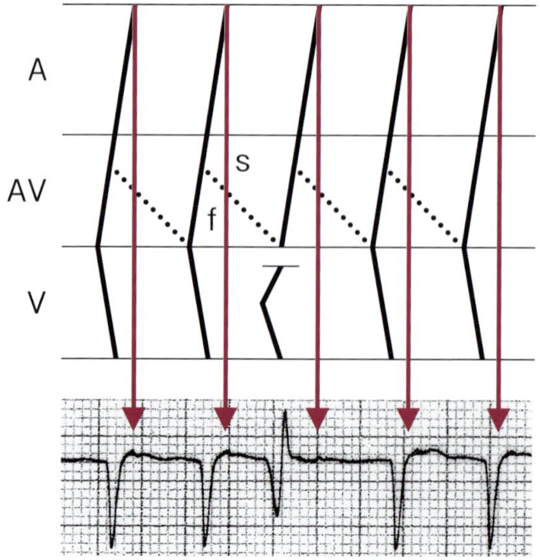

67

時計回り

Around the clock

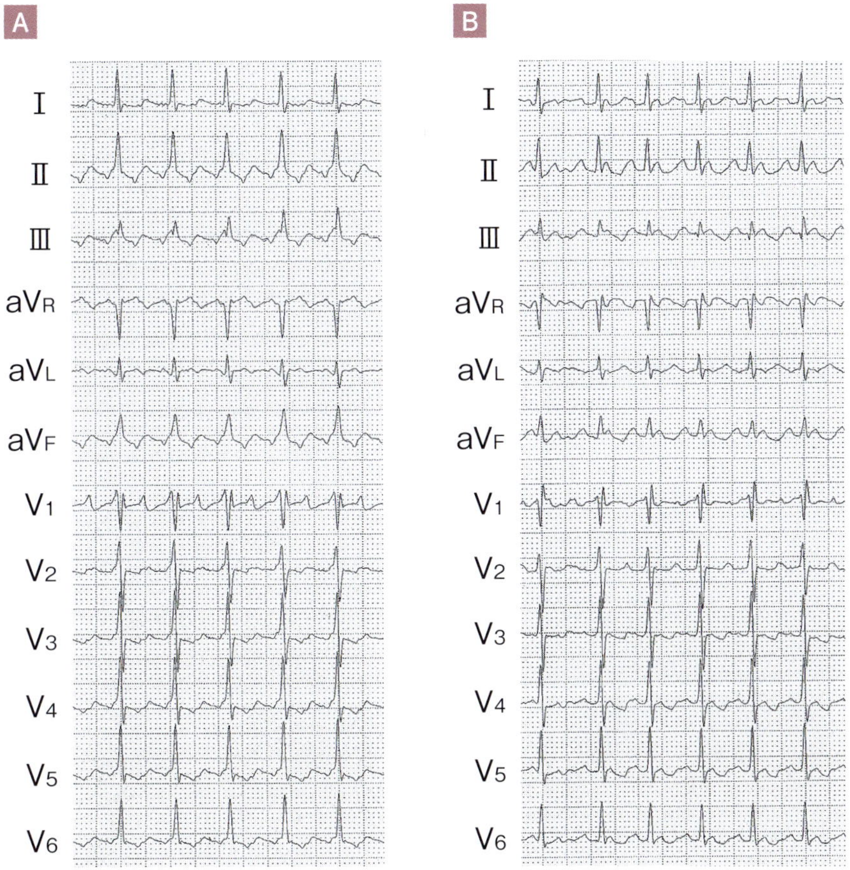

（Pepe Jalife に捧ぐ）

67 時計回り

心房粗動は最も頻度の高い不整脈の1つである．右房内に識別できるマクロリエントリー回路が存在するため，高周波アブレーションによる治療が著効する．

これら2つの心電図は，同一患者のものである（A B）．Aは心拍数140 bpmの規則的なnarrow QRS頻拍である．頻拍は心房レベルで速く，心室へは2対1伝導となっている．P波形は下壁誘導で陰性鋸歯状波，V_1誘導で陽性である．これらはいわゆる通常型心房粗動の典型的な所見である．

頻拍成立機序として，右房内を反時計方向に旋回するリエントリー回路が含まれる（C）．下大静脈と三尖弁輪間峡部は，この回路の必須伝導路である．Bにわずかに不規則なnarrow QRS頻拍を示す．頻拍時心拍数はAとほぼ同一である．心房レベルで280 bpmの頻拍が，基本的に心室へ2対1伝導となっている．しかし，P波形はAとまったく異なる．下壁誘導で陽性，V_1誘導で陰性P波であり，心房興奮はAの通常型心房粗動と完全に逆方向に旋回している（D）．

通常型心房粗動と同一回路を時計方向に旋回しているのが，Bの逆旋回型通常型心房粗動である．したがって下大静脈と三尖弁輪間峡部は，同頻拍においても必須伝導路である．下大静脈と三尖弁輪間峡部への高周波アブレーションが，両心房粗動における根治療法となる．

診断　通常型および逆旋回型通常型心房粗動

C

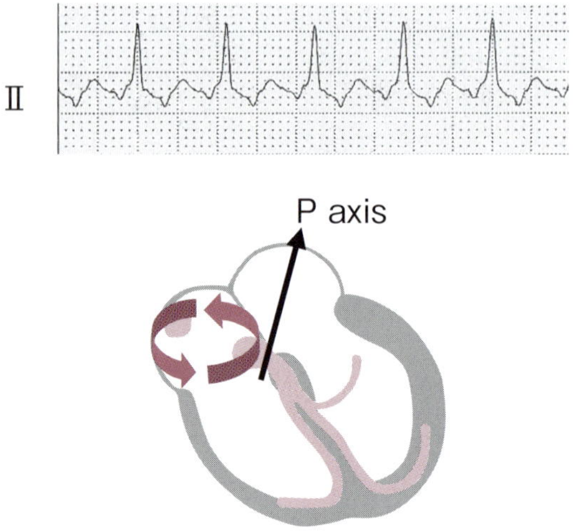

D

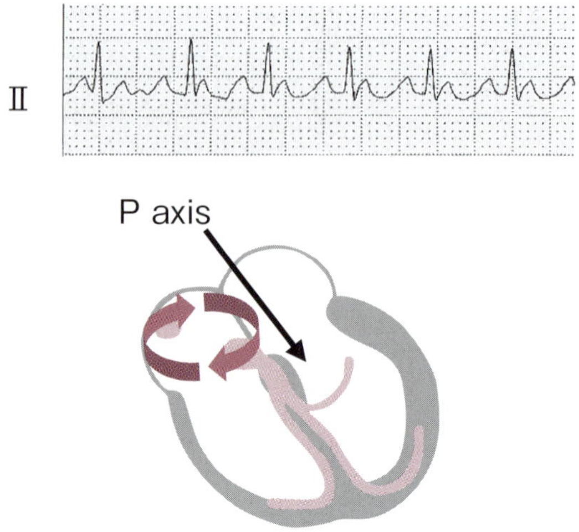

68

問題解決

Problem solving

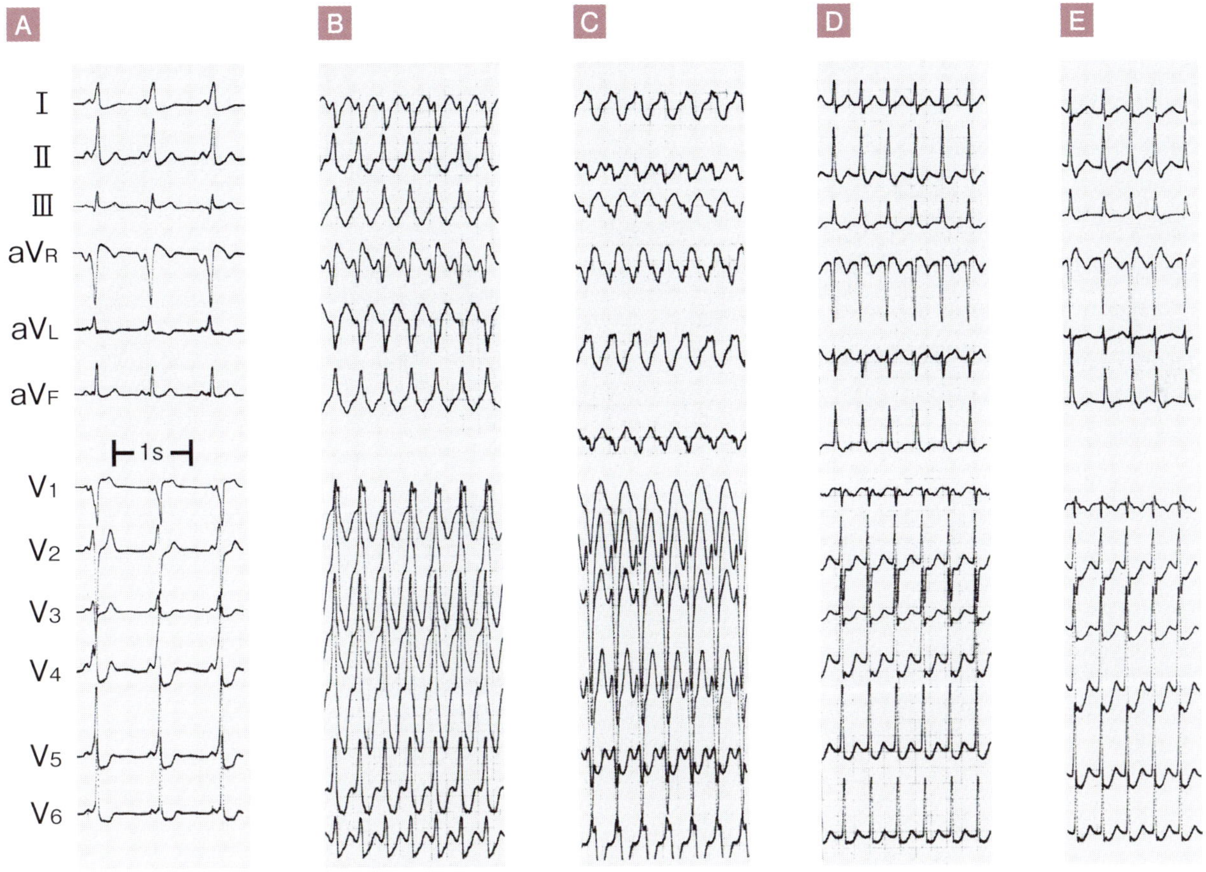

（Bill Heddle に捧ぐ）

68 問題解決

Aに洞調律時の 12 誘導心電図を示す．PR 間隔の短縮，QRS の延長，デルタ波を認め，ほぼすべての誘導で再分極異常がある．この波形は早期興奮症候群を呈している．デルタ波と QRS の波形から，副伝導路は前中隔に存在すると考えられる(QRS は I，II，aV_L，aV_F 誘導で陽性，aV_R，V_1 誘導で陰性である)．

Bは R-R 間隔整の wide QRS 頻拍で，右脚ブロック，下方軸を示し，房室解離を認めない．QRS 波形から心室頻拍(VT)が鑑別となるが，洞調律時に心室早期興奮を認めたことから，逆方向性の房室リエントリー頻拍を想定できる．問題は，QRS が aV_L 誘導で陰性，V_1 誘導で陽性であることで，副伝導路は側壁にあると考えられ，これは洞調律時のものと異なる．

Cでも R-R 間隔整の wide QRS 頻拍を認めるが，左脚ブロック，左軸偏位を示している．診断基準からは心室頻拍が想定される(V_5 誘導の R 波から S 波までが 100 ms である)．また，洞調律時の波形から，逆行性房室リエントリー頻拍が疑われる．さらに QRS 波形を見ると，洞調律時のものと異なり(V_1〜V_5 誘導で陰性である)，副伝導路は右側に存在すると考えられる．

D Eにより診断は容易となる．双方とも R-R 間隔整の narrow QRS 頻拍だが，Dでは QRS に 140 ms 遅れて陰性 P 波を認め，右側副伝導路を経由した順方向性房室リエントリー頻拍と考えられる(同様にCは右側副伝導路を逆方向性に経由する頻拍である)．Eでは aV_L 誘導で陰性 P を，V_1 誘導で陽性 P 波を認め，左側副伝導路を経由する順方向性房室リエントリー頻拍が疑われる(同様にBはこの逆方向性の頻拍である)．したがって，A Fの洞調律時の波形は，左側副伝導路と右側副伝導路の重ね合わせの波形と考えられる(G)．一般に，V_1 誘導で qrS 型を示す場合，副伝導路は多数存在する可能性がある．

診断 順方向性・逆方向性房室リエントリー頻拍を伴う右側および左側副伝導路

F

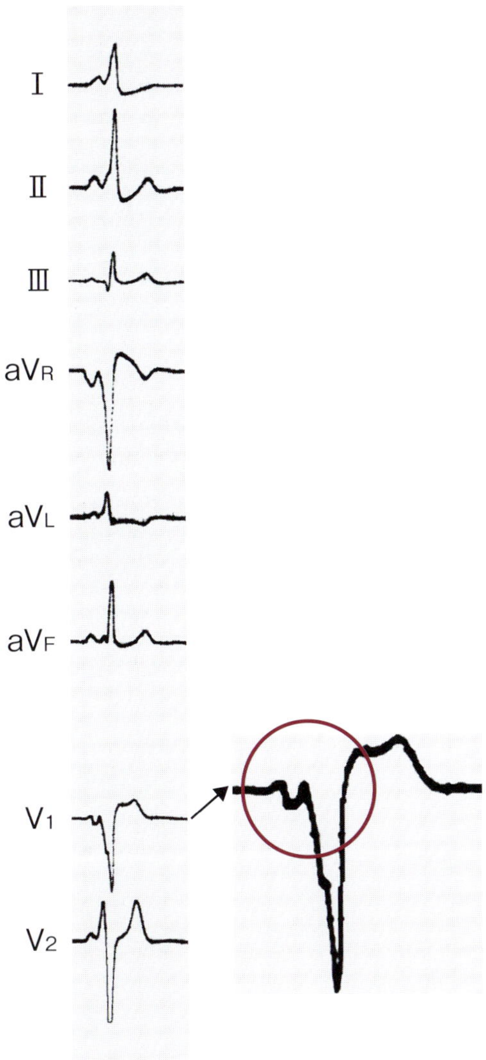
I
II
III
aVR
aVL
aVF
V1
V2

G

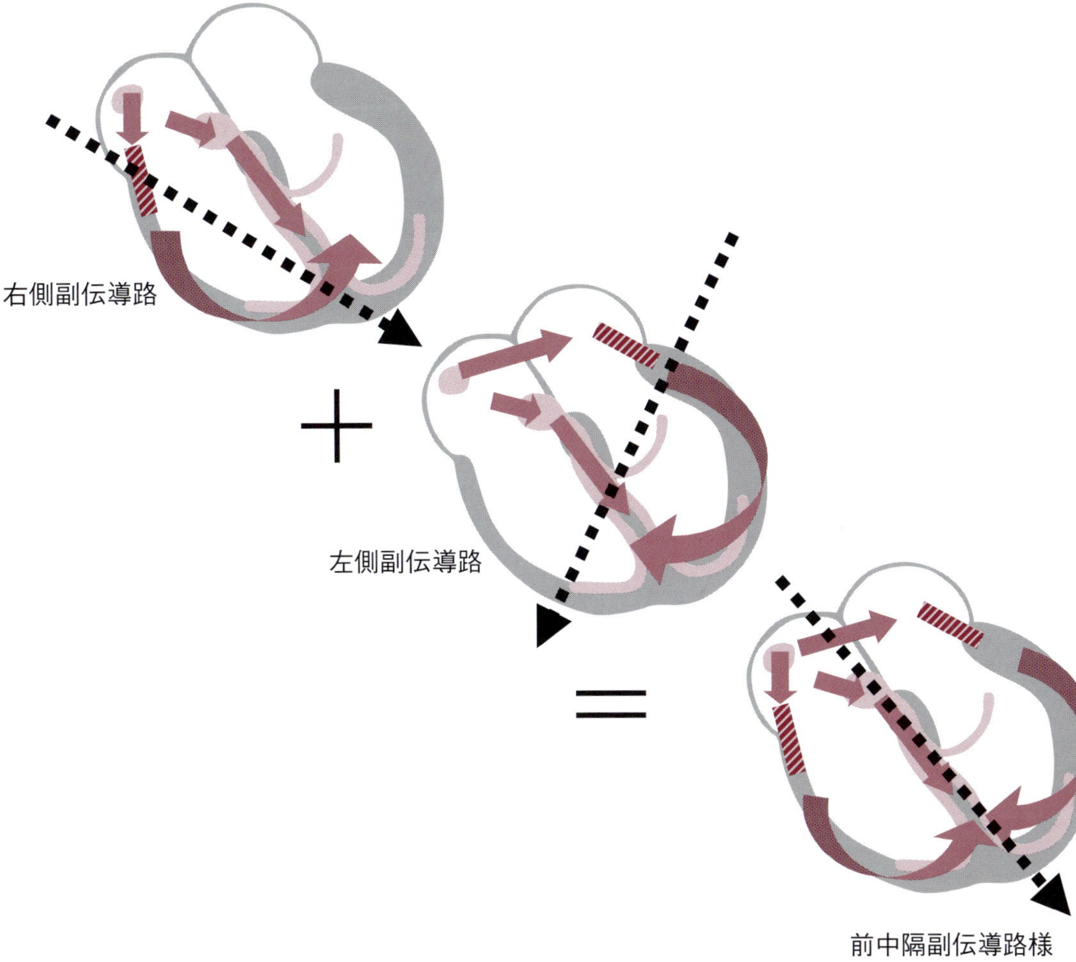
右側副伝導路
+
左側副伝導路
=
前中隔副伝導路様

69

P 波の幅

P wave duration

A

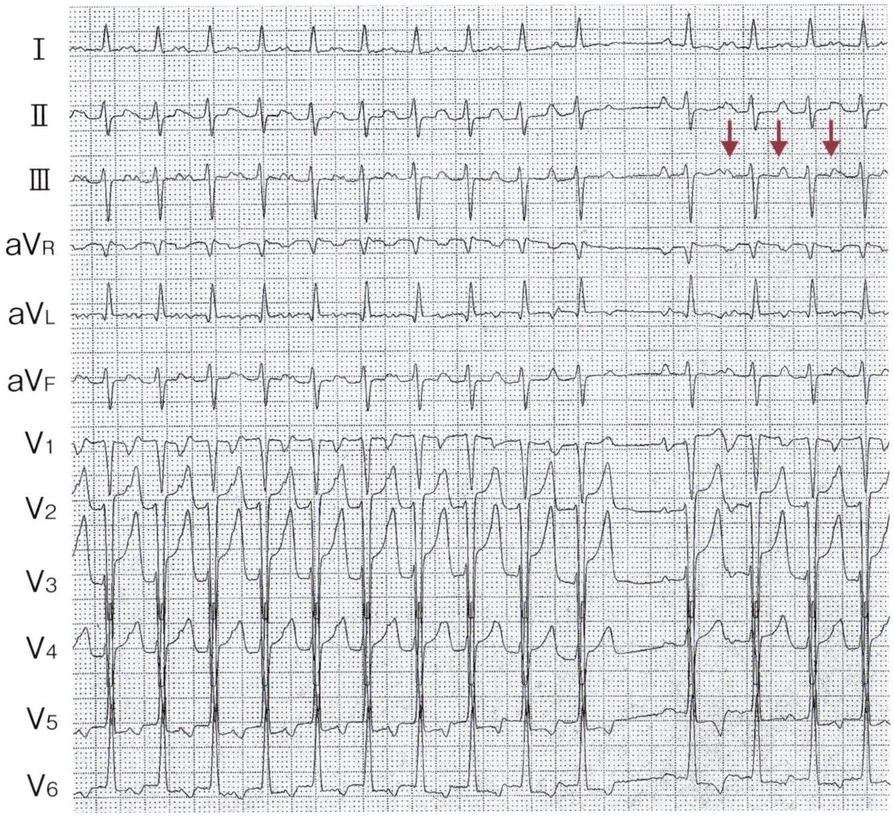

(Gunther Breithardt に捧ぐ)

69 P 波の幅

労作時呼吸困難を主訴に受診した，23 歳男性の心電図波形である(A)．心エコーでは駆出分画率(EF)17% であった．

R-R 間隔が一定，心拍数 140 bpm の narrow QRS 頻拍で，頻拍は自然停止し，1 拍の洞調律の後に再開する．頻拍中，QRS に 200 ms 遅れてノッチが認められ，このノッチは V_1 誘導で陰性であることを除いて洞調律時の P 波と類似している．1 拍の洞調律のあと頻拍が再開する際，最初の 3 拍では PR の延長を認め，ノッチは T 波と重なっている(A のⅡ，Ⅲ誘導の矢印部分)．

P 波長と波形を，洞調律時(B)と，心拍数 115 bpm の頻拍時(C)で分析した．P 波は V_1～V_3 以外のほぼ全誘導で類似した波形であり，興奮は右側から左側へ向かっていると考えられる．V_1～V_3 誘導では P 波は陰性で，前側から後側へと興奮が伝わっていると考えられる．特筆すべき所見は P 波の持続時間で，洞調律時 P 波の幅は 80 ms である，頻拍中は 160 ms と延長していることで，これは興奮が一方の心房から対側の心房(この場合は右房から左房)へ興奮が伝わっていることを表している(D)．これは右房側を起源とする心房頻拍(AT)の所見である．

診断 右心耳起源心房頻拍

B

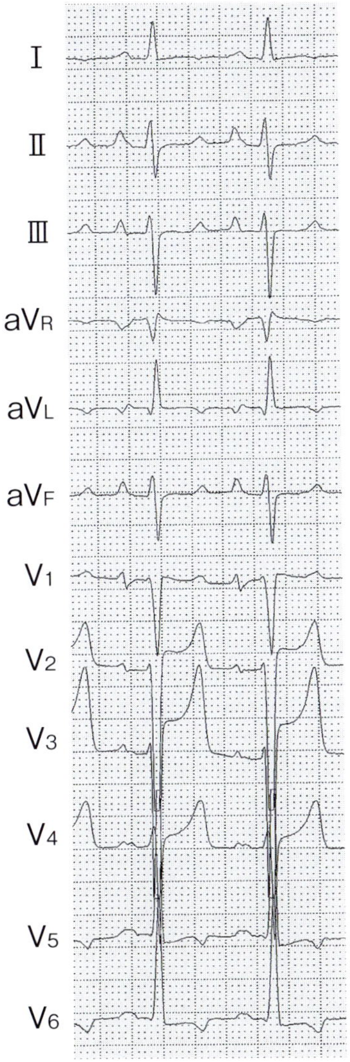
I
II
III
aVR
aVL
aVF
V1
V2
V3
V4
V5
V6

C

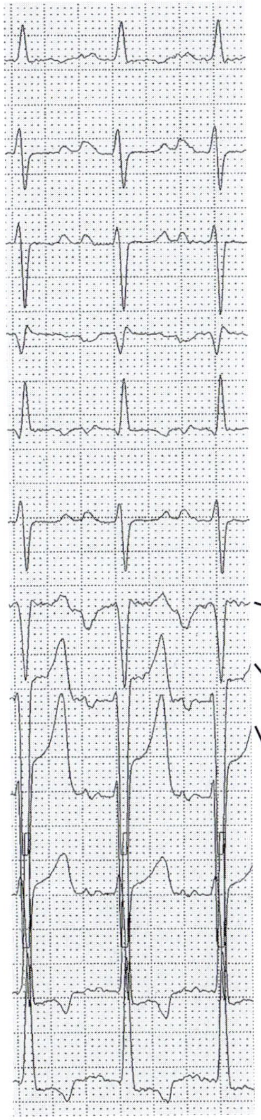

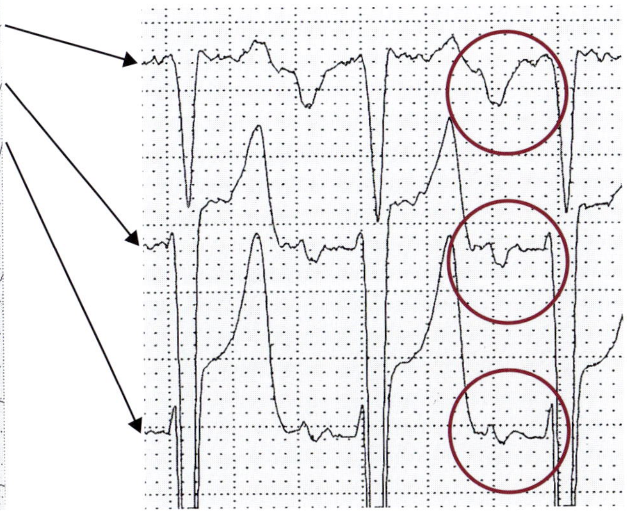

D

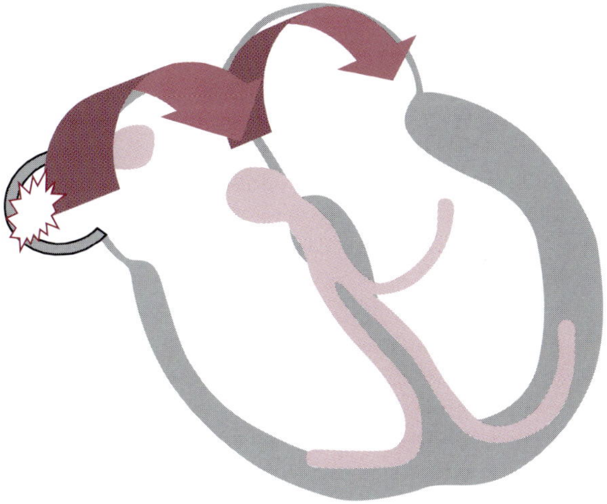

70 刺激伝導系の捕捉

Capturing the conduction system

A

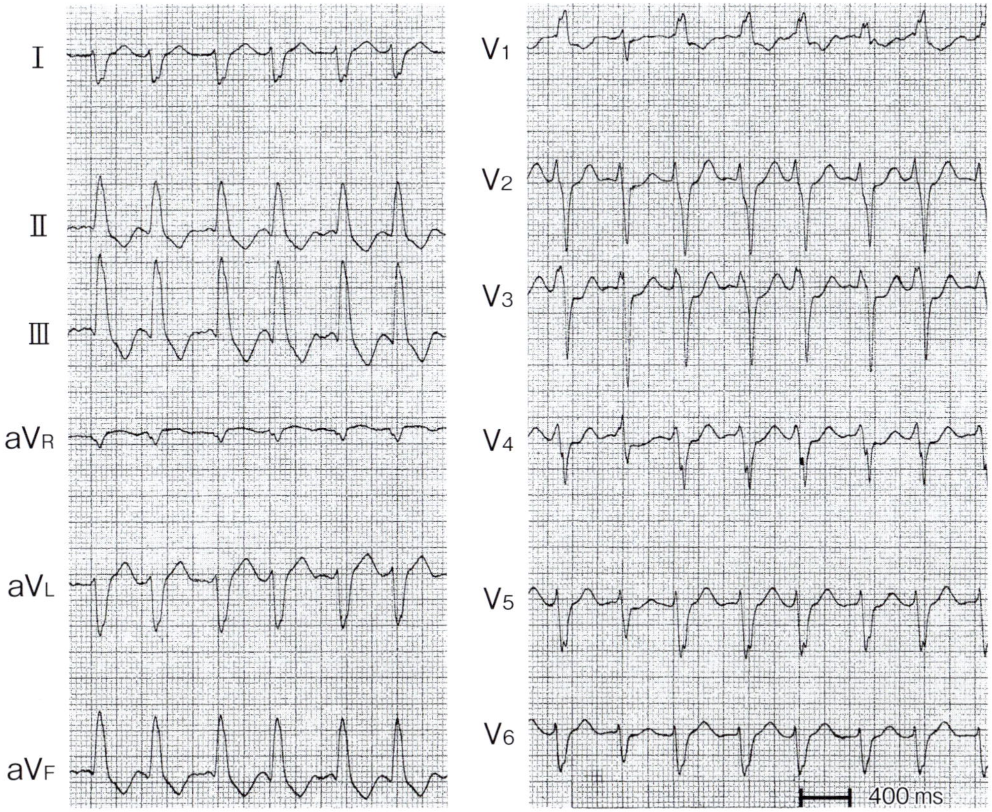

(Ronnie Campbell に捧ぐ)

70 刺激伝導系の捕捉

A の心電図では，wide QRS 頻拍の周期に変動が認められる．QRS 波形は右脚ブロック型下方軸で，V_2，V_3，V_4 誘導で RS 型を示し，RS 間隔までは 100 ms 以上であり，心室頻拍(VT)が示唆される．

V_1 誘導の QRS 波が第 2 拍目と第 6 拍目で変化しているが，これは洞調律による心室興奮波形となっていることによる．

第 2 拍目の RS 間隔が 100 ms 未満であり，これは正常刺激伝導系の捕捉を示唆する所見である．心室頻拍の心拍数が遅いため，洞調律による心室捕捉を認めると考えられる（B C）．また，室房伝導解離が肢誘導に認められる．

診断 心室頻拍，捕捉心拍

B

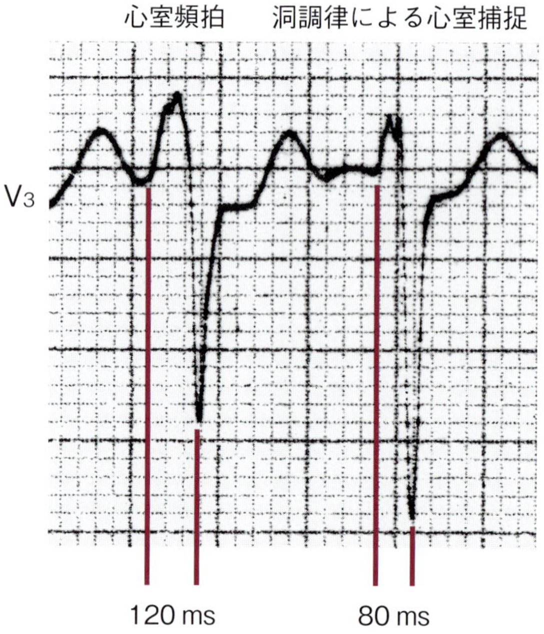

C

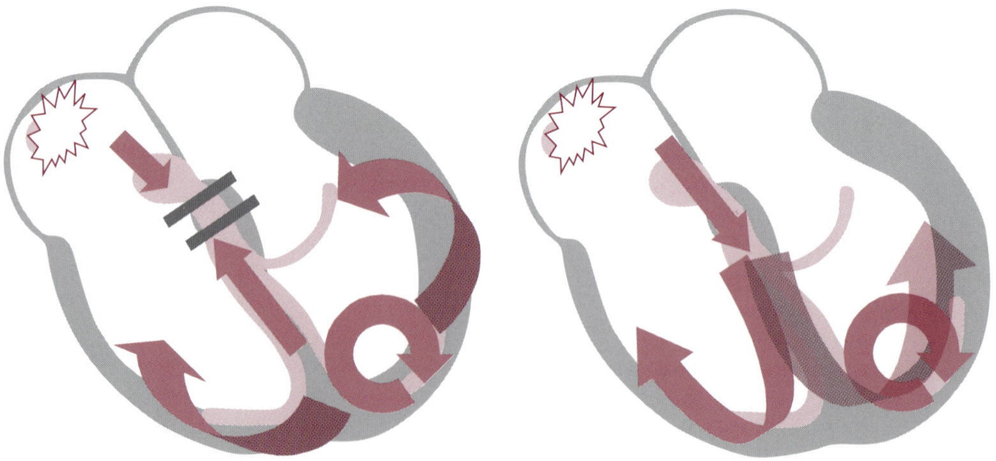

71 拡張期の観察

Check the diastole

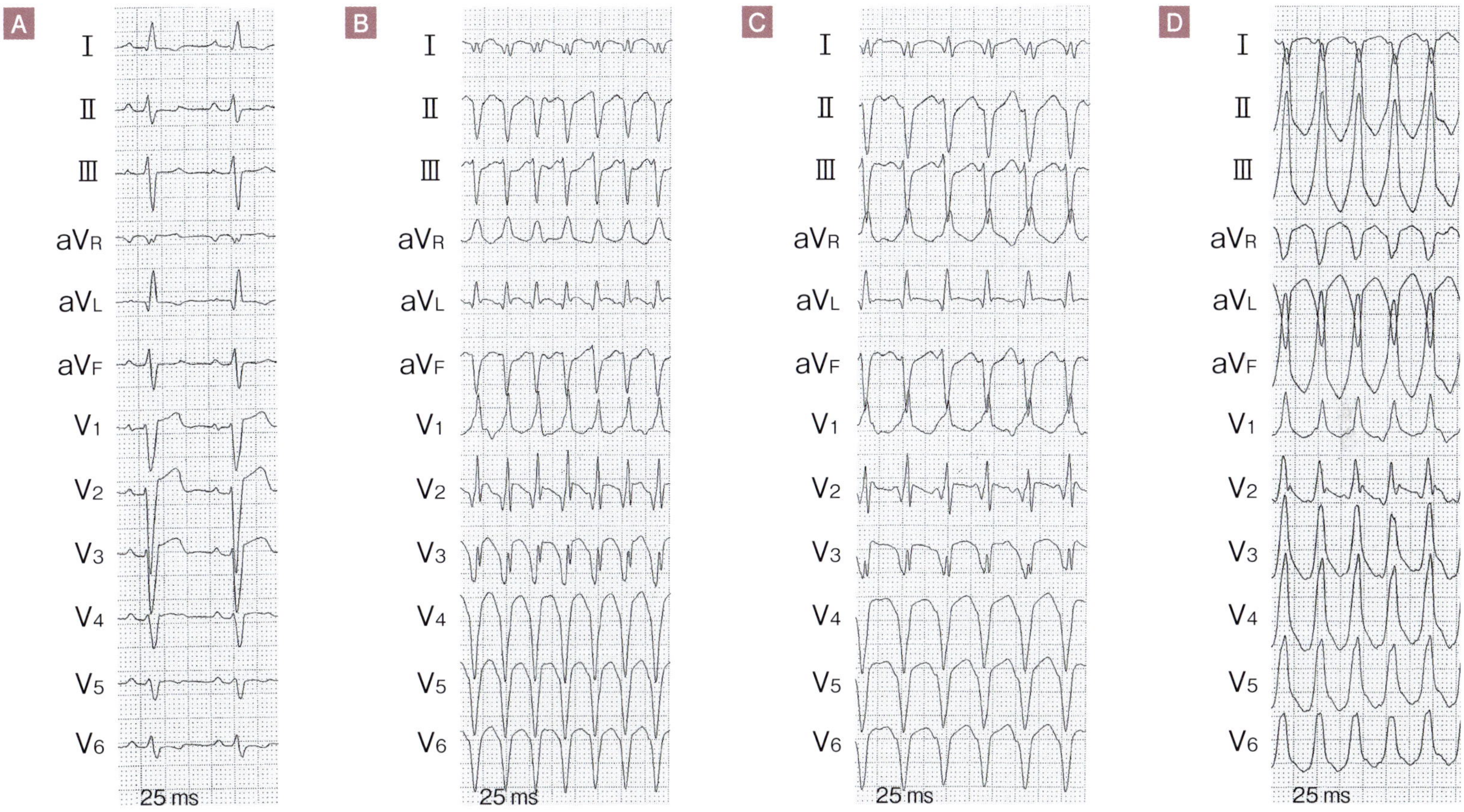

（Eduardo Sosa に捧ぐ）

71 拡張期の観察

A の心電図は，胸部誘導での R 波の著明な増高不良を伴う，前壁陳旧性心筋梗塞の既往患者の洞調律時心電図である．B～D の心電図は，wide QRS 頻拍時の心電図であり，いずれも右脚ブロック型を呈している．A と B の心電図は類似しているが，頻拍時心拍数が B の心電図で遅く，最初の頻拍で QRS 幅はやや狭い．

3 種の異なる wide QRS 頻拍を呈している，心筋梗塞既往患者における心室頻拍(VT)の診断はいうまでもない．決定的な所見は頻拍中の房室解離所見である．本例では，心電図の拡張期部位への注意深い観察により，房室解離が容易に確認される．E～G の拡大した心電図では，V_1 誘導で明確な房室解離が 3 種の頻拍すべてで確認される．心電図上，解離した P 波が拡張期の不規則なノッチとして認められる．

心室頻拍中の P 波はⅡ誘導と V_1 誘導で明確であり，これは洞調律時でも同様である．しかし，多くの場合，V_5，V_6 誘導などの P 波確認が困難な誘導で P 波を探そうとしてしまうものである．

診断　前壁心筋梗塞患者の 3 つの異なる心室頻拍

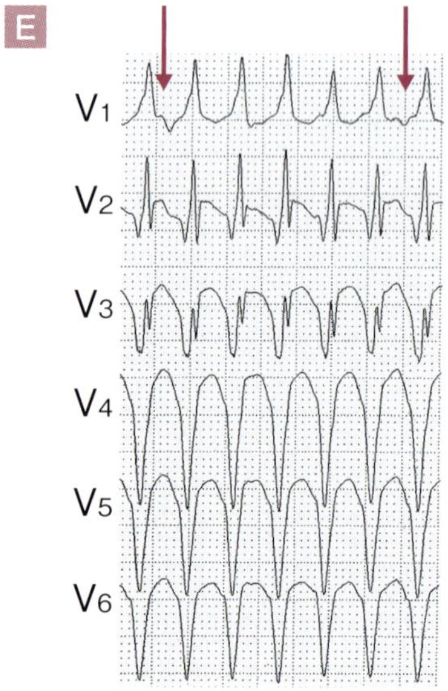

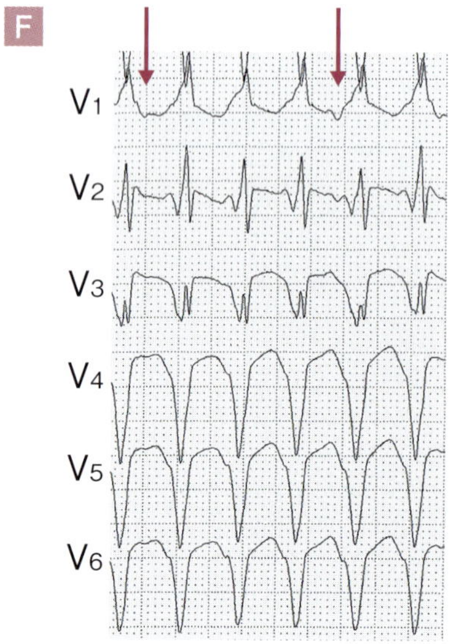

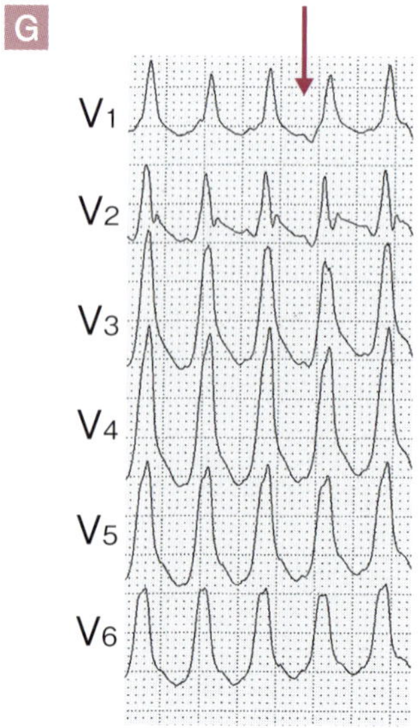

72

最小の症例

The smallest one

A

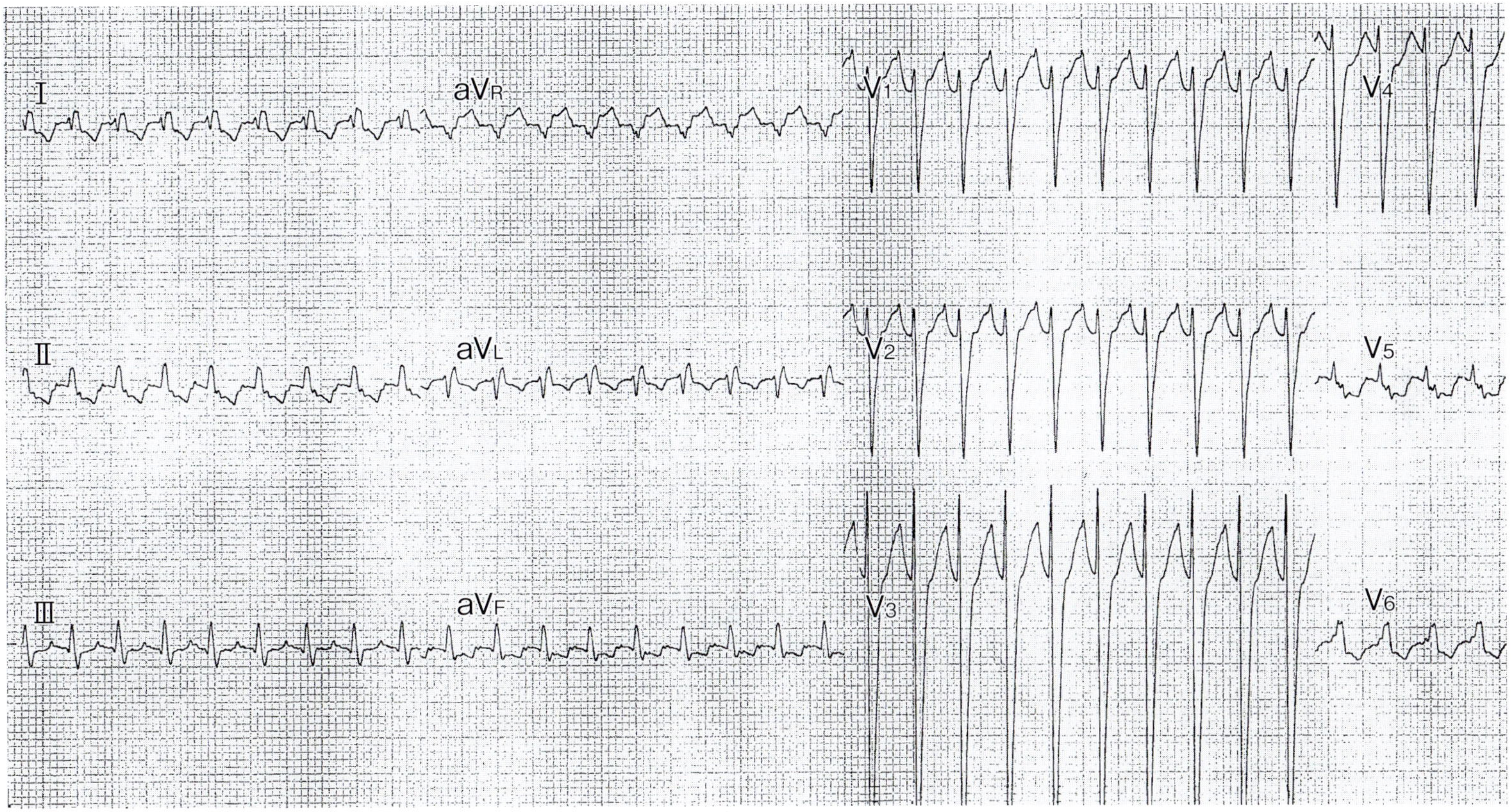

（M. Rissech，J. Bartrons，C. Mortera に捧ぐ）

72 最小の症例

心拍数 230 bpm の narrow QRS 頻拍が認められる．この心電図は，36 週・1,530 g の低出生体重児の生後 3 日目のものである（A）．

この頻拍は左脚ブロックパターンだが，QRS 幅は“たった”100 ms しかないことが特徴である．P 波は QRS の onset から約 200 ms 後方に認められ，RP'＞PR である．また，P 波は I，II，aVL，aVF 誘導で陰性であり，V1 誘導で明らかな陽性である（B）．これらの所見から，この頻拍は左後中隔に存在する伝導時間の長い副伝導路を逆行性伝導する，順方向性房室リエントリー頻拍と推測された（C）．

この児は，持続する頻拍による心不全が原因で低出生体重児として生まれた．出生後，さまざまな抗不整脈薬の使用にもかかわらず，頻拍が incessant に持続した．300 bpm の心房粗動へ移行することが 4 回認められ，電気的除細動を必要とした．電気生理学的検査が施行され，開存していた卵円孔を通じて，伝導時間の長い左後中隔の副伝導路の存在が確認された．高周波通電により副伝導路は焼灼され頻拍は停止し，心不全は数時間で改善した．

我々の知る限り，これは高周波通電が効果的であった最も体の小さい症例であった．

診断 低出生体重児における，左後中隔に存在する伝導時間の長い副伝導路を逆行性伝導する，順方向性房室リエントリー頻拍

B

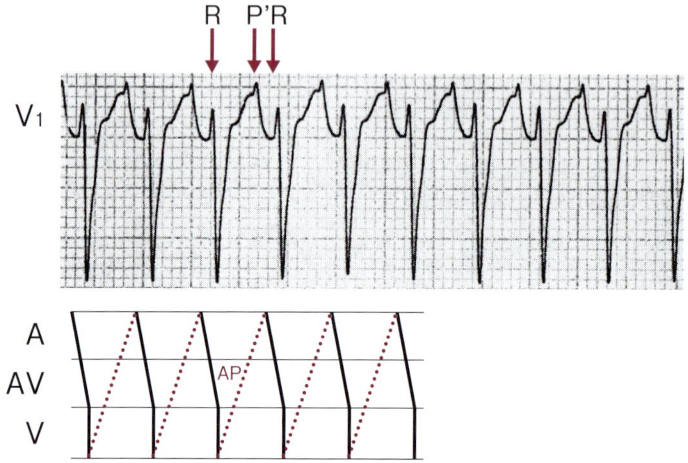

C

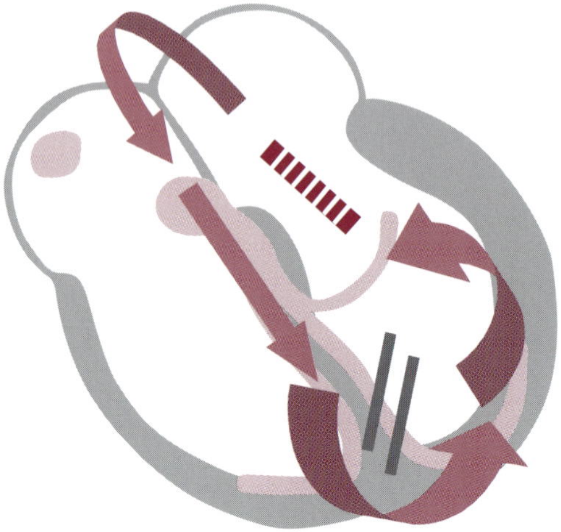

73

三冠

Triple crown

A

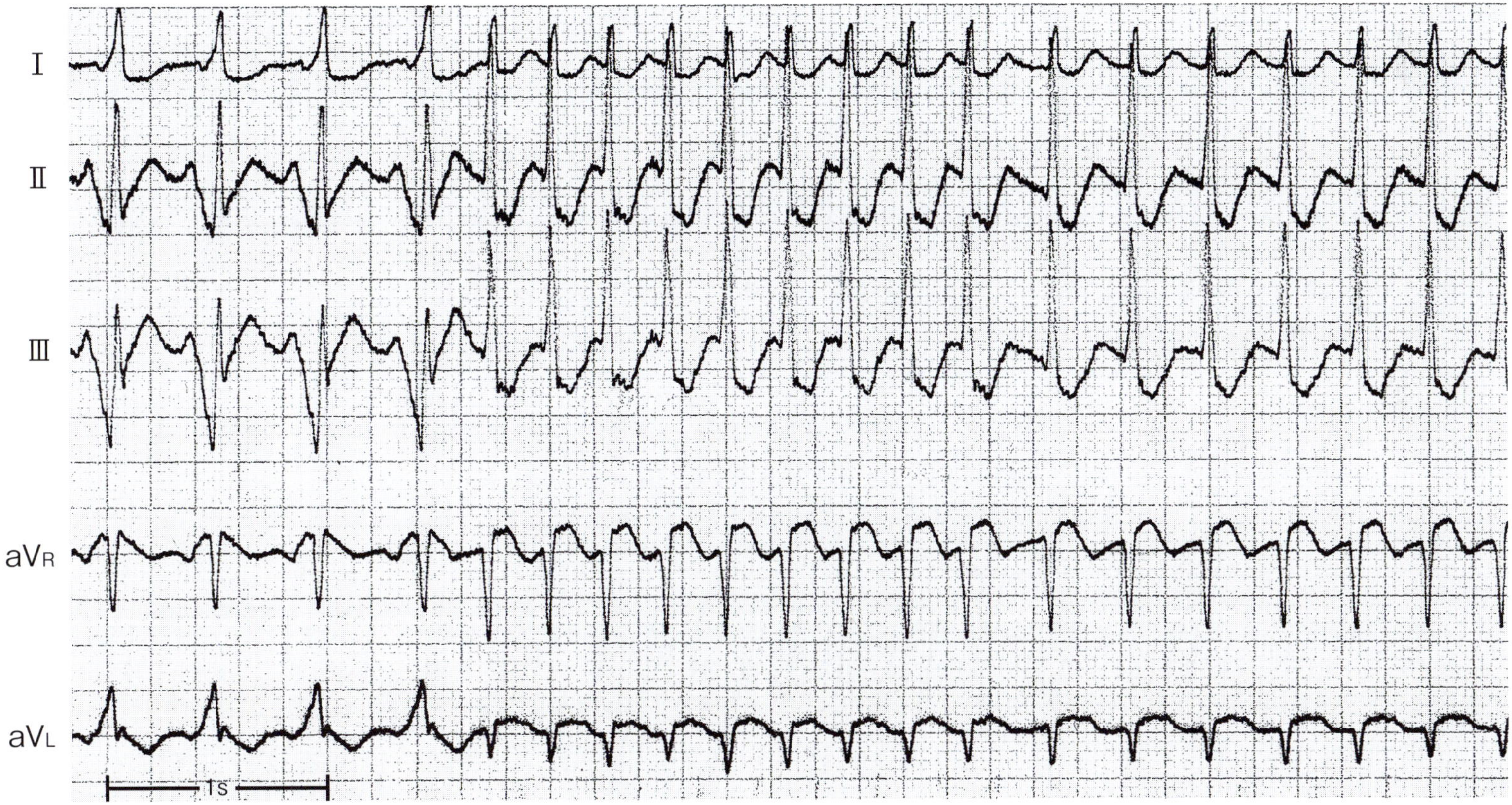

（Josep Mª Garrido に捧ぐ）

73 三冠

A の 5 つの誘導は特異な QRS を示す頻拍で始まり，異なる QRS と頻拍周期を持つ異なる 2 つの頻拍へと続いていく．1 枚の心電図に 3 つの頻拍が認められる，“Triple crown (3 つの冠)”である．

はじめの頻拍はⅠ・Ⅱ・Ⅲ誘導で陽性の P 波を認め，洞頻脈と考えられる．PR 間隔は短く，QRS の onset に明らかなスラーを認め（Ⅰ・aV_L 誘導），心室早期興奮を示唆する．Ⅲ誘導に QrS パターンが認められ，中中隔に副伝導路が存在することが考えられる．

2 番目の narrow QRS 頻拍のきっかけとなる心房期外収縮は，Ⅱ・Ⅲ誘導で最も識別しやすい．心房期外収縮により副伝導路の順行性伝導が不応期に達したため，房室結節のみを通って心室へ順行性伝導し通常の QRS を形成している．この頻拍は 9 拍続いたのちに，心拍数が突然 240 bpm から 180 bpm へと遅くなる．この変化の理由は，B の下段に示されている．順方向性房室リエントリー頻拍中の房室結節の順行性伝導が，fast pathway から slow pathway へと乗り移ったためである．

診断 “もう 1 つの三冠”：3 つの房室伝導を持つ患者．① 速伝導路，② 遅伝導路，③ 中中隔房室副伝導路

B

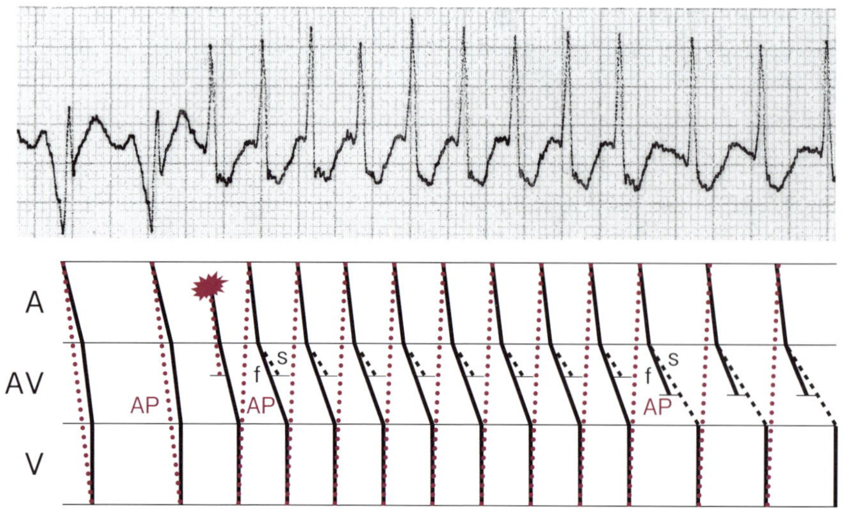

74

すべての誘導を見よ

Look at all leads

A

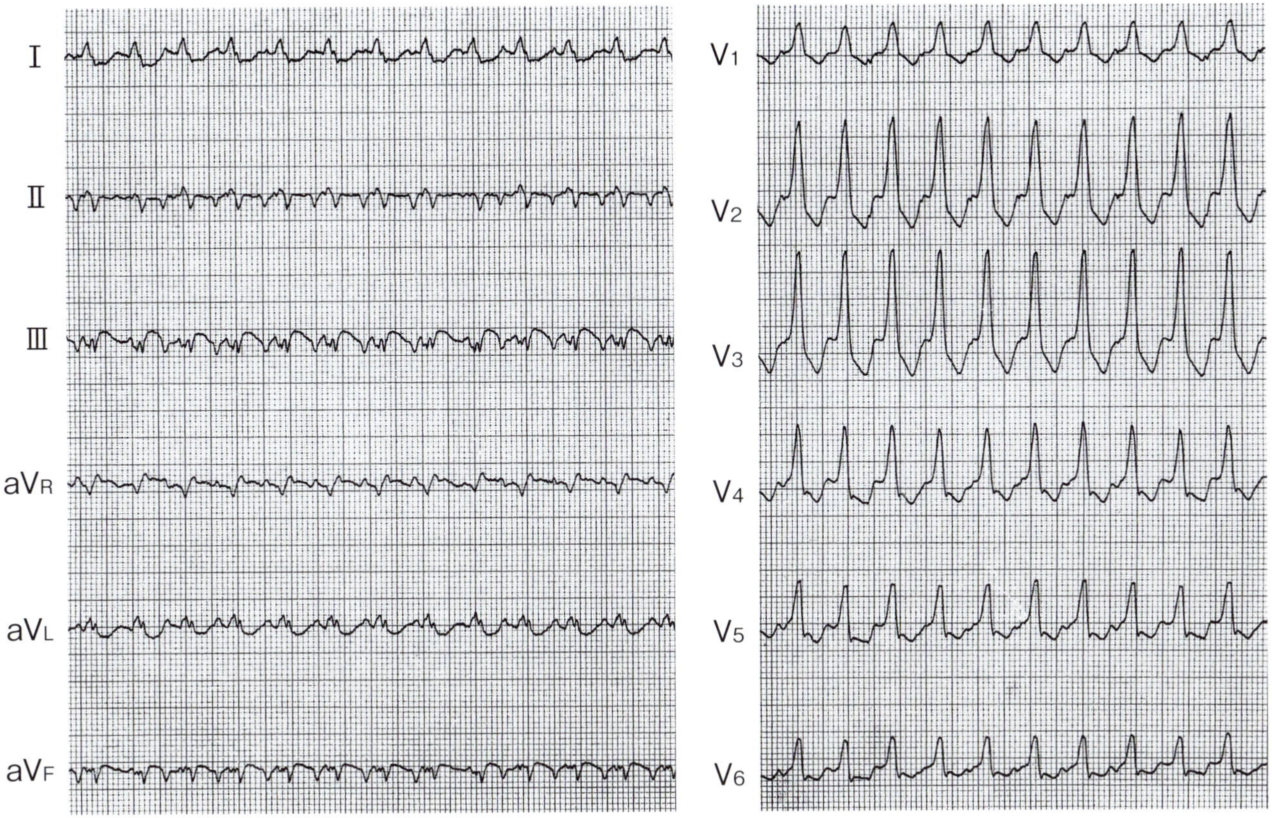

（Andrew Wit に捧ぐ）

74 すべての誘導を見よ

この12誘導心電図は，160 bpmのwide QRS頻拍である(A)．この頻拍は右脚ブロックタイプで，左軸偏位を呈している．

前額面誘導のQRSは振幅が非常に小さく，胸部誘導ではV_5〜V_6誘導でRS間隔が100 ms以上となるRs波形を示している．これらの所見から，この頻拍は心室頻拍(VT)と判断される．

特にⅡ，Ⅲ，aV_F誘導に見られるように，陰性のP波がQRSの後方に出現している．詳細に観察するとこれらのP波はQRSとほぼ同等の波高を呈しており，拡張型心筋症の可能性が高いと考えられる．QRSとP波の関係は，Wenckebach型の伝導形式となっている．逆行性伝導ブロックに先行して，徐々に室房間隔が延長している(B)．

診断 拡張型心筋症の患者に認められたWenckebach型逆伝導を伴った心室頻拍

B

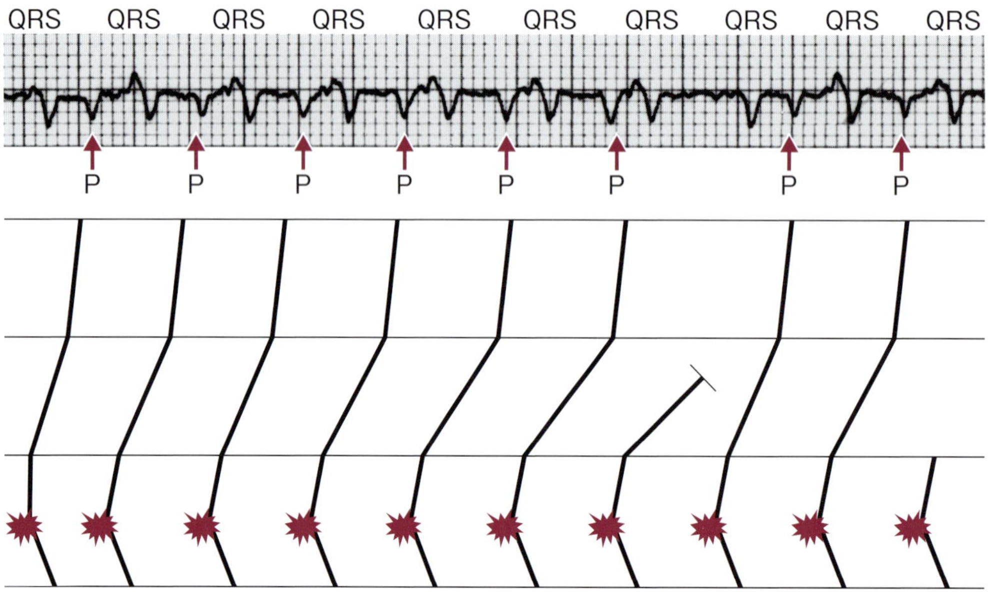

75

2つの波のサーフィン

Surfing with two waves

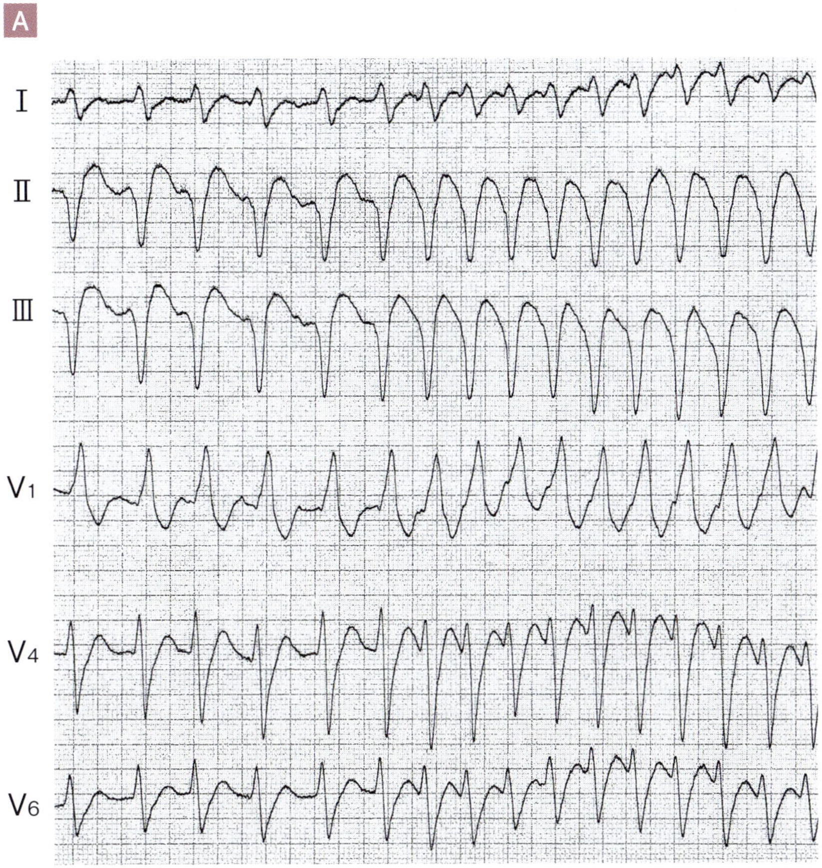

（Maurits Allessie に捧ぐ）

75 2つの波のサーフィン

この右脚ブロック型の wide QRS 頻拍は房室解離を示しており，心室頻拍(VT)と診断される(A)．この波形は途中で突然促拍化しているが，促拍化した後の波形は先行する波形と同じであることが興味深い．はじめの頻拍周期は 550 ms で，促拍化した後は 350 ms となっている(B)．

数年前，double wave reentry と呼ばれる，心室頻拍の促進現象のメカニズムが示された．このメカニズムは，長い伝導時間と大きな興奮間隙を有する単一のリエントリー回路には，次のリエントリー興奮が入り込むことがあると説明されている．結果として生じる頻拍は同じ形態を示すが，頻拍の心拍数は2倍以上にはなりえない．これは，興奮が直前の興奮の相対不応期の間に進むためと考えられる．Cに想定されるメカニズムを示す．

診断 心室頻拍の促進現象，おそらく double wave reentry によるもの

B

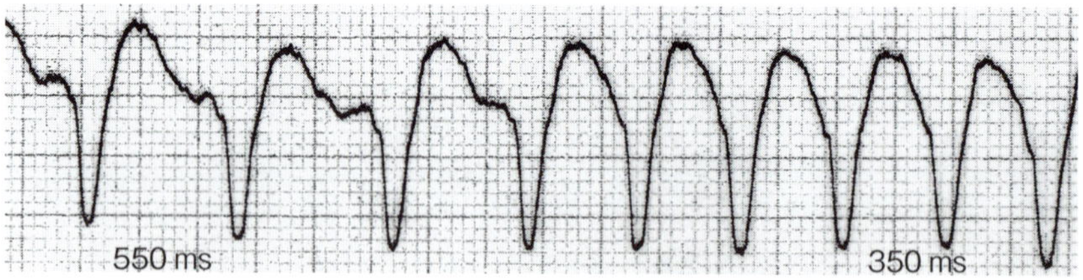

C

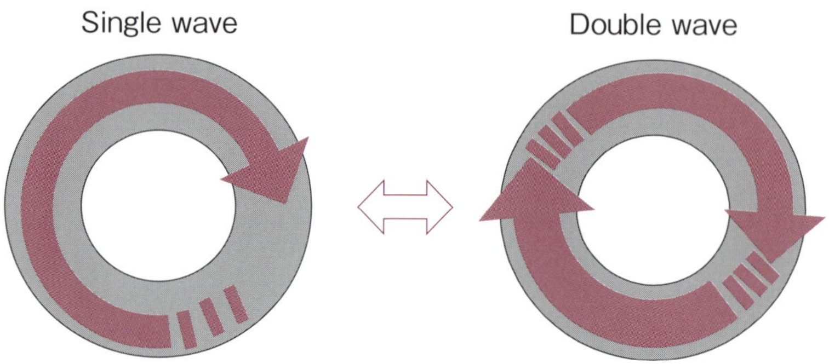

76

アドレナリンが役立たない場合

When adrenaline does not help

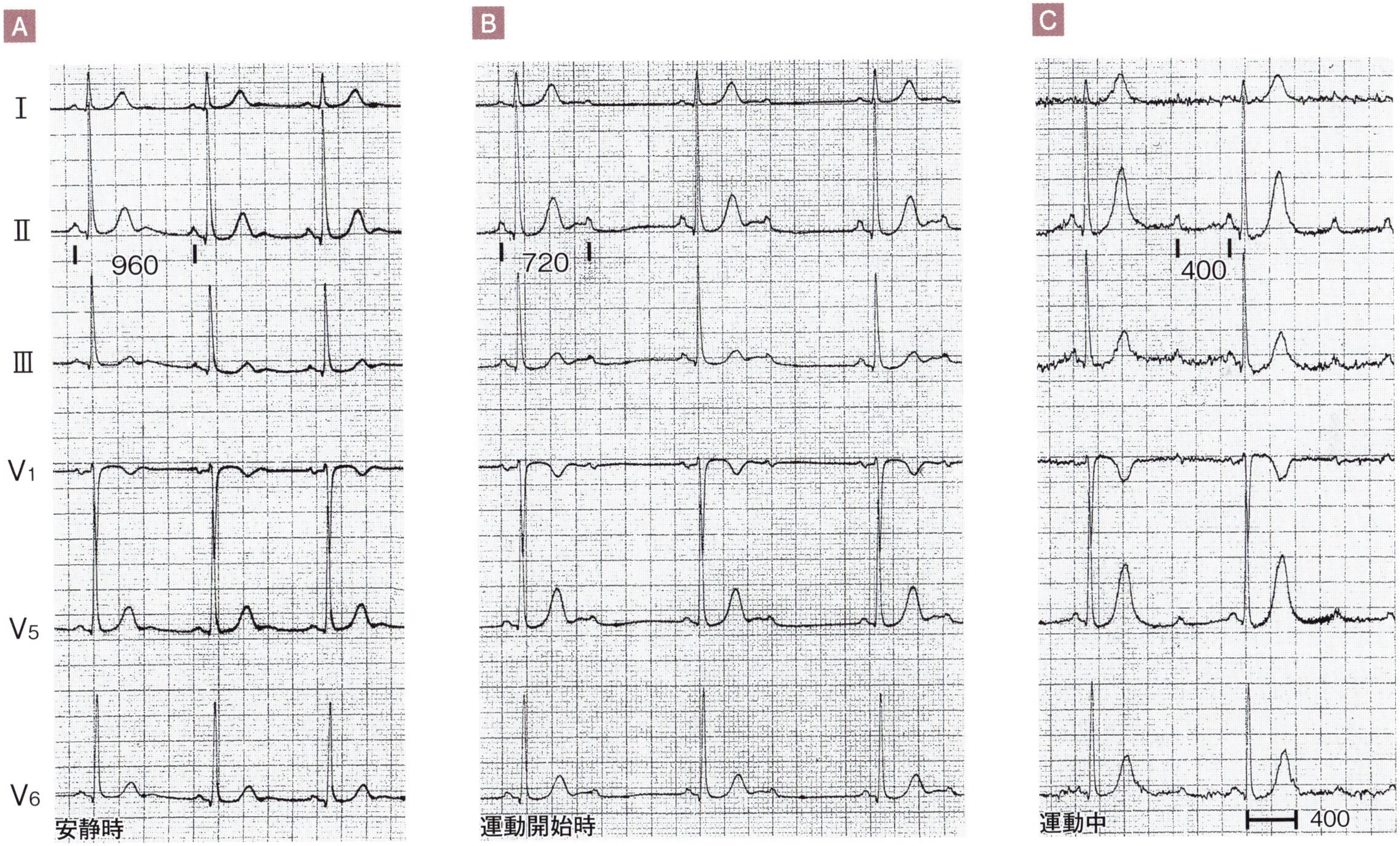

(Valentí Fuster に捧ぐ)

76 アドレナリンが役立たない場合

A の心電図は洞調律で，心拍数が 65 bpm のときの正常な PR 間隔，QRS 波形を表している．患者が自転車エルゴメータを行っている際に記録された心電図では，85 bpm まで上昇したところで房室伝導比は 2 対 1 となっている（B）．さらに運動強度を上げていくと，P 波の心拍数は 150 bpm まで上昇し，結果として心室の心拍数は安静時と比較して少なくなっている（C）．つまり，アドレナリンの上昇が心室心拍数の上昇にうまく関与できていない結果となっており，異常であることがわかる．

この現象の説明を D に示す．運動中に房室ブロックが徐々に悪化していく所見が見られており，房室結節あるいはそれより下位の伝導路の異常が考えられる．房室結節より下位の伝導路とは，His 束あるいは His 束よりさらに下位の伝導路である．この 3 つのブロックのタイプは，心電図で容易に判別することができる．

もし His 束より下位においてブロックが生じている場合，QRS 波形はより幅広く，正常伝導時とは異なる波形を示す．今回の患者ではその所見は認めない．

His 束内あるいは His 束より上位の房室結節におけるブロックであれば，QRS 波形は正常伝導時と同じである．しかし房室結節におけるブロックであれば，アトロピン，アドレナリンあるいは運動によって房室伝導は改善し，心拍数は上昇するはずである．逆にいえば，アトロピン，アドレナリンあるいは運動によって房室伝導の改善が見られない場合は，His 束内にブロックが存在するといえる．

診断 His 束内ブロック

D

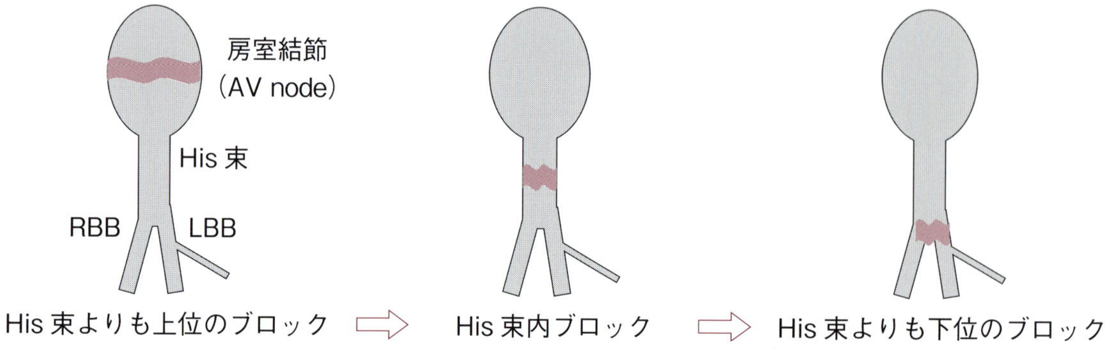

77 心房にも障害が生じている

The atria may suffer too

A

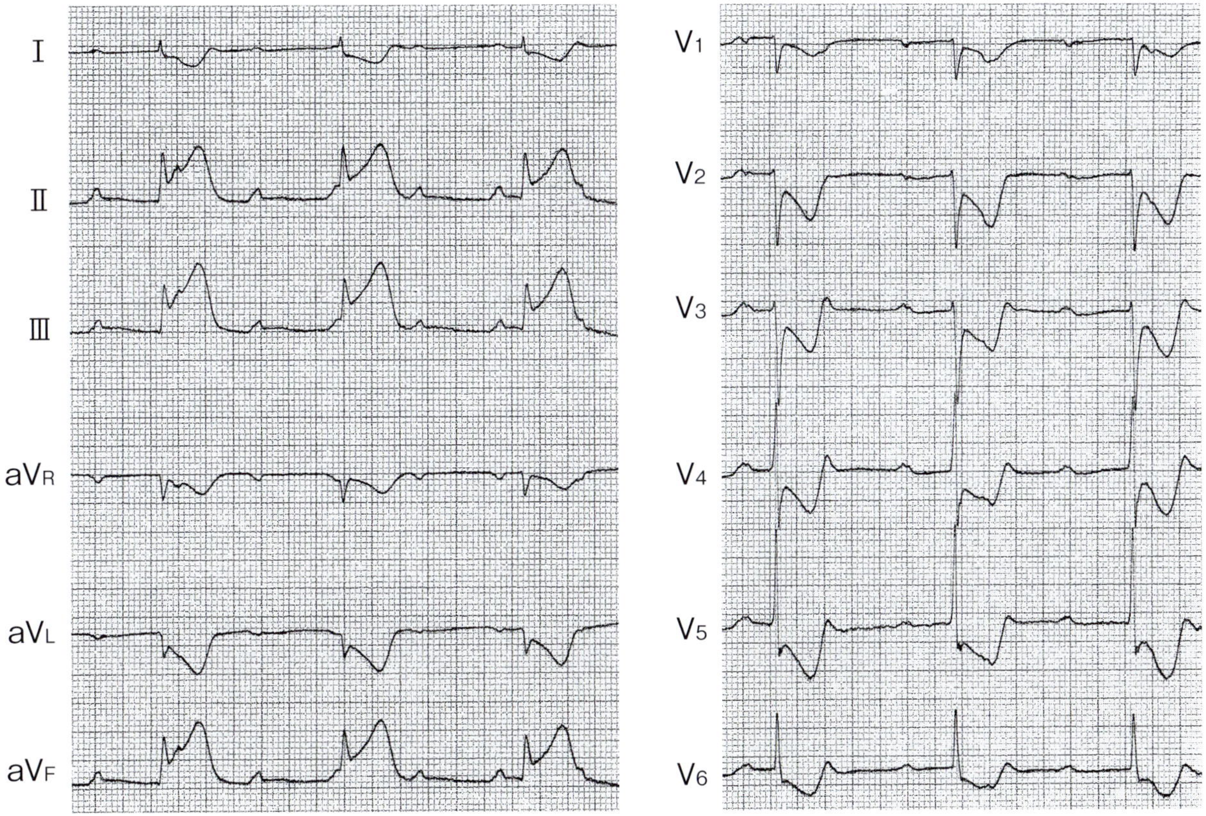

（Ginés Sanz，Amadeo Betriu に捧ぐ）

77 心房にも障害が生じている

急性心筋梗塞において心筋障害の範囲を決定するためには，ST 上昇を呈している誘導に注目することが大切である．ここに示された 12 誘導心電図では，Ⅱ，Ⅲ，aVF 誘導の ST 上昇を認め，典型的な急性下壁心筋梗塞の所見を呈している（A）．

本例においては完全房室ブロックを合併しており，心室調律はそのために遅くなっていることから，前胸部誘導における ST 低下は広範囲に虚血が広がっている，あるいはさらなる虚血が前壁に生じていることが理解できる．しかしながら，この心電図の最も印象的な特徴は心房再分極の所見である．Ⅲ誘導を拡大した B において，心房再分極電位の上昇を認めており（P 波直後の部分で時に PT 部分といわれる），心房に梗塞が及んでいることを示している．

診断 急性下壁心筋梗塞に合併した心房梗塞

B

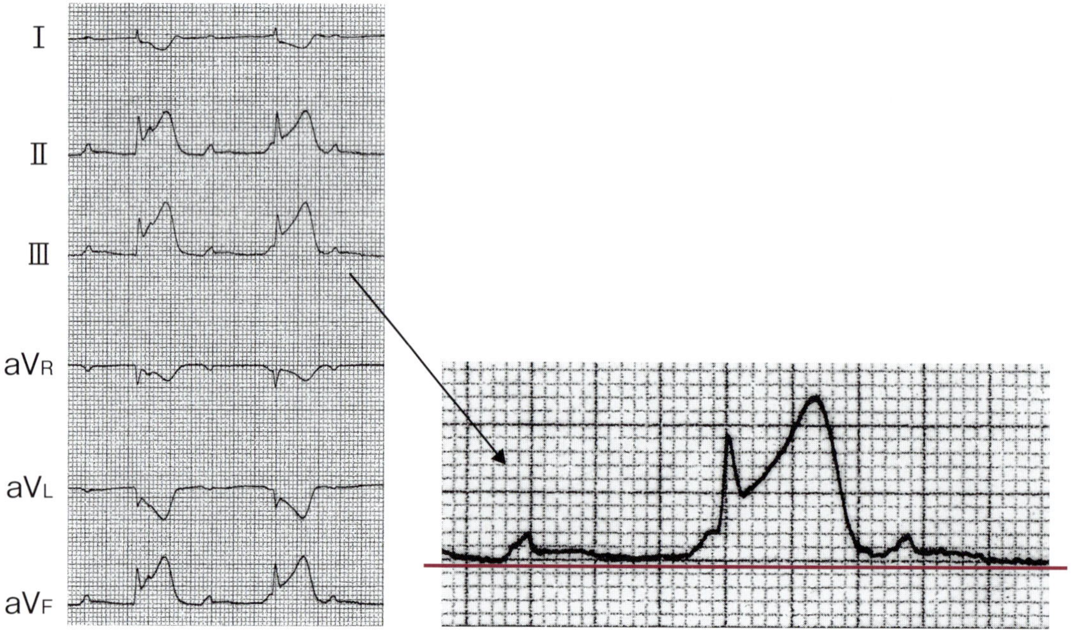

78 また別の副伝導路

One after the other

A

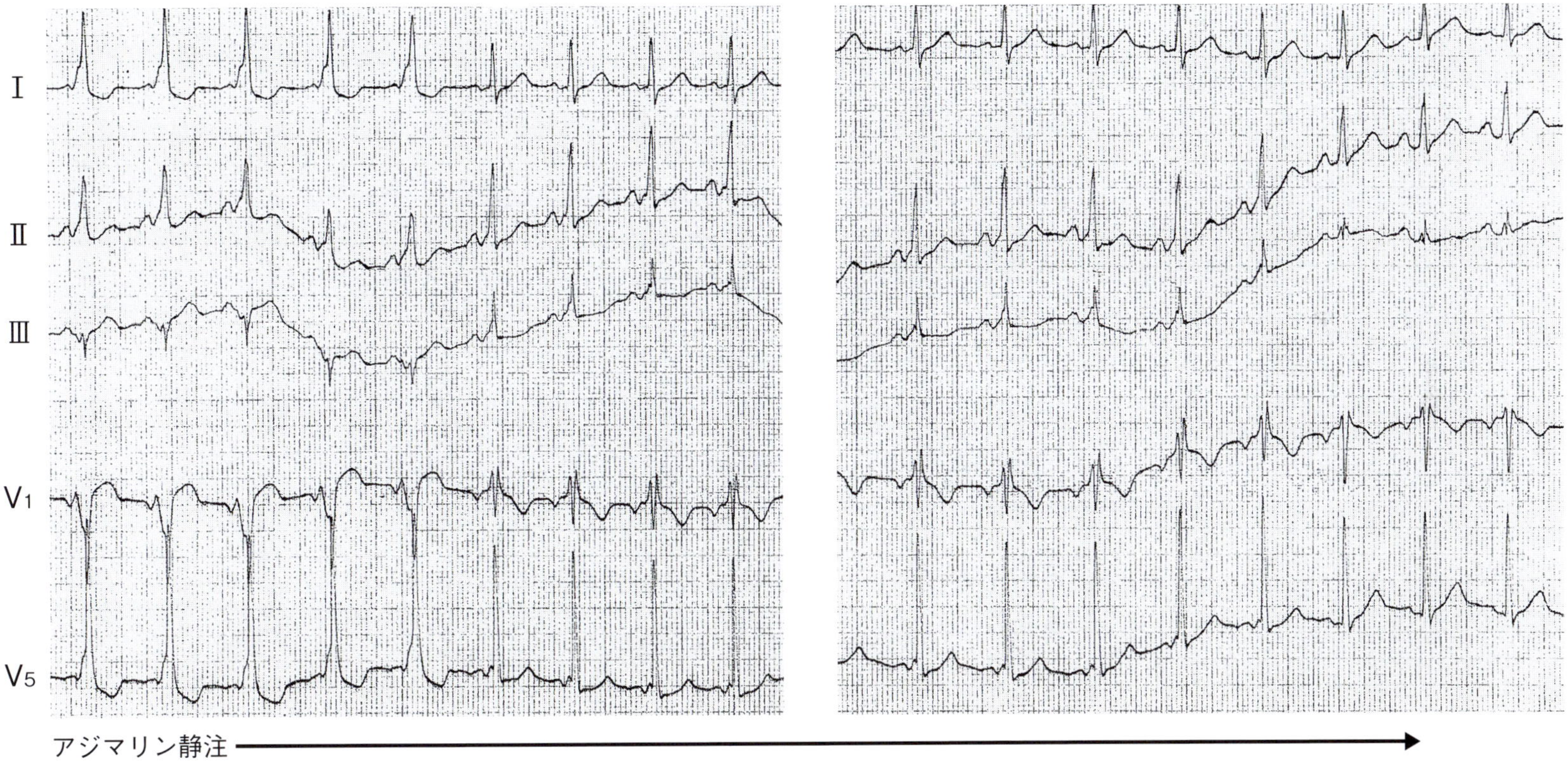

(Robert Robertsに捧ぐ)

78 また別の副伝導路

Class Ⅰ抗不整脈薬であるアジマリンの１回常用量を静注した際のⅠ，Ⅱ，Ⅲ，V_1，V_5 誘導を同時に呈示している（A）．そのはじまりの部分ではPR 短縮，デルタ波，QRS 幅延長を伴う古典的な心室早期興奮パターンが認められる．デルタ波と QRS 波形から，房室伝導は前中隔副伝導路を介していることが示唆される．

心電図６拍目からは，アジマリン静注により早期興奮パターンが変化している．V_1 誘導では明らかな陽性，Ⅰ誘導では陰性となったのがわかる．左側側壁に局在する副伝導路のパターンである．

最後から３拍目より早期興奮パターンは消失し，正常 PR 間隔，QRS は不完全右脚ブロックとなり，房室伝導は房室結節経由となった．

実は当初の前中隔副伝導路早期興奮パターンは，左右副伝導路の両方が伝導しているパターンであったのである．アジマリンによりまずは右側副伝導路伝導がブロックされたため，左側副伝導路伝導が顕在化し，最終的に左右両方の副伝導路がブロックされ房室結節伝導のみが残存したのである（B）．

診断 アジマリンで段階的に出現した複数（左右）副伝導路

B

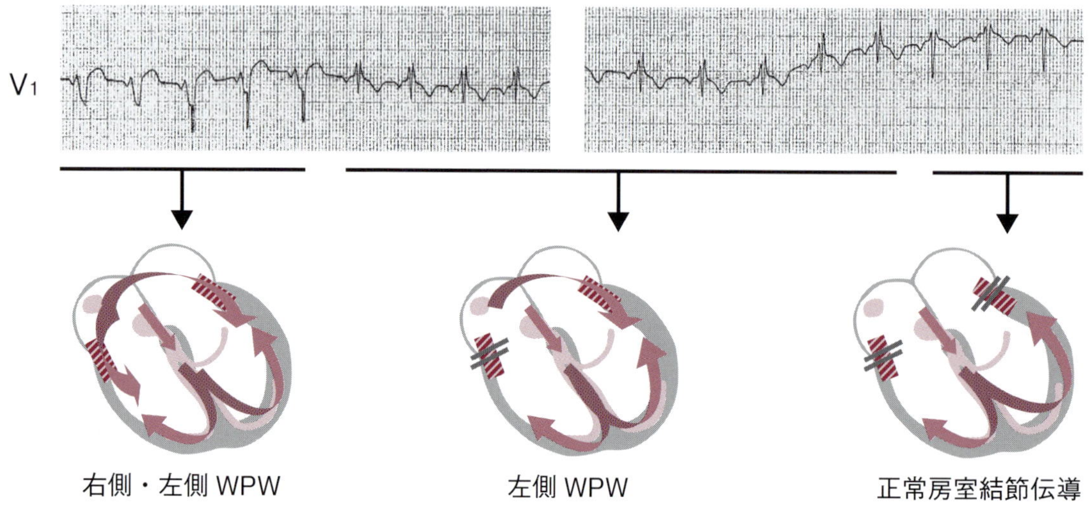

79

1対1から2対1へ

1 to 1 to 2 to 1

A

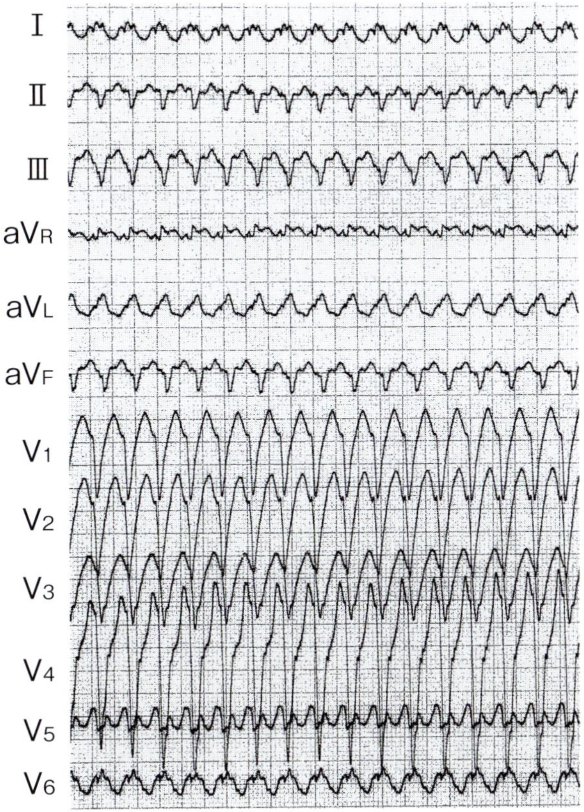

B

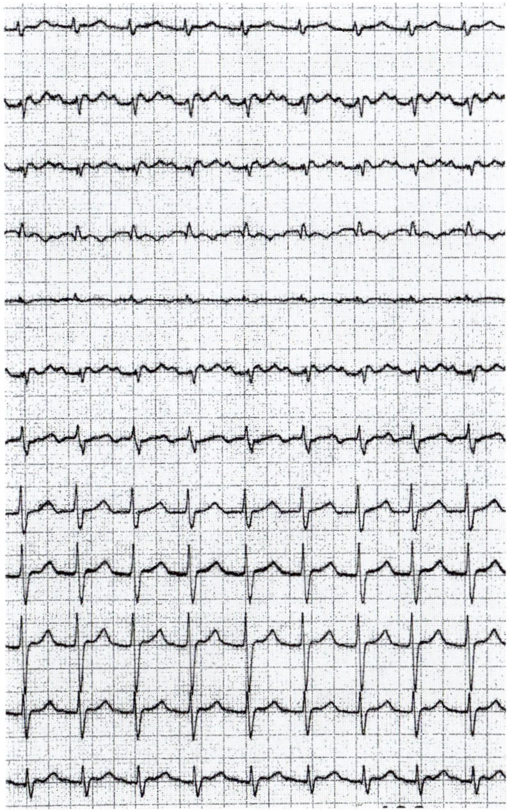

（Antoine Sassine に捧ぐ）

79 1対1から2対1へ

1人の患者より1日に2つの頻拍が記録された（A B）．比較的わかりやすい診断である．Aの頻拍はBの2倍の心拍数になっている．

Aの心電図におけるQRSの最初の鋭い傾斜は，変行伝導による左脚ブロックを表す．このように心拍数依存性変行伝導が続いたのは，左脚の逆行性不顕性伝導による．Bでは正常QRS幅で2対1伝導となっている．

Ⅱ誘導，Ⅲ誘導の陽性P波とaVL誘導の陰性P波は左房頻拍を示し，Cでは心室への伝導が1対1，Dでは2対1伝導となっている．

診断 房室伝導が1対1から2対1となる際の左房頻拍

C

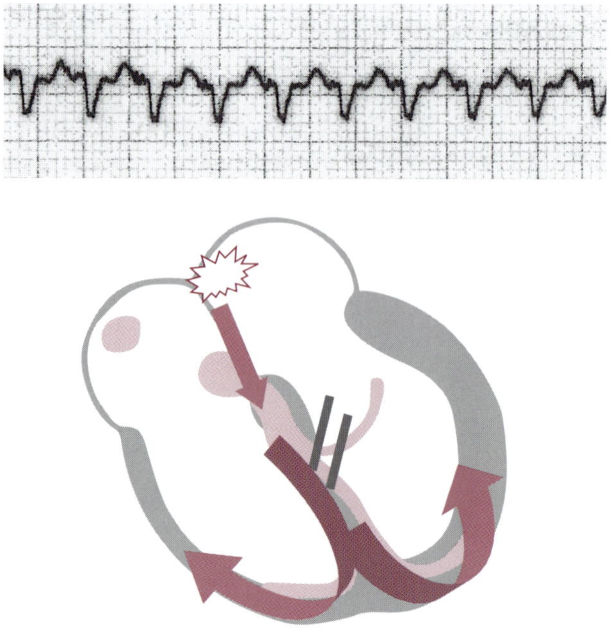

左脚ブロックを伴う1対1房室伝導

D

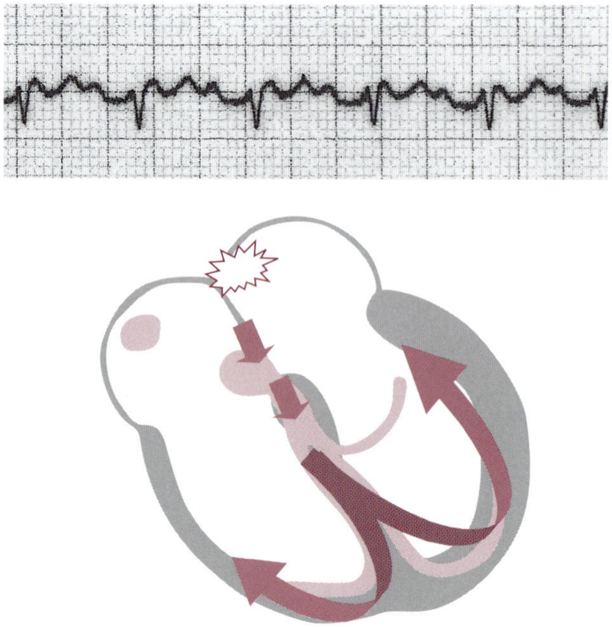

2対1房室伝導

80 ウォルフ
Wolffian

A

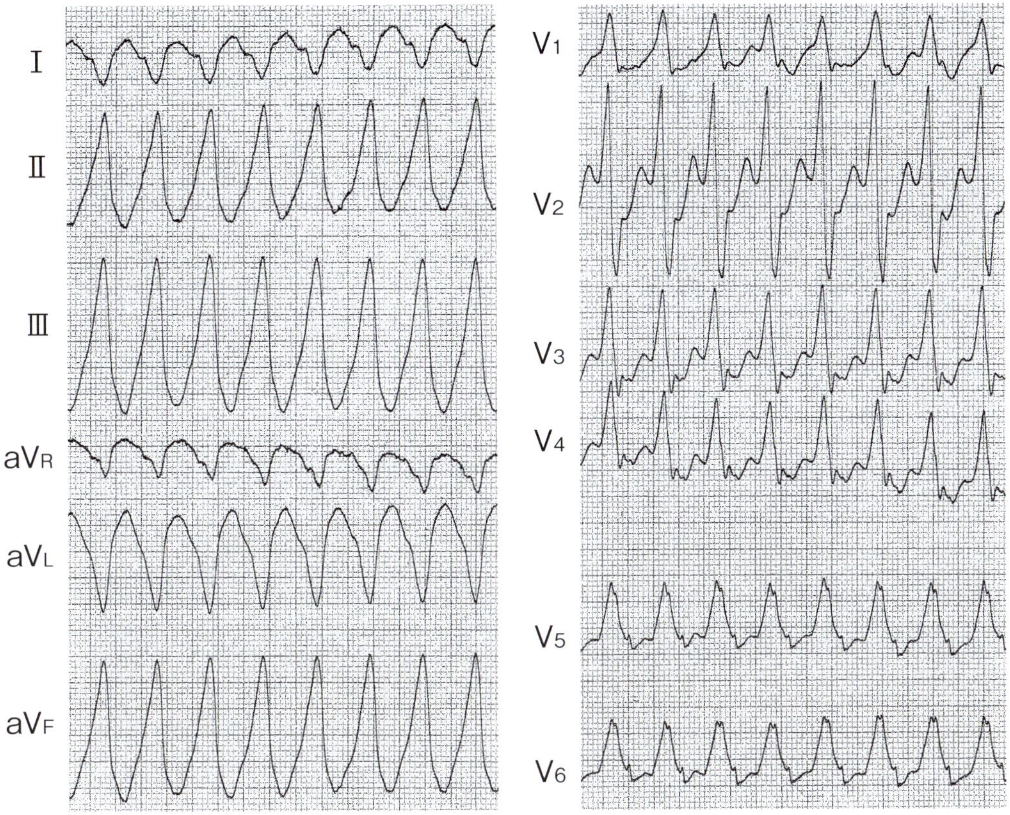

（William Mackenna に捧ぐ）

80 ウォルフ

この12誘導心電図は，心拍数155 bpmの規則的なwide QRS頻拍を呈している（A）．QRS波形は右脚ブロック様であり（V_1誘導で陽性），ⅠおよびaV_L誘導で明らかな陰性となっている．

この心電図は，左側側壁房室副伝導路を順行性に伝導する逆方向性頻拍所見を示している（B/ⅠおよびaV_L誘導で陰性，V_1誘導で陽性）．QRS波形のはじまりの部分は遅い傾斜の偽性デルタ波様である．この所見は“super-wolff”と呼ばれる，まれな副伝導路伝導なのかもしれない．

しかし，V_1誘導で房室解離が観察されることから，逆方向性房室リエントリー頻拍は除外され，房室間溝左側側壁起源心室頻拍の診断となる（C）．

本例の頻拍起源は，結果的に左側側壁副伝導路による逆方向性房室リエントリー頻拍に類似した興奮方向を示す．QRS波形の非常に遅い立ち上がり“super-wolff”パターンは心外膜側起源心室頻拍を示唆する．

診断 房室間溝左側側壁起源心室頻拍（心外膜側）

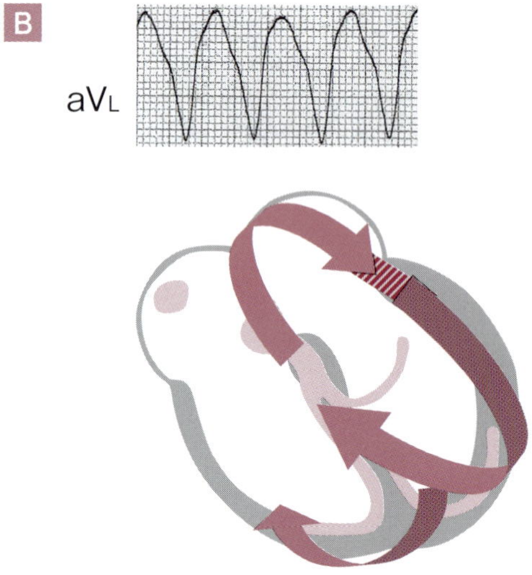

逆方向性頻拍

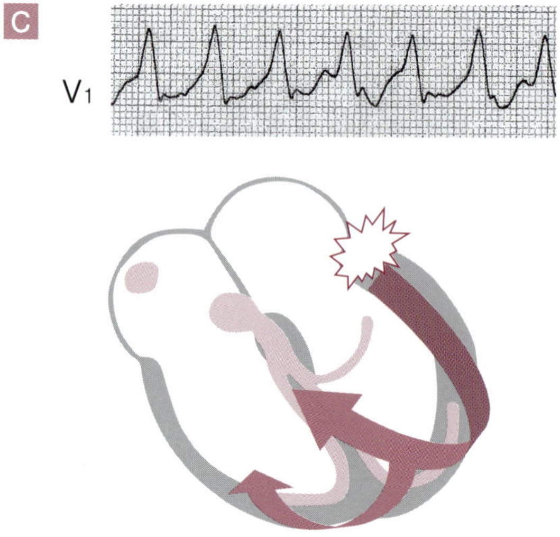

心室頻拍（VT）

81

知恵を絞って

Squeezing your brains

A

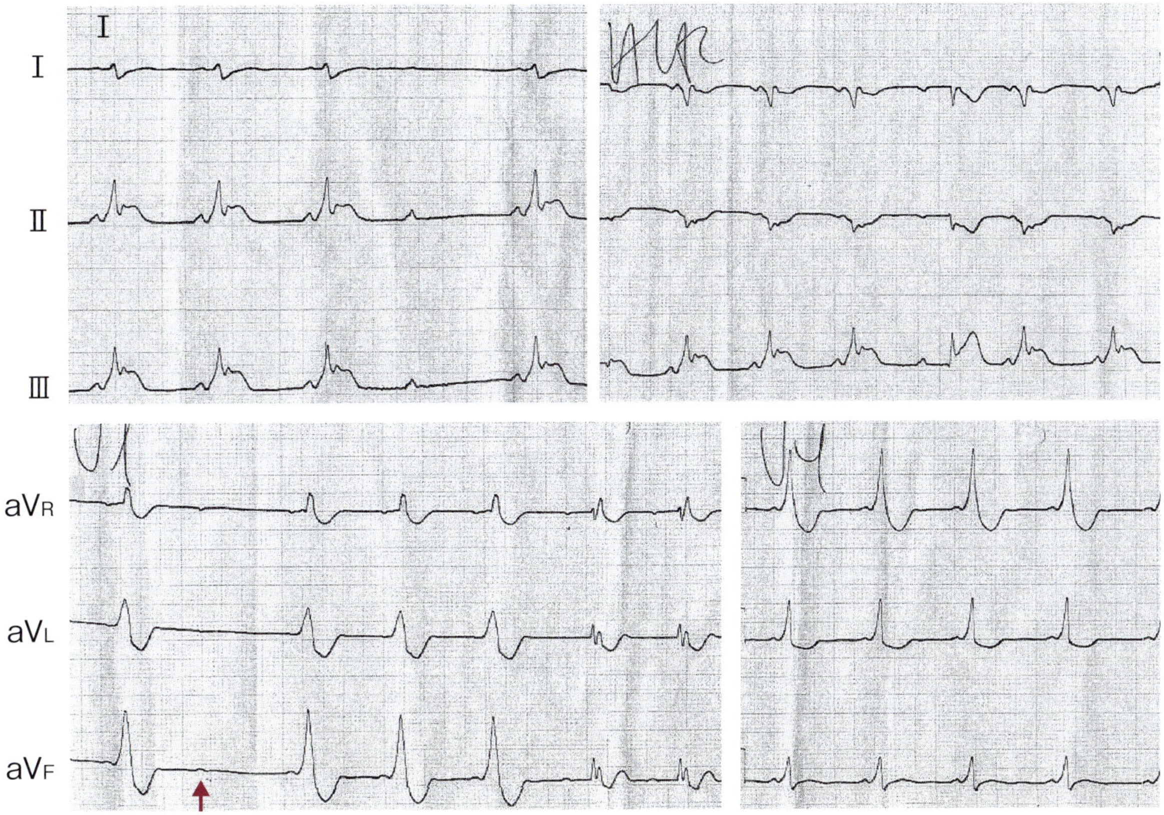

（Ignacio Fernández Lozano に捧ぐ）

81 知恵を絞って

胸痛を訴える 55 歳男性の心電図記録である(A). 最初の 3 誘導(Ⅰ, Ⅱ, Ⅲ)ではじめからの洞調律 3 拍は, PR 短縮, およびデルタ波を示唆するスラーを有する幅の広い QRS 所見を呈している. 再分極過程は明らかに異常で, 下壁誘導で急性虚血を示す ST 上昇が見られる. 4 拍目は心室へ伝導していない. aVR, aVL, aVF 誘導の最初の洞調律 3 拍は, 再度 PR 短縮とデルタ波の所見を伴い心室へ伝導している. しかしながら, 4 拍目は, 心室へ伝導しているものの PR は延長している. デルタ波は消失し右脚ブロックパターンとなっている.

V1〜V3 誘導で全過程が観察できる(B). 最初の洞調律は PR 短縮, デルタ波所見を伴い心室へ伝導し, 2 拍目はブロック, 続く 3 拍は副伝導路を介して再び心室へ伝導, 最後の 2 拍では PR 延長と右脚ブロック所見を呈していた.

本例は発作性房室伝導障害(右脚ブロックと完全房室ブロック)を伴う下壁心筋梗塞患者であり, また間欠性に心室へ伝導する左側側壁副伝導路をも有していた. 副伝導路が心室へ伝導しない場合, そのときの房室伝導能により完全房室ブロックか, Ⅰ度房室ブロック＋右脚ブロックとなる.

診断 下壁急性心筋梗塞, 発作性完全房室ブロック, 右脚ブロック, 間欠性に伝導する左側側壁副伝導路

B

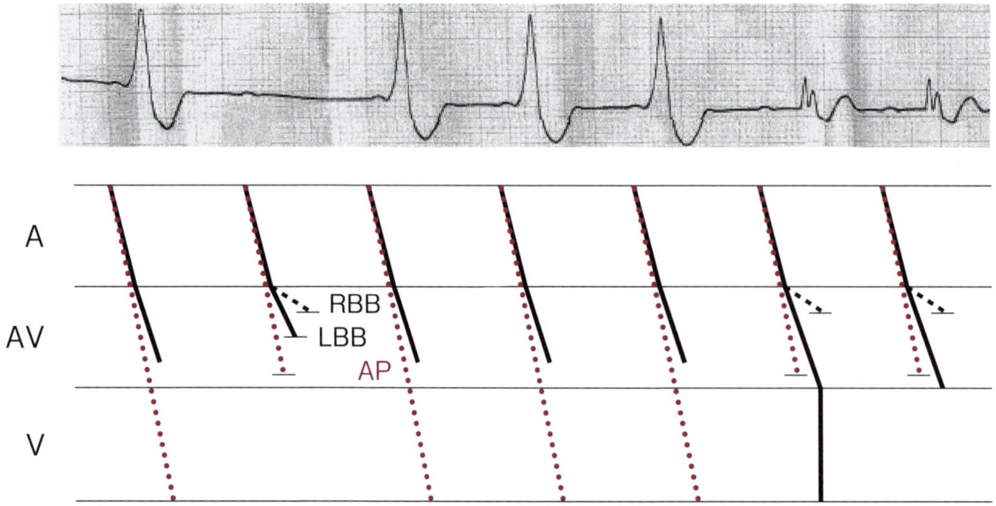

82 非常に短い——ラスト・メッセージ

Very short

A

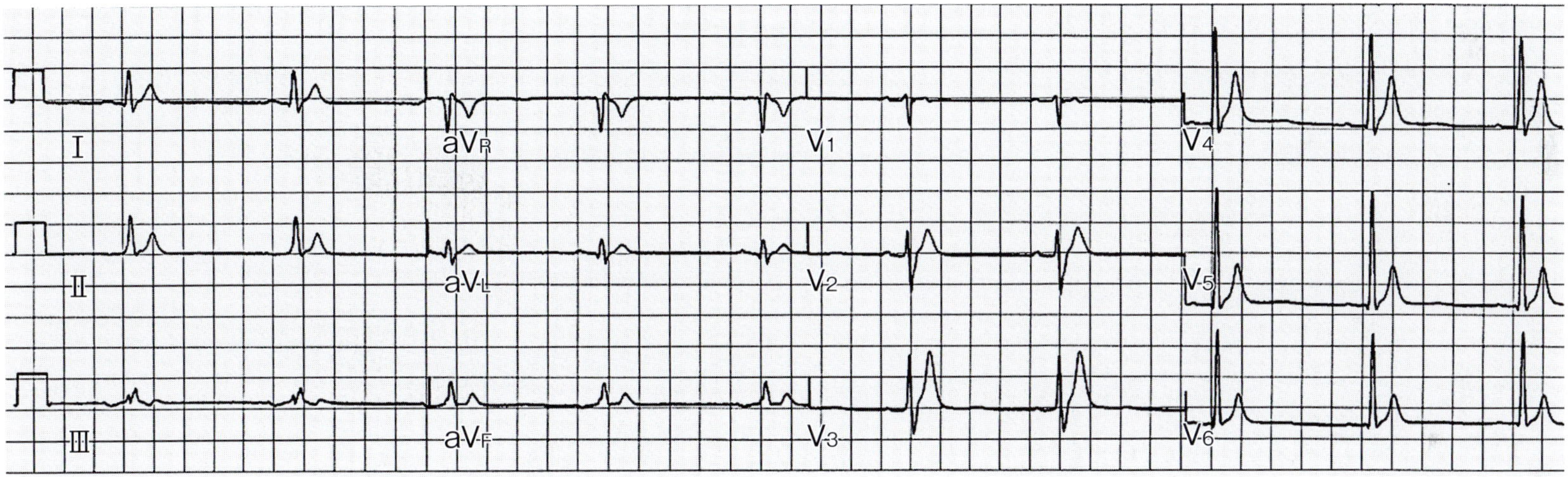

（Ihor Gussak に捧ぐ）

82 非常に短い――ラスト・メッセージ

洞調律時心電図を示す(A)．一見正常に思えるが，1つひとつ伝導間隔を測定すると本例では，心拍数が60 bpm以下にもかかわらずQT時間が260 msと短い．すなわち補正QT時間は極端に短縮している(B)．

失神歴があり，原因精査前に心臓突然死を遂げてしまった女性患者の心電図である．

心臓イオンチャネル病に関する多くの研究が進歩してきた．ナトリウムチャネル機能亢進がQT延長症候群をもたらし，ナトリウムチャネル機能低下はBrugada症候群を引き起こす．カリウムチャネル機能低下で異なるタイプのQT延長症候群となり，そしてカリウムチャネル機能亢進が家族性心房細動と関連しているという．

この心電図では再分極過程が短縮している．カリウムチャネル機能亢進がその機序として最も考えられる．しかし，その機序は現在のところ証明されてはいない．

さらに，この心電図は我々に重要なことを示している．すなわち，1つひとつの所見に興味を持ち続けることが，今まで見逃されてきたことをも発見可能にするということである．

診断 QT短縮症候群

B

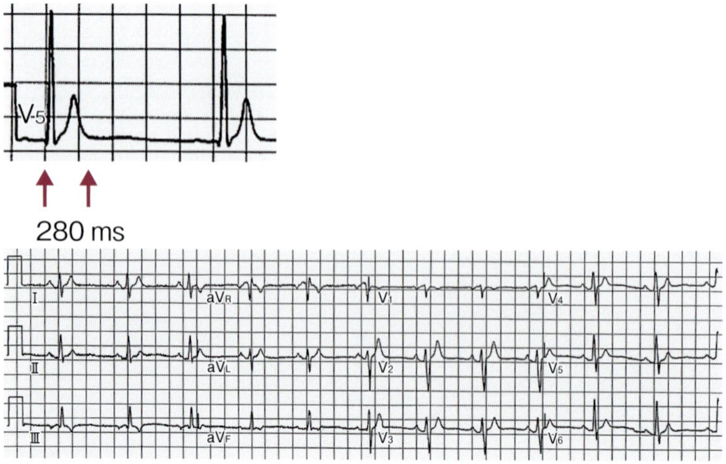

キーワード一覧

・五十音電話帳方式で配列している.
・キーワードに付した番号は本文中の症例番号を示す.

数字

欧文

和文

あ行

か行

さ行

た行

な行

は行

ま・や行